煤炭高等教育“十四五”规划教材

矿山
采掘装备及智能化

主　编　刘送永　江红祥　王世博

中国矿业大学出版社
·徐州·

内 容 简 介

本书取材力图反映国内外采掘装备智能化的新理论、新技术和发展趋势，力求理论与实践相结合、基础知识与实用技术相结合，注重课程体系和专业特点，从采掘装备智能化的基础——传感器理论出发，以矿山采掘装备为研究对象，结合矿山开采和掘进装备，阐述了采掘装备智能化的现状与发展趋势，涵盖了煤矿采煤机、液压支架、刮板机、掘进机等装备，重点介绍了矿山采掘装备传感器基础理论、综采智能化理论与技术、综掘智能化理论与技术。

本书可供高等院校矿山机械、采矿工程和矿山机器人等专业领域的学生使用。

图书在版编目(CIP)数据

矿山采掘装备及智能化/刘送永，江红祥，王世博主编. —徐州：中国矿业大学出版社，2023.6(2025.8 重印)

ISBN 978-7-5646-5724-6

Ⅰ. ①矿… Ⅱ. ①刘… ②江… ③王… Ⅲ. ①采矿机械 Ⅳ. ①TD42

中国国家版本馆 CIP 数据核字(2023)第 028218 号

书　　名　矿山采掘装备及智能化
主　　编　刘送永　江红祥　王世博
责任编辑　张　岩
出版发行　中国矿业大学出版社有限责任公司
（江苏省徐州市解放南路　邮编 221008）
营销热线　(0516)83885370　83884103
出版服务　(0516)83995789　83884920
网　　址　http://www.cumtp.com　**E-mail**：cumtpvip@cumtp.com
印　　刷　徐州中矿大印发科技有限公司
开　　本　787 mm×1092 mm　1/16　**印张** 16　**字数** 409 千字
版次印次　2023 年 6 月第 1 版　2025 年 8 月第 2 次印刷
定　　价　42.00 元

前 言

我国煤炭资源丰富，是世界上最早发现、开采和利用煤炭的国家。煤炭是国民经济发展的支柱产业，是我国能源安全的“压舱石”和“稳定器”。我国富煤、贫油、少气的能源赋存特点，决定了今后一段时期我国能源消费仍需要立足以煤为主的基本国情。据相关报告指出，到2030年及2050年，煤炭在我国一次能源结构中的比重将保持在50%和40%左右，煤炭作为主体能源的地位不会改变。

近年来，我国煤炭开采技术与装备水平取得了长足进步，并取得了举世瞩目的成就。从20世纪70年代末到现在，煤炭行业坚持“科学技术是第一生产力”的思想指导，始终强调煤炭开采的科技创新，我国煤炭开采先后经历了机械化、自动化和智能化。互联网+、人工智能和大数据等智能化技术的发展，推动了煤炭行业采掘装备的技术革命，大型煤炭生产基地的采煤机械化水平接近100%、掘进机械化水平达到70%，已建成智能采煤工作面1 043个、智能掘进工作面1 277个，为实现煤炭开采少人、无人化的目标奠定了基础。作为煤炭开采的核心装备——采掘装备，经历了从跟踪、模仿到并跑、领跑的转变，特别是2010年以来，随着传感技术、信息技术、生物技术、新材料技术的深度融合和广泛应用，采掘装备的技术水平呈现出新的发展态势和特征，采掘装备智能化的理论与技术也取得了较多的成果。但是，采掘装备的智能化是一个不断发展、不断提高的过程，目前依然存在智能化相关基础理论薄弱、核心关键技术瓶颈尚未突破、高端采掘装备智能化人才缺乏等问题，这些制约着矿山采掘装备智能化的发展。同时，我国井工煤矿煤炭产量约占总产量的85%，最大开采深度已达1 500 m，随着开采深度的增加，工人作业环境更加复杂、恶劣，煤炭开采的安全性也受到更大挑战，对采掘装备的智能化水平提出了更多、更高的要求。然而，目前关于矿山采掘装备智能化的教材相对较少，常用的采掘机械教材内容对机械结构讲解较多，而对采掘装备的智能化理论和技术涉及较少，导致课堂传授知识的广度和深度滞后于当前采掘装备的技术水平，难以满足采掘智能化人才的培养要求。为此，编写一本较为系统、全面、适合于培养采掘装备高端技术人才的教材，对本科生、工程技术人员快速掌握采掘装备智能化理论、技术均具有重要意义。

本书取材力图反映国内外采掘装备智能化的新理论、新技术和发展趋势，力求理论与实践相结合、基础知识与实用技术相结合，注重课程体系和专业特点，从采掘装备智能化的基础——传感器理论出发，以矿山采掘装备为研究对象，阐述采掘装备智能化的现状与发展趋势，涵盖了煤矿采煤机、液压支架、刮板机、掘进机等装备，重点介绍了矿山采掘装备传感器基础理论、综采智能化理论与技术、综掘智能化理论与技术。

本书由刘送永、江红祥、王世博担任主编，由沈刚、司垒、范孟豹、郭龙担任副主编。

本书可供矿山机械、采矿工程和矿山机器人等专业领域的学生使用，根据专业特点选取侧重内容开展教学活动。

在本书撰写过程中，参考了大量相关文献资料，山东矿机集团股份有限公司、西安煤矿机械有限公司、郑州煤矿机械集团股份有限公司、中煤科工集团上海有限公司也为本教材编写提供了大量工程案例，谨向他们表示感谢。

我们在本次修订中修正了上一版本的错误，并制作了本课程的知识图谱。欢迎感兴趣的同学扫描本页二维码获取。本书配有相关课件和教学资料，如有需要请与本书责任编辑(邮箱962065858@qq.com)联系。

本课程知识图谱

由于编者水平所限，书中内容难免有疏漏和不当之处，敬请同行专家和广大读者批评指正。

编　者

2025 年 8 月

目　录

第一章 绪 论

第一节 智能化无人综采技术

一、我国综合机械化开采发展概况

采煤技术是煤矿生产的核心技术之一，核心技术的突破必将带动矿井生产建设的关键技术和相关技术的进步。采煤技术的发展首先体现在采煤方法的发展上，特别是采煤工艺的发展上。依靠科学技术进步是我国煤炭工业发展的重要方针。采煤方法改革的根本出路在于发展机械化、自动化、智能化，从而实现安全、高效、绿色开采的目的。

我国煤炭赋存条件多样，开采条件复杂。中华人民共和国成立后经过不断的采煤方法改革，发展了以长壁采煤方法为主的采煤方法体系（图 1-1）。长壁采煤技术的发展为机械化采煤创造了条件，采煤机械化水平逐年提高。

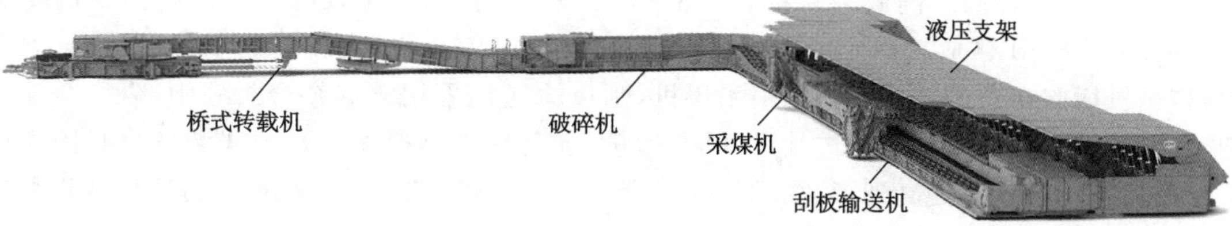

图 1-1 长壁采煤系统

回顾我国综合机械化开采发展 50 多年的历程，以机械化发展的标志性事件为节点，大体可分为 3 个阶段。

1. 探索阶段（20 世纪 70—80 年代）

20 世纪 70—80 年代，我国综采技术刚刚起步，主要工作就是培训人才，打牢基础，进行多单位多学科协同攻关，处于探索阶段。这个阶段我国综采技术发展取得了许多划时代的成就。

(1) 建成了国内第 1 个综采工作面。1970 年 11 月，我国在大同的煤峪口煤矿建成了国内首个综采工作面，综采技术的安全效益和规模效益得到了大幅度提高，主要表现在“一少、两高、三低”。“一少”是指顶板事故大幅度减少；“两高”是指效率高、产量高；“三低”是指“吨煤材料消耗低、掘进率低和成本低”，因此煤峪口煤矿的成功试验进一步明确了我国煤炭开采技术的发展方向。

(2) 进行了2次重大的综采技术和设备引进。为借鉴、吸收国外先进综采技术成果，我国进行了2次重大的综采技术和设备引进，为我国煤矿机械化开采和装备自主制造奠定了基础。1973年，国家安排专项外汇，从国外引进了40多套综采装备和部分设备加工生产线。1977年，我国又从国外引进了100套综采装备，经原煤炭部认真组织调研，上述设备分期分批从德国、英国、法国、日本、奥地利、美国等6个国家的13家公司进入各煤炭开采企业。

(3) 构建了我国采掘装备的配套和测试技术体系。在引进国外成套煤机装备后，我国对相关设备的关键零部件进行了技术攻关，逐步建立起了完善的配套和测试技术体系，相继攻克了综采支架的材料和阀组，采煤机的防爆电机、传动齿轮、液压泵和马达，刮板输送机的中部槽、链轮及圆环链等，带式输送机的托辊、输送带等一系列难题，上述工作进一步完善了我国煤机装备制造业的产业链，为保障煤炭企业设备正常运转提供了良好的外部条件，也为煤机制造业的后续发展奠定了基础。

在这期间，科研院所和高校开展了大量的技术攻关，进行了大量的综采工作面支架-围岩相互作用关系的实测、理论研究，提出了工作面顶板分类标准，为综采工作面的设备选型与参数确定打下了基础，使我国综合机械化的开展在技术上有章可循，这一时期的煤机装备大都体现在经济适用性。

2. 大发展阶段(20世纪90年代)

20世纪90年代，我国综采技术得到了进一步推广，尤其是综采放顶煤技术(综放技术)突破了关键瓶颈，得到了大面积推广，又推动了厚及特厚煤层机械化水平的快速发展，主要表现如下：

一是各矿区以高产高效为目标，发展各种综采工艺模式，比较有代表性的为铁法矿务局。1995年，该矿区成功试验了全国日产7 000 t成套综采设备，创新研制了大功率、大截深、多电机横向布置的新一代电牵引采煤机，刮板输送机采用铸焊结合封底中部槽、交叉侧卸式机头、链条自动张紧等先进技术，具有运量大、可靠性高等特点。上述装备将我国煤矿工作面的年生产能力提高到了300万～400万t。1999年，综采工作面产量占我国煤炭总产量的51.7%，较发展初期提高了26倍。

二是综放技术在我国经过引进、消化、吸收和发展，推动了我国厚及特厚煤层机械化开采的革命，实现了该类煤层颠覆性技术变革，其安全高效的优势得到了充分发挥，形成了具有中国煤矿特色的厚及特厚煤层成套开采技术。我国综放开采的发展大体经历了试验探索、推广应用和创新提高3个阶段：

(1) 试验阶段(1984—1990年)。1984年，首先在沈阳蒲河煤矿进行了缓倾斜煤层综放开采试验，该试验全部采用国产装备，通过该试验进一步总结了经验和教训；1986年，在窑街二矿进行了急倾斜煤层试验并取得成功；随后又在辽源的梅河口矿和乌鲁木齐的六道湾矿进行了试验，达到了预期效果，其中，梅河口矿取得了厚煤层水平分层综放工作面年产0.6 Mt的好成绩。1987年，在乌鲁木齐市召开了放顶煤开采技术研讨会，促进了综放开采技术的发展。1988年和1989年，又先后在阳泉一矿和潞安王庄矿进行了综放开采工业性试验，其中，阳泉一矿8603工作面产量达0.14 Mt/月，综放队产量1.04 Mt/a，比该矿分层综采工作面的产量和效率提高一倍以上，成为这一探索阶段成功的标志。

(2) 推广应用阶段(1990—1995年)。1990年之后，原煤炭部又选择一批缓倾斜厚煤层的正规采区推广综放开采工艺，逐步取代分层综采。1994 年，原煤炭工业部为加强对综放工作的统一规划和领导，成立了煤炭部综放开采技术专家组，确定了综放示范点和一批综放开采技术攻关课题，1995 年正式颁布了《综合机械化放顶煤开采技术暂行规定》。

（3）创新提高阶段（1996—2002 年）。从 1996 年起，国内对综放开采的认识不断加深，在复杂条件煤层中应用综放开采技术也取得突破，生产指标和经济效益均大幅提升，产学研携手对制约综放发展的技术难题逐个进行攻关，相继取得了一批先进成果，综放开采无论是安全优势还是产量优势均十分显著，煤炭生产企业的积极性得到了大幅提高。

3. 突破阶段（21 世纪初至今）

21 世纪初至今，我国创新发展了适用于特厚煤层条件的大采高综放技术，实现了跨越式发展。智能开采发展迅猛，大倾角综合机械化开采有了新突破，并逐步实现了采煤技术与煤机装备的对外输出。主要体现在如下 3 个方面：

（1）创新发展了特厚煤层大采高综放开采技术。2002 年煤炭科学研究总院开采所提出了割煤高度 3.5～5.0 m 的特厚煤层大采高综放开采概念，很快这一理念和相关开采技术在类似矿井得到了大面积推广和应用，其安全高效的巨大潜力优势得到了充分发挥，实现了综放工作面年产 10 Mt 的产量指标，2014 年“特厚煤层大采高综放开采关键技术及装备研发”获国家科技进步奖一等奖。

（2）大采高综采技术实现跨越式发展。自 2003 年起，科学技术部、发展和改革委先后组织煤炭科学研究总院、中国神华能源股份有限公司（简称中国神华）、天地科技股份有限公司和骨干煤机制造企业开展国家 10 项重大装备研制专项“年产 600 万 t 大采高综采成套技术与装备”的攻关研究（发改办高技〔2004〕772 号），总体目标是攻克 3.5～6.0 m 煤层一次采全厚成套技术与装备，实现工作面产量 6 Mt/a。该成果打破了这类产品主要靠进口引进的局面，为国家节省了大量外汇资金，神东矿区原先几乎全依赖进口的煤机装备，逐渐为国产装备所替代。

以大采高岩层控制理论研究为基础，遵循主流设备与单件设备可靠性相匹配、采煤机落煤能力与输送机能力相匹配原则，自主研发了高可靠性液压支架、采煤机、刮板输送机以及带式输送机，集成创新了由“1 个理论、4 套装备”（36 个关键部件，16 项创新技术）所构成的具有自主知识产权的年产 6 Mt 能力综采成套技术与装备。之后大采高综采配套能力不断提高，先后成功研发了 6.2 m、7.0 m、8.2 m、8.8 m 大采高综采成套技术与装备。2018 年神东矿区上湾煤矿在煤厚 7.56～10.79 m、平均 9.06 m 的 12401 工作面成功进行了采高 8.8 m的超大采高综采实践，12401 工作面上覆基岩厚度 120～220 m，松散层厚度 0～27 m，推进长度 5 254.8 m，工作面宽度 299.2 m。工作面“三机”配套设备为 ZYG2600/40/88D 型液压支架、MG1100/2925-WD 型采煤机、SGZ1388/3×1600 型刮板输送机，工作面关键装备全部采用国产，最高产量 146 万 t/月，平均每刀产量 2 980 t，回采工效达每工 1 050 t，工作面生产期间，设备运行良好，标志着国产装备大采高综采技术达到了一个新的高度。

（3）智能化开采研究与应用发展迅速。2012 年年底，发展和改革委、财政部、工信部联合组织实施了“智能制造装备发展专项”，从产学研角度大力资助煤矿装备的智能化发展。2014 年 7 月，该项目关键配套装备在山西焦煤集团斜沟矿进行了联动试车，并取得成功。关键设备均能够自动协调运行，采煤机、液压支架和运输系统均实现了自动化控制，并具备相应的监测监控、故障自动诊断及预警能力，实现了工作面生产作业从人员现场跟机操作到地面或远程遥控的跨越，初步实现了千万吨级综采工作面生产作业的智能化控制。

二、综采技术发展概况

目前,我国煤炭综采装备水平已接近或达到世界先进水平。综采工作面实现自动化生产难度极大,发达国家也没有很成熟的技术和应用案例。综采工艺是我国煤矿最主要的采煤工艺(图 1-2),近几年国内有很多单位开展了有关自动化综采工作面的研究,提高综采工作面生产的自动化水平也是当前国际采矿界研究热点之一。

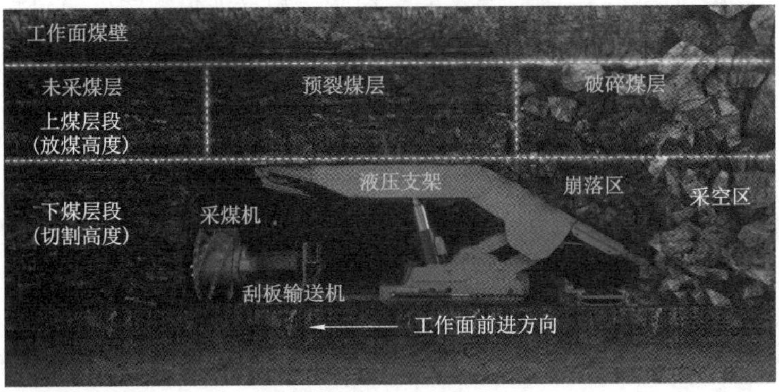

图 1-2　综采工艺(放顶煤)

综采工作面工作环境复杂,设备数量多,设备之间相互制约、相互协调,任何设备都无法脱离其他设备而单独完成任务,同时这些设备的任何一个动作还受地质条件的限制。一个标准的综采工作面一般由多台设备构成,核心设备有采煤机、刮板输送机、液压支架、转载机、破碎机和带式输送机,实现自动化的难度很大。随着自动化技术的发展及采煤装备单机技术水平的提高,在地质条件允许的情况下实现自动化采煤逐渐具备了可行性。

目前对自动化、智能化综采工作面的主要设备和控制技术的研究主要体现在以下几个方面。

1. 液压支架智能控制系统(图 1-3)

20 世纪 90 年代,煤炭科学研究总院太原分院、郑州煤矿机械集团股份有限公司、中煤北京煤矿机械有限责任公司分别自主开发出电液控制系统,但受当时的技术水平和煤炭行

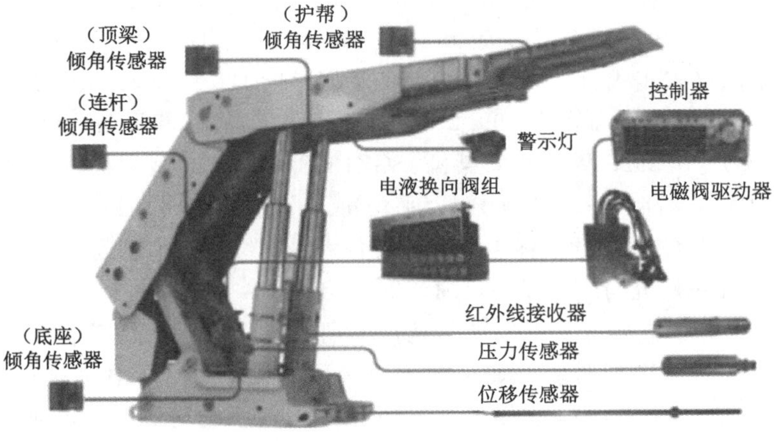

图 1-3　智能化液压支架

业状况限制而未能推广。从 2004 年开始，电液控制技术开始快速发展，北京天玛智控科技股份有限公司、四川神坤装备股份有限公司、郑州煤矿机械集团股份有限公司、三一重装国际控股有限公司、北京煤矿机械有限责任公司和山西平阳重工机械有限责任公司相继进入电液控制系统开发的行列。

国外电液控制系统产品经过 20 多年的开发与应用已基本成熟，形成了以 BUCYRUS、DBT 和 JOY 为代表的支架配套产品，以 Marco、Tifenbach、EEP 为代表的专业电液控制系统。国外电液控技术分别在 2004 年前后推出了升级换代产品，产品的性能、可靠性和自动化水平又上了一个台阶。

2. 采煤机智能检测系统(图 1-4)

近 10 年来，国产采煤机在远程控制、自动记忆割煤等自动化技术方面做了大量的研究，经过自主创新，国产采煤机已接近国际先进水平，具有了采煤机运行参数、故障参数、姿态参数等在线感知能力，并具有在线实时修改的记忆截割功能、机械无线收发信号功能及基于 3D VR 数字化平台的远程数字化监控功能，这些技术与国外先进采煤机技术基本一致。这些技术已应用到西安、平顶山等制造商生产的部分采煤机上。

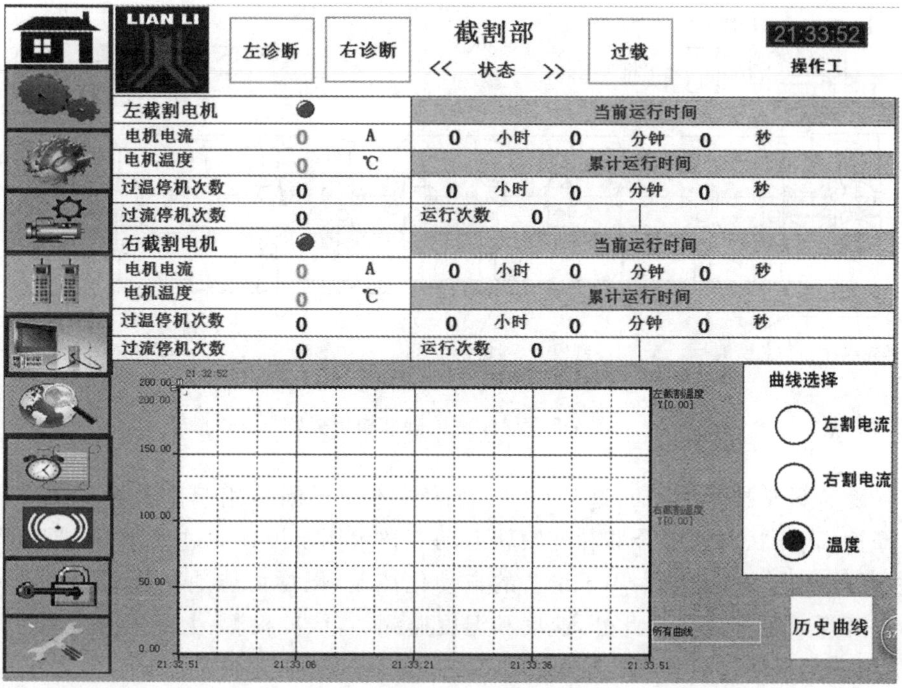

图 1-4 采煤机智能检测系统

美国和澳大利亚的煤炭企业自 20 世纪 80 年代以来，在工作面采用了计算机技术、大功率采煤机牵引变频控制技术、液压支架电液控制技术和刮板输送机软启动变频技术，实现了工作面采煤机、液压支架、刮板输送机联动的自动化采煤。德国 DBT 公司(德国采矿技术设备公司)、美国 JOY 公司(美国久益公司)两家国际综采设备高端供应商提供的工作面成套综采设备，形成一套独立、完善的综采自动化控制体系。德国 DBT 公司以液压支架 PM4 电液控制系统为基础搭建的全自动化无人刨煤机综采工作面成套设备已成功投入生产应用，英国 Long-Airdox 公司(朗艾道公司)、美国 JOY 公司也研究开发了具有自动化功能的综采工作面计算机控制系统。

3. 工作面运输系统

目前,我国自主研发的刮板输送机已形成系列化,其智能化主要体现在软启动控制、刮板链自动张紧、单链断链预警、双链断链保护停机和运行工况监测,并在关键部位布置状态感知传感器,实现刮板输送机根据煤量大小进行自主决策而调整运行参数及故障预警。随着综采技术的不断推广和发展,我国已经具有研究开发、生产制造刮板输送机的能力,并开发研制出多系列适应我国国情的综采和综放工作面输送设备(图 1-5),基本满足了国内市场的需求。目前,小功率刮板输送机已具备成型技术,并有成熟的制造能力;运输量小于 1 500 t/h、装机功率小于 800 kW 的中型和重型输送设备与国外的产品水平基本相当。近些年来,通过对引进设备的消化、吸收和国产化举措,我国也研制开发了诸如槽宽 1.2 m、装机功率 2×700 kW、运输能力 2 500 t 的大功率刮板输送机,并已在一些大型矿井投入使用。其中,各种规格的交叉侧卸式机头、材质强度达 70 kg 级的铸造槽帮及中板,以及超重型工作面刮板输送机所必需的一些结构部件也得到推广和应用。

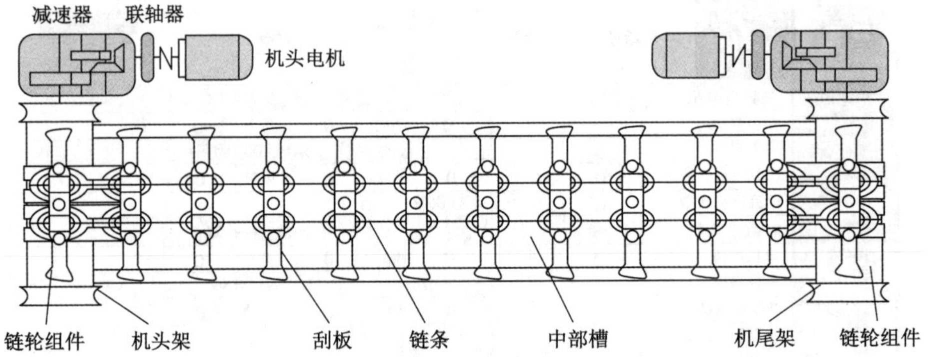

图 1-5 刮板输送机结构组成图

同时,随着科学技术的不断进步,一些新的技术也不断应用于刮板输送机。液力联轴器、限矩摩擦离合器、调速耦合器和变频软启动等技术用于设备的过载保护,液压紧链器、自动伸缩机尾等机电一体化技术用于设备的自动化控制,以尽可能地减轻煤炭开采人员的劳动强度,提高煤矿生产效率。此外,速度和温度监测、直线度检测、上窜下滑检测控制也正在不断地应用于刮板输送机的运行控制中。

2014 年,国内首套智能控制刮板输送机在神华宁夏煤业集团有限责任公司梅花井煤矿 1110204 综采工作面成功应用。智能刮板输送机控制系统包括三机语音集控装置、刮板输送机智能控制装置(ASCS 系统)、煤量检测装置、防爆变频器、电气监控装置、链条自动张紧装置以及破碎机红外安全装置。该系统具有刮板输送机启停控制、正反转控制、重载软启动、机头尾动态功率平衡、正常运行时的链速调整以及链条张紧力控制等驱动控制特性,以及采煤机、刮板输送机、转载机和带式输送机运输能力自动匹配等相关功能。

20 世纪 80 年代以来,美国和澳大利亚的煤炭企业在工作面应用了计算机技术、大功率电牵引采煤机、电液控制的液压支架和具有软启动功能的刮板输送机,实现了工作面三机自动化及井下环境安全信息实时监测。美国 CAT 公司(卡特彼勒公司)和 JOY 公司的输送设备具有国际先进水平,我国进口的输送设备多为它们的产品。从国外进口的输送设备有良好的工作性能,工作面刮板输送机实际使用寿命已超过 20 Mt。对进口的先进输送设备进行总结,其最突出的特点为:

(1) 技术性能和结构处于领先水平。CAT 公司和 JOY 公司各自保持其传统的设计风格。CAT 公司的中部槽是以轧制分体槽帮为基础槽形的组焊结构,JOY 公司的中部槽是以挡板铸造槽帮和铲板槽帮为基础槽形的组焊结构,中板和底板都采用高强耐磨钢板,具有很长的使用寿命。

(2)“软启动”驱动技术广泛应用。“软启动”驱动技术对刮板输送机性能和运行可靠性影响极大。采用“软启动”驱动技术可提高刮板输送机的启动性能,吸收运转过程中遭受的意外冲击,降低冲击对传动装置的影响。

(3) 国外煤矿设备制造企业为满足煤矿对输送装备的需求,不失时机地推出更加先进的输送设备。目前,刮板输送机最大装机功率已达到 3×1 400 kW,输送能力达 5 000 t/h,工作面铺设长度 450 m,可满足可采储量 10 Mt 以上工作面的配套要求。我国神东矿区进口的刮板输送机实际过煤量已超过 20 Mt。

4. 工作面系统集成

工作面系统集成是利用信息化、数字化技术,实现顺槽主控计算机和地面指挥控制中心对综采工作面设备的各种数据实时显示及远程监控的系统(图 1-6)。

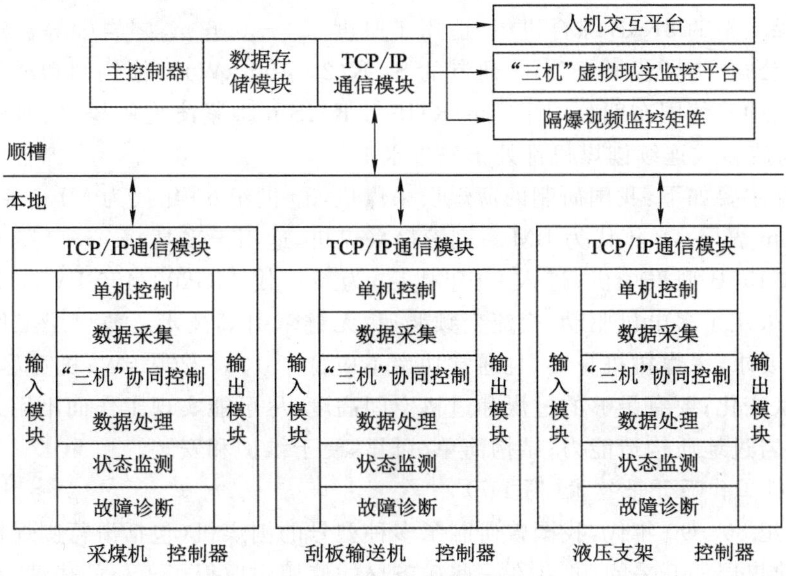

图 1-6　智能化综采工作面控制系统

我国煤矿综采工作面生产设备(如采煤机、液压支架、刮板输送机等主要生产设备)具备数据传输功能。设备的监控系统能对所有重要的工作参数,如温度、电流、冷却水量、速度和位置等参数进行监测。经过积极的探索和大量的实践工作,在工作面采煤机、刮板输送机、液压支架等设备实现单机自动控制的基础上,通过工作面“三机”与顺槽监控中心通信,实现监控中心对“三机”的实时监测与控制。

国外综采工作面广泛应用了远程通信和网络化集中控制技术，如德国 Eickhoff 公司(艾柯夫公司)生产的 SL500 型采煤机利用供电电缆的控制芯线或先导芯线将顺槽集中控制站与采煤机、液压支架控制系统、刮板输送机、转载机相连，实现了工作面设备和顺槽设备的远程通信和集中自动化控制。

三、无人开采技术概况

目前国内外无人开采技术主要在薄煤层中应用。薄煤层开采一直是困扰煤炭行业的难题，特别是极薄煤层开采更为困难，因此无人开采技术在薄煤层中发展相对较快。目前，薄煤层机械化无人开采技术大致有以下几种：综合机械化工作面开采技术、刨煤机工作面开采技术、螺旋钻机无人工作面开采技术、煤锯无人工作面开采技术。

1. 综合机械化工作面开采技术(图 1-1)

国外情况主要如下：苏联研制的 KTO 型综采机组，适用于厚度 0.45～0.9 m、倾角 18°～20°的煤层，采用从平巷向两个方向的无支护房式采煤法，利用留在煤房宽 0.5 m 的煤柱来控制顶板。美国研制的“卡尔巴特马依涅耳”综采机组，适用于开采厚度大于 0.9 m 的煤层，煤房长度可达 210 m，煤房宽 2.95 m，用宽 0.9～1.0 m 的煤柱支撑顶板，煤损达 33%～35%，机组由采煤机、带式输送机、自动推进台等组成。苏联研制的 KBB 综合机组，适用于厚度 0.5～0.9 m、倾角 35°以下的煤层，采用双滚筒采煤机，滚筒沿水平轴线转动。苏联研制的 KM0 综合机组，适用于厚度 0.45～1.20 m、围岩中等稳定以上的煤层。苏联研制的使用气垛支架的 2K3B 综合机组，适用于厚度 0.3～0.6 m、围岩中等稳定的煤层。德国 Westfalia 公司(韦斯伐里亚公司)研制的 S4-K(2×400 kW)型拖钩刨和滑行刨可以应用在坚硬的煤层中。德国布朗公司生产的 KHS-1、KHS-n 型紧凑型刨煤机、海茨漫公司生产的 CAM 单向旋转式连续刨煤机都处于先进水平。

国内情况主要如下：我国研制的薄煤层采煤机，20 世纪 60 年代为 MLQ 系列，适用于采高 0.8～1.5 m 煤层；70 年代为 BM 系列滚筒采煤机，适用于采高 0.75～1.3 m 煤层；80 年代主要为 MG150B 型采煤机；进入 90 年代后，为新一代 MG200/450-BWD 型薄煤层采煤机，该采煤机采用了多电机驱动、交流变频调速、无链牵引等技术。薄煤层工作面采高比较小，对采煤机要求：采煤机机身矮，且通常功率不应低于 100～200 kW；机身尽可能短，以适应煤层的起伏变化；要有足够的过煤和过机空间高度；尽可能实现工作面不用人工开切口进刀；有较强破岩过地质构造能力；结构简单、可靠，便于维护和安装。

2. 刨煤机工作面开采技术(图 1-7)

在 20 世纪 80—90 年代，我国曾研制了多种型号的刨煤机(包括滑行刨煤机和拖钩刨煤机)，以解决薄煤层的开采问题，并在一些矿务局的使用中取得了不俗的成绩，然而由于推广的力度不够大，以及用户对这种形式的采煤机也有一个逐步认识的过程，国内使用刨煤机的工作面不多。近年来刨煤机的研发取得了很大的进展，国产刨煤机在一些矿务局的成功使用以及采用德国 DBT 公司生产的刨煤机主机与国内设备配套，取得了一些成功经验，使国内煤炭行业对采用刨煤机开采薄煤层有了许多新的认识。

刨煤机是一种较适合于薄煤层，开采装备集落煤、装煤和运煤于一体的自动化采煤机械。经过多年的改进和发展，刨煤机开采薄煤层具有经济、高效的特点，并且刨煤机具有结

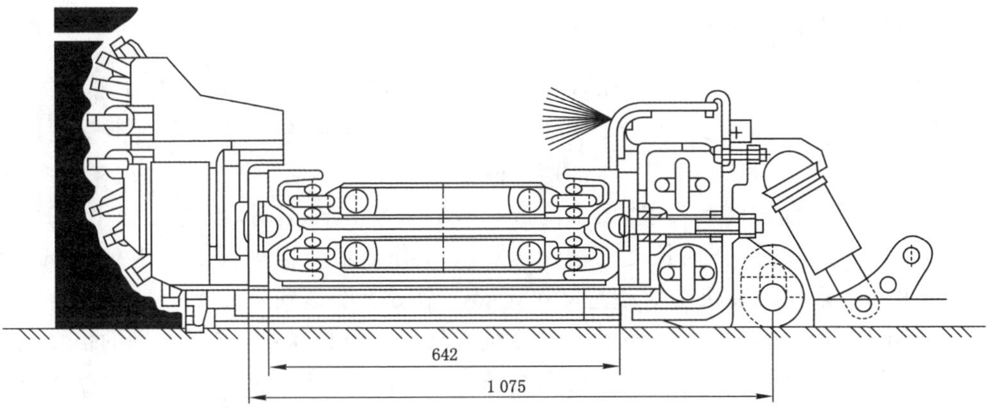

图 1-7 刨煤机结构示意图

构简单、易于掌握、维修操作方便、装煤效果好、块煤率高、煤尘少等优点。在比较稳定的地质条件下开采薄煤层，刨煤机是相当经济和有效的。

3. 螺旋钻机无人工作面开采技术

螺旋钻机（图 1-8）采煤法广泛应用于开采围岩较稳定的薄煤层和极薄煤层，工人可在采煤工作面以外的地点操作机电设备，完成工作面的破煤、装煤、运煤等各工序。

采用螺旋钻机采煤可最大程度地回收薄及极薄煤层煤量，还可以用来钻采边角煤柱和各种煤柱，提高资源回收率。螺旋钻机采煤法最大的特点是用人少、工效高，可大大改善现场工人的作业环境和安全环境，实现无人开采。

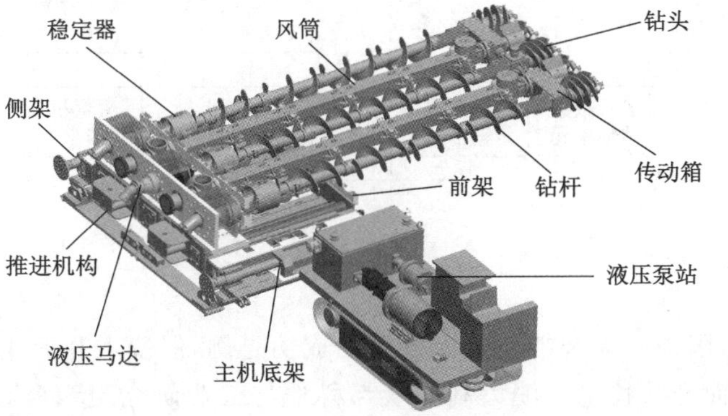

图 1-8 螺旋钻机结构示意图

4. 煤锯无人工作面开采技术

每 0.5～1 m 安装一组碎煤刀，煤锯与牵引钢丝绳相连，使钢丝绳压紧煤壁，作往复切割运动，煤锯拉出一个槽沟，随着槽沟加深，煤壁在矿山压力的作用下自行垮落破碎，然后靠煤炭自溜运出工作面。工作面采用气垛支架，该支架由几个具有弹性的加固橡胶囊组成，充入压缩空气后橡胶囊紧贴煤层顶底板，支撑力 0.5 MPa 左右。

四、国外智能化综采技术

自1954年第一个综合机械化采煤工作面在英国诞生以来，经过不断完善和提高，综采技术装备日益成熟。20世纪70年代后期，各先进产煤国家的综采工作面不断创出高产高效的新纪录。进入20世纪90年代，高产高效矿井综采工作面年产的世界纪录不断被刷新，且综采多向一矿一面发展。目前，国外高产高效综采工作面正向“设备重型化，工作面大型化”的方向发展。综采工作面长度已达到450 m，工作面最大推进长度已达6 000 m，最大采高已达6.0 m。采煤机装机功率超过2 000 kW，牵引速度达到15～21 m/min，生产能力达到75 t/min。同时，采煤机均装备了以计算机为核心的电控系统，采用先进的信息处理和传感技术，对采煤机的运行工况及各种技术参数、信息进行采集、处理、显示、储存和传输。目前，国外生产条件很好的长壁工作面，大力提高机械化的标准，不断提高自动化和智能化程度，逐步实现了离机操作和无人操作，如图1-9所示。

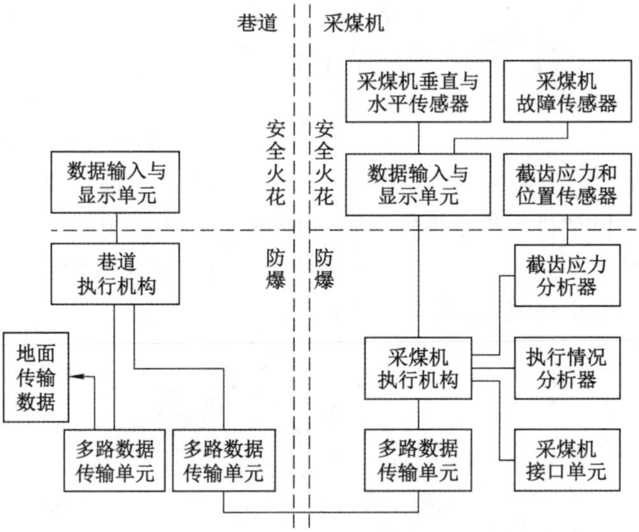

图1-9　采煤机的数控系统

对综采工作面，国外尚无智能化无人开采的成功先例，但澳大利亚正在研制远程控制全自动无人长壁工作面开采技术。澳大利亚联邦科学与工业研究组织(CSIRO)于2001年首次提出了长壁自动化控制技术，采用军用高精度光纤陀螺仪和定制的定位导航算法获得采煤机的三维坐标，实现工作面自动找直等智能化控制。长壁自动化控制技术于2006年在井下应用，促进了智能化技术的发展。

美国现存地下煤矿长壁综采工作面仅约40个，煤层赋存条件较好，工作面长度为400 m左右，通过配套大功率、高可靠性、自动化成套综采装备，实现了工作面的安全、高效、高速、智能化开采。美国JOY公司和CAT公司在长壁自动化控制技术方面通过各自建立的电液控制系统和工作面控制系统，实现了简单地质条件工作面的自动化开采，工作面人员减少到3～5人，基本实现了简单地质条件下的工作面设备自动化运行，减少了人工操作，为煤矿生产提供了安全保障，但复杂地质条件下的智能开采技术仍需进一步研究。

五、我国智能化综采技术

近 10 年来，以神东矿区为代表的现代化矿井采用先进的管理模式和国际一流装备，进行 4～6.2 m 一次采全高开采，不断刷新工作面高产高效纪录，工作面年产超过 10 Mt。目前大采高工作面技术装备发展迅速，装备可靠性相对较高，可满足工作面年产量 5～10 Mt 要求。薄煤层工作面技术装备主要受采高限制，机面高度在 1～1.3 m 以下的采煤机功率小，故障率高，影响开机率，许多设备需要进口（图 1-10）。2010 年年初，陕西煤业化工集团有限责任公司神木柠条塔煤矿较薄煤层工作面使用国产液压支架和刮板输送机，配备进口的大功率采煤机，工作面长 250 m，最高日产 10 000 t，工作面主要设备包括：ZY10000/13/26 型液压支架、7LS1C5 型采煤机、SCZ900/1050 型刮板输送机。

图 1-10 智能薄煤层采煤系统

我国高产高效较薄煤层工作面，按照工作面装备区分，主要有下列两种类型：① 全套国产新型综采装备，达到日产 10 000 t、年产 3 Mt 以上的生产能力；② 采用国产液压支架、重型刮板输送机，配以进口的电牵引采煤机，达到日产 10 000～15 000 t 以上、年产 4 Mt 的生产能力。

（1）中国神华榆家梁煤矿 44305 自动化工作面

榆家梁煤矿 44305 工作面位于榆家梁井田中南部，工作面推进长度为 2 298 m，工作面长度为 300 m，煤层可采面积为 690 579.1 m^2，煤层厚度 1.7～2.0 m，平均厚度 1.85 m，倾角 19°，工作面地质储量 166.1 Mt，可采储量 157.8 Mt。

工作面采用美国 JOY 公司的 7LS-1A 型采煤机，液压支架采用波兰生产的液压支架（176 台），包括机头的 3 个端头架、1 个过渡架，机尾的 4 个端头架、1 个过渡架。

该工作面实现了远程操作的跟机自动化作业和采煤机（具有机载视频）记忆割煤，试验了振动方式的煤岩识别技术和无线接力通信技术。最好效果为：采煤机记忆割煤＋支架全工作面跟机＋端头集控台远程干预。

（2）华阳新材料科技集团有限公司新元矿 310205 自动化工作面

新元矿 310205 工作面走向长度 2 105 m，工作面长度 240 m，平均煤厚 2.85 m，平均倾角 3°，煤炭可采储量 2.1 Mt。310205 工作面煤层软、瓦斯大、构造多、底板软、顶板压力大。

工作面综采设备采用平顶山煤矿机械有限责任公司的 ZY6800/18/37D 型液压支架，配套 SAC 电液控制系统；上海创立集团股份有限公司的 MG400/930 型采煤机，配套远程控制操作终端和采煤机自动记忆截割系统；SZZ1000/400 型转载机，加装 ZQS127-z 监控系统；SGZ1000/1400 型刮板输送机，加装 ZQS127-Z 监控系统；BRW400/31.5 型乳化液泵，远距离集成供液。

集中控制主要包括：北京天地玛珂电液控制系统有限公司的监测监控系统、天津华宁电子有限公司的 KTC101 型工作面通信系统、上海创立集团股份有限公司的 CLX01 型采煤机顺槽监测监控系统。

该工作面实现了在顺槽监控中心对综采设备的自动化和远程干预控制，同时实现了远程自动配液、远程供液、泵站无人值守。最好效果为：采煤机工作面中部记忆割煤（速度与瓦斯浓度关联）＋支架工作面中部跟机＋监控中心远程干预＋工作面视频。

(3) 冀中能源峰峰集团有限公司薛村矿 94702 工作面

2011 年 12 月薛村矿 94702 工作面投入使用，采用 ZY3300/07/13D 型电液控制支架，配远程控制系统，并配套可远程控制、记忆截割的 MG160/360-BWD 型交流变频电牵引采煤机和 SGZ-630/220 型刮板输送机。在坚硬顶板条件下，采取机梁错开布置，实现采高 0.9 m，工作面少人或无人值守。该综采工作面在 2011 年 10 月 1 日—12 月 31 日期间，日进尺最高达到 13.5 m（早班 12 刀，中班 3 刀，夜班 12 刀），日产原煤最高 4 400 t，最高月进尺 358 m。

六、智能化无人综采的关键技术

智能化无人综采技术是指采用具有感知能力、记忆能力、学习能力和决策能力的液压支架、采煤机、刮板输送机等综采装备，以自动化控制系统为核心，以可视化远程监控为手段，实现综采工作面采煤全过程“无人跟机作业，有人安全巡视”的安全高效开采技术，解决方案如图 1-11 所示。

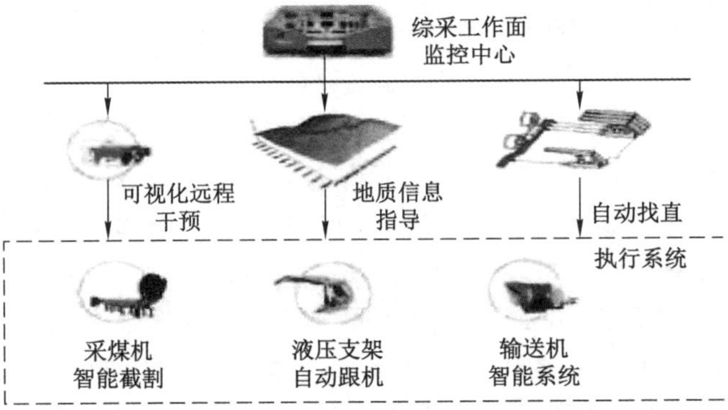

图 1-11　无人化智能综采解决方案

2014—2015 年，黄陵矿业集团有限公司一号煤矿先后完成了较薄煤层与中厚煤层智能化无人开采技术的研究与应用，目前已实现“一井两区两面智能化开采”的生产格局。2016—2017 年，黄陵矿业集团有限公司二号煤矿开展了大采高（厚煤层）智能化综采技术研究，实现了智能化开采技术在厚煤层复杂地质条件下的常态化应用。截至 2019 年 6 月底，黄陵矿业集团有限公司所属 4 对矿井全部实现智能化开采，实现从薄煤层、中厚煤层到厚煤层的全覆盖。黄陵矿业集团有限公司智能化无人综合机械化采煤工作面的生产过程以无人跟机作业为目标，其主要技术难点在于需要进行远程遥控生产，这是集自动化、检测、视频、通信、控制、计算机等多种技术的综合应用。关键技术如下：

(1) 液压支架全工作面跟机自动化与远程人工干预技术

在液压支架电液控制系统实现全工作面跟机自动化的基础上，将电液控制系统的数据与液压支架视频相结合，通过监控中心远程操作台对液压支架进行人工干预，以满足复杂环境下液压支架的自动化控制。

(2) 采煤机全工作面记忆截割与远程人工干预技术

在采煤机实现全工作面记忆截割的基础上，将采煤机实时数据与煤壁视频相结合，通过监控中心远程操作台对采煤机进行人工干预，以满足复杂环境下采煤机的自动化控制，记忆截割学习模式界面如图 1-12 所示。

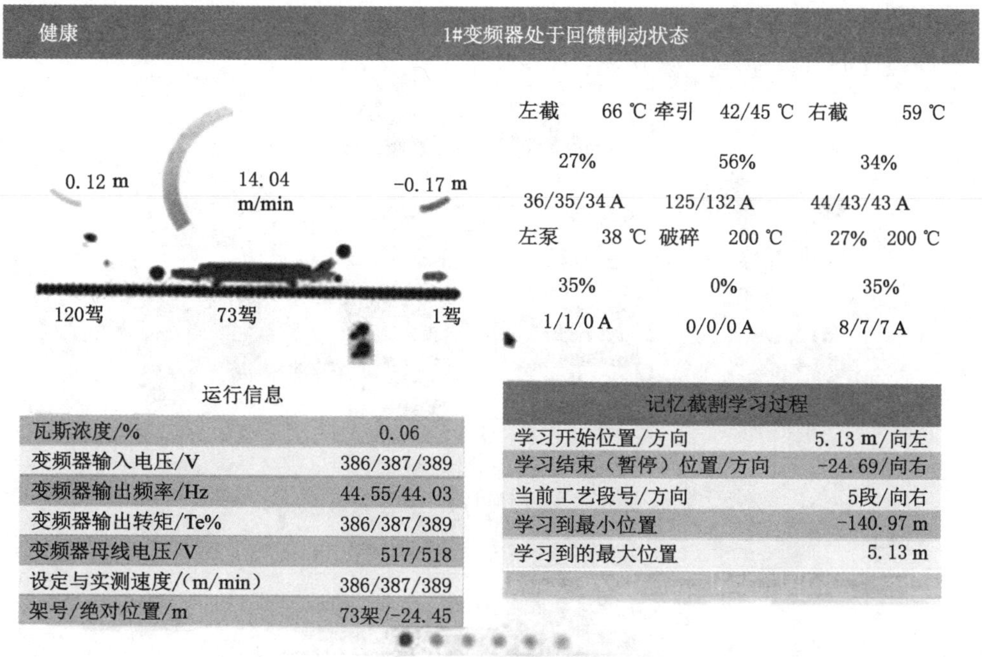

图 1-12　采煤机记忆截割学习模式界面

(3) 工作面视频监控技术

根据工作面实际情况，设计并安装高清晰度视频监控系统，实现了在井下监控中心和地面指挥控制中心对整个综采工作面的视频监控，尤其是煤壁监控摄像仪采集的视频上传至监控中心，提高了煤岩界面可视化程度。由红外线传感器获得采煤机位置，通过软件处理实现摄像仪画面跟随采煤机的无缝切换。

每 3 台支架安装 1 台煤壁摄像仪，每 6 台支架安装 1 台支架摄像仪，重点部位安装云台摄像仪，实现对工作面的全方位监控，矿用防爆摄像仪如图 1-13 所示。

(4) 综采自动化远程集中控制技术

将综采工作面主要设备，包括采煤机、液压支架、运输系统、供电系统、供液系统等通过

图 1-13　矿用防爆摄像仪

自动化控制系统连接起来，实现井下监控中心和地面指挥控制中心的远程集中控制，并实现“一键启停”，控制系统如图 1-14 所示。

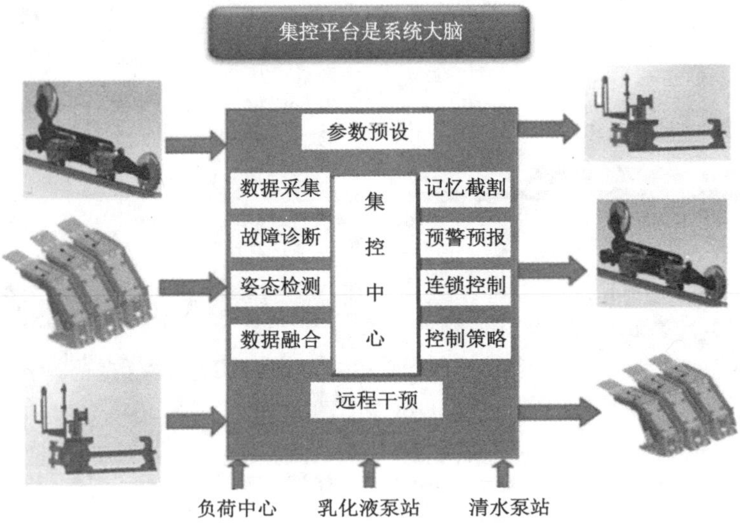

图 1-14　综采工作面控制系统示意图

(5) 智能化集成供液控制系统

通过 PLC 控制技术，将远程配液、乳化液泵站、喷雾泵站、高压过滤、变频控制等系统串联起来，形成智能化集成供液控制系统，提高了供液系统自动化水平及运行效率，降低了系统损耗及能源消耗。

(6) 超前支护自动控制技术

采用具有多个伸缩单元的交错迈步式电液控制超前支架。在电液控制系统数据和视频监测的基础上，以“数据＋视频＋模型”为技术支撑的远程控制系统，可实现对超前支架的远程监控和自动化控制。

第二节 智能快速掘进机技术

一、掘进机位姿检测与导航技术

巷道是截割断面累积形成的，巷道的质量标准不仅包括巷道走向位置偏差，还包括断面的轮廓形状(图 1-15)。巷道形状取决于截割头的空间位姿，由掘进机机身的位姿参数以及截割臂的机构(图 1-16)运动参数决定。其中，掘进机位姿的实时检测最为关键，在此基础上才能完成掘进机截割头精准定位、截割轨迹自主规划，实现掘进智能化。掘进机位姿包含了掘进机中心位置和机身在空间的姿态角等重要参数。通过传感器获得掘进机位置和机身姿态相关的原始数据，并对这些数据进行处理获得掘进机位姿参数。

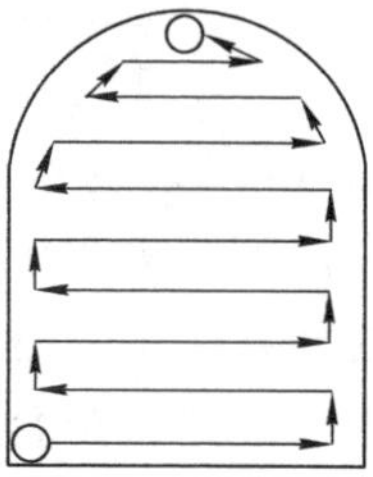

图 1-15 巷道断面轮廓形状

掘进机位姿检测与导航技术和移动机器人导航等技术有很大不同。掘进机工作环境恶劣，地磁干扰严重，高煤尘浓度和高温湿热等因素限制了常规导航技术的应用。20 世纪末以来，高新技术不断应用到巷道掘进领域，掘进机智能化水平不断提高，一些新型掘进机具备了对掘进方向和距离感知的功能。

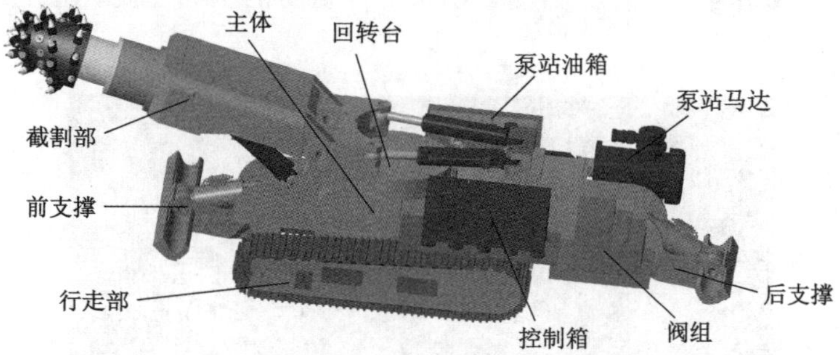

图 1-16 掘进机截割头及截割臂

1. 国内外研究现状

掘进机位姿检测方法可分为相对位姿检测和绝对位姿检测两类。相对位姿检测方法主要有惯性导航技术，可以测量载体当前时刻相对初始状态的位姿；绝对位姿检测方法有基于全站仪的检测技术、激光引导技术、基于机器视觉的检测技术、基于 iGPS 的单站多点分时检测技术和空间交会测量技术等，这类技术的测量基准一般位于掘进机后方，由测绘人员标定初始方向。

(1) 惯性导航技术

惯性导航系统由陀螺仪和加速度计组成，其物理原理如图 1-17 所示，可以测量载体在惯性参考系下各轴的角速度和各向加速度，分别对时间积分后获得载体的姿态角和位置。

其优点是不依赖外部信息，短时间内测量精度高，能够实现实时测量；缺点是位姿参数经过对时间积分计算获得，误差随时间逐渐累积，长时间精度差，初始校准时间长，且价格高不利于推广。

日本 GYRO 系统使用陀螺仪检测盾构机的姿态角。陀螺仪的偏移会严重影响测量精度，井下湿热环境对陀螺仪的电气性能影响很大，因此该系统的实际效果一般，只能作为辅助参考。近年来国内学者进行了基于陀螺仪技术的巷道定向掘进试验，但是还没有成功应用于综合掘进项目的相关报道。

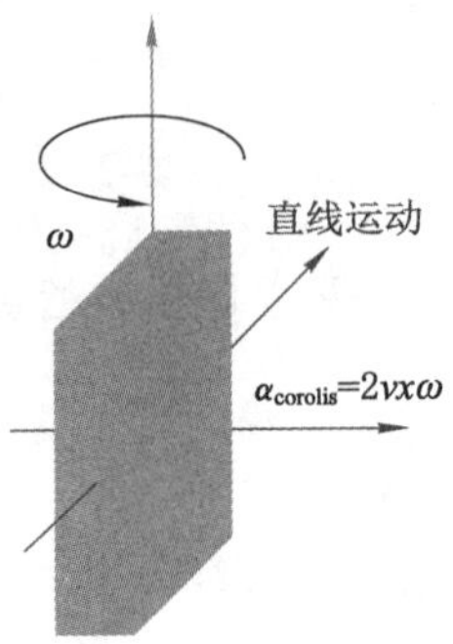

图 1-17　惯性导航系统物理原理图

惯性导航系统的位置偏差校准一般有零速校准、GPS 校准、地形匹配或里程计校准等方法。由于井下作业环境的特殊性，这些方法中只有零速校准有可能投入应用。零速校准在较短的掘进机停车时间间隔内，利用二次曲线拟合惯性导航系统的速度误差曲线，经过积分得到位置误差曲线，从而修正惯性导航系统的位置。该方法可以有效控制惯性导航系统长时间工作的误差积累，提高系统的精度。但是停车速度间隔太短，频繁停车影响掘进施工的效率，应用效果不理想。

(2) 基于全站仪的测量方法

基于全站仪的测量系统由全站仪、全站仪后方的定位棱镜和若干个机载棱镜或标靶组成。通过后方棱镜确定全站仪的位置，然后全站仪自动搜索机载棱镜并确定其空间坐标，根据机载棱镜的坐标或结合其他传感器测量结果解算机身的空间位姿。井下位姿检测作业如图 1-18 所示。

图 1-18　基于全站仪的掘进机位姿检测作业

按照测量原理可分为两棱镜法、三棱镜法、多棱镜法和激光标靶法。两棱镜法是在掘进机机身上安装两个棱镜，使用全站仪测量两个棱镜的位置，并结合倾角传感器获得的滚动角和俯仰角数据来解算掘进机位姿的方法。德国 VMT 公司(德国维艾姆迪公司)研发了基于两棱镜法的 TUnIS 巷道掘进机导向系统，使用全站仪和传感器连续自动确定掘进机机身和截割头姿态，利用截割头实时数据生产虚拟煤巷形状数字模型，该系统在煤矿巷道掘进的应用效果还有待实践检验。三棱镜法是利用三点定位原理，使用全站仪测量安装在机身上的三处棱镜的位置，解算获得掘进机位姿的方法。三棱镜法测量系统相对简单，成本低。但是该方法舍弃了倾角传感器这种高精度的测量手段，完全依赖空间坐标变换求解掘进机位姿，棱镜在掘进机机身的布置对测量精度有很大影响。另外，掘进系统结构紧凑，在狭小的空间内还需要考虑锚杆支护机构和煤矸输送等问题，很难获得最佳的布置。日本 ENZAN 公司（日本演算工坊）开发了基于该方法的 ROBOTEC 测量系统，用于盾构机的位姿检测。煤矿井下掘进机与隧道盾构机相比工作环境和结构有很大不同，故该系统并没有在煤矿巷道掘进得到推广。多棱镜法是在机身上布置三个以上的棱镜，使用全站仪测量这些棱镜位置，使用多点拟合平面获得掘进机最优位姿的方法。该方法主要用来解决单个棱镜坐标测量误差对测量结果影响较大的问题，测量精度更高。该方法测量不同步问题相比三棱镜更为严重，一般只能用于静态测量。

激光标靶法测量原理为在掘进机机身上安装一处激光标靶，全站仪发出的激光通过透镜在标靶的 CCD 面板上聚集成一个光斑，提取该光斑的像素坐标推算标靶的位置和角度，再结合两轴倾角仪的测量数据解算掘进机空间位姿。该方法解决了测量不同步的问题，但是由于 CCD 面板一般尺寸有限，该方法测量范围较小。德国 VMT 公司生产了基于激光标靶法的 SLS-T 导向系统，在隧道掘进应用较广，但是成本较高且操作工序复杂。

全站仪测量方法的主要问题是棱镜测量不同步。掘进机行进过程中前后测量时具有时间间隔，会导致时间差。基于卡尔曼滤波理论，对棱镜位置进行预测补偿，可以降低测量不同步问题带来的误差。此外，掘进机工作状态下振动剧烈，与机载棱镜相比，全站仪激光校准困难，导致测录系统失败，这是将全站仪位姿检测应用于煤矿巷道掘进亟须解决的问题。

（3）激光引导法

该技术是在巷道后方安装激光发射器作为基准，该装置能够在铅垂面内发射扇形激光束，指向掘进机机身上安装的激光接收器。激光接收器可以记录入射光斑的位置，当机身发射偏移时入射光斑的位置随之发生变化，对其进行解算可以获得掘进机的位姿。虽然该方法通过了井下工业性试验，但目前还存在一些问题：第一，激光发射器的初始定位依赖点激光指向仪，施工效率低；第二，测量精度随着推进距离逐渐降低；第三，井下粉尘浓度高，激光发射器照射距离有限。

（4）机器视觉技术

机器视觉技术是使用工业相机采集目标图像，应用图像处理算法提取信息的技术。机器视觉工作原理如图 1-19 所示。近年来机器视觉技术在各个领域得到快速发展，基于机器视觉的掘进机位姿检测技术有多种不同的实现方法：一种方法以掘进机截割臂上安装的红外标靶作为特征信息，利用相机采集激光束和光斑图像并进行特征提取，通过位姿模型解算，获得机身及截割头位姿。另一种方法以双十字激光器和激光标靶为信息来源，通过对标靶上十字光线成像特征的分析，建立掘进机位姿空间解算模型。该系统主要由两个十字激光器、两个激光成像标靶、两个防爆摄像机等构成。十字激光器位于需要掘进巷道的起始位置，两激光的水平激光面重叠并平行于巷道底板。在掘进机机身上前后相错固定两个标靶，初始状态下激光器在标靶上的投影为十字且位于中心位置。当掘进机存在偏转和偏移时，标靶上十字投影会发生相应的变化。使用工业相机采集标靶上的图像进行处理，提取出对应的位姿信息。

目前，使用机器视觉进行掘进机位姿检测在实验室条件下证明是可行的，具有一定的检

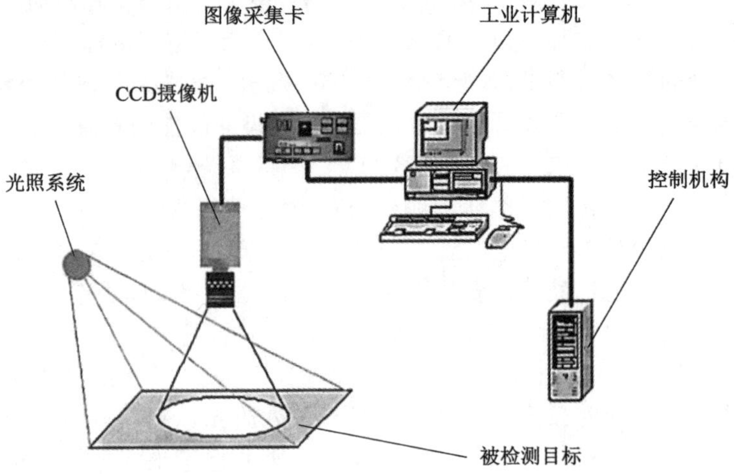

图 1-19　机器视觉工作原理图

测精度，但缺乏井下工作环境下的验证。在高粉尘环境下，图像采集质量、检测系统的可靠性、测量基准的快速移站等问题还有待进一步研究。

（5）基于 iGPS 的掘进机单站多点检测技术

此系统由一套单站式测量平台和三个机载接收器组成，位姿测量方法布置如图 1-20 所示。旋转扇面激光位于测量平台上，该装置可检测机载接收器相对测量平台的位置和角度，从而计算掘进机机身在巷道中的空间位姿。这种方法同样利用了三点定位原理，只是获得特征点坐标的方法与全站仪检测有所不同，检测速度更快，但精度相对较低。

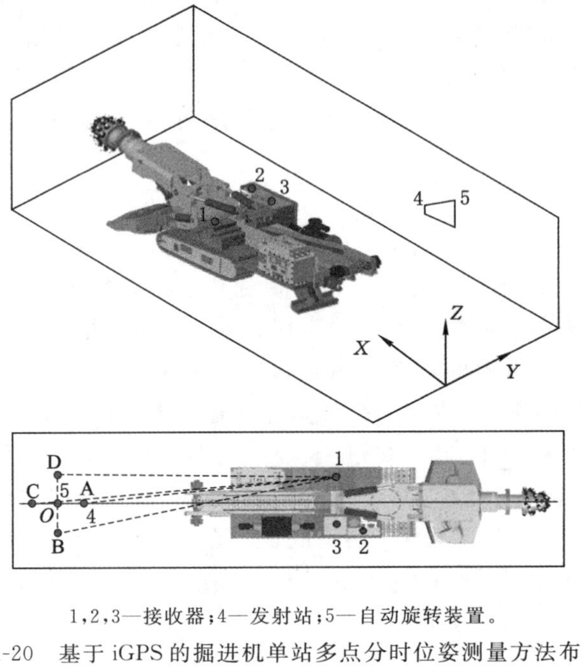

1，2，3—接收器；4—发射站；5—自动旋转装置。

图 1-20　基于 iGPS 的掘进机单站多点分时位姿测量方法布置

(6) 基于空间交汇测量技术的测量方法

测量系统由激光发射器、激光接收器、二维运动平台及高精密计时模块组成。激光发射器安装在悬臂式掘进机机身的不同位置,可以自主旋转发射微光平面。记录微光平面旋转的角度数据,当同一激光接收器接收到来自不同位置的激光平面后,对角度数据进行解算即可得到激光接收器三维坐标,最终解算出掘进机的空间位姿。

2. 发展趋势与关键技术

综上所述,绝对位姿检测技术虽然精度较高,误差不随时间积累,但是环境适应性差,检测精度也会随着工作面的推进下降,且设备复杂、操作不便。惯性导航技术不依靠外部基准和数据,设备体积小容易布置,但是长时间定位精度差,需要校准。因此,单一的检测技术无法满足掘进机高精度位姿检测的需求。掘进机位姿监测与导航技术发展趋势如下:

(1) 组合导航技术

采用多传感器测试方法,利用计算机和数据处理技术,把具有不同特点的多种导航设备或者位姿检测方法组合构成一个综合系统,取长补短,充分发挥各自的优势以达到最佳的整体效果。对于掘进机的位姿检测有多种组合手段,为达到最佳的组合效果,组合导航系统应该至少包含一种绝对位姿检测方法,具体包括:

① 超声波和惯性导航的组合方案

通过在掘进机两侧安装超声波测距传感器获得机身到两帮距离,计算出掘进机水平偏移和偏转角。结合惯性传感器的测量数据,利用粒子滤波技术进行算法设计获得掘进机的位姿。该方法设备简单,便于安装和维护,但是两者都属于相对测量方法,累积误差无法校正。

② 惯性导航和机器视觉导航的组合方案

使用捷联惯导技术测量掘进机姿态角,并将该姿态角传递给视觉测量的外参量矩阵,再由视觉测量给出掘进机的位置偏差。该方法静态测量精度较高,并具有较好的环境适应性。但是由于图像采集设备安装在掘进机上,作业时机身振动剧烈影响成像质量,动态检测精度较差。

③ 激光标靶和惯性导航的组合方案

基于全站仪的激光标靶位姿测量系统测量精度高、长期稳定性好,但是抗干扰能力差、动态性能不强。惯性导航可以弥补激光标靶的动态性能较弱、抗干扰能力差、环境适应性弱等缺点。将高精度惯性测量单元捷联至激光标靶内部,形成组合测量系统。该组合方案对测量精度提升不高,但是测量系统鲁棒性高,抗干扰能力强。激光标靶测量系统是以全站仪为基站的单目标测量系统,同样存在搜索激光标靶用时较长的问题。另外,组合导航存在多传感器时间同步误差问题,需要进一步进行误差分析以减小其影响。

(2) 新型测量和传感技术应用到掘进机位姿检测

位姿检测的本质是巷道坐标系和机身坐标系的关联,难点在于基准信息和机身信息的交会。多种信息载体,如激光、超声波和无线电信号等先后用于位姿检测技术。可见,测试与传感技术和通信技术的飞速发展将为掘进机位姿检测带来新的解决方案,将测量精度更高、抗干扰能力更强、测量系统操作更简单的最新测试技术应用到掘进机位姿检测,可以获得更好的效果。例如,基于全站仪的三棱镜测量技术、iGPS 的单站多点分时检测技术和空间交汇测量技术,从数学模型上这些技术都是基于三点定位原理解算掘进机位姿的,只是获得特征点坐标的实现途径各有不同。

二、掘进机断面成形自动控制技术

巷道的断面成形质量和精度对后期的巷道维护、采掘装备的智能化和自动化控制具有重要的影响，而巷道的成形精度又是由掘进机的运动精度所决定的。在复杂的巷道工作环境中，掘进机运动控制的特殊性体现在以下几点：第一，巷道是截割断面累积形成的，巷道的成形质量取决于截割头在空间的位姿，最终由掘进机机身的位姿参数以及截割臂的运动参数决定，所以掘进的运动控制不仅是平面定位问题，也是空间的位置与姿态控制；第二，在一个作业循环内，掘进机行走和截割断面不是同时进行的，机身的自主纠偏控制可以视为二维平面运动控制问题，截割头的运动控制可以看作在当前机身位姿下的轨迹规划问题；第三，掘进机工作负载大，截割煤岩时甚至会发生掘进机机身偏转的现象，同时液压系统负载大，响应缓慢，容易出现“死区”现象，都增大了控制难度。

1. 国内外发展现状

目前掘进机的控制主要依赖人工操作，掘进机司机以矿用激光指向仪在工作面上投影光斑为基准调整机身的位姿和截割头的轨迹。截割过程中产生大量的粉尘和噪声，严重干扰操作，并危害工人的健康安全。由于能见度差、视野狭窄，掘进机司机需要多次停机手工检查，掘进效率低下。该方法属于“事后”控制，巷道断面形状凹凸不平，不利于后续防护铺设。因此亟须开发掘进机运动自动控制系统，以掘进机的位姿检测结果为依据，调节履带的转速和截割液压缸的移动速度，实现对掘进机机身和截割头的精确连续控制，实现走向平直、断面平整、快速高效的高质量巷道掘进，并实现掘进机的智能化，尽可能减少作业人员，提高掘进作业安全。

(1) 掘进机自主纠偏控制

掘进机是一种履带式行走机构，此类机构广泛应用于多种场合。全液压推土机直线行驶纠偏系统采用基于“小量逼近”原理的纠偏方法，其控制原理为：控制器每一扫描周期，快速侧的泵排量减少一个小量，同时慢速侧的泵排量增加一个相同的小量，借助于控制器的高速处理能力，短时间就可以使两侧速度达到平衡，而且因为每次纠偏量很小，所以不会产生过调与振荡。小量纠偏方法较 PID 纠偏方法更为简单易行，实验效果良好。但是该控制方法基于速度偏差的控制，缺乏与位姿检测参数的结合，并不是一种定向控制策略，并不能完全满足掘进机自主纠偏的要求。深海集矿作业车行走控制系统通过“惯导＋多普勒计程仪”的综合导航方法，以及声学定位系统实现采集作业车姿态、位置的检测和轨迹跟踪，为智能行走控制提供实时精确的姿态、位置数据反馈。采用分层控制方案，结合采集数据，采用增量型积分分离的 PID 控制算法进行履带速度控制，实现集矿作业车的自动定向行走。

掘进机的自主纠偏目标是寻找从当前位姿至目标位姿的最佳位姿调整方案。由于掘进机系统非线性较强，传统 PID 控制无法满足其自主纠偏控制需求，若要获得良好的 PID 控制效果，就必须调整好比例、积分与微分三种控制作用。

(2) 断面自动截割成形控制研究

断面自动截割成形控制是在掘进机位姿检测和机身自主纠偏的基础上，对截割臂的运动进行控制，规划截割头的轨迹，实现巷道断面准确成形的技术，自动截割控制流程如图 1-21所示。截割头空间行走轨迹由截割臂相对于掘进机机体的垂直摆动与水平摆动实现。由断面自动截割成形控制运动学分析，得出截割头空间位置坐标与液压缸伸缩量及截割臂摆动角之间的几何关系式。控制截割头按设定工艺流程截割出规整断面，减少无用掘进量和充填量，提高掘进效率。

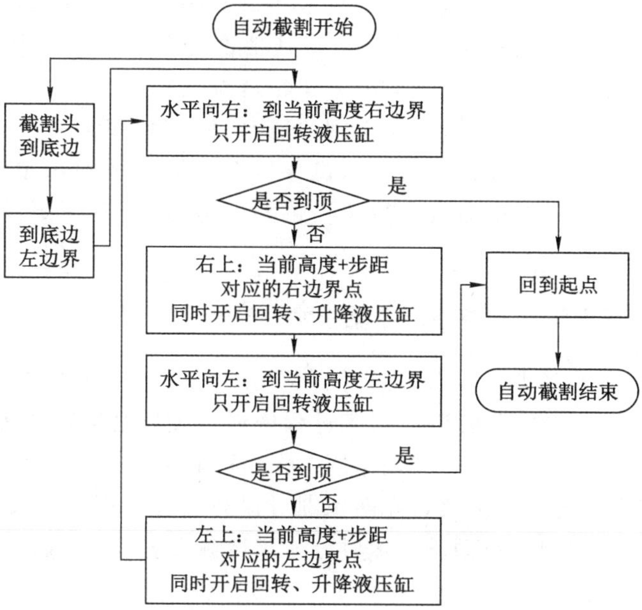

图 1-21　自动截割成形控制流程

在截割过程中通过运动学分析建立截割臂与断面尺寸间的几何关系，设计计算程序和截割方案，结合传感器和自动检测装置，通过 PLC 编程控制截割臂带动截割头沿设定轨迹运动，获得规整断面。选取合适的传感器采集截割臂垂直及水平摆角信号，经过 A/D 转换器输入 PLC，通过 PLC 数据处理发出控制信号经 D/A 转换器驱动比例放大器控制截割头的摆动角度，控制其按设计路径准确截割，避免超挖和欠挖现象。

此外，2009 年山特维克集团首次将 Auto CUT 技术应用到澳大利亚 Mandalong 煤矿，Auto CUT 包括了自动截割程序控制掏槽液压缸和截割液压缸，能控制截割头在预定时间移动到预定坐标。

2. 发展趋势和关键技术

（1）截割工艺流程优化

仅仅考虑截割头的轨迹规划以及如何控制截割头按照轨迹规划运动是不够的，断面截割成形与截割工艺是紧密联系的，煤巷围岩的地质条件、断面形状和综合掘进工艺参数对断面截割的自动控制都有影响。应当避免闭门造车、理论脱离实际，所以断面自动截割成形控制研究应结合现场的实际情况进行。

（2）掘进机液压元器件的可靠性与稳定性

首先，掘进机整机质量大，控制响应速度慢；其次，截割负载较大，掘进机液压系统容易出现“死区”现象，当控制信号输入后驱动液压缸没有响应，而增大控制电流容易出现超调。最后，掘进机运动控制目标与行走机器人有所不同，掘进机到达工作位置时不仅对位置偏差有要求，机身偏角也不能超过允许误差。针对掘进机运动控制的特点，在考虑控制策略时，应更关注控制方法的稳定性，对实时性要求反而不高。

（3）掘进机机身自主纠偏和断面自动截割成形耦合控制

掘进机运动控制的目的是控制截割头的运行轨迹，保证巷道的走向和断面偏差符合要求。其技术路线为机身位姿检测→机身自主纠偏→断面自动截割，三者之间存在紧密的联系，断面自动截割的研究不可能完全脱离其他部分单独进行，机身位姿检测研究是后两者开展的基础。截割作业开始后，机身位姿偏离没有得到完全纠正时，需要断面自动截割进行补偿。以断面自动截割研究为例，目前的研究大多是基于在预定地点掘进机没有位姿偏差为前提开展分析的。事实上，机身位姿在掘进机到达预定作业点时很难实现零偏差，如果截割头轨迹规划加入机身位姿偏差的考量，会获得更高的断面精度，巷道顶板和两帮会更平整。

三、掘进机煤岩界面识别与自适应截割技术

综掘工作面煤岩分布和走向复杂，掘进机在掘进过程中经常遇到夹矸或者岩石断层，由于不同岩质硬度不同，会加速截齿磨损，截割过程中遇到硬岩会造成剧烈冲击，影响截齿和掘进机寿命。因此，煤岩识别技术是实现综掘工作面智能化的关键技术之一，是自适应截割技术实现的基础，实现掘进过程中煤岩界面识别对提高掘进效率和延长设备寿命有重要意义。根据掘进机是否需截割岩石掘进技术可分为非接触式技术和接触式技术。

1．国内外发展现状

（1）基于机器视觉的煤岩识别技术

基于机器视觉的煤岩识别系统通过工作面区域内布置的工业相机采集煤岩图像，利用图像处理技术提取煤岩特征，数据处理获得整个工作面的煤岩分界线。机器视觉技术与人类识别过程一致，通用性强，易于实施，因而受到广泛关注。基于图像纹理特征的煤岩识别方法主要有字典学习法、小波变换法、灰度共生矩阵法和灰度阈值法等。

基于字典学习的方法，首先获取性质已知的样本图像，通过字典优化模型“训练”得到字典，再利用字典提取煤岩图像特征进行识别。这种方法识别能力强，但缺点是训练字典需要大量的样本，否则识别可靠性不高。聚类是按照相似度要求对样本进行分组的数据分析方法，该方法与字典法不同，不需要对事先分类样本进行训练。在煤岩识别领域的具体应用方法是将煤和岩石进行分类，根据分类的结果，结合工作面的煤岩连续性，获取煤岩分界线。

在小波域中，非对称广义高斯模型能够有力地刻画煤岩图像的纹理特征，与现有的其他算法相比较，小波变换算法具有更高的正确识别率，其平均识别率达到87.77%，为进一步研究煤岩界面的自动检测提供了参考。但是为提高小波变换的识别精度，计算量随之增大，煤岩识别的实时性受到影响。

灰度共生矩阵法是图像纹理特征提取的经典方法，可以将煤、岩石间纹理的差异很好地分辨出来，而煤岩图像的纹理特征具有多尺度特性和周期性，纹理特征无法通过灰度共生矩阵进行有效描述，计算量较大，需要与其他算法结合使用。

煤、岩石的颜色和反光程度不同，体现到相机采集的图像上即灰度有所差异，灰度阈值法是利用不同材质间的灰度差异进行识别的方法。该方法原理简单，算法容易实现，实时性很好。在实验室条件下，由于光照足够且均匀，这种方法效果尚可。但是煤矿井下环境恶劣，所采集图像的灰度差异往往受光照不均影响，实际应用效果较差。

图像采集的质量对图像处理算法和结果有重大影响，图像采集清晰，特征突出，则可以减小处理算法的难度，提高识别的精度和可靠性。基于机器视觉技术的煤岩识别方法最主要的问题在于井下煤尘浓度高，光照强度弱且不均匀，给机器视觉技术的应用带来一定困难，需要在采集点附近增加光源补光。可见光的不可穿透性使该技术局限于对已暴露工作面的分析识别，不能实现超前探测。为克服应用机器视觉技术进行煤岩识别的缺陷，多参数融合的煤岩识别方法研究成为主流。

（2）超声波检测技术

使用超声波检测仪将超声波射入煤层，其传播至煤岩界面时产生反射回波，接收回波信号。利用超声波的传播时间和传播速度计算获得煤层厚度，从而描绘出煤岩界面，为自适应截割提供基础。

超声波检测技术的缺陷在于煤层内经常会有断层、裂隙，在该地质条件下声波能量衰减严重，回波信号微弱不容易接收。界面反射回波往往和其他干扰声波，如边界回波、裂隙回波叠加，很难从中分离提取出界面回波信号。所以对于超声波检测技术而言，信号处理算法的好坏对其检测效果有决定性影响。

多重信号分类算法是将天线阵接收到的信号数据进行特征分解，求取其特征值及对应的特征向量，从而得到两个子空间（信号子空间、噪声子空间）。该算法分辨率高，但是限制条件较多，适用性不广。改进 S 变换是基于时间幅值包络曲线方法分离叠加回波信号的方法，具有更好的时频分辨率及时频聚集性，可有效分离煤岩界面的混叠反射回波，较准确地计算出超声波煤岩界面反射回波的到达时间，从而获得更精准的煤岩界面。

（3）γ 射线法

岩层中的 γ 射线强度比煤层高 5～20 倍，因而可将岩层视作放射源，其辐射强度衰减量与煤层厚度呈递减函数关系，通过检测 γ 射线穿透煤层的辐射量，即可确定残留煤层厚度。将运用此测量方法的探头安装在掘进机上，能实现煤层厚度的非接触测量。γ 射线法在应用上还存在一些技术难题：探测精度不高、γ 射线穿透能力弱、测量煤层厚度不能太大、探测传感器易受煤尘等因素干扰。

（4）基于红外热像检测的煤岩识别技术

掘进机截齿在截割煤岩过程中会产生大量热量，截齿的温度会随之升高。温度升高的程度与截割对象的硬度有关，硬度越高，截齿的温度就越高。一般情况下岩石的硬度要高于煤的硬度，使用红外热成像仪捕捉截齿温度的变化，根据截割头当前的位姿解算出煤岩界面。

研究结果表明，截岩时的高温区范围与闪温瞬态峰值明显大于截煤过程的，煤岩硬度差别越大，截齿的温度峰值差异越显著。研究结果为实现煤岩界面动态识别提供了重要的理论及数值依据。

（5）基于声发射信号的煤岩识别技术

由于煤和岩石硬度与材质不同，截割时发出的声波信号也不相同。实时采集截割时声波信号，对其进行特征提取并分析得到煤岩界面。在截割煤和岩石时，由于煤岩的结构组织不同，掘进机的切割状态必然不同，随之接收到的声波信号也会有较大差别。采用时域分析、频域分析的方法分析掘进机不同煤岩比例条件下截割的声发射信号，得到相应工况下的特征值样本，然后将这些样本作为采样参数建立隶属度函数，通过函数反推出不同信号下的煤岩比，从而确定煤岩界面分布，为煤岩识别研究提供了新的依据方法。

(6) 基于振动、截割力和截割电机电流等信号的煤岩识别

截割不同硬度的材料产生的截割负载不同，其产生的振动信号间接传递给截割臂进而传递至整个掘进机。通过测振仪和加速度传感器采集振动信号，分离并提取截割臂的振动信息，对其进行分析后可获得煤岩界面。基于截割力和截割电机电流信号的识别技术与之类似，都属于接触式测量手段。与非接触式测量手段相比信号特征强，但是存在识别速度慢、抗干扰能力差等缺点。

2. 发展趋势和建议

综上所述，目前没有单一技术能够满足所有环境下的检测要求，主要有以下几个研究方向：第一，采用抗干扰强、灵敏度高的新型传感器；第二，优化特征提取和识别算法，减少运算时间，提高识别精度；第三，多种技术交叉或多传感器信息融合，提高识别精度和适用范围。

例如，一种基于自适应神经网络模糊推理方法，将振动信号、截割电流信号和声波信号的多传感器信息融合可以显著提高识别效果。截割实验表明，截割轨迹基本与煤岩的真实分界面一致，上下起伏波动较小，煤岩识别精度较高。将来，采用更多的测量技术以获得更全面的煤岩信息，在更高层次、更大范围实现决策层融合，是该类技术的发展趋势。

针对采集的温度、声音、振动、粉尘浓度、图像等信息，采用深度学习等先进技术，结合各自的优点，融合多种技术进行交叉识别，能够有效提高煤岩识别的正确率和增强煤岩识别的普适性。

煤、岩石硬度的变化使截割的工作载荷发生突变，导致截齿、液压缸和截割电机等部件发生损坏。为了使截割过程平稳，掘进机的截割参数应该能够适应工作载荷的变化。煤岩硬度的变化会对截割功率造成影响，同时也会给系统带来冲击和振动。当煤岩硬度较大或者分布复杂交错时，操作人员会人为降低截割和进给速度，自适应截割控制是使截割臂摆动速度或截割速度与煤岩硬度自适应匹配的技术，可以使截割过程更加平稳。

按照综掘的施工工艺，截割深度在截割过程中能任意调节，同时考虑掘进机自身结构的限制，一般靠控制截割臂的摆动速度以及截割头的转速来适应工作载荷的变化，使截割功率保持恒定，达到所谓的自适应截割。当然，对上述两参数的控制是建立在煤岩界面准确和实时识别基础上的，截割头转速、截割臂摆动速度与工作载荷之间存在最优的参数匹配。

一般靠调整反馈电流的大小控制驱动液压缸的流量，进而控制截割臂的摆动速度，截割电机转速可以通过直流调速和变频调速等方式进行。为了使截割臂摆动速度或截割电机转速与工况自适应匹配，国内外开始尝试采用模糊控制、神经网络等人工智能算法，使控制精度和性能得以提高。该技术的发展应用离不开煤岩界面识别技术的支持，其技术难点在于控制算法的设计。

自适应截割控制系统快速稳定、误差小，能够随工作载荷的变化进行快速调整。但是控制算法存在不确定性，尚需要结合不同工况采集大量数据进行学习训练。此外，还需要与姿态检测、断面形成控制、行走控制等多种技术相互协调提高掘进机的截割性能。

第三节 智能化煤矿建设的主要任务与发展方向

由于我国煤层赋存条件复杂多样，不同矿区、不同煤层条件对智能化的要求、技术路径、发展目标等均存在差异，煤矿智能化建设并不是一蹴而就的，而是要分层次、分阶段、分重点逐步推进。虽然已经在红柳林煤矿、张家峁煤矿等建设了数字化矿山，并在黄陵一号煤矿、新元煤矿等实现了综采工作面“有人巡视，无人值守”的智能化开采，但相关技术成果尚难以直接应用于煤层赋存条件复杂的矿区。为实现煤炭智能化开采的终极目标，仍然需要对煤矿主要系统进行技术攻关，主要系统如图 1-22 所示。

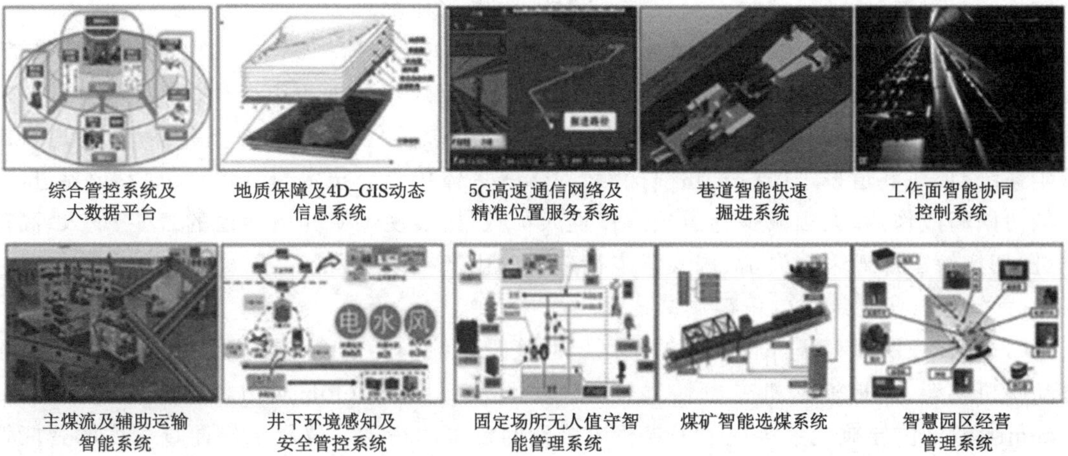

图 1-22 智能化煤矿十大主要系统

1. 发展精准地质探测与 4D-GIS 系统

煤层赋存环境精准探测是进行煤炭资源开发的基础，其探测精度与系统可靠性直接影响煤炭资源的安全、高效、智能化开发。由于受制于探测技术与装备的发展瓶颈，钻孔、物探、化探的探测精度、可靠性、时效性等尚难以满足要求，制约了煤矿智能化的发展。

对综采(掘)工作面前方地质体进行超前预探测是实现煤矿智能化开发的基础，应研发基于随掘、随采、随探的矿山地质综合探测技术与装备，创新探测数据动态解释技术，开发探测结果实时处理、动态成像等技术，提高探测信息的时效性；构建综采(掘)工作面探测信息大数据分析平台，进行钻探、物探、化探数据的联合反演，实现综采(掘)工作面前方地质体的精准探测；开发综采(掘)工作面采动应力定量探测技术与装备，实现应力异常区的实时精准探测；研发煤矿井下智能钻探技术与装备，实现井下地质探测的地面远程可视化操控；研发矿井 4D-GIS 综合探测与应用系统，建立矿井地质信息时空状态数据库，实现对矿井地质历史信息的演变过程及未来变化趋势的预测；开发综采(掘)工作面地质信息综合管理系统，构建透明综采(掘)工作面三维地质动态模型，实现地质探测数据的统一协调管理与动态实时三维可视化展现，为实现煤矿井下智能综采(掘)提供地质探测技术与装备保障。

2. 智能化开拓规划与工作面设计

井工煤矿开拓规划与工作面设计是矿井建设的基础，需要编制大量的技术文件、设计图纸等，存在重复性劳动量大、修改调整工序复杂、图纸与文件标准不统一等问题，亟须进行井工煤矿智能化开拓规划与工作面设计。

统一煤矿开拓规划原则与标准，明确煤矿规划设计目标，基于矿井地理信息系统，开发井工煤矿智能规划与工作面设计系统；基于矿井产量、设备现状、物料供应等，对接续工作面进行自动规划设计，实现巷道掘进施工设计、综采工作面开采系统设计、主辅运输系统设计、通风设计、排水设计、供电设计等文字资料与设计图纸的标准化与智能化。

3. 发展巷道智能化快速掘进成套技术

受制于巷道掘进工作面空间狭小、作业环境恶劣、临时支护困难等，巷道掘进工作面尚处于机械化作业阶段，普通煤巷的月掘进进尺一般仅为 200～300 m，难以保障矿井的正常采掘接续，直接制约了矿井的安全、高效、智能、少人化开发。

基于目前巷道掘进技术与装备发展现状，应首先实现巷道掘进与支护的协调快速推进，在切实提高巷道掘进速度、支护速度与掘-支协同作业效率的前提下，开发巷道掘进设备的精准定位与智能导航系统，研发巷道智能超前探测系统、智能协同临时支护装置、巷道智能除尘系统，形成巷道掘进、支护、超前探测、除尘等一体化成套技术与装备，实现巷道掘进、支护的协同高效作业，大幅减少巷道掘进作业人员数量，实现煤矿井下巷道的智能、少人、高速掘进，切实解决煤矿采掘失衡、掘支锚失衡造成的生产接续矛盾。

4. 完善智能化综采工作面成套技术

目前，在煤层赋存条件较优异的矿区已经实现了综采工作面采煤机记忆截割、液压支架自动跟机移架、刮板输送机变频协同控制等，并基于 LASC(longwall automation steering committee)定位导航技术实现了采煤机三维空间位置的精确定位及工作面直线度的智能调整，但井下综采设备的实时精准定位与导航、采煤机自适应智能调高、煤壁片帮冒顶自适应智能控制、刮板输送机智能调斜、煤流量智能监测与协同控制等尚存在技术瓶颈，制约了综采工作面由自动化开采向智能化开采迈进。

智能感知、智能决策和自动控制是智能化开采的三要素，针对综采工作面智能化发展存在的上述问题，应研发综采工作面三维扫描与地图构建技术，通过激光扫描、高清与红外摄像仪同步动态扫描等方法，获取工作面三维场景信息，采用井下三维模型构建与修改技术，构建井下三维地图；研究采煤机、液压支架、刮板输送机等综采设备的三维空间位置高精度检测和姿态精准感知技术，通过引入惯性导航、超宽带(UWB)、毫米波、机器视觉等多种传感技术，为工作面直线度调整及采煤机智能调高提供支撑；研究基于采煤机截割阻力感知的采煤机功率协调、牵引速度调控原理，开发采煤机与煤层自适应控制专家系统；研发采煤机姿态感知技术与装置，实现采煤机姿态的自动感知与调控；研发采煤机自动调高系统，实现基于煤层赋存条件的采煤机自适应控制；研发综采工作面分布式多机协同控制技术与系统，通过构建基于统一坐标系的综采设备群姿态、位置关系运动模型；研究综采装备群分布式协同控制原理——研究仰俯采等复杂条件下液压支架自动跟机移架、液压支架自适应控制、刮板输送机智能调速等，实现复杂条件下综采设备群的多机协同控制。综采自动化控制系统如图 1-23 所示。通过综采工作面智能化开采关键技术攻关，切实提高综采设备与围岩的自适应控制及协同控制水平，实现井下综采工作面的安全、高效、绿色、智能化、少人化开采，并逐步实现有限条件下的无人化开采目标。

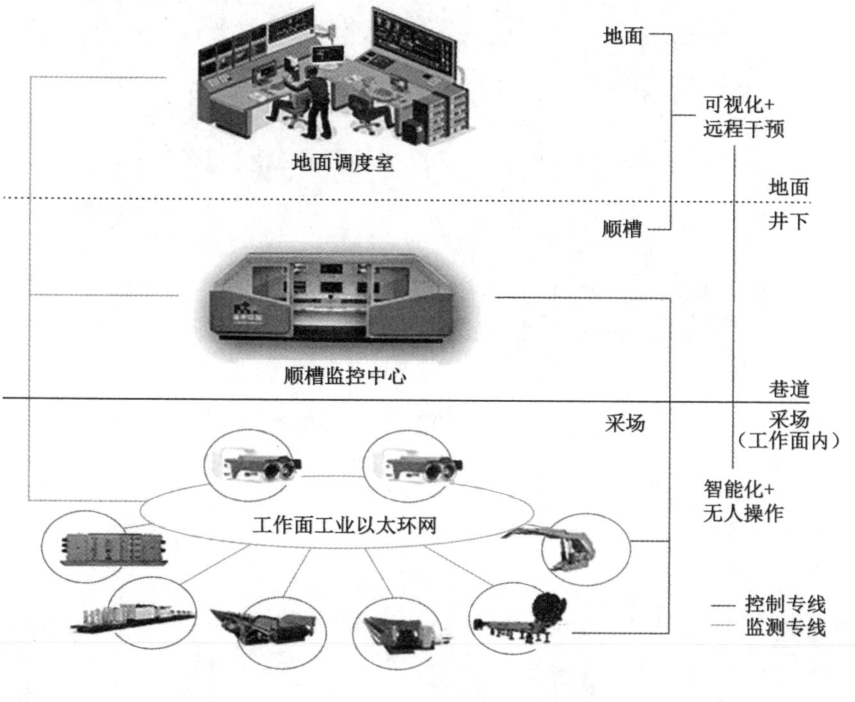

图 1-23 综采自动化控制系统

5. 发展智能化主/辅运输系统技术

目前，基于图像识别、超声波探测、变频控制等技术，基本实现了主煤流运输系统的异物智能检测、煤量智能监测、皮带撕裂智能监测等，在部分矿井实现了主煤流运输系统的自动化、无人化运行，但对于深部矿区的立井主提升系统尚存在自动化程度低、作业劳动强度大等问题。因此，应进一步大力推广图像识别、永磁驱动、变频控制等技术在主运输系统的应用，大幅减少主运输系统作业人员数量、降低煤流线运输能耗，推进研发立井主提升系统的自动化、智能化技术与装备，实现煤矿井下无人值守与经济协同运行。

目前，在煤层赋存条件较优越的矿区，无轨胶轮车已经成为矿区的主要辅助运输设备，极大地提高了矿井人员、物料、设备的运输能力与效率，并初步实现了无轨胶轮车的井下定位与综合调度，但无轨胶轮车的定位精度、运行管理模式等尚难以达到智能化、无人化的水平，且井上下物料的运输管理缺乏统一的标准与模式，尚处于起步阶段；对于轨道运输、单轨吊运输（图 1-24）等其他形式的辅助运输系统，则主要处于机械化运输阶段，有待实现遥控式自动化运输。因此，应大力推广应用井下人员、车辆的精准定位与智能导航技术，积极推进无人驾驶技术在煤矿井下的应用，研发适用于不同运输场景的井上下智能辅助运输系统，开发井下物料智能运输模式，实现井上下人员、物料、设备的运输路线智能规划、自动运输、协同管理。

6. 突破危险源智能感知与预警技术

目前，基于水量监测、束管监测与分布式光纤测温、瓦斯监测、风压与风量监测等监测技术，基本实现了对水、火、瓦斯、粉尘、顶板等灾害的在线实时监测，KJ823X 煤矿安全监控系统如图 1-25 所示。但受制于灾害发生的机理尚不明确、感知设备的精度与时效性

图 1-24　矿井使用的单轨吊

较差、感知信息与防控设备尚未实现联动等，井下重大危险源智能感知与预警尚存在技术瓶颈。

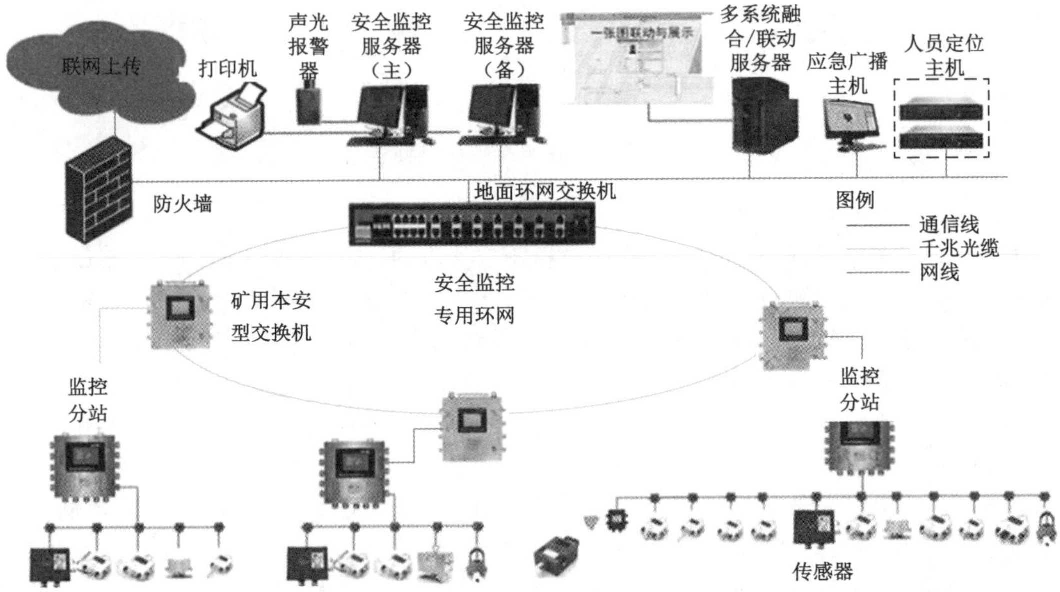

图 1-25　KJ823X 煤矿安全监控系统

针对现有井下重大危险源智能监测与预警技术瓶颈，应加强研发井下低功耗、高精度、多功能环境监测传感器，大力推进水、火、瓦斯、粉尘、顶板等灾害发生机理与防治技术攻关，有效提高围岩环境监测信息的可靠性及灾害预警的准确性；研发基于温度与标志性气体多参量监测的采空区自然发火预测与预警技术，开发智能注氮、注浆装备，实现采空区自然发火的精准预警与防治措施的智能联动；推广应用井下固定排水点的智能监测与抽排的技术和装备，研发移动排水点的水泵自动搬移、管路智能布设等技术，实现对小水窝、中转水仓、中央水仓的智能抽排；研发风量智能解算与自适应调节技术，实现瓦斯监测、预警与风量调节的智能化；加强对井下冲击地压、岩爆等围岩动力灾害发生机理的研究，研发智能灾害预警技术，实现井下灾害的智能监测、预警与防治系统的智能联动；开发井下避灾路线智能规划系统，并与灾害监测与预警系统实现联动，为井下人员避灾与逃生提供系统保障。

7. 全面发展智能化洗选系统

基于信息传感、人工智能、视频监控等技术对原煤的洗选过程进行自动化、少人化操控是智能洗选系统的发展方向。目前，部分矿区已经实现了地面选煤厂的视频监控智能化、自动配煤精准化、设备状态可视化、3D控制立体化、调速节能自动化等。基于人脸识别、高清智能网络摄像机等实现了选煤厂生产区域监控的全覆盖，通过网络摄像机的智能联动对高风险区域进行实时监控预警，利用智能摄像机划定电子危险区域，对进入危险区的人员进行警告。基于不同的配煤要求，对煤仓的闸板开度、给煤机频率等进行自动控制，实现精准配煤，通过3D可视化建模与设备传感监测技术，实现了选煤厂内关键设备的在线智能巡检。此外，基于X射线、人工智能技术，实现了煤矸混合物干法分选。IDS智能干选机如图1-26所示。

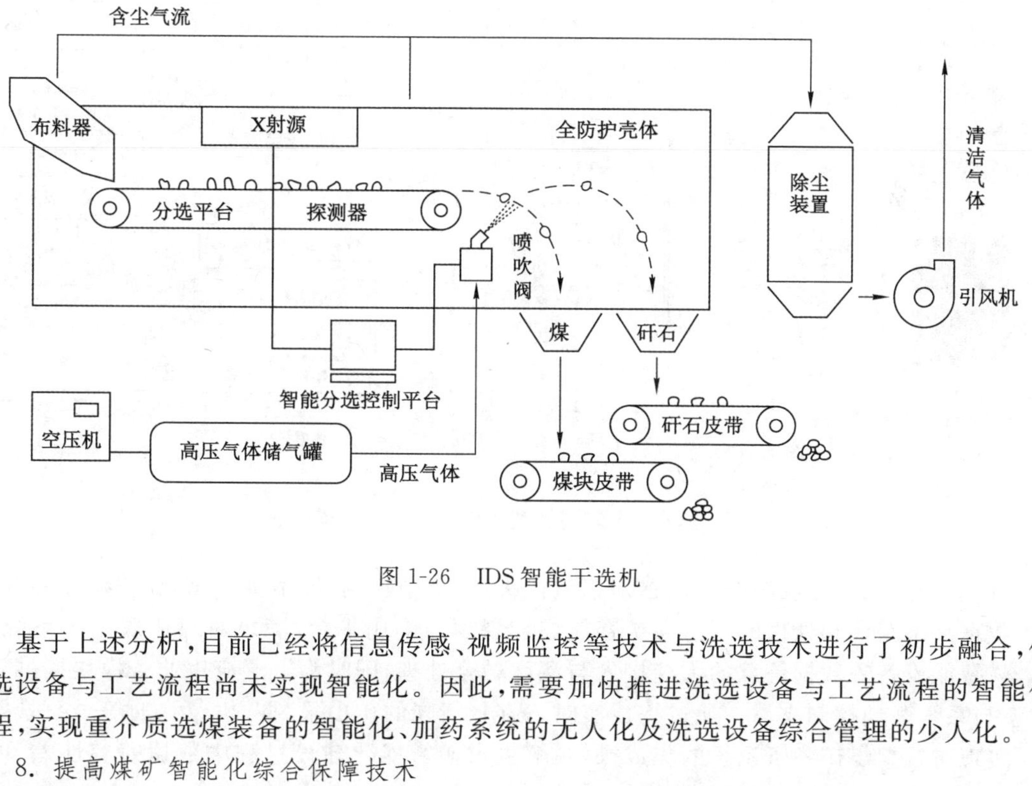

图1-26　IDS智能干选机

基于上述分析，目前已经将信息传感、视频监控等技术与洗选技术进行了初步融合，但洗选设备与工艺流程尚未实现智能化。因此，需要加快推进洗选设备与工艺流程的智能化进程，实现重介质选煤装备的智能化、加药系统的无人化及洗选设备综合管理的少人化。

8. 提高煤矿智能化综合保障技术

煤矿综合保障技术主要是对井下作业人员、设备、工程等进行按需供风、供电、供液、供料等，并实现井下设备的日常维修、检修与保养等。目前，部分矿井已经实现了井下供电、供液系统的自动化、无人化运行，大型煤机装备均配备了故障自诊断、监测、报警等功能，甚至基于三维可视化建模、视频监测等技术实现了井下大型设备的在线智能巡检，但井下各系统的物资供应、设备维修、检修等均需要进行人工现场操作。因此，应加强煤矿井下智能综合保障技术与装备研发，构建扁平、开放、多元、互动、高效的智能综合保障系统，加强井下大型设备故障自诊断与健康管理系统开发，实现井下设备的在线诊断与远程运维。

9. 矿井物联网综合管控系统和操作平台

推进煤炭行业物联网技术与未来通信网络(5G)、大数据、云计算等技术的融合发展,研究具有高带宽、低功耗、低延时、大容量、自治愈等特性的无线自组网通信技术与装备,对煤矿井下末端网络进行全覆盖,配合煤矿井下受限空间、强干扰、复杂巷道网络条件下的多传感信息融合处理和低时延、高速率、大容量共网传输通信技术,满足井下安全生产各类感知节点接入、信息传输与交互的需要。面向井下人员、设备、环境和各类子系统,研究基于物联网的井下目标(人员、设备)精确定位、运输物料的精确管控、生产环境的实时监测、车辆调度管理等系统。深化矿山物联网技术创新、应用创新和管理创新,实现煤炭企业跨部门、跨层级的业务协同和信息资源共享,如旷博智慧矿山综控管理系统(图 1-27)。

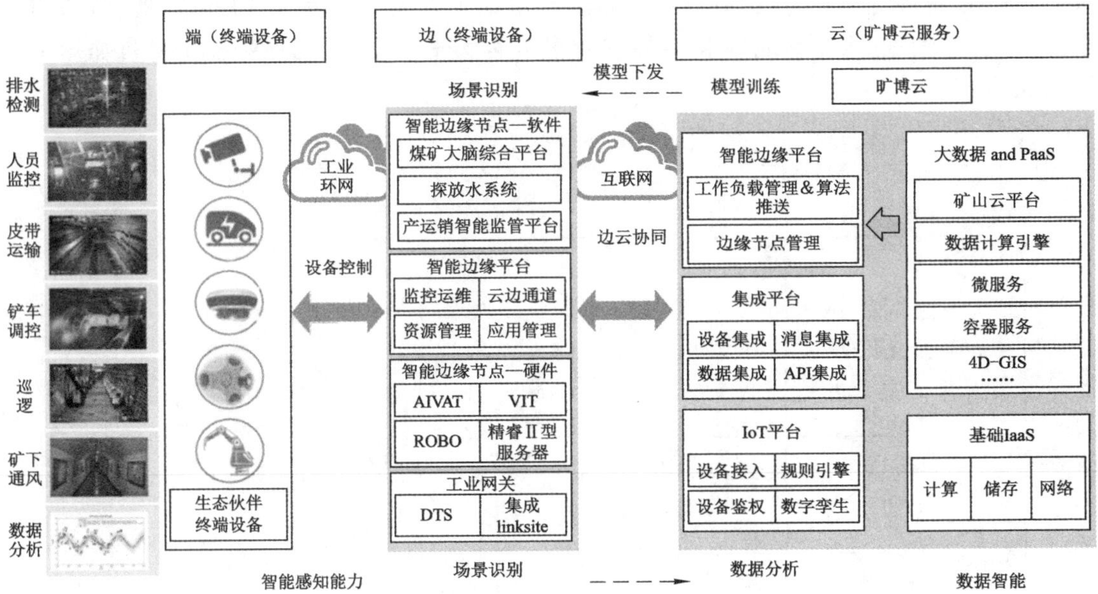

图 1-27 旷博智慧矿山综控管理系统

面向智慧煤矿建设的一体化感知、分析、决策、集中控制、展示等需求,加快构建开放、安全、数据易于获取和处理的智慧煤矿智能综合管理与应用平台,满足对煤矿底层子系统、传感器、智能设备等数据信息的无缝接入与深度融合处理,同时为上层应用业务模块提供数据共享与系统联动控制支撑。通过构建实时、透明、清晰的矿山采、掘、机、运、通等全系景象平台,实现对智慧煤矿各子系统的集成操控,解决煤矿智能化建设过程中数据兼容性差、可靠性差、信息孤岛、子系统割裂等问题。

煤矿智能化是煤矿综合机械化的升级发展,是煤炭生产方式和生产力革命的新阶段,煤矿智能化是煤炭工业高质量发展的核心技术支撑,建设智能化煤矿是煤炭工业发展的必由之路。我们应当认识煤矿智能化发展的必然性和方向性,积极但不浮躁、全面而不盲目地加快煤矿智能化发展,把大数据、物联网、智能装备等新技术与煤炭开采技术深度融合,彻底改变煤炭生产方式,改善煤矿工人作业环境,使煤炭工人成为更有尊严的现代化产业职工,使煤炭行业成为青年人才向往的行业。

课后习题

1. 简述智能化开采的概念。
2. 简述智能化开采的三大技术内涵。
3. 简述综采智能化开采的技术路径。
4. 简述煤矿智能化开采与现有的机械化开采的区别。
5. 简述掘进自动化、智能化包含的三个层面的内容。
6. 简述掘进自动化、智能化关键技术有哪些。
7. 简述自动化、智能化掘进技术的发展路径。
8. 简述智能化采掘技术存在问题和发展方向。

第二章　传感器基础理论

第一节　传感器概述

传感器种类繁多，用途十分广泛，其定义也不尽相同。国际电工委员会对传感器的定义是：测量系统中的一种前置部件，它将输入变量转换成可供测量的信号。《传感器通用术语》(GB/T 7665—2005)对传感器的定义为：能感受被测量并按照一定的规律转换成可用输出信号的器件或装置，通常由敏感元件和转换元件组成。由于电信号具有高精度、高灵敏度、可测量、控制范围广、便于传递放大及反馈等处理、可连续检测和遥测、易存储等优点，所以人们往往希望传感器能将外界信息变成电信号，以便进一步放大、传输、存储、显示、输出信息。

传感器一般由敏感元件(sensing element)、转换元件(transduction element，也称传感元件)及变换电路(transfer circuit)三个基本部分组成，如图 2-1 所示。

图 2-1　传感器组成框图

输入信号常称为被测量，它们通常是一些需要测量的物理/生物/化学量。敏感元件指传感器中能直接感受到或响应被测量的部分，它能直接感受被测非电量，并输出与被测量成确定关系的非电量，该非电量容易被传感元件接收和转换。转换元件指传感器中能将敏感元件感受或响应的被测量转换成适合于传输或测量的电信号部分，它将敏感元件输入的非电量转换为电参量。变换电路又称转换电路或调节/调理电路，它将传感元件输入的电参量变换为电信号，以便于后续电路接收、检测和处理等。虽然在传感器的定义中没有明确表明其包含转换电路，但因为不少传感器要通过转换电路之后才能输出电量信号，从而决定了转换电路是传感器的组成部分之一。

实际传感器的组成也不尽相同，有的传感器简单，有的传感器复杂，有些甚至是带反馈的闭环系统。有些传感元件与敏感元件往往是同一个元件，功能上是合二为一的，如热敏电阻，温度直接使其电阻值变化；再如热电偶在感受温度差值时直接输出电压信号。某些传感元件则不能直接接收和转换被测非电量，必须依靠敏感元件的配合才能完成，如用电阻应变片测压力时就要将应变片粘贴到弹性元件上，弹性元件将压力转换为应变，应变片再将应变转换为电阻变化量，这里弹性元件是敏感元件，应变片是传感元件。有些传感器可以没有转换电路，仅由敏感元件和转换元件组成，如压电加速度传感器，其中质量块是敏感元件，压电片是转换元件。而有的传感器转换元件不止一个，要经过多次转换。

煤矿采掘装备所用的传感器不同于普通的传感器，煤矿井下特定的使用环境对传感器提出了特殊的要求，受煤矿井下使用环境、要求及标准的约束，大部分采掘装备所用的传感器既需要计量，又需要防爆，只有满足这些条件并获国家指定部门检验认证的传感器才能下井应用。目前已经推广使用的这类传感器包括煤矿井下环境参数检测用传感器和生产环节中对设备状态监测用的各类传感器。例如，将位移传感器应用到掘进机上，可对掘进机运动状态进行监测，获得截割头位置信息、前铲板与后支撑的具体伸缩状况等。加速度传感器可对采掘装备上某些重要零部件进行监测，如截割臂大轴承运行监测、采煤机滚动轴承振动信号的采集等。图像传感器可对采掘装备的位姿进行检测，激光传感器可实现采掘装备的位姿检测、直线度的信息获取、综放工作面放煤量监测以及识别煤岩分布情况等。惯性传感器能实现对采掘装备位姿测量及导航定位等。光纤传感器是全光传输，不带电，能构成本质安全型系统，能够实现对顶板、冲击地压、瓦斯、火灾、水害、机电设备等进行综合监控。仿生传感器，是一种采用新的检测机理的新型传感器，将智能仿生引入采掘装备数字孪生系统，可进一步提高采掘装备的智能性。

煤矿采掘装备所用的传感器已解决了煤矿安全生产中的一些问题，一定程度上满足了掘进工作面、采煤工作面、矿山压力、大型机电设备等对环境参数及设备状态监控的需求，减少了瓦斯与煤尘爆炸、火灾、顶板冒落等灾害的发生，有效减少了井下作业人员，降低了重大恶性事故发生的概率。这些传感器的使用对提高生产效率和矿山安全水平起到了非常重要的作用，但随着科学技术的发展与社会的进步，煤矿开采对高性能矿用传感器也有迫切的需求。

我国的传感器技术始于 20 世纪 50 年代，70 年代研制生产了一批新型敏感元件和传感器。近年来，国内传感器行业得到了长足发展，产业化程度不断提升，性能指标提升迅速，在高端产品设计制造、工艺稳定性、产品系列化、工程配套应用等方面，发挥了较大作用。

第二节　位移传感器

一、位移传感器概述

位移是物体在运动过程中位置改变的量，其测量方式所涉及的范围是相当广泛的。小位移通常用应变式、电感式、差动变压器式、涡流式、霍尔传感器来检测，大的位移常用感应同步器、光栅、容栅、磁栅等传感技术来测量。其中，光栅传感器因具有易实现数字化、精度高(目前分辨率最高的可达到纳米级)、抗干扰能力强、无人为读数误差、安装方便、使用可靠等优点，在机床加工、检测仪表等行业中得到日益广泛的应用。

在生产过程中，位移的测量一般分为测量实物尺寸和机械位移两种。按被测变量变换形式的不同，位移传感器可分为模拟式和数字式两种。模拟式又可分为物性型和结构型两种。常用位移传感器以模拟式结构型居多，包括电位器式位移传感器、电感式位移传感器、自整角机、电容式位移传感器、电涡流式位移传感器、霍尔式位移传感器等。数字式位移传感器的一个重要优点是便于将信号直接送入计算机系统。

电位器式位移传感器通过电位器元件将机械位移转换成与之成线性或任意函数关系的电阻或电压输出，如图 2-2 所示。普通直线电位器和圆形电位器可分别用作直线位移和角位移传感器。但是，为实现测量位移而设计的电位器，要求在位移变化和电阻变化之间有一个确定关系。

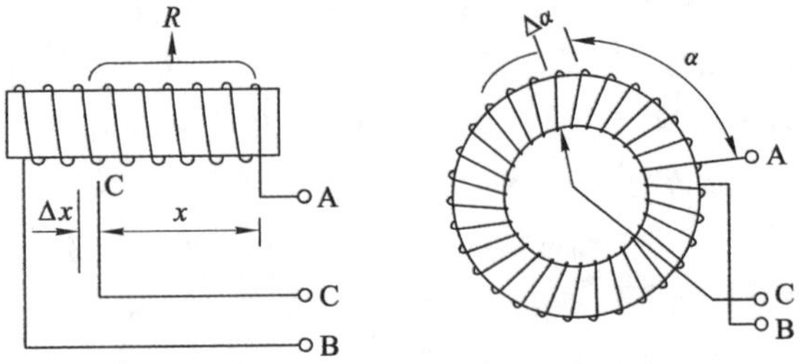

图 2-2　电位器式位移传感器

电位器式位移传感器的可动电刷与被测物体相连。物体的位移引起电位器移动端的电阻变化。阻值的变化量反映了位移的量值，阻值的增加还是减小则表明了位移的方向。通常在电位器上通以电源电压，以把电阻变化转换为电压输出。线绕式电位器由于其电刷移动时电阻以匝电阻为阶梯而变化，其输出特性亦呈阶梯形。如果这种位移传感器在伺服系统中用作位移反馈元件，则过大的阶跃电压会引起系统振荡。因此，在电位器的制作中应尽量减小每匝的电阻值。电位器式传感器的主要缺点是易磨损，但是具有结构简单、输出信号大、使用方便、价格低廉等优点。

磁致伸缩位移传感器，是利用磁致伸缩原理，通过两个不同磁场相交产生一个应变脉冲信号来准确地测量位置，其原理如图 2-3 所示。测量元件是一根波导管，波导管内的敏感元件由特殊的磁致伸缩材料制成。测量过程是在传感器的电子室内产生电流脉冲，该电流脉冲在波导管内传输，从而在波导管外产生一个圆周磁场，当该磁场和套在波导管上作为位置

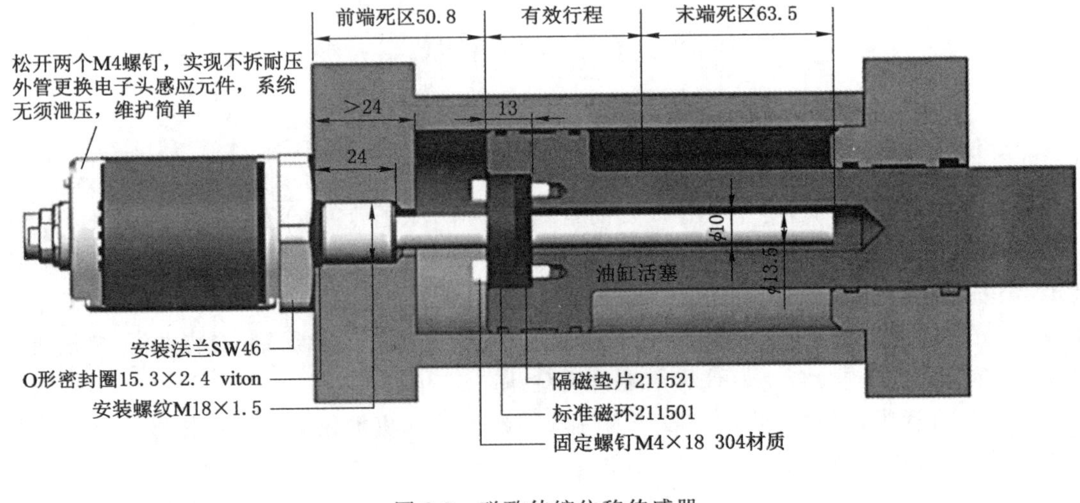

图 2-3　磁致伸缩位移传感器

变化的活动磁环产生的磁场相交时，由于磁致伸缩的作用，波导管内会产生一个应变机械波脉冲信号，这个应变机械波脉冲信号以固定的声音速度传输，并很快被电子室检测到。由于这个应变机械波脉冲信号在波导管内的传输时间和活动磁环与电子室之间的距离成正比，通过测量时间，就可以高度精确地确定距离。输出信号是一个真正的绝对值，不是比例的或放大处理的信号，不存在信号漂移或变值的情况，无须定期重标。由于测量用的活动磁环和传感器自身并无直接接触，即采用非接触的测量方式，所以不至于被摩擦、磨损，因而其使用寿命长、环境适应能力强、可靠性高、安全性好，便于系统自动化工作。此外，还能承受高温、高压和强振动，现已被广泛应用于机械位移的测量、控制中。

二、位移传感器结构

传统电位器式位移传感器中，位移输出比例关系为：$V_0=(V_R/X)x$，其中 V_0 为传感器电压输出值，V_R 为供电电压，X 为传感器量程，x 为当前位移量。这是在触头电刷与电阻线圈接触滑动的情况下的变换关系式。新型电位器式位移传感器采用悬浮式电刷，如图 2-4 所示，对应的等效电路如图 2-5 所示。在图中，C 为电阻线圈的中点，即位移参考点（位移量 $x=0$），在这一点上，电阻 R_1 和电阻 R_2 相等，悬浮式电刷向上移动为 $+x$，向下移动为 $-x$。总的移动范围为 X，悬浮式电刷与电阻线圈之间形成的空气间隙所产生的耦合电容为 C_C。

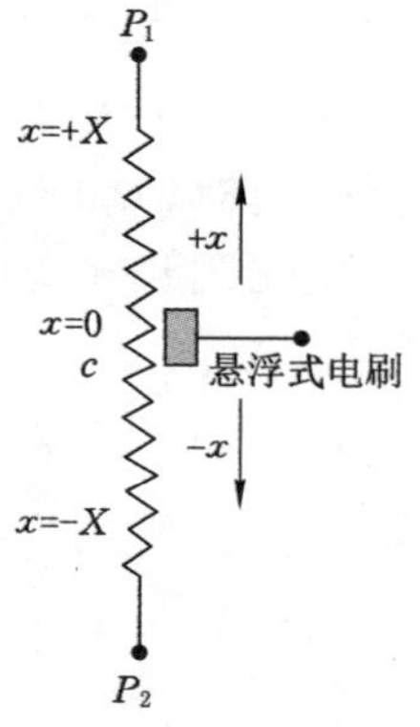

图 2-4　悬浮式电刷位移传感器结构

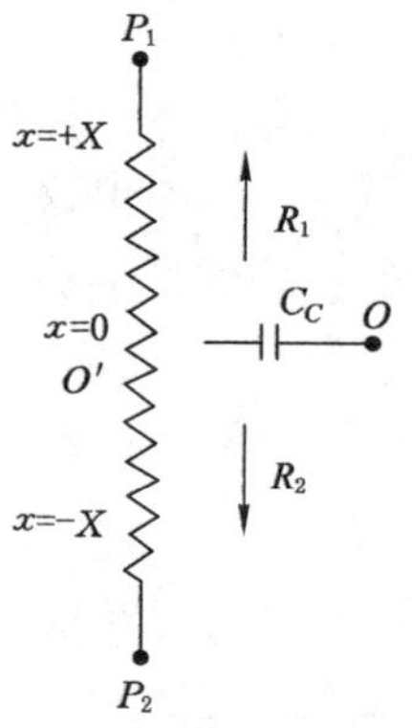

图 2-5　传感器等效电路

显然，采用悬浮式电刷可有效解决电阻线圈接触面磨损等问题，但也带来了转换过程存在耦合电容的新问题，而且要求新型位移传感器能保持与传统位移传感器有类似的位移量线性输出关系。因此，必须为新型电位器式位移传感器设计新的信号调理电路，将悬浮式电刷产生的位移量变换成电量，并使得传感器输出与电刷的位移有确定的线性关系。

磁致伸缩位移传感器结构如图 2-6 所示，主要包括密封堵头、挡圈、位置磁铁、波导丝保护管、测量电路密封壳体、密封电缆接头等，仪器内部设有波导丝、波导丝屏蔽层、消回波装置、波导丝直线度调节装置、测量线圈、测量电路板等。

根据磁致伸缩位移传感器测量原理可知，应变脉冲是由问询脉冲产生的磁场与位置磁铁产生的磁场相互叠加致使波导丝发生变形而产生，然后通过检测此脉冲，从而得到位置磁铁的位置。目前市场上销售的该类传感器大多采用圆环或半圆环形状的永久性磁体作为位置磁铁，其磁场沿波导丝方向，再加上磁铁的厚度，相当于磁场有一定的长度。所以，当位置

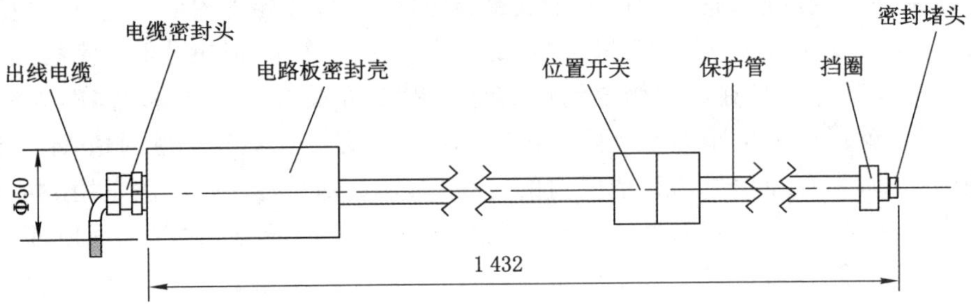

图 2-6　磁致伸缩位移传感器结构

磁铁沿波导丝从左向右移动与从右向左移动，位置磁铁产生的磁场与问询脉冲产生的磁场叠加产生应变脉冲的位置出现偏差，从而导致传感器的回差增大。为了减小仪器的回差，将位置磁铁设计为沿圆周均匀分布的多个磁钢，且磁钢的磁场方向垂直于波导丝。

磁致伸缩位移传感器测量电路硬件原理如图 2-7 所示。可以看出，测量电路主要由 MCU 模块、问询脉冲加载模块、回波信号检测模块、TDC 模块等构成。MCU 模块用于协调各芯片工作产生相应的激励信号，将测量结果通过串口发送。问询脉冲加载模块包含了一个高阶的电荷泵储能电路以及一个放电控制场效应管。高阶电荷泵用于在充电电容 Ccharge 两端产生高达 36 V 以上的激励电压，放电控制场效应管受 MCU 控制，导通后的瞬间将充电电容上储存的电量经由波导丝泄放，以产生所需要的高幅值问询电流脉冲。回波信号检测模块包含了一个电压放大倍数约几千倍的窄带放大电路以及由高速比较器和施密特触发器构成的比较整形电路。回波脉冲检测模块用于将同轴线圈接收到的回波信号提取出来，并整形成时间测量所需要的陡峭边沿信号。TDC 模块主要包含了时间数字转换芯片 GP22 以及其外围电路。GP22 拥有 45 ps 的时间测量分辨率，可大幅度提高传感器的位移检测分辨率。

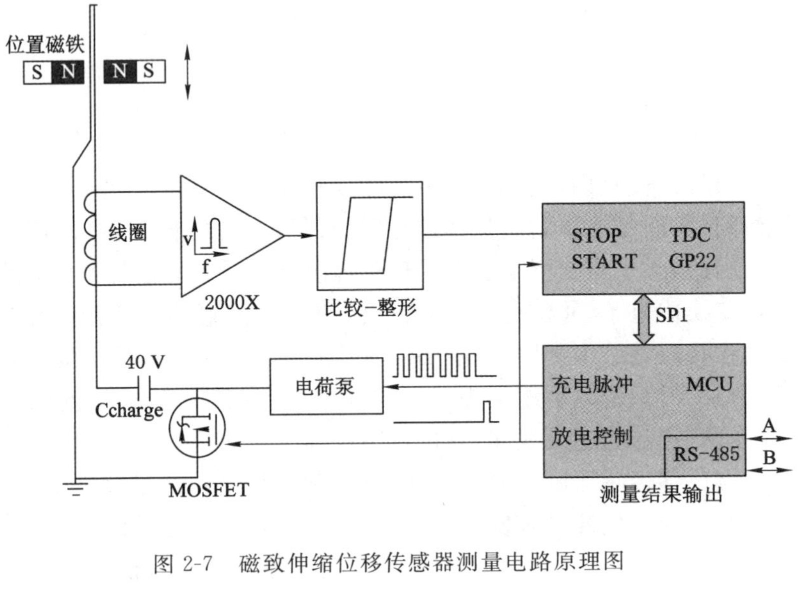

图 2-7　磁致伸缩位移传感器测量电路原理图

三、位移传感器在采掘装备中的应用

位移传感器应用到掘进机上，主要对其运动状态进行监测，例如掘进机自适应截割控制系统(图 2-8)，掘进机巷道断面自动成形和掘进机的电控系统(图 2-9)。操控掘进机时需要得到截割头位置和速度的信息，而截割头的位置和速度是由三种不同功能的油缸工作状态决定的，在截割头伸缩油缸、回转台回转油缸和截割部升降油缸内安装位移传感器，其根据油缸的伸缩量输出电信号，再通过计算机读取到的电信号测得油缸的伸缩量，用于检测油缸动作和位移，从而准确地获取操控掘进机的动作。根据油缸位移，利用 PLC 控制器以及其他控制系统实现截割头轨迹的精确控制、掘进机状态调整等工作。

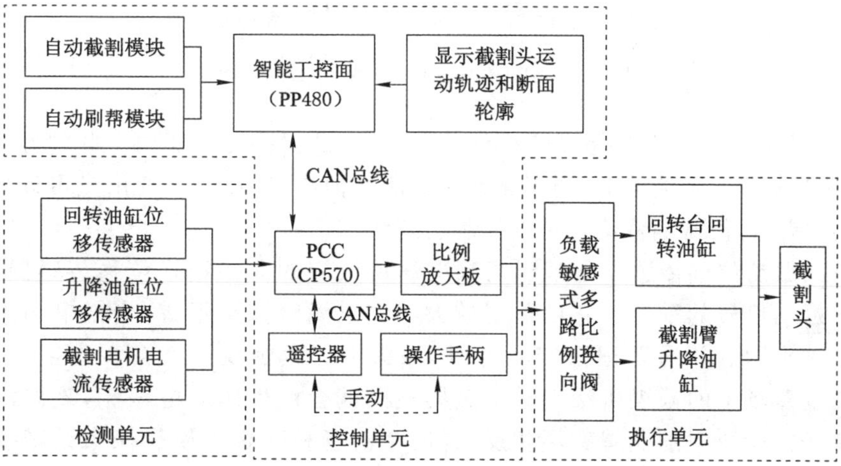

图 2-8　掘进机自动截割控制系统设计框图

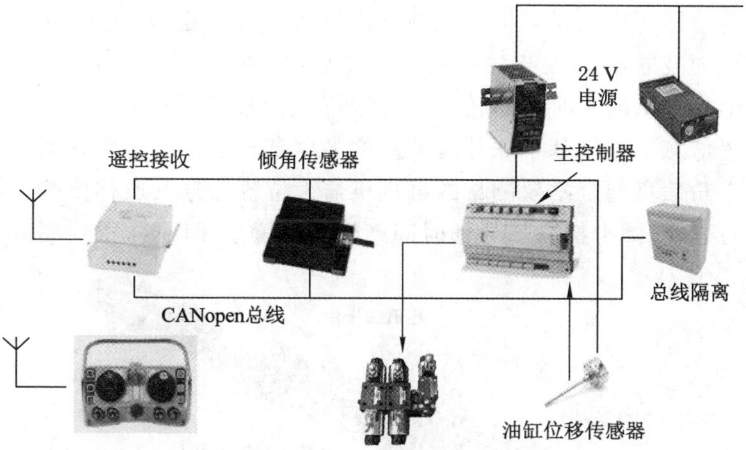

图 2-9　改造升级电控系统硬件组成

若要建立掘进机的监测系统，还须将位移传感器安装于铲板油缸与后支撑油缸内，用于测量前铲板与后支撑的具体状态。此类的油缸位移传感器可以是磁致伸缩式位移传感器，

也可以是直线位移传感器。

位移传感器用在采煤机上也相类似，对采煤机工作状态进行监测和实现采煤机滚筒调高控制，位移式传感器安装在油缸内，获取滚筒的位移和速度的信息检测系统如图 2-10 所示。

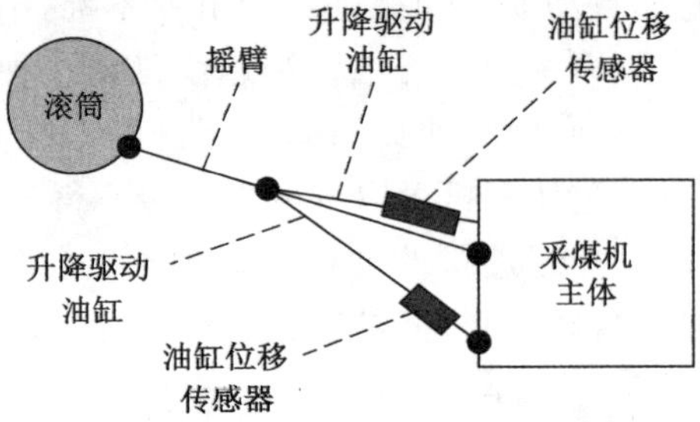

图 2-10 位移传感器在采煤机上位置图

位移传感器还用于对某些重要零部件的监测，线性位移传感器用于截割臂大轴承运行监测，安装在截割臂升降油缸上，用于测量油缸活塞伸出量，根据该伸出量可计算出截割臂与水平位置的夹角，使截割臂位置角度控制达到 0±1°。

电涡流式振动位移传感器是基于高频电涡流效应的非接触式位移传感器，用于采煤机滚动轴承振动信号的采集。它由前置放大器和电涡流探头组成，当把电涡流探头放在采煤机滚动轴承附近并通以正弦交流电时，探头中的激励线圈就会产生正弦交变磁场，这时处于交变磁场中的采煤机滚动轴承金属表面就会产生感应电涡流，该涡流场同时产生的交变磁场方向与激励线圈磁场相反，这两个磁场相互叠加使得探头激励线圈的有效阻抗发生变化。激励线圈的有效阻抗变化与电涡流探头到采煤机滚动轴承的距离成正比，而前置放大器将激励线圈的有效阻抗转换成电压形式输出，从而测出探头到采煤机滚动轴承表面的间距。

此外位移式传感器还用于煤矿护盾式掘进机器人系统的定位，位移传感器安装在临时支护机器人Ⅰ和临时支护机器人Ⅱ之间的推移油缸中，如图 2-11 所示，位移传感器输出的位姿信息与捷联惯导输出的实时姿态转换矩阵进行航位推算，得到掘进机器人机身在当地地理坐标下的位置信息。利用基于联邦滤波器的多信息融合算法将捷联惯导解算出的掘进机器人位置及姿态角信息与全站仪测量的掘进机器人位置信息及位移传感器推算的掘进机器人位置信息进行融合，减少捷联惯导随时间产生的位置累计误差，得到掘进机器人的位姿

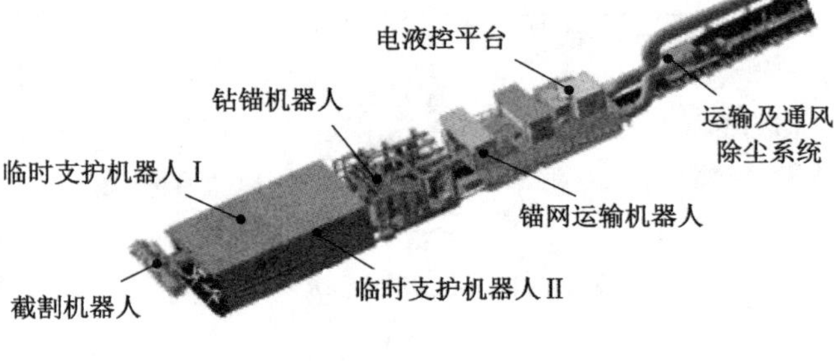

图 2-11 煤矿护盾式掘进机器人系统构成

信息，最终实现掘进机器人的精确定位。

第三节　图像传感器

一、图像传感器概述

图像传感器是利用光电器件的光电转换功能将感光面上的光像转换为与光像成相应比例关系的电信号。与光敏二极管、光敏三极管等“点”光源的光敏元件相比，图像传感器是将其受光面上的光像，分成许多小单元，将其转换成可用的电信号的一种功能器件。图像传感器分为光导摄像管和固态图像传感器。与光导摄像管相比，固态图像传感器具有体积小、重量轻、集成度高、分辨率高、功耗低、寿命长、价格低等特点，在各个行业得到了广泛应用。

以产品类别区分，图像传感器产品主要分为 CCD（charged coupled device）、CMOS（complementary metal-oxide-semiconductor）以及 CIS（contact image sensor）传感器三种。本书主要介绍 CMOS（图 2-12）、CCD（图 2-13）传感器的技术和产业发展现状。

感光器件是工业摄像机最为核心的部件，图像传感器有 CMOS 和 CCD 两种。CCD 特有的工艺，具有低照度效果好、信噪比高、通透感强、色彩还原能力佳等优点，在交通、医疗等领域中广泛应用。由于其成像方面的优势，在很长时间内还会延续采用，但同时由于其成本高、功耗大也制约了其市场发展的空间。CCD 与 CMOS 在不同的应用场景下各有优势，但随着 CMOS 工艺和技术的不断提升，以及高端 CMOS 价格的不断下降，在安防行业高清摄像机未来的发展中，CMOS 将占据越来越重要的地位。CCD 于 1969 年在贝尔试验室研制成功，之后由日商拓产实业有限公司等公司开始量产。CCD 又可分为线型（linear）与面型（area）两种，其中线型应用于影像扫描器及传真机上，而面型主要应用于数码相机（DSC）、摄录影机、监视摄影机等影像输入产品上。

图 2-12　CMOS 感光器件

图 2-13　CCD 感光器件

二、CCD 与 CMOS 的组成结构比较

在制造上，CCD 和 CMOS 的区别主要是 CCD 是集成在半导体单晶材料上，而 CMOS 是集成在被称为金属氧化物的半导体材料上，其工作原理都是利用感光二极管进行光电转换，这种转换的原理与太阳能电子计算机的太阳能电池效应相近，光线越强电力越强，光线

越弱电力也越弱。它们的主要差异是数字数据传送方式不同,简易结构如图 2-14 所示。

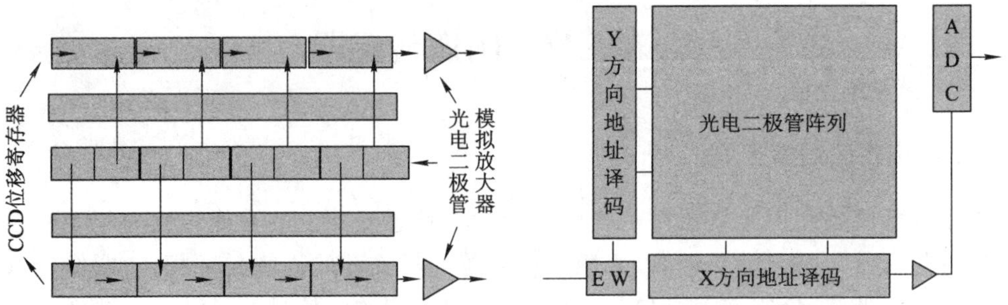

(a) CCD的组成结构　　(b) CMOS的组成结构

图 2-14　CCD 与 CMOS 的组成结构

比较 CCD 与 CMOS 的结构,ADC(数模转换器)位置和数量是最大的差异。CCD 每曝光一次,在快门关闭后进行像素的转移处理,将每一行中电荷信号依次转入"缓冲器"中,由低端的线路引导输出至 CCD 边缘的放大器进行放大,再串联 ADC 输出。CMOS 的结构中,每个像素都直接连着 ADC,点和信号直接放大并转换成数字信号。造成这种差异的原因在于 CCD 的特殊工艺可以保证数据在传送时不会失真,以此各个像素的数据可以汇集到边缘再进行放大处理,但是 CMOS 工艺的数据在传送距离较长时会产生噪声,必须先放大再整合各个像素的数据。

CMOS 与 CCD 图像传感器在结构、工作方式、制造工艺和兼容程度上的差别,使得 CMOS 图像传感器具有 CCD 图像传感器所不具有的优点。

驱动电压:CCD 阵列驱动脉冲复杂,电荷信息转移和读取输出需要有时钟驱动电路和 3 组不同的电源相配合,不能与大规模集成电路制造工艺技术相兼容,而 CMOS 经光电转换后直接产生电流或电压信号,只需要单一的工作电源,信号读取相对简单。

图像采集和处理速度:CCD 需要在同步时钟的控制下,以行为单位依次输出信息,不能随机读取,而这种随机读取对许多应用是不可缺少的,且速度较慢。而 CMOS 图像传感器在采集光信号的同时就可以取出电信号,还能实时处理各单元的图像信息,速度比图像传感器要快。

集成度:CCD 技术很难将光敏单元阵列、驱动电路及模拟数字信号处理电路在单片上集成,比如 A/D 转换、精密放大、存储等功能,均无法在单片上实现。而 CMOS 图像传感器可将光敏元件、图像信号放大器、信号读取电路、A/D 转换器、图像信号处理器及控制器等集成到一块芯片上,还具有对局部像素图像的编程随机访问的优点。

功耗与价格:CCD 图像传感器的功耗较大,约 300 mW;而 CMOS 图像传感器的功耗较小,约 50 mW,甚至更小,在节能方面具有很大的优势。CMOS 的耗电量仅为 CCD 的 1/8~1/10。在价格方面,由于 CCD 图像传感器工艺制程复杂,且集成度等较低,所以 CMOS 图像传感器更胜一筹。

噪点差异:由于 CMOS 每个感光二极管旁都搭配一个 ADC 放大器,如果以百万像素计,那么就需要百万个以上的 ADC 放大器,虽然是统一制造下的产品,但是每个放大器都存在差异,很难达到放大同步的效果,对比单个放大器的 CCD,CMOS 最终计算出的噪点就比较多。

速度差异：CMOS 速度快，可靠性高。由于大部分相机电路可与 CMOS 图像传感器集成在同一芯片上。信号及驱动传输距离短，电感、电容和寄生延迟降低。信号读出采用 X-Y 寻址方式，图像传感器的存取速度快、体积小、焊点和接头较少，其可靠性高。

成像质量：CCD 电荷耦合器制作技术起步早，技术成熟，采用 PN 结或二氧化硅(SiO_2)隔离层隔离噪声，成像质量相对 CMOS 光电传感器有一定优势。由于 CMOS 光电传感器集成度高，各光电传感元件、电路之间距离很近，相互之间的光、电、磁干扰较严重，噪声对图像质量影响很大，使 CMOS 光电传感器很长一段时间无法进入实用。近年来，CMOS 电路消噪技术的不断发展为生产高密度优质的 CMOS 图像传感器提供了良好的条件。

镜头(图 2-15)是视频采集单元最重要的设备组成部分，它的质量优劣会直接影响到摄像仪的整机性能，镜头相当于人肉眼的晶状体，假如没有晶状体，人眼就看不到一切事物；假如摄像仪没有镜头，那么从摄像头采集到的图像就没有任何可观察性，并不会出现用于视频监控的画面。当人眼无法将晶状体定焦时，眼前的景物就变得模糊不清。同样的，摄像头与镜头的组合也是如此，如果输出的画面模糊不清，通过对镜头焦距的调整，可使图像传感器芯片与镜头基准面保持一个最佳距离。在正常使用时要根据场景的需求来选择摄像机镜头，选择镜头的主要技术依据：

(a) 12 mm镜头　　(b) 25 mm镜头

图 2-15　摄像头镜头

焦距：镜头焦距的长短决定着拍摄范围面积的大小，焦距短，拍摄范围的面积就大，采集到的画面涵盖的场景也广，但对远距离的目标分辨不是很清楚；相反，焦距长，视场角小，观察所及的范围就小。

光圈或光通量：光通量通过镜头的焦距与通光孔径的比值来判断，记为 F。光通量与 F 值的平方成反比，F 值越大，则光圈越小，拍摄范围就越小，但拍摄距离就越长，见表 2-1。

表 2-1　光通量与拍摄距离及拍摄角度的关系

F/mm	拍摄距离/m	拍摄角度/(°)
2.8	1～4	115
3.6	2～6	93
6	3～15	53

表 2-1(续)

F/mm	拍摄距离/m	拍摄角度/(°)
8	4～20	40
12	5～25	25
16	5～30	20
25	20～80	15

镜头毫米数字越大,视野越狭窄,但是看的距离越远,二者不可同时兼得。但对于井下的特殊环境,不需要太过开阔的拍摄角度,而是需要拍摄距离能越远越好,所以选择 25 mm 的镜头最合适。

在一些低照度环境下,摄像机往往不能获取到清晰的视频资源,此时,需要外加一些辅助光源才能在低照度甚至全黑环境下获取到高质量的视频资料。在井下等一些低照度环境下,辅助光源发出光线去照射被拍摄物体,然后摄像机接收到反射回来的光形成图像。在各类夜视设备中常见的辅助光源有红外 LED 补光灯、白光补光灯以及激光补光灯。其中红外 LED 光源在一些园区、校园等场所的监控摄像机上较为常见,白光补光灯常用在矿井底下以及警用的抓拍系统、收费站、停车场等道路监控上,激光灯常用在照度较弱的油田、仓库等场所。各类补光灯的波长又有所不同,在使用时需要配合选用的感光器件来选择适合的辅助光源。因为 LED 是非线性元件,当加在它两端的电压过低时,LED 处在一个未导通的状态,当电压升高到一定值时,LED 就会导通发光。此时加在 LED 上的电压稍微增加,导通电流就会明显增加,假如不对 LED 驱动电流进行限制,则 LED 极易被烧毁。所以应选择恒流源供电,使 LED 工作在恒定的电流下而不被烧毁,并且发光强度情况稳定。红外摄像机能够在低照度环境下获得较为清晰的画面,在市场上得到了广泛的认可,市场份额也在逐步扩大。红外摄像机在市场的推动下也得到了长足的发展。为了满足全天候监控的需求,在约十五年前,国内的监控生产商就开始研究红外摄像仪的相关技术。从开始的摄像机上添加红外灯板的模组再到摄像机与红外灯的一体化设计,从 LED 红外灯手动开启再到模拟光敏器件自动开启,到后来的摄像机双滤光片的引进使用;从初期非常基础的单一的视频监控要求到防水防爆、强光抑制等各式各样用于各种环境功能需求的红外摄像机问世,体现着我国在红外摄像机设备和市场的不断更新与发展。红外技术从被英国天文学家 Herschel 在 1800 年发现之后,伴随着时代的发展,红外技术的运用也延伸到了各种领域当中,其中主动红外摄像仪设备在安防监控中的应用经过近二十年的迅猛发展,目前技术已越来越成熟。主要有以下几种类型:

(1) 当前已经被市场淘汰的卤素灯红外摄像机:卤素灯的照度强,损耗量较大和发热温度也较大,造价过高,设备的体积大,寿命短,且红曝现象特别严重。

(2) 阵列式红外 LED 摄像机:阵列式红外灯的内核为发光二极管阵列,具有亮度高、照射距离远、体积小、寿命长等优点,市场占有率较高,但是存在明显的"偏心现象"。

(3) 激光红外摄像机:激光红外摄像机照射距离最远一般可达上百米,功耗低,光电转换效率远比红外 LED 高、损耗比较小,能量集中、角度小,但是成本较高。安防监控行业的逐步发展,全天无间隙的实时监控对夜间照明的要求越来越高,不单要满足眼前近距离数十米的需求,更要有适合长距离的环境,而带有阵列式红外 LED 的摄像仪设备所能拍摄到的实际有效的图像质量只能达到几十米内，而且距离越远画质噪点越多，增加红外 LED 的数量会使设备整体体积变大，并且功耗也成倍增加，再加上红外 LED 损耗衰减太过严重，也给后期更换和维修增加了困难，所以红外激光器将会被广泛使用，摄像仪设备与红外激光的搭配将会是一种最佳的选择。

由于矿井中光照环境条件差，势必要用到夜间视频采集技术。夜视技术是通过使用光电成像器件来实施夜间低照度环境中观察的一种光电技术。夜视技术包括微光夜视和红外夜视两个方向。微光夜视技术也就是增强技术，是采用带有增强管的夜视镜，把低照度环境中采集到的不清晰的目标图像进行增强，得以用来观察的光电成像原理。低照度夜视仪，是现在国外生产数量最大和用途最广的夜视设备，包括直接观察和间接观察夜视仪。红外夜视技术分别包括主动红外夜视技术和被动红外夜视技术。为此应先了解红外光的主要特性，以便于进一步研究红外夜视设备。主动红外夜视技术是采用主动红外“照明”并通过物体反射红外发光器件所发射出的红外光来实现的夜视技术。被动红外夜视技术是通过事物自身发出的红外辐射来实现的红外技术，主要根据事物与周围环境或事物的各个部分之间的温度差异或者热辐射来发现目标。主动红外夜视技术是通过红外发光器件发出红外光照射到目标事物和场景中，虽然人眼看不见红外光，但是红外摄像头可以观察到，通过摄像头对红外高灵敏度的图像传感器可以接收到周围环境反射回来的红外光，采集到较为清楚的黑白视频图像，夜间监控得以实现。所以，目前市场上的红外摄像技术大多选择主动红外夜视技术，利用红外光来辅助摄像仪的使用。夜视技术对于照射画面评测具有四个等级：

① 发现：是指大概明白目标的外形，从图像里只能判断该目标是否存在。

② 识别：是指看见的目标比较清楚，能够辨别目标。

③ 确认：是指可以比较细致地区别目标，可以从同一类目标明确指出该目标的所属类型。

④ 描述：是指可以直接看出清晰的目标的具体形状，辨别目标的全部细节。

这四个等级中，“发现”对画质的分辨率要求最低，对画面噪声的容忍度最大，“描述”对画面的分辨率要求最高，画面噪声容限最小。

三、图像传感器在采掘装备中的应用

根据煤矿采掘特点，需要应用图像传感器进行采掘装备的位姿检测。掘进机井下姿态检测与控制系统主要完成数据的采集、数据的存储、数据的分析、掘进机自动行走控制等功能。掘进机姿态参数检测、获取，是掘进机自动行走控制的基础。而掘进机姿态参数包括三个姿态角以及偏向位移，分别由航姿仪和光斑检测子系统获取。掘进机井下姿态检测与控制系统的整体设计如下：

(1) 利用摄像头处理模块，获取激光光斑的实时坐标信息。

(2) 利用航姿仪获取实时的角度信息。

(3) 利用控制模块发送控制指令于掘进机。

(4) 利用偏向位移和偏向角两项信息设计控制算法，实现掘进机直线行走。整体系统的具体数据流图如图 2-16 所示。

系统平台搭建示意图如图 2-17 所示。

在掘进机定位过程中，需要掘进机的偏向位移、偏向角、俯仰角、滚动角参数来描述它的

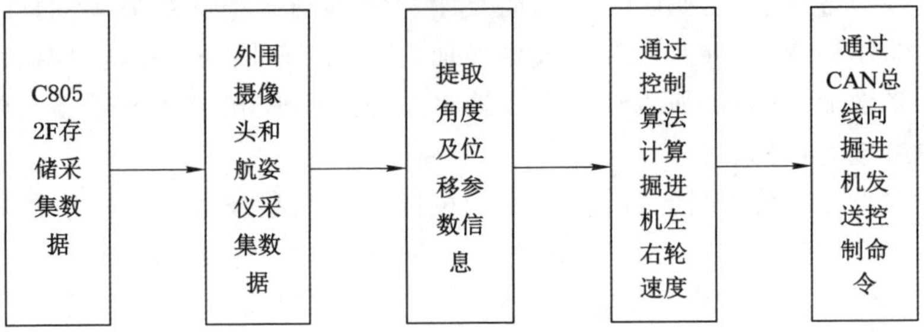

图 2-16　整体系统数据流图

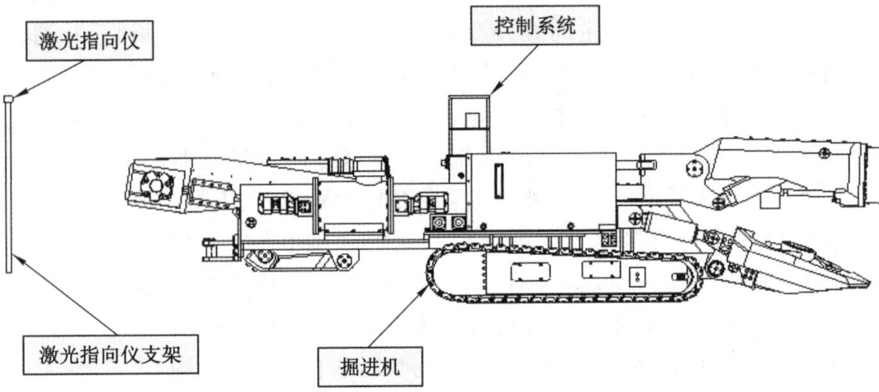

图 2-17　整体系统平台搭建示意图

姿态，姿态角通过航姿仪获取。对于偏向位移的测量，使用激光指向，通过获取掘进机近中心位置标记上的激光点图像数据分析得到。由于掘进机工作场所的特殊性，考虑隔爆需要以及井下环境对图像质量的影响，采用工业级图像传感器。图像传感器作为成像器件，决定着图像的质量和性能指标。数据处理器是图像数据采集部分的核心。因此，处理器的稳定性至关重要。同时由于图像数据量巨大，对处理器的处理速度要求也颇高。故在对处理器进行筛选时应着重考查其在恶劣环境下工作的稳定能力以及数据处理能力。

针对需要处理巨大的图像数据，对处理器的主频要求较高。同时，为适应井下环境，应使用工业级处理器。基本图像处理流程如图 2-18 所示。

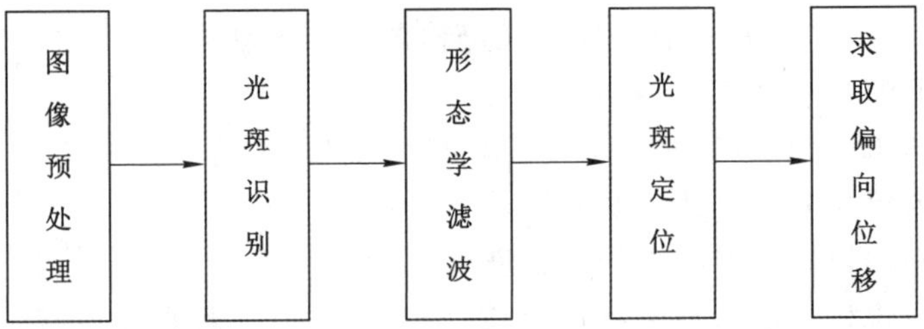

图 2-18　提取光斑中心坐标算法流程图

数字图像传感器获取激光光斑图像过程中，大气湍流影响激光传输，转换中引入的量化噪声，周围环境中光照造成的随机噪声污染，以及仪器本身电路引入的干扰噪声高斯噪声、椒盐噪声等，都会影响光斑图像的获取。另外，由于煤矿巷道掘进过程中灰尘的干扰也比较严重，也影响最终光斑图像的获取。正是因为噪声的引入影响后期光斑图像的识别与定位处理，需要对采集的图像进行去噪处理。在去噪过程中，倘若处理不当，就会削弱光斑的识别与定位处理，如模糊化光斑边缘细节。图像预处理的任务便是在去除噪声的同时保持光斑边缘细节。目前滤除噪声的方法有线性的和非线性的。线性滤波对高斯噪声的滤除效果较好，但同时也使得图像边缘变得模糊，如均值滤波、高斯滤波。非线性滤波可有效去噪且能较好保持图像细节，如中值滤波。根据实际场景的应用需求，本系统也采用中值滤波算法来滤除图像噪声。中值滤波是将领域中的像素按灰度等级进行排列，取其中间值作为像素输出值。它能够很好地滤除图像中的脉冲噪声，同时也会将图像区域灰度值变化较大的边缘部分予以滤除，从而平滑图像。因煤矿巷道掘进过程中会产生很多灰尘，激光光线由于灰尘的干扰，激光光线可能会散射在面板上，在最终采集的光斑图像上其分布相似于椒盐噪声，在光斑图像上包含随机分布的白色亮点或黑点，因而需要将其予以滤除。针对整幅图像进行光斑处理所需的时间长，噪声干扰大，根据激光光斑的中心位置设定一个波门，便能降低运算时间和减少噪声对光斑中心定位的影响，而且保证在突变情形下也能够采集到光斑，提出了适应本系统的自适应波门，根据相邻两光斑中心坐标差值对波门大小进行改变。最终对掘进机自动导向的姿态检测系统进行精度和可行性测定实验，系统满足设计要求，达到项目预期效果，且设计了标定系统对采集的姿态角及偏向位移进行标定。

为了验证掘进机姿态定位系统对偏向位移和姿态角获取的正确性，还需要使用基于全站仪加水平倾角仪的标定系统，如图 2-19 所示。

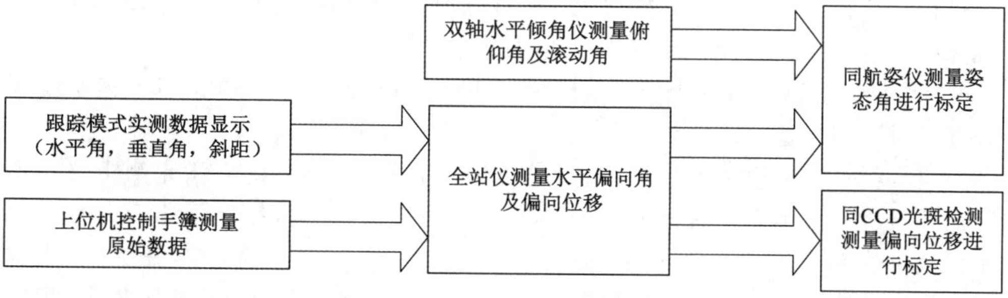

图 2-19　基于全站仪加水平倾角仪的标定系统

当利用全站仪测量掘进机的滚动角时，需要确定物体的中轴线，但其中有三个难点。摆放棱镜的位置有特殊的要求，在实际的现场，很难严格按照测量所需的位置摆放。中轴线确定后，与实际的中轴线难免会出现一定的偏差，而这样的偏差是难以接受的。根据若干个棱镜确定中轴线的方法复杂，需要线性方程和最小二乘法等。双轴倾角仪通过测量静态重力加速度变化，进而转换成倾角变化，从而能够测量出相对水平面的俯仰角与滚动角。所以，在本标定系统中，利用全站仪测量水平偏向角，双轴倾角仪测量俯仰角及滚动角，将此数据与航姿仪采集得到的三个姿态角进行比较标定，并将全站仪测量的偏向位移与光斑检测得到的偏向位移进行标定。在掘进机上方的平面上，固定双轴水平倾角仪、固定两个棱镜及航姿仪。

对于水平偏向角及偏向位移均由全站仪测量获取。通过全站仪获取水平角、垂直角以及斜距。全站仪测量水平偏向角及偏向位移的示意图如图 2-20 所示。

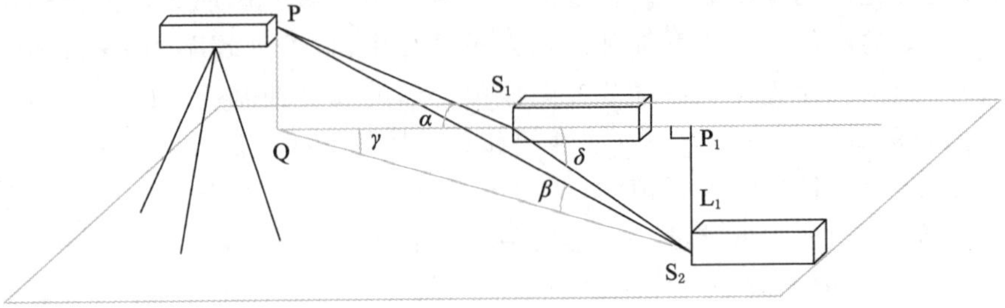

图 2-20　全站仪测量水平偏向角及偏向位移的示意图

第四节　激光传感器

一、激光测距仪概述

激光测距仪(laser range finder)是利用激光器作光源的光电测距仪器。工作时,由激光器向目标发出一束激光,经目标反射后的光束,由光电探测器接收,测出激光束从发射到接收所经历的时间,就可以计算出被测的距离,也可以利用光干涉测量的方法实现距离的精确测量。激光测距仪广泛应用于工矿企业、房屋建筑、军工领域等。激光测距仪还能用来对人造卫星进行跟踪测距,测量飞机飞行高度,对目标进行瞄准测距,产品质量计量,工业自动化生产线和产品装配,机器人控制以及进行地形测绘、勘测等。

1960 年,世界上第一台激光器由美国休斯飞机公司研制成功,美国军方很快就在此基础上开展了对军用激光装置的研究。

1961 年,第一台军用激光测距仪通过了美国军方论证试验,此后激光测距仪得到快速发展。从 20 世纪 70 年代发展至今,已经由军用迅速拓展向民用各个领域,所用的激光源既有成本较高的大功率红宝石激光器、NdYAG 固体激光器和 He-Ne 气体激光器,也有价格低廉的小型半导体激光器。激光测距技术按测量原理可分为激光干涉测距技术、相位式激光测距技术和脉冲式激光测距技术,目前,激光测距技术的发展趋势是向人眼安全、高精度、小型化、固体组件化方向发展。与超声波测距等仪器相比,激光测距仪具有测量速度快、测量精度高、目标易于瞄准等特点。若采用连续波激光器作光源,则可获得较高的测量精度,主要用于短程测量。若采用脉冲激光器作光源,激光测距仪的绝对测量精度一般较低,但当用于远距离测量时,可以达到很高的相对测量精度。激光测距仪按仪器特点可分为激光干涉测距仪、手持式激光测距仪和望远镜式激光测距仪。

(1) 激光干涉测距仪。测量距离一般在数十米范围内,测量精度在微米数量级上,属于高精度测量仪器。按照原理的不同,有依赖导轨的条纹计数型激光干涉仪,也有可以实现无导轨绝对距离测量的多波长激光干涉仪。图 2-21 是 IDS3010 型激光干涉仪实物图。

(2) 手持式激光测距仪。测量距离一般在 200 m 以内,测量精度为 2 mm 左右,这是目前使用范围最广的激光测距仪。在功能上除了能测量距离,一般还能计算出被测物体的体积。图 2-22 是 HT 型手持式激光测距仪实物图。

(3) 望远镜式激光测距仪。这类测距仪的测量距离一般为 600～3 000 m，测量距离比较远，但测量精度相对较低(一般为 1 m 左右)，主要用于野外长距离测量的场合。图 2-23 是 LM2000 型激光测距望远镜实物图。

图 2-21　IDS3010 激光干涉仪

图 2-22　HT 手持式激光测距仪

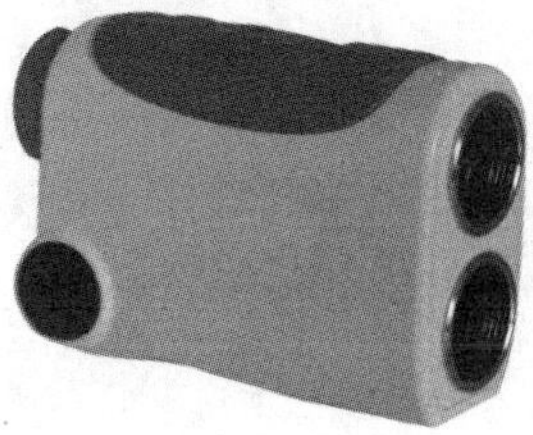

图 2-23　LM2000 激光测距望远镜

二、激光测距系统组成

一个典型的激光测距系统应具备以下几个单元：激光发射单元、激光接收单元、信号处理和显示单元等。激光发射单元由激光器、激光驱动电路和准直扩束镜组成；激光接收单元包括聚光镜和光电探测器。激光器由驱动电路驱动后发出一束激光，经分光镜分为两束，一束作为参考光束，由光电探测器 1 接收，另一束经准直扩束后射向被测目标物，再由目标物表面反射，其反射光经聚光镜汇聚后被光电探测器 2 接收，如图 2-24 所示。被测信号和参考信号经信号处理单元处理后，可以得到被测距离并显示测量结果。根据测量距离的远近，激光器可以采用半导体激光器、Nd：YAG 固体激光器和气体激光器等，光电探测器一般采用光电二极管或雪崩光电二极管。

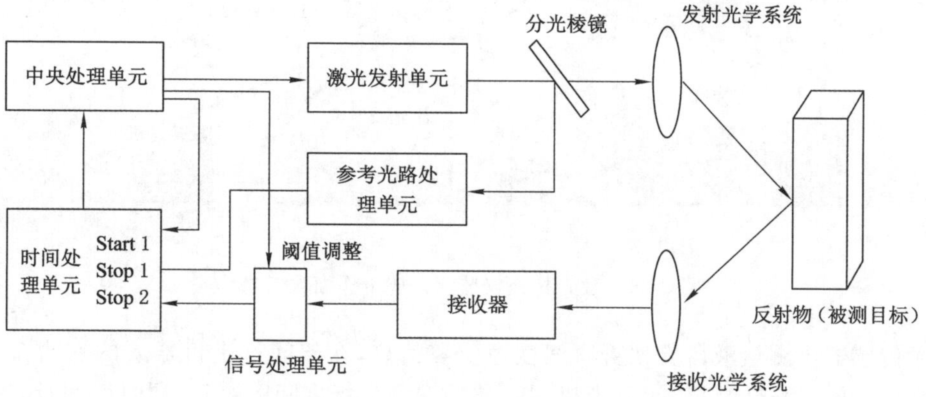

图 2-24　激光测距系统原理图

三、激光传感器在采掘装备中的应用

通过激光传感器可实现悬臂式掘进机位姿自主测量。如图 2-25 所示，悬臂式掘进机搭载激光发射器并发射旋转激光平面，在其后方安装位置固定的激光接收器，并通过激光平面获取激光发射器相对于其自身的方位，从而得到悬臂式掘进机相对于由激光接收器确定的巷道坐标系的位姿状态。该测量方法可以根据煤巷测量环境进行改进，灵活性较好。

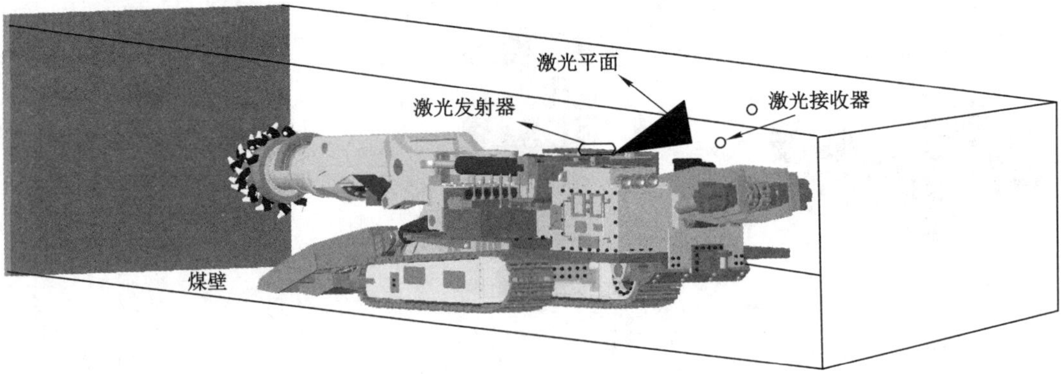

图 2-25　基于激光传感器实现的悬臂式掘进机位姿自主测量

利用激光扫描仪可监测综放工作面放煤量。如图 2-26 所示，将激光扫描装置安装在支架尾梁下方，以固定频率获得堆煤的截面轮廓高度信息，通过对不同时刻的煤流表面轮廓进行激光扫描采样，形成一段时间内的堆煤截面高度参量序列，可以计算获得一段时间内的运煤量进而获得工作面放煤量信息。

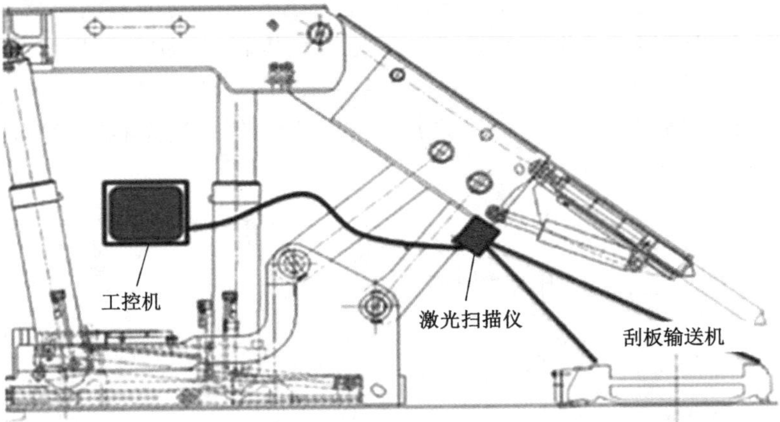

图 2-26　激光扫描仪监测综放工作面放煤量

激光传感器可测量液压支架群直线度及位姿信息，在架间行走机器人的右边布置一组激光测距传感器，用于测量架间行走机器人与辅助测量板之间的距离，同时架间行走机器人基于这组数据调整姿态，使之与辅助测量板保持平行；在前探杆的右侧布置一组激光测距传感器，用于测量支架间的横向偏移和横向斜角；在前探杆的底部布置一组激光测距传感器，用于测量支架间的纵向偏移和纵向侧倾角。综合这些数据最后测量液压支架群直线度及位姿信息。

利用激光对位传感器可控制工作面液压支架直线度，在工作面的每台液压支架上安装激光对位传感器，将激光发射信号定格在激光接收器接收阵列上，以确定安装信号发射装置的设备和安装信号接收装置的设备之间的相对位置，实现两个支架之间的相对位置检测。

利用激光雷达也可实现精准识别煤岩分布情况，将激光雷达安装在采煤机正对工作面的一侧，实时采集截割面的点的云数据，然后将采集到的煤岩激光点云数据传输至煤岩识别装置中，并对煤岩点云数据进行处理，实现精准识别煤岩分布情况。

第五节　惯性传感器

惯性传感器，又称为惯性测量单元(inertial measurement unit，IMU)，主要指陀螺仪和加速度计。微机械惯性测量单元(micro electro mechanical systems IMU，MEMSIMU)，是指采用微米或者纳米技术，在非常小的硅芯片上，采用类似半导体技术的微电子工艺加工而成，体积小，重量轻。

一、加速度计

加速度传感器通过对物体运动时产生的惯性力进行运算，求解当前物体的加速度。加速度传感器主要由质量块、弹性构件和敏感部件三部分组成。当物体运动时，质量块的某个方向有受力作用，弹性构件会因此产生相应程度的形变，而在弹性构件另一端的敏感部件也会因此而检测出相应变化程度的加速度大小，至此对加速度的检测完毕。图 2-27 所示为单轴加速度传感器的内部结构，在定位任务中，使用的基本上是三轴加速度传感器。三轴加速度传感器的三轴分别是 x，y，z 轴，每个坐标轴上都放置了一个上述的单轴加速度传感器，用来测每个方向的加速度数据，其单位为 m/s^2。所以，三轴加速度传感器可以用加速度矢量来表示。此外，由于物体处于静止状态下水平放置的时候，物体只在 z 轴有数值，即重力加速度，而在 x，y 轴上没有数值，所以又称加速度传感器为重力感应传感器。

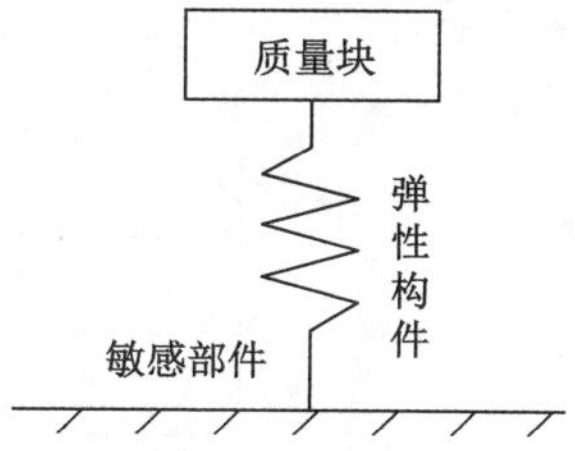

图 2-27　单轴加速度传感器内部结构

二、陀螺仪

传统力学陀螺如液浮陀螺、静电陀螺，其内部含有高速旋转的转子，并利用陀螺仪的力学特性来测量角度，具有较高的精度。光学陀螺仪如激光陀螺、光纤陀螺利用光传播过程中的萨格纳克效应来推算转动的角速度。而 MEMS 陀螺仪通常采用石英或硅材质从而被设计成电子驱动谐振器，它通过地球自转偏向力的作用来引起谐振器的偏移从而检测出角速度，具有价格低廉且体积微小的优势，所以应用较为广泛。MEMS 陀螺仪体积很小，故其很难设计转动惯量较大的陀螺转子并检测转子力学特性。因此，现在基本上采用振动型结构的 MEMS 陀螺仪，如图 2-28 所示，其中 c_d 为等效阻尼系数，k_d 为等效刚度，该图是单轴 MEMS 陀螺仪的内部结构。在定位任务中，使用的基本上是三轴陀螺仪传感器，如图 2-29 所示。三轴陀螺仪传感器的三轴分别是 x，y，z 轴，每个坐标轴上都放置了一个单轴陀螺仪传感器，用来测每个方向的陀螺仪数据，其单位为 rad/s。当三轴 MEMS 陀螺仪工作时，它内部的振动质量块将开启相应的驱动模式进行振动。若陀螺仪某个轴产生角速度，则可通过对振动质量块上的科氏力进行检测进而推算出角速度。

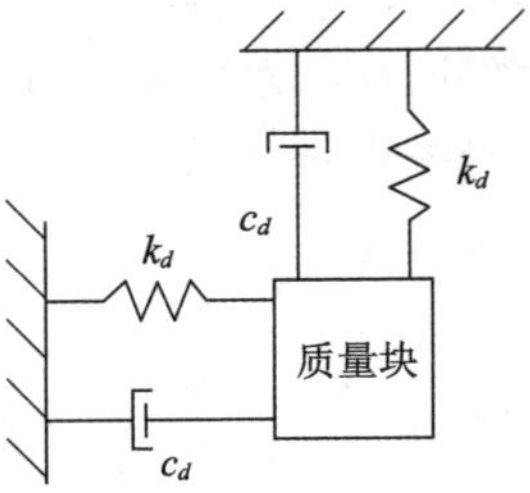

图 2-28　单轴陀螺仪传感器内部结构

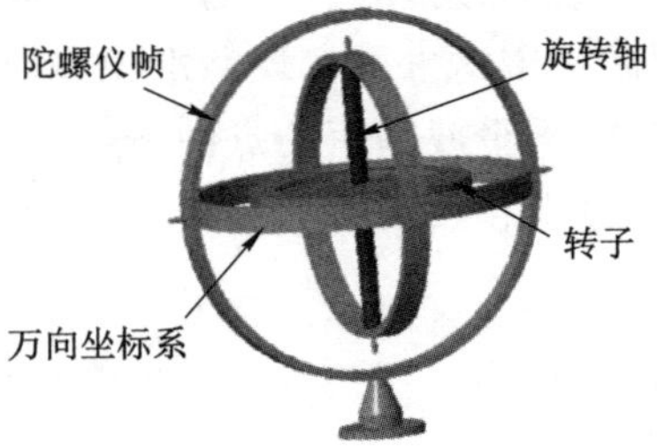

图 2-29　三轴陀螺仪

三、惯性测量单元

图 2-30 给出了典型惯性测量单元的主要构成：加速度计和陀螺仪、IMU 处理器、标定参数存储器、温度传感器和相关电源系统。大多数 IMU 包含 3 个加速度计和 3 个单自由度陀螺仪，安装在 3 个正交敏感轴上。不过，也有一些 IMU 在斜交轴向上设计了冗余的惯性传感器，以防止某一个传感器出现故障。

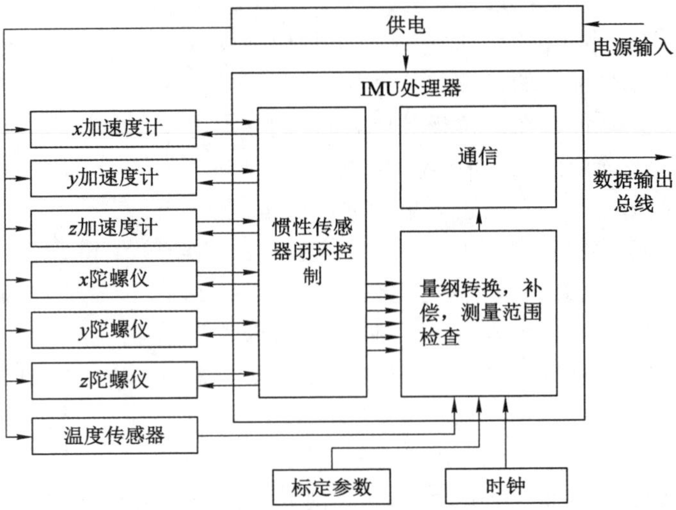

图 2-30　惯性测量单元

IMU 处理器对惯性传感器的输出进行量纲转换，对已知的误差项进行补偿，并检查输出量的范围，以检测传感器是否正常。IMU 处理器还可能对加速度计和/或陀螺仪提供闭环力反馈或再平衡回路控制。量纲转换是指将惯性传感器的直接输出，比如电压差、电流或者脉冲信号，转化成比力或角速率。许多 IMU 在采样周期 τ 内，对比力和角速率积分，从而得

$$v_{ib}^{b}(t)=\int_{t-\tau}^{t} f_{ib}^{b}(t')\mathrm{d}t',\alpha_{ib}^{b}(t)=\int_{t-\tau}^{t}\omega_{ib}^{b}(t')\mathrm{d}t' \tag{2-1}$$

这就是经常所说的“delta-v”和“delta-θ”。然而，delta-θ，也就是 α_{ib}^{b}，是姿态增量。但 delta-v(v_{ib}^{b})却不是速度增量。IMU 输出比力和角速率，或者它们的积分。根据说明文件提供的标度因数，输出量的单位可以转化为国际单位(SI)。典型的输出频率为 100～1 000 Hz。

惯性传感器的常值误差在内场标定，并存放在存储器中。实际工作时，IMU 处理器根据事先标定的误差结果，对传感器输出进行修正。标定参数一般包括加速度计和陀螺零偏、标度因数和交叉耦合误差，以及陀螺与 g 有关的偏值误差。上述这些误差项都会随温度变化，因而需要在一定的温度范围实施标定，并且还要在 IMU 中安装温度传感器。然而，每一个惯性传感器内部的温度不一定与 IMU 的环境温度匹配，因此某些高精度的 IMU 采取温度控制措施，代替温度补偿。将一套 IMU 的标定系数应用于同批次生产的所有 IMU 上，可以最大限度降低标定的费用。确定交叉耦合误差需要通过 IMU 级别的标定，因此为了获取高精度，需要对每一个 IMU 或传感器单独标定。卡尔曼滤波被用于从测量数据中辨识标定系数。这里所讲的标定过程，专指内场标定，不同于现场标校。

能被 IMU 处理器补偿的更深层的加速度计误差是尺寸效应(size effect)误差。为了计算空间中某个点的导航参数，IMU 的角速率和比力必须是基于同一个参考点测量的。在实际应用中，惯性传感器的结构布局，导致各个传感器的测量点之间存在几厘米的距离(对 MEMS 传感器，距离会更小)，如图 2-31 所示。对于陀螺测量而言，不会有问题。但是对于加速度计而言，将导致尺寸效应误差。当加速度计绕垂直于其敏感轴的方向转动时，就会敏感到向心加速度，向心加速度的大小与加速度计测量点到转动轴的距离成正比会给参考点处的比力测量引入误差：

$$\Delta f_{ib}^{b}=\begin{bmatrix}[(\omega_{ib,y}^{b})^{2}+(\omega_{ib,z}^{b})^{2}]\Delta x_{b}\\ [(\omega_{ib,z}^{b})^{2}+(\omega_{ib,x}^{b})^{2}]\Delta x_{b}\\ [(\omega_{ib,x}^{b})^{2}+(\omega_{ib,y}^{b})^{2}]\Delta x_{b}\end{bmatrix}\tag{2-2}$$

式中：Δx_b、Δy_b、Δz_b 是各加速度计在沿敏感轴向、相对于参考点的位移。在 IMU 设计过程中，可以获取上述位移量；转动角速率则可以通过陀螺测量，所以尺寸效应误差在 IMU 处理器中很容易补偿。

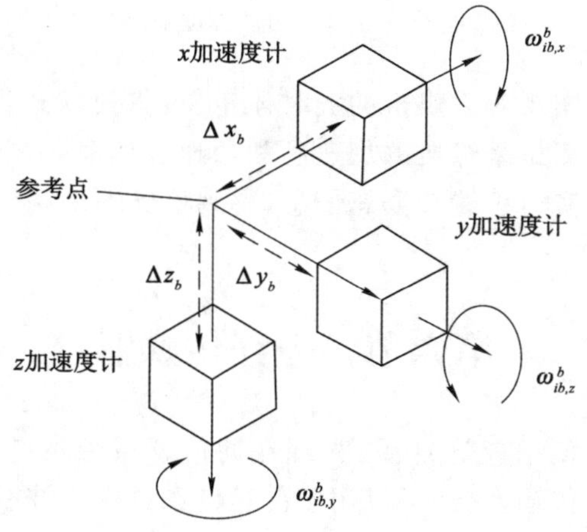

图 2-31　加速度计相对于 IMU 参考点的安装关系

四、惯性传感器在采掘装备中的应用

掘进机的位姿可由以下 4 项参数来进行描述：偏向位移 A、偏向角 α、俯仰角 β、滚动角 γ。设定巷道坐标系为 $OXYZ$，其坐标原点 O 位于巷道底板，X 为巷道设计中线且指向掘进工作面，Z 垂直底板且指向顶板，Y 与 X、Z 成右手关系且指向掘进机右方。规定掘进机机身中线与巷道设计中线之间的距离偏差值即为偏向位移 A；掘进机机身中线与巷道设计中线在 XOY 面上投影的角度偏差值即为偏向角 α；掘进机机身中线与巷道设计中线在 ZOX 面上投影的夹角偏差值即为俯仰角 β；掘进机机身横轴与巷道底板平面在 ZOY 面上投影的角度偏差值即为滚动角 γ。

惯性导航系统分为平台式和捷联式两种，目前主要采用捷联式惯性导航系统用于机载，其由 3 个轴向陀螺仪及加速度计组成，可直接将系统固联在掘进机上。掘进机在工作过程中，惯性导航元件能够实时测量并输出掘进机在载体坐标系下三轴方向的角速率 $\boldsymbol{\omega}_{ib}^{b}$ 及线加速度 a^b，计算出姿态矩阵 $\boldsymbol{C}_b^n$ 及各个姿态角，即偏向角 α、俯仰角 β、滚动角 γ。同时，在获得姿态矩阵 $\boldsymbol{C}_b^n$ 的基础上，将根据测量的掘进机线加速度 a^b 计算出在导航坐标系下的线加速度 a^n，再通过积分计算获得掘进机的实时速度及位置，从而确定偏向位移 A，以实现自主、实时的位姿测量功能。基于惯性导航技术的掘进机位姿测量系统工作原理如图 2-32 所示。

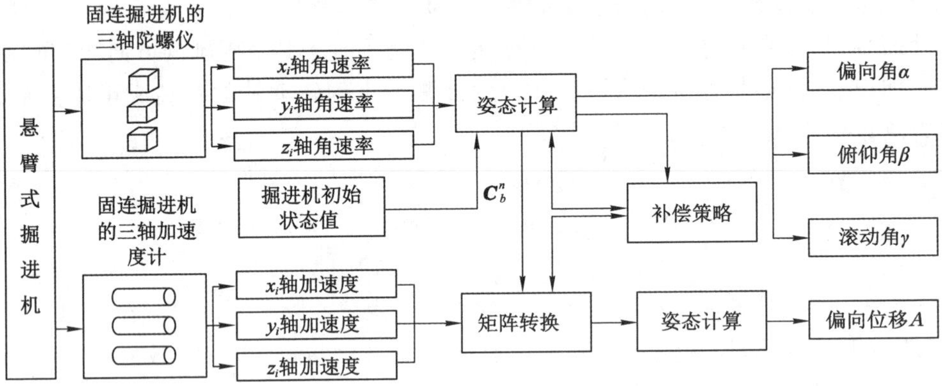

图 2-32　基于惯性导航技术的掘进机位姿测量系统工作原理

利用惯性传感器也可实现对采煤机的实时体定位，将捷联式惯性导航系统中的三轴加速度计和三轴陀螺仪实时测量采煤机的加速度和角速度信息，并根据四元数捷联惯导位姿解算方法解算出采煤机的实时位置和姿态信息，得到精确的采煤机运动轨迹，实现对采煤机的实时体定位。

第六节　光纤传感器

20 世纪 70 年代出现低损耗光纤后，光纤在通信领域中被广泛用于长距离传递信息。光纤不仅可以用于光波的传输，它还可以用于传感信息。当光波在光纤中传播时，表征光波的特征参量（波长、振幅、相位、偏振态等）因外界因素的作用将会发生直接或间接的变化，从而可将光纤用作传感元件。

一、光纤传感器概述

自 Morey 等发布了将光纤光栅用于传感以来，光纤光栅传感技术便得到了飞速的发展。FBG 作为一种新型的光无源器件，具有抗强电磁干扰，耐腐蚀性强，体积小，质量轻，寿命长，波长调制、不受其他条件限制，可实现准分布式测量及长距离监测等特点。同时，FBG 传感器作为光传导器件，由于光功率很小，所以传感器本身为本质安全型。由于其在传感技术领域具有这些无可比拟的优点，在国家工程建设领域，特别是易燃易爆等危险场所，如石油、矿山、化工等领域具有大力推广的应用前景。

随着光纤光栅技术的发展，光纤光栅传感器的种类也日益丰富。光纤光栅传感器具有以下特点：

(1) 抗干扰能力强：一方面，是因为普通的传输光纤不会影响传输光波的频率特性（忽略光纤中的非线性效应）；另一方面，光纤光栅传感系统从本质上排除了各种光强起伏引起的干扰。

(2) 传感探头结构简单，尺寸小，适用于许多应用场合，尤其是智能材料和结构。

(3) 测试结果具有良好的重复性。

(4) 便于构成各种形式的光纤传感网络。

(5) 可用于外接参量的绝对测量（对光纤光栅进行标定后）。

(6) 光栅的写入工艺已较成熟，便于形成规模生产。

当然，光纤光栅传感器也存在不足，例如，对波长位移的检测需要用较复杂的技术和较昂贵的仪器或光纤器件，需要大功率的宽带光源或可调谐光源，其检测的分辨率和动态范围也受到一定限制。

二、光纤光栅传感原理

光纤光栅外部构造条件及自身物理材料特性不发生任何改变，而是通过其光纤纤芯的内部结构改变，使其可以作为一种可用于传输感知的新型光纤器件，它的纤芯层折射率沿光纤轴向发生周期性改变，所以光纤光栅实际上可以看作特殊结构的光纤。光纤光栅结构及传感原理如图 2-33 所示，当宽带光源在纤芯中传输时，在某个相应的波段反射回来入射光波，其余的大部分以透射光波形式继续沿着原来方向向前传导，在透射光波的光谱图上会有一部分以反射波长为中心的窄带频谱缺失，这样光纤光栅就起到了光波选择的作用，这种光栅称作布拉格光栅，反射条件称为布拉格条件。

光纤光栅中心波长与有效折射率的关系表达式是研究光纤光栅感知的基础，根据麦克斯韦经典方程和光纤传输的耦合模理论，利用光纤光栅传输模式的正交关系，FBG 反射波长的表达式可写为：

$$\lambda_B = 2n_{\mathrm{eff}}\Lambda \tag{2-3}$$

其中：λ_B 为光纤布拉格光栅反射后的中心峰值波长，通常在 1 510～1 590 nm；n_{eff} 为光纤传播时纤芯的有效折射率，通常取 1.33～1.55；Λ 为相邻光栅之间的栅距，称作光纤光栅周期。光纤光栅的周期在尺寸上非常小（几百纳米级），改变两相干紫外光束的相对角度，使光波通过光纤光栅时的栅距、栅面角度微小变动，就可以将反射波长差异化的光纤光栅制作出来。

FBG 传感的基本原理是宽带光源将具有带宽的光通过隔离器和耦合器入射到光纤光

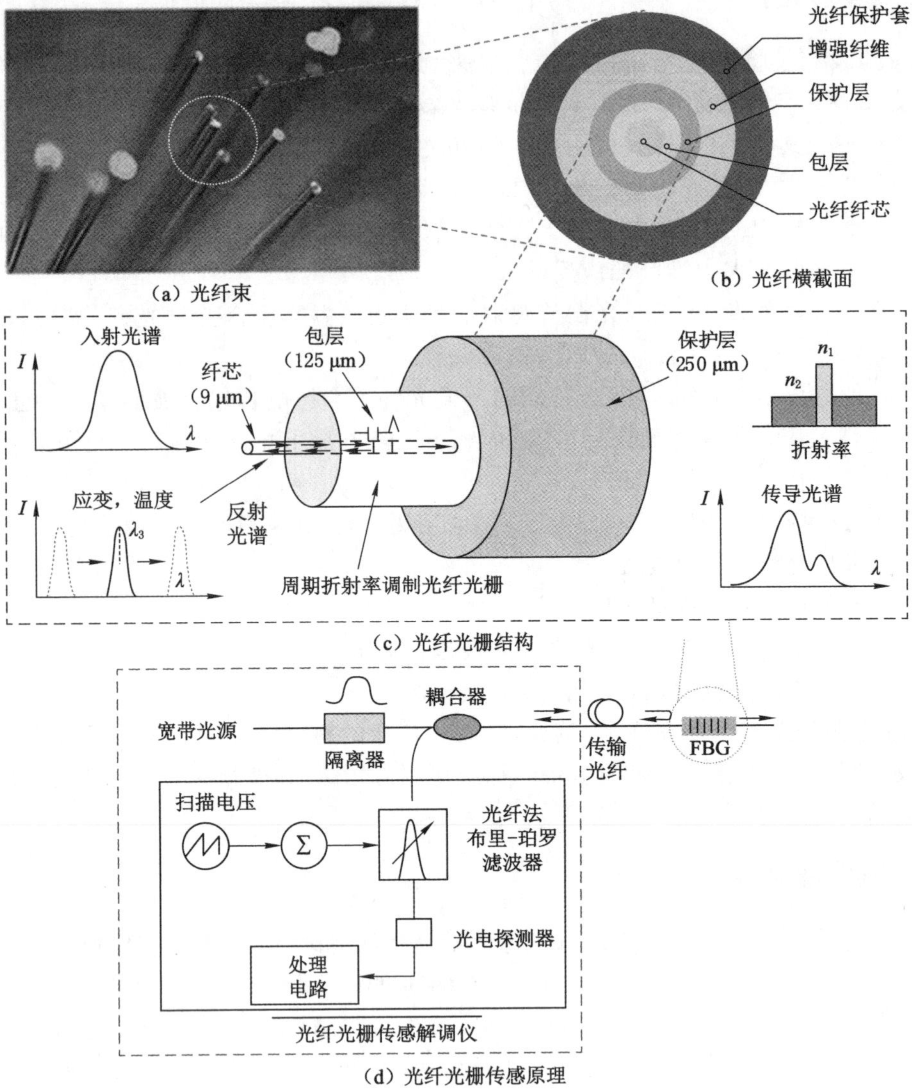

图 2-33　光纤光栅结构及传感原理图

栅中，FBG 自身周期 Λ 会受拉伸、挤压及热膨胀效应这类激励信号的影响；FBG 有效折射率 n_{eff} 会因弹光效应而被应力应变这类激励信号而影响，热光效应是影响有效折射率的另一类激励信号。FBG 的周期和折射率发生改变，从而造成 FBG 光谱参数（反射中心波长）发生改变，光谱参数的变化与外界物理量的变化遵从一定的规律，将 FBG 连接到光纤光栅传感解调系统上，解调系统把测量光谱参数的变化解调出来，然后就可以求得外界物理量的变化，这样就实现了 FBG 的传感。

光纤光栅体积小，具有波长选择性好、不受非线性效应影响、极化不敏感、易与光纤系统连接、便于使用和维护、带宽范围大、附加损耗小、器件微型化、耦合性好、可与其他光纤器件融为一体等特性。而且光纤光栅制作工艺比较成熟，因此它具有良好的实用性，这使光纤光栅以及基于光纤光栅的器件成为全光网中理想的一种关键器件。

三、矿山围岩用的光纤光栅应变传感器

目前现有的光纤光栅应变传感器，大致采用如下几种方式实现测量：

(1) 把光纤光栅传感器预先埋藏到待测物体中；

(2) 把光纤光栅传感器粘贴到待测物体表面；

(3) 使用螺钉等方式把传感器固定到待测物体表面。

在矿山或者围岩检测中以上几种安装方式会受检测条件的局限，无法发挥光纤光栅传感器的优势，主要原因：① 在用于矿山监测时，不可能像新建桥梁光栅传感器，作为后期的传感器件；② 在围岩、矿山上打孔，孔的尺寸不可能非常准确，孔内壁非常不平滑，不可能用胶直接粘贴在孔内壁。

为了不影响传感器安装周围矿山的性能，打孔直径要尽量小，长度要尽量短，这也限制了螺钉等光纤光栅传感器的固定方式。

针对矿山岩体应变检测系统，图 2-34 和图 2-35 展示了两种光纤光栅应变传感器。

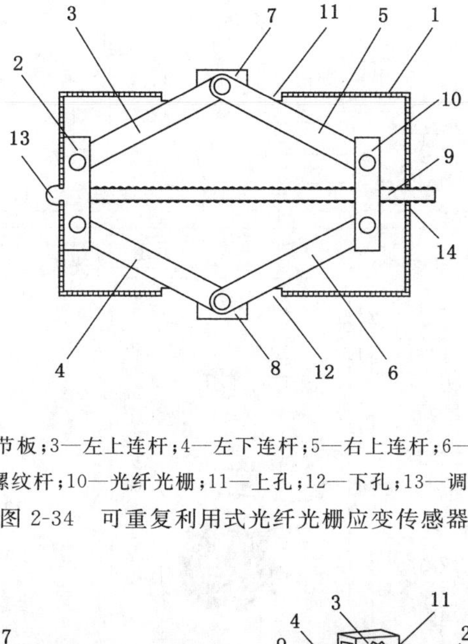

1—套筒；2—固定联轴节板；3—左上连杆；4—左下连杆；5—右上连杆；6—右下连杆；7—上顶板；8—下顶板；9—螺纹杆；10—光纤光栅；11—上孔；12—下孔；13—调节块；14—圆孔。

图 2-34　可重复利用式光纤光栅应变传感器

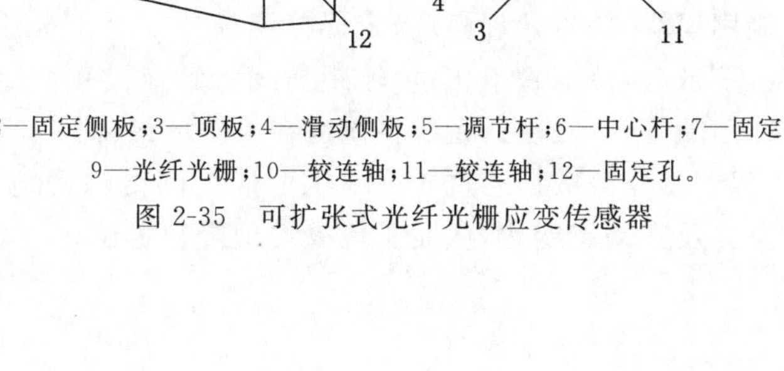

1—较连轴；2—固定侧板；3—顶板；4—滑动侧板；5—调节杆；6—中心杆；7—固定座；8—滑槽；9—光纤光栅；10—较连轴；11—较连轴；12—固定孔。

图 2-35　可扩张式光纤光栅应变传感器

在岩体应变测量时，可根据矿山、围岩等本体上打的小孔的大小调整传感器的高度（在此通过调整菱形结构实现），使上下两个顶板直接顶住小孔内壁，实现传感器与孔内壁的紧密结合。当矿山有微小形变时，紧密贴合在矿山孔壁的顶板会往中轴方向压缩，使滑动侧板弯曲变形带动光纤光栅弯曲变形，通过外部的光纤光栅分析仪读取中心波长，得出岩体的应变值。光纤光栅直接封装在滑动侧板的表面凹槽内，减少了系统的测量误差；在测量结束后，可以通过调节杆调小测量直径来抽出测量装置，达到重复利用的效果。

四、光纤传感器在煤矿中的应用

光纤传感是全光传输，不带电，能构成本质安全型系统；能够实现对顶板、冲击地压、瓦斯、火灾、水害、机电设备等进行综合监控；消灭当前煤矿存在的信息孤岛现象。图 2-36 为煤矿安全生产综合遥测系统，为数字矿山建设提供技术支撑。

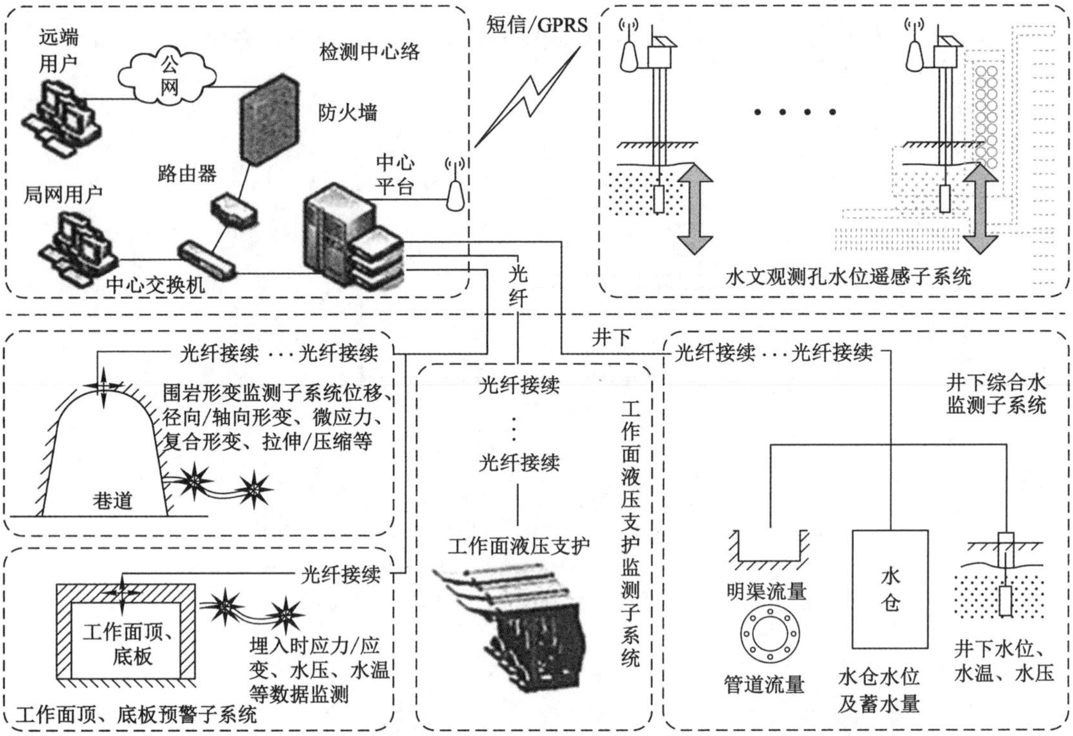

图 2-36　煤矿安全生产综合遥测系统

矿用光纤分布式温度传感器可用于分析采空区热点温度、位置及其动态变化，从而实现火灾预警和定位。矿用光纤分布式温度传感器如图 2-37 所示，通常由激光源、低噪声宽带光电探测器、光波分复用模块、信号处理模块、定标控温模块 5 个部分组成。采用光纤光栅传感器具有本体安全，不带电，抗电磁干扰，传输距离远等特点。可将分布式测温光缆预先布设在采煤工作面巷道，随着开采进行，光缆将掩埋在采空区内部。布置于采区变电所的矿用光纤分布式温度传感器将监测数据通过光缆或工业以太网传输到地面监控中心，用于分析采空区热点温度、位置及其动态变化，从而实现火灾预警和定位。

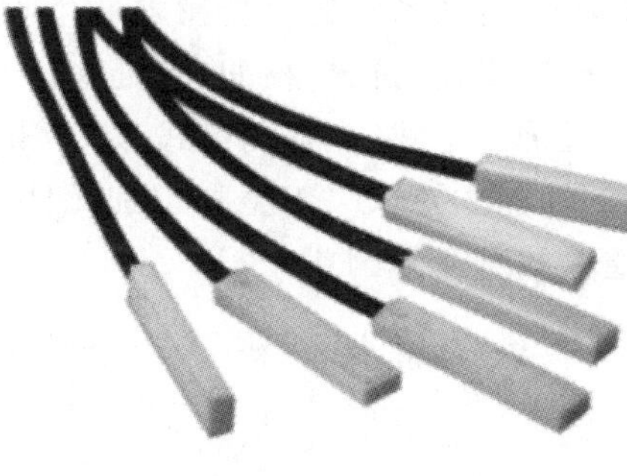

图 2-37　光纤光栅温度传感器

光纤光栅三维曲率传感器可解决煤炭智能化开采进程中刮板输送机直线度感知手段缺失问题，该传感器是由在柔性基材表面正交方向上刻槽，且分别粘贴有光纤光栅串的矿用橡胶管组成，包含 1 根柔性基材与 4 根光纤光栅串。为保障光纤光栅三维曲率传感器能够与刮板输送机的弯曲变形相协调，柔性基材的选择采用具有较大变形能力与较强回复能力的矿用橡胶管，柔性基材表面正交方向上刻槽截面示意如图 2-38 所示。为了尽可能地提高光纤光栅三维曲率传感器的传感精度，光纤光栅串的栅区间隔设定为 50 cm。考虑到光纤光栅解调仪的波长解调范围，则在每根光纤光栅串上均匀布置 10 个光栅点，且光纤光栅串一端带有 FC/APC 接头。光纤光栅串在矿用橡胶管两个正交方向上凹槽内的铺设方式采用首尾对接的方式，具体的对接方式如图 2-39 所示。然后基于光纤光栅三维曲率传感器传感获得的正交方向上的离散点曲率信息，采用拟合递推的方法进行三维算法推导，实现刮板输送机三维弯曲形态拟合感知与重建。

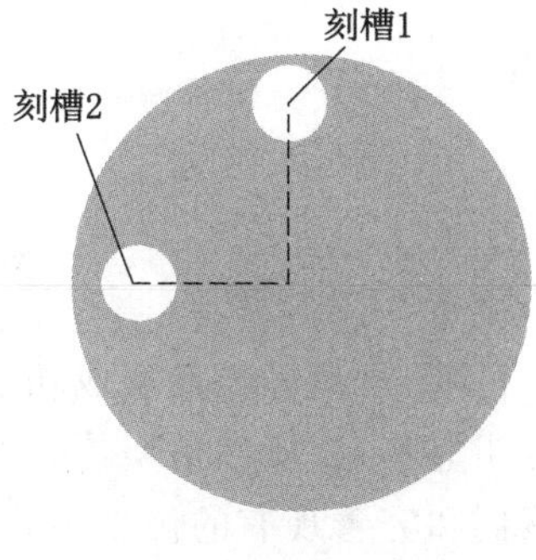

图 2-38　柔性基材表面刻槽截面示意

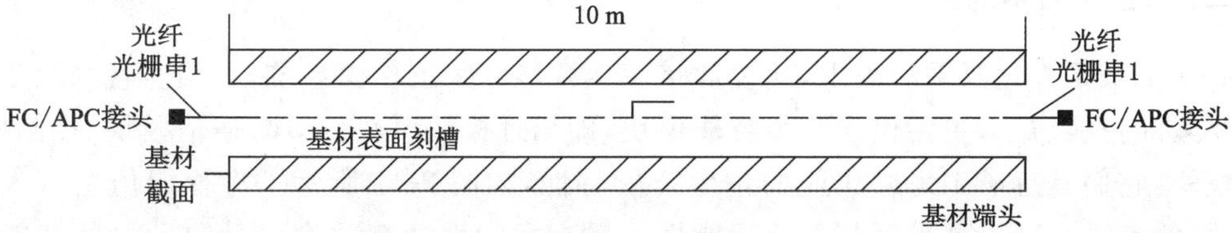

图 2-39　光纤光栅串对接方式示意

第七节　现代智能传感器

一、智能仿生传感器

仿生传感器是一种利用仿生技术思想，采用新的检测机理的新型传感器。它采用固定化的细胞、酶或者其他生物活性物质与转换元件相配合组成传感器。这种传感器是近年来生物医学和电子学、工程学相互渗透而发展起来的一种新型的信息技术。仿生传感器的基本组成和工作原理如图 2-40 所示。用来制作仿生传感器的生物敏感元件有生物体、组织、细胞、细胞器、细胞膜、酶、酶组分、感受器、抗体、核酸、有机物分子等。转换元件有电热测量式、电流测定式、电导率测量式、阻抗测定式、光强测量式、热量测定式、声强测量式、机械式、“分子”电子式等。生物传感器的性能主要取决于生物识别元件的选择性、信号转换元件的灵敏度及它们的响应时间、可逆性和寿命等因素。

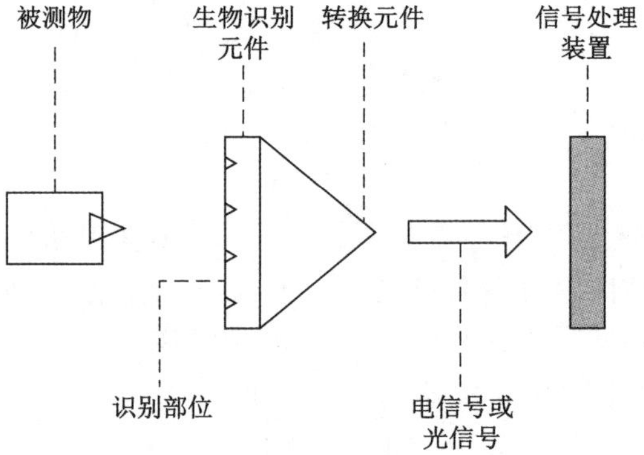

图 2-40 仿生传感器的基本组成示意图

目前，虽然已经发展成功了许多仿生传感器，但仿生传感器的稳定性、再现性和批量生产性明显不足，所以仿生传感技术尚处于初级阶段，因此，以后除继续开发出新系列的仿生传感器和完善现有的仿生传感器之外，生物活性膜的固定化技术和仿生传感器的固态化值得进一步研究。

在不久的将来，模拟生物体的嗅觉、味觉、听觉、触觉功能的仿生传感器技术将更加成熟。不断改进、完善目前机器人的视觉、味觉、触觉传感器性能，将有可能超过人类五官的能力，随着生物技术和传感器技术的进一步发展，仿生传感器将有广泛的应用前景。

二、采掘装备中的应用

面向未来无人化开采的需求，建设数字孪生智能开采工作面系统，必须实现采煤工作面感控要素的智能仿生，主要包含 5 个智能模块，即物理模块、信息模块、通信模块、控制模块、孪生模块，它们具有矿工采矿作业的仿生智能特性，如图 2-41 所示。将智能仿生引入数字孪生，目的是进一步提高采煤装备的智能性。提高智能性的有效途径是向动物的智能行为学习和模拟，近年来出现了一些仿生智能方法，例如遗传算法、蚁群优化、微粒群优化、人工免疫、人工蜂群优化等，为提高智能采矿能力提供了借鉴。现在的采煤装备与矿工的劳动智能水平相比还处于较低水平，需要研究矿工的劳动智力并将其转化为机器学习能力，使物理模块的开采设备赋予智能“躯干”的自感调控能力，使其姿态和力量能够自适应控制；信息模块具有“大脑”的信息记忆、计算和决策优化能力。

(1) 物理模块

这是智能开采工作面基础性的模块，直接形成煤炭生产力和智能终端，必须拥有完整先进的智能化采煤、支护、运输设备，这些设备具有单机智能化功能，并能够形成集群协同作业，它们的基本智能特征描述如图 2-42 所示。为了使采煤工作面设备具有智能化功能，需

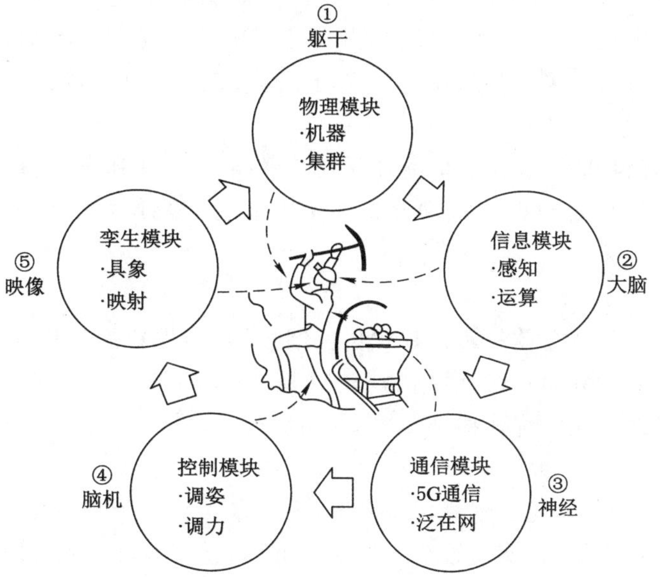

图 2-41　数字孪生智能化采煤工作面的智能仿生特性

要给传统采煤机、刮板输送机、液压支架安装相应的智能仿生传感器。采煤机具有鼹鼠挖掘洞穴的智能仿生特性，使其在割煤过程中能够实现力感调速、视觉调姿、触觉避障、自主定位、嗅觉探测的自感调温等智能性；液压支架具有大象承担重载的智能仿生控制，在支护围岩时能够用象腿调力、弓背调高、脊背感知、躯干调姿、自主迈步和视觉排列等智能性；刮板输送机具有类似于蟒蛇爬行的智能仿生行为，在移动时展现出屈伸推进、自主伸直、自感摩擦、自身抗磨、自主调速和自适弯曲的智能性。

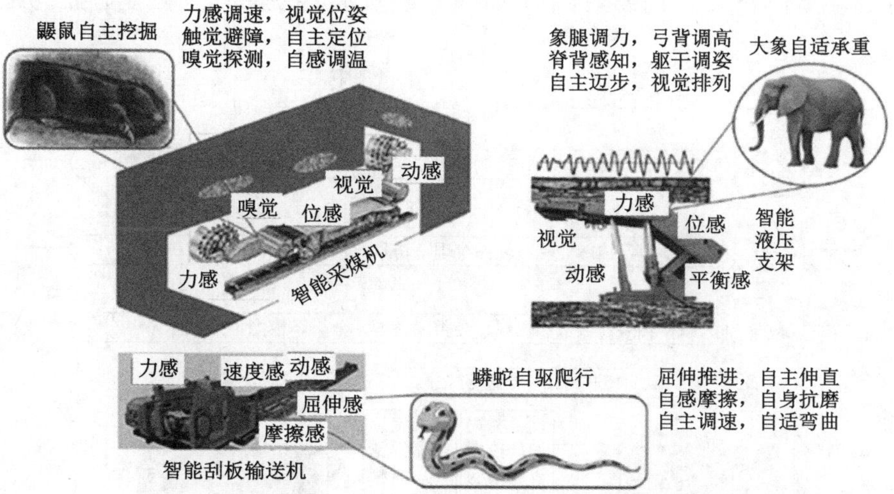

图 2-42　数字孪生智能化采煤工作面设备的智能仿生特性

(2) 信息模块

构建智采工作面数据采集、存储、分析、计算、优化平台，为物理工作面及其数字孪生体提供强有力的数据支持，形成智能采煤工作面的“大脑”；利用先进传感器技术，实时采集设备状态参数及煤岩识别、矿压监测、煤流监测、过程定位等开采过程数据；基于大数据的智能决策方法，对工艺到运行、采煤到运输的开采全过程实现数字化模拟。

(3) 通信模块

构建智采工作面物联网、5G通信网和泛在互联网，在云端服务平台上，运用云计算来满足数字孪生所需要的海量数据存储和分析能力，融入边缘计算来提高数据处理分析的实时性。

(4) 控制模块

基于数字孪生体的状态监控和过程优化反馈控制，实现智采工作面生产过程的闭环反馈控制及虚实体之间的双向互联互控；融入、AI控制、机器学习、采煤机器人等智能化技术，对智采虚拟体模型进行实时优化修正，实现预测性维护、采煤系统自主运行和无人化生产。

(5) 孪生模块

构建数字孪生工作面，通过信息物理系统，将智采工作面形成低延时、高保真的镜像关联。采用混合增强现实技术，实现智采工作面的沉浸式体验，让远程管控人员身临其境地监控采煤过程。首先，建立智采工作面的虚拟三维场景信息；接着设置混合增强现实定位信息，以保证真实环境信息和虚拟信息叠加的一致性，由于工作面无法接收GPS定位信号，需要采用局域定位方式实现设备定位；然后开发虚拟数据接口，把静态数据和动态数据叠加到真实环境中；最后，开发智采工作面的管控业务应用系统。

通过以上5个模块的系统集成，形成了基于数字孪生的三维可视化的智能开采操作系统(smart mining execution system，SMES)，数字孪生是数字化人机交互方法，SMES是智采工作面的新一代远程操作系统，它使管控人员能够多视角、透明化地掌握智采工作面的生产过程，及时发现生产异常并快速作出决策和处理，从而达到智采工作面的无人化作业目标。

数字孪生智能开采工作面运行平台如图2-43所示，它是一个交互能力强、功能全面、高

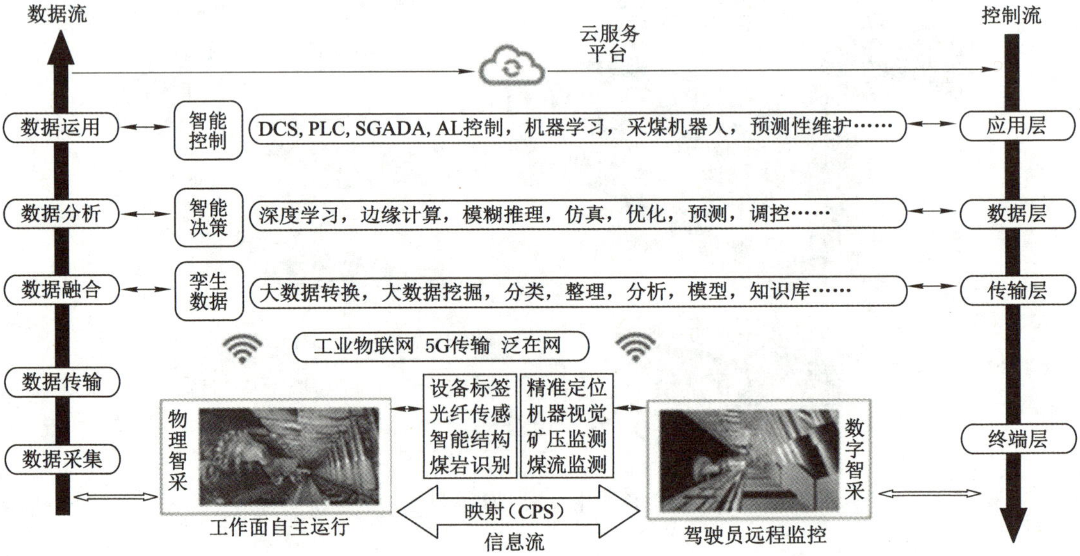

图2-43　数字孪生智能开采工作面运行平台

自主性的远端管控平台，通过数字孪生体发出指令、监控工作面的自主运行状态。

课后习题

1. 智能化采掘装备中，常用的传感器有哪些？

2. 简述激光测距系统的组成。

3. 简述 IMU 误差模型及标定过程。

4. 简述光纤光栅传感原理。

5. 面向无人化开采的需求，建设数字孪生智采工作面系统，必须实现采煤工作面感控要素的智能仿生。数字孪生及现代智能传感器的结合将成为可能。举例说明它们是如何应用到智慧矿山系统以及将如何改善矿山开采？

第三章　综采装备智能化理论与技术

近年来，随着科技的迅速发展，综合智能采矿技术不断取得进步和突破，煤炭开采技术及装备发展迅速，煤炭开采经历了从机械化到自动化再到智能化的发展。我国煤矿采煤机械化程度达到75%以上，大型煤矿机械化程度已达到了95%，并且我国在工作面三机国产装备上发展较快。在实际应用中，基于记忆切割设备和配套的自动跟机设备，结合远程视觉监控设备和智能控制系统，可以实现对设备的远程智能控制，将这种智能化技术应用于煤矿综采工作时，可以有效保障综采工作面的连续性、高效性和安全性。

第一节　综采装备的结构与功能

一、电牵引采煤机的结构与功能

电牵引采煤机在综采工作面的动作可归纳为以下三个方面：沿刮板输送机的水平牵引；沿综采工作面竖直方向上的滚筒调高；螺旋滚筒截割煤体。水平方向的牵引动作由采煤机行走部完成；垂直方向上的滚筒调高由采煤机调高系统完成；截割动作则由采煤机截割部完成。截割部、牵引部、行走部、中间箱和其他辅助机构等共同组成了采煤机的结构，如图3-1所示。

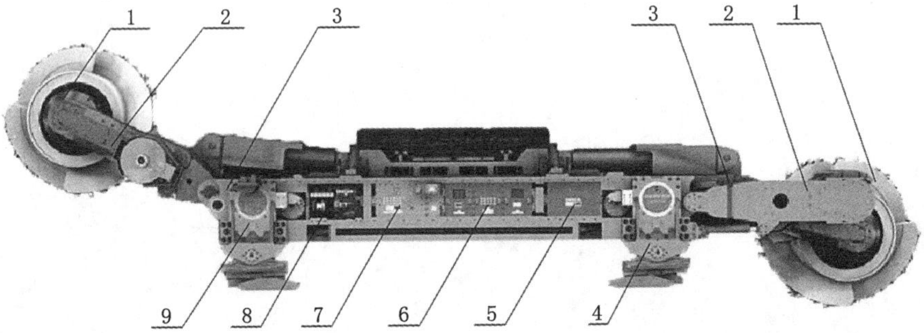

1—截割滚筒；2—摇臂；3—连接机架；4—导向滑靴；5—变压器箱；6—变频器箱；

7—高压开关箱；8—液压系统；9—行走部。

图3-1　电牵引采煤机的基本结构

采煤机牵引机构由牵引电机、传动系统和行走机构等组成，牵引电机由安装在机身内部变频器箱中的变频器驱动；传动系统通过减速装置将牵引电机输出的转矩传送至驱动轮，驱动采煤机左右行走。采煤机行走机构主要由行走箱体、驱动轮、导向滑靴等组成。采煤机有左、右两组牵引机构，其内部传动系统、组件构成完全相同，共同实现综采工作面上采煤机的左右牵引运动。采煤机牵引机构如图 3-2 所示。

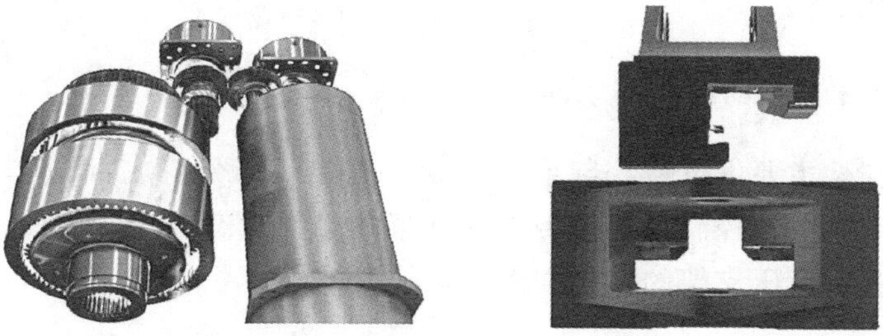

图 3-2　采煤机牵引机构与导向滑靴

采煤机截割机构主要由截割电机、左右截割滚筒和左右摇臂组成，其主要功能是截煤、落煤、装煤。截割电机通过减速器将转矩传送至截割滚筒，截割滚筒上安装有由特殊硬质材料制成的截齿，截割滚筒带动截齿作旋转运动，通过进刀与煤壁产生相互作用，达到将煤从岩层中采出的目的。在截割煤层过程中，为了防止截割电机过热，在采煤机摇臂内部设计有散热管道，通过水冷方式对截割电机进行降温，冷却水最终经过滚筒上的喷嘴形成喷雾，起到除尘降温的作用，如图 3-3 所示。

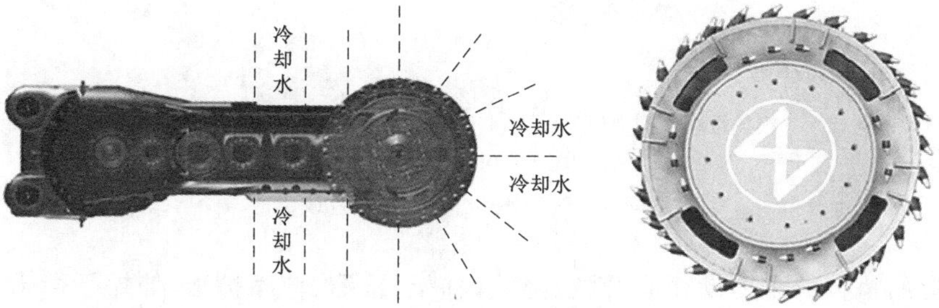

图 3-3　采煤机截割部和滚筒

液压系统为采煤机摇臂升降提供动力，喷雾泵站为采煤机机身内部冷却水的循环提供动力。同时，液压系统主要由电机、液压泵、控制阀和液压管件等构成，如图 3-4 所示。

变频器安装在采煤机变频器箱中，控制采煤机牵引电机，如图 3-5 所示。变压器安装于

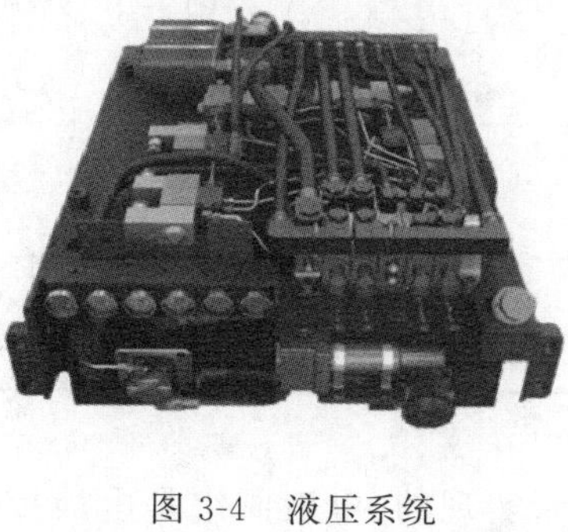

图 3-4　液压系统

图 3-5　变频器

采煤机变压器箱中，用于采煤机中的高压电源和低压电源之间的转换，为采煤机中的各类元器件供电。高压开关箱用于将外部高压电接入采煤机内部，并与机身外部隔离开关一起，构成采煤机供电总开关。

二、电液控液压支架的结构与功能

电液控液压支架主要由电液控制系统和液压支架两部分组成，液压支架的动作受到电液控制系统的控制。电液控制系统监测液压支架的工作状态，并发出控制指令，液压支架输出对应的动作。典型液压支架的结构如图 3-6 所示。

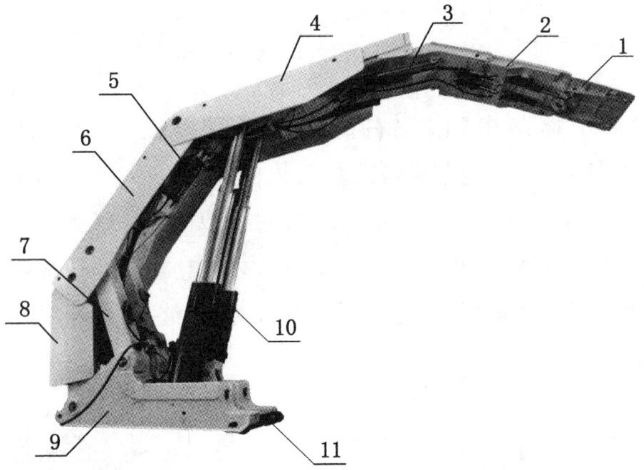

1—二级护帮；2——级护帮；3—护帮板千斤顶；4—顶梁；5—平衡千斤顶；6—掩护梁；7—前连杆；8—后连杆；9—底座；10—支柱；11—推移装置。

图 3-6 典型液压支架结构组成

液压支架的执行的主要动作有升柱、降柱、移架、推溜、伸缩护帮、伸缩平衡千斤顶等，液压支架的主要结构与功能对应关系如表 3-1 所示。

表 3-1 液压支架主要结构及功能对应关系

结构	功能
立柱	升立柱 降立柱
推移千顶	移架 推溜
平衡千斤顶	伸平衡千斤顶 缩平衡千斤顶
护帮板千斤顶	伸护帮板 收护帮板

支架动作是由支架控制器通过控制电液阀组的通断实现的，电液阀组是电液控系统的开关部件，按照被控对象被分为独立的控制单元，每个单元又由液动主控换向阀、电磁先导

阀和电磁线圈组成。液压支架每个单独的部件受控于一个电液阀组单元，控制器通过控制激励电液阀组的电磁线圈通断电，实现对同一对象往复运动的控制，电磁线圈和电液阀组通过电源箱供电，电液控液压支架系统在综采工作面的布置方法如图 3-7 所示。

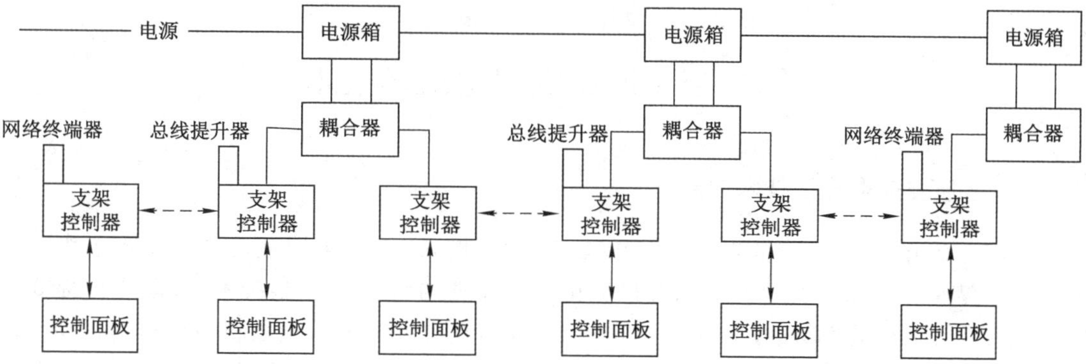

图 3-7 工作面支架电液控系统布置方法

图 3-7 中，控制面板用于对支架进行按钮操作控制。耦合器用于相邻支架控制组之间的连接，它既可以防止支架组与支架组控制器之间的相互干扰，还能够通过光电耦合作用实现相邻支架组之间的数据通信。同一支架控制组范围内共用一个电源箱供电。总线提升器用于提升总线电压，增强数据传输信号，防止因信号衰减造成数据丢包情况的发生。网络终端器定时向总线发送应答脉冲信号，根据工作面两端的网络终端器的信号发出和接收情况判断通信网络的通信状态。

三、刮板输送机的结构与功能

刮板输送机主要由机头机尾电动机、减速器、链轮组件、中部槽和刮板链组成。电动机经联轴器、减速器驱动链轮转动，链轮带动刮板链使得刮板链在运输机水平槽内连续循环运动，将采煤机截落在刮板输送机机槽内的煤炭连续运出采煤工作面至转载机。综采工作面典型刮板输送机的结构如图 3-8 所示。

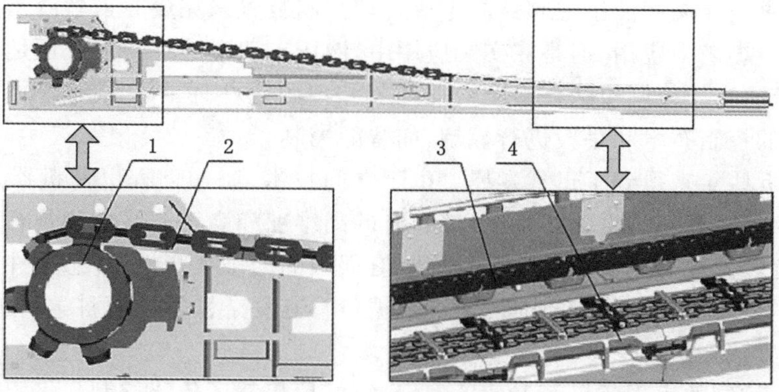

1—链轮；2—牵引链；3—销轨；4—中部槽。

图 3-8 刮板输送机主要结构组成

同时，刮板输送机还作为采煤机的行走轨道，为采煤机提供牵引和导向装置，使采煤机能够沿刮板输送机行走、截割煤层。另外，刮板输送机还为液压支架的拉架提供连接点，在液压支架和刮板输送机的交互作用下，液压支架和刮板输送机能够沿着采面推进方向不断推移。

第二节　液压支架电液控技术

一、液压支架电液控技术介绍

当前煤矿开采工作已经改变了以往人工劳动的模式，通过采用液压支架实现了机械化生产。在煤矿开采期间有效使用综合机械化采煤设备与计算机控制技术，可以充分提高煤矿生产效率。同时，随着科学技术的快速发展，液压支架控制方式也由机械化转向自动化。

液压支架是井下综采工作面生产的最主要设备之一，它以带有很高压力的液体为介质和动力，具有由稳定性很好的金属构件和若干灵敏性非常高的液压元件组成的特殊结构，可以使支架上以往人为实现起来比较困难的工序全部实现了机械化，从而在很大程度上改善了采煤工作面的工作条件，大大地降低了工人的劳动强度，使劳动安全性有了强有力的保证。同时，工作面的产量和开采的效率也得到了大幅度的提高，为工作面的自动化开采奠定了一定的基础。

为实现工作面的自动化，经过长期探索和研究，液压支架电液控制系统研发成功，它的使用使得支架降、移、升速度大大提升，是实现综采工作面高效高产的最有效技术途径。目前，支架电液控制系统已经成为煤矿综采工作面生产技术水平的重要标志。液压支架电液控制系统的发展使得煤矿开采的速度大大提高，越来越多的煤矿开始采用支架电液控制系统。

液压支架电液控制系统包括支架的自动控制系统和支架监控系统，其基本硬件组成包含了众多单元，如地面计算机、井下交换机、网络交换器、主控计算机、电源箱、红外传感器、支架控制器、行程传感器、耦合器、数据转换器、角度传感器、压力传感器以及电磁换向阀组等。该系统的核心部分是支架控制器，检测环节的工作则由传感器来完成，主要的动作执行环节则是由电磁先导阀和液控主阀共同组成自动控制装置来完成。虽然液压支架电液控制系统已经在很多煤矿中应用，但是在实际应用中，液压支架电液控制系统还是暴露出许多弊端，比如由于液压支架控制包括许多非线性环节和不确定性环节，控制的效果不是很好，因此需要引入新的控制技术和手段进行控制，如智能控制。

智能控制近些年来得到了迅猛发展。由于空间技术、海洋工程以及机器人技术的迅速发展，被控对象体具有高维度非线性，且其具有的高维度和高度非线性均具有一定的不确定性、高噪声干扰和强耦合等特点。控制系统具有很强的动态突变性，传感元件与系统执行元件较为分散，信息模式和系统运行时巨大的数据量具有复杂性等控制科学问题的出现，传统的控制理论和方法无法解决。

因此，智能控制的出现顺应了时代的发展，很好地代替了传统控制。将智能控制的控制对象锁定为液压支架电液控制系统并对其进行控制方式和方法研究，对于更好地实现液压支架电液控制系统的自动控制和提高煤矿的生产效率具有重要的意义。

二、液压支架电液控制系统组成

液压支架电液控制实现了液压支架的自动化控制，也是综采工作面自动化控制的先决条件。液压支架电液控制系统是通过在支架上安装的电液控制器、电液控制阀、电液阀驱动器、压力传感器、行程传感器、电源箱、隔离耦合器、网络终端器、TBUS 总线提升器等，实现液压支架的自动移架、自动推移输送机、自动放煤、自动喷雾等成组或单架控制。支架电液控制系统的组成如图 3-9 所示。

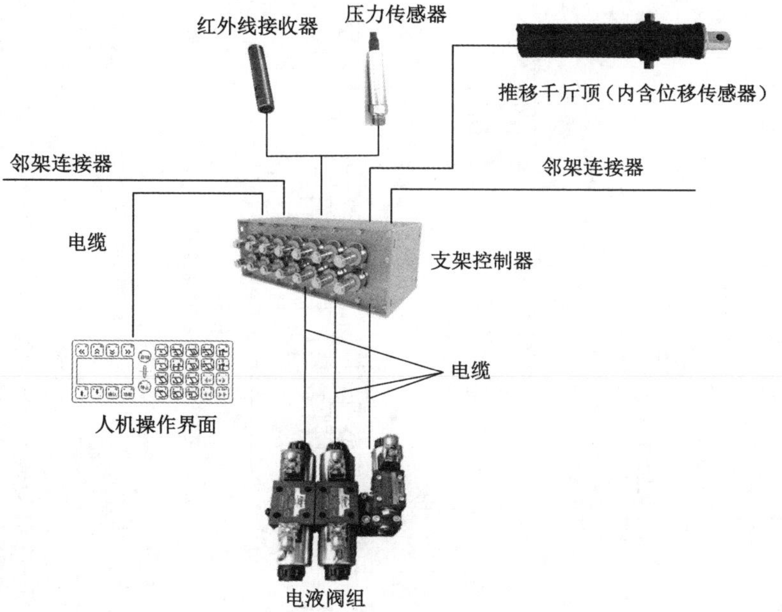

图 3-9　电液控制系统的组成

在工作面支架上安装支架控制装置及其配套组件，支架控制装置通过连接器构成工作面支架电液控制系统，在监控中心的设备可以通过信号转换器与工作面支架电液控制系统进行数据通信和监测监控。综采液压支架电液控制系统分为工作面电控系统、顺槽控制系统、数据上传系统三部分，如图 3-10 所示。其中，工作面电控系统与顺槽控制系统是液压支架电液控制系统的必备部分，其系统组成如图 3-11 所示。

如图 3-10 所示，支架电液控系统由操作中心（井下控制台、井上调度电脑）、远程数据传输单元（下机头交换机、集控中心交换机、井上交换机等）和电液控制单元组成。井下控制台一般设在工作面运输巷内，用户也可以根据具体情况不设井下控制台，只设支架控制器。支架电液控系统在控制层面上由三部分组成。

(1) 单个液压支架层面上的机电一体化控制

电液控制单元主要包括支架控制器、电源箱、电液控制阀（电磁先导阀、主控制阀）、压力传感器、行程传感器、采高传感器、红外接收器等部件，如图 3-12 所示。综采工作面每个液压支架配一套电液控制单元，构成单个液压支架的机电一体化控制，完成液压支架的液压传动控制，满足综采工艺对液压支架控制的要求。电源箱提供两路 DC 12V 电源，每路电源给若干组（典型配置为 3 组）支架控制器、电液控制阀及传感器供电。不同电源供电的支架控

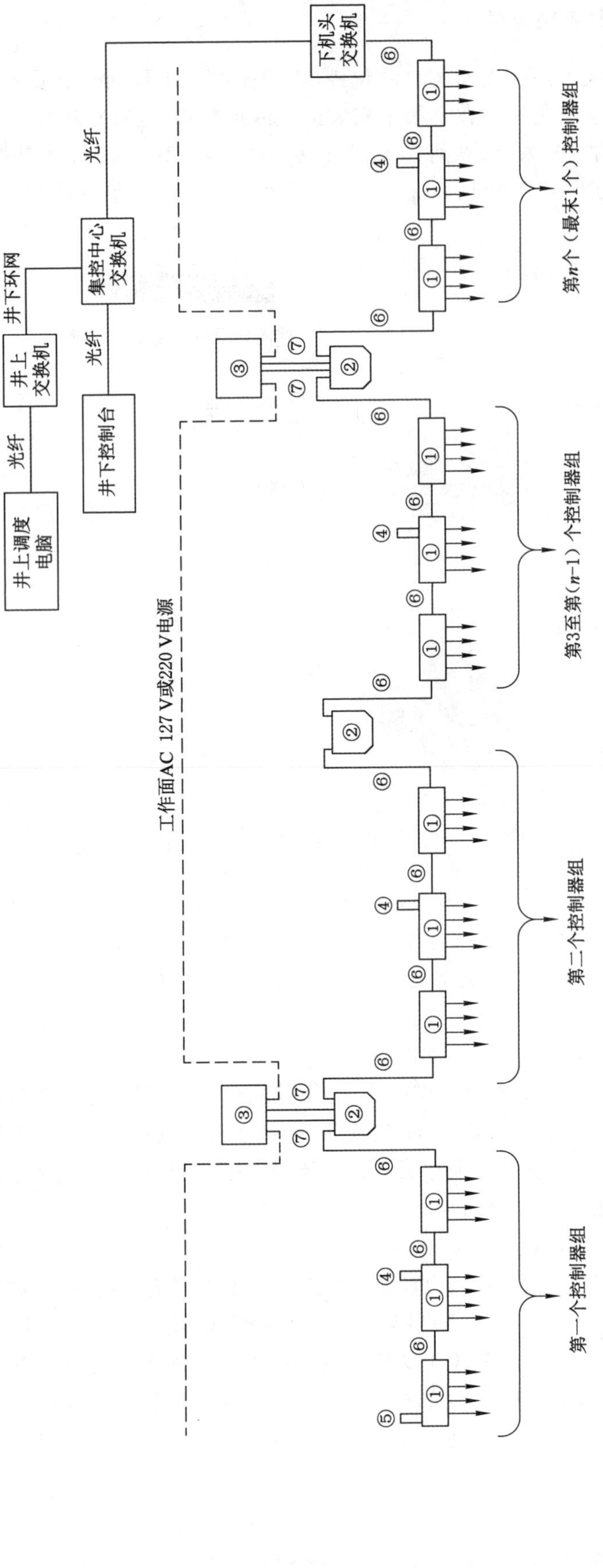

①—支架控制器；②—隔离耦合器；③—防爆直流电源；④—总线提升单元；⑤—网络终端单元；⑥—干线电缆组件；⑦—电源电缆组件。

图3-10 综采液压支架电液控制系统组成

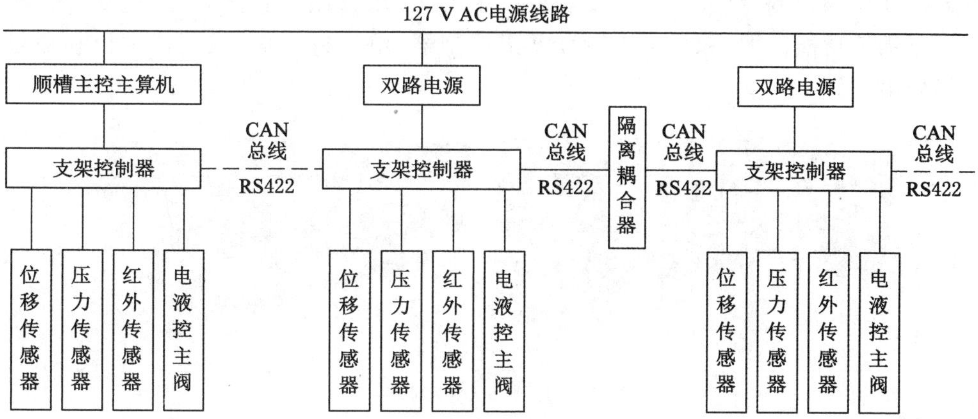

图 3-11 工作面和巷道电液控制系统框图

制器之间通过隔离耦合器进行通信信号的电气隔离和耦合传输。

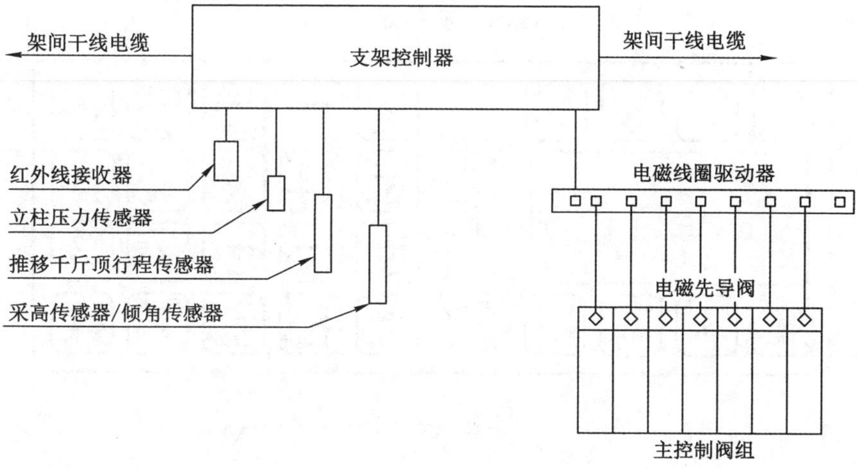

图 3-12 电液控制单元组成

(2) 工作面层面上的现场总线控制

综采工作面各控制器之间通过架间电缆连接成一个控制系统，通过总线通信技术，构成了工作面内包含所有液压支架的现场总线控制，实现工作面急停、成组动作、数据传输、在线检测、故障报警等功能。

(3) 顺槽层面上的生产过程控制

通过远程数据传输单元将综采工作面内电液控制单元连接到井下控制台和井上调度电脑上，实现系统实时数据的传输、存储和分析，完成工作面液压支架的可视化、可控化以及跟机自动化，实现生产过程优化控制。

三、支架控制器

支架控制器用于根据用户按键操作指令或遥控指令或操作中心远程操控指令对液压支

架进行各种动作的控制，完成支架单架和成组手动、自动控制，同时具有系统状态监测与液晶显示屏显示等功能。图 3-13 为某型号支架控制器，由人机界面、控制器主板和信号输入输出三部分组成。

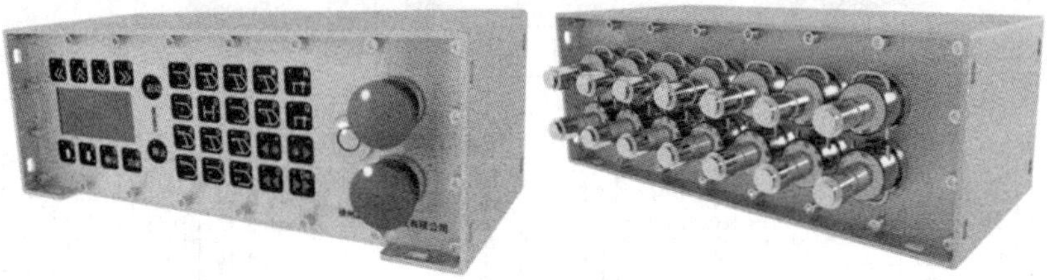

图 3-13　支架控制器

1. 人机界面

人机界面包含若干个功能键、急停键、闭锁键、显示屏、声光报警和状态指示灯等。功能键包括基本动作专用键、组合动作快捷键、成组动作快捷键、指令输入键和数字键等，典型设计方案如图 3-14 所示，表 3-2 为各按键的功能描述。

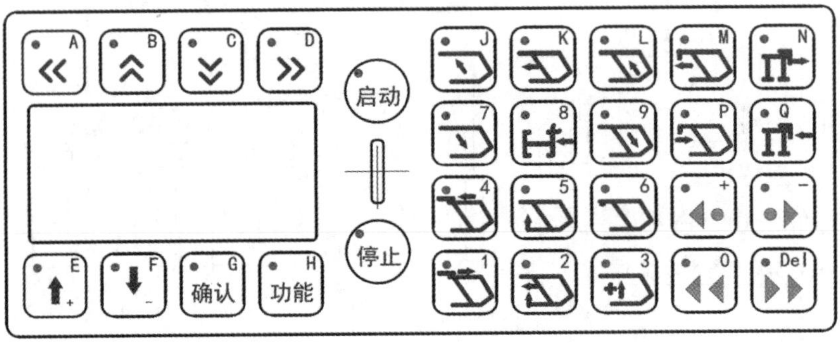

图 3-14　支架控制器人机界面功能键

表 3-2　支架控制器人机界面按键功能描述

按键	功能描述	按键	功能描述
A	显示屏信息左翻	B	显示屏信息上翻
C	显示屏信息下翻	D	显示屏信息右翻
E	修改参数(增大)	F	修改参数(减小)
G	确认	H	组合键
J	升柱	K	移架
L	收平衡(千斤顶)	M	伸护帮板
N	伸掩护梁	7	降柱
8	推溜	9	伸平衡(千斤顶)
P	收护帮板	Q	收掩护梁
4	伸伸缩梁	5	抬底
6	照明	1	收伸缩梁

表 3-2(续)

按键	功能描述	按键	功能描述
2	移架＋抬底	3	自动补压
＋	左邻架	－	右邻架
0	左成组	Del	右成组
启动	选定支架后启动	停止	停止动作

支架控制器前面板右侧一般设有急停与闭锁按钮，部分厂家会将该按钮合二为一，按下急停按钮后启动急停功能，向右旋转急停按钮后启动闭锁功能。急停功能通过现场总线切断整个工作面驱动器供电电流，立刻停止所有正在运行的动作，避免危险和灾害的发生。按下闭锁按钮，通过软件形式闭锁本架和左右邻架，用于支架检修时或者长时间停留时保证安全。

液晶宽屏用于显示工作面压力、推进行程、采煤机位置和方向、控制器通信状态、总线状态和故障等信息。此外，操作人员还可依据井下工作面地质条件、工况和采煤工艺，在显示信息提示下通过功能按键修改控制器工作参数。

在支架动作前，支架控制器首先启动声光报警(蜂鸣器与 LED 灯)，警示即将运行支架的周边人员，保障人身安全。状态指示灯位于启动与停止按钮之间，用于指示控制器工作模式、通信故障等。

2. 控制器主板

控制器主板采用高可靠性嵌入式工控模块为核心，包含微处理器、电源电路和外设电路等，具备通信、数据处理、控制和显示四种功能。

(1) 通过人机界面，控制器主板接收来自传感器、邻架、总线以及上位机的实时数据，同时向邻架、总线、上位机、电磁阀驱动器、摄像头、外置报警灯和外置照明发送状态信息或控制信号。

(2) 对传输到控制器内的实时数据进行存储、提取、解码、比对，然后发出控制指令。

(3) 控制器主板向电磁阀驱动器发送指定端口的电流通断信号，后者通过先导阀开启主阀阀芯，实现液压支架动作控制。

(4) 将重要的传感器实时数据、控制器状态以及系统总线状态显示在控制器人机界面上。

3. 信号输入输出

支架控制器信号输入输出部分包含若干 4 芯结构接口，用于连接压力、行程、倾角、红外等传感器获取实时数据，连接邻架进行邻架通信和总线通信，连接电磁阀驱动器、自动反冲洗过滤器和外置声光报警器等输出控制命令。

邻架通信具有邻架/隔架数据传输和控制、闭锁等功能。总线通信具有工作面急停、成组动作、在线检测等功能。目前支架控制器厂家多采用 CAN 总线技术实现邻架通信和总线通信，同时采用单线传输技术以减少通信电缆的芯数。例如，一些厂家使用架间 4 芯电缆就可实现邻架通信、总线传输和供电功能。网络终端单元安装在电液控制系统两个端头控制器上，采用发送和应答方式来监控总线通信状态。总线提升单元用于保障邻架通信和总线通信的可靠性。

煤矿智能化的发展对支架电液控系统提出了更高的要求，现场总线低通信速率(CAN总线传输速率为 33 kb/s)已成为现场控制的瓶颈问题，国内外很多厂家在积极研究采用以太网通信协议的新型控制器，通信速率可以达到 100 Mb/s 甚至 1 000 Mb/s，实现数据传输、邻架控制、工作面急停、成组动作、在线检测、人员定位、语音和视频传输等多网合一。

四、电源和传感器

1. 电源箱

电源箱一般为隔爆兼本安型稳压电源，如图 3-15 所示，用于将井下 127 V 交流电转化为直流电输出，为支架电液控系统提供 DC 12 V 稳压电源，同时具有短路保护、双重过流保护、双重过压保护功能、自动恢复等功能。大部分厂家的该类电源具有两路输出，分别为 3 台控制器供电。

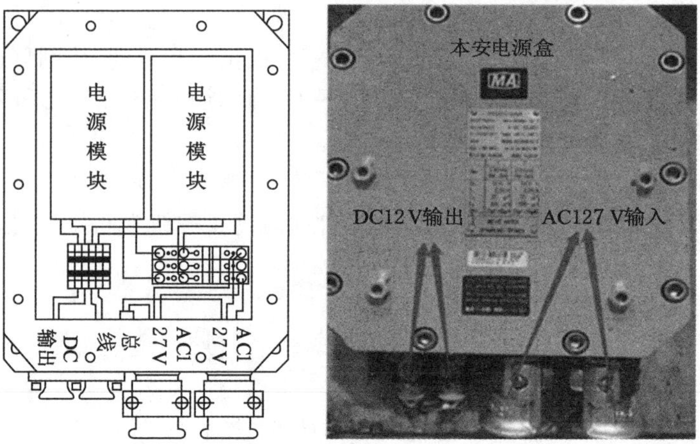

图 3-15　电源箱

2. 压力传感器

压力传感器采用金属膜片弹性形变技术和惠斯通电桥技术将压力信号转化为电压信号输送给控制器，如图 3-16 所示。在受到外界压力时，金属弹性膜(压敏元件)产生弹性变形，阻值发生改变，然后通过惠斯通电路将形变量(压力变化)转化为电压信号。压力传感器通常安装在立柱单向锁上，用于实时检测支架立柱下腔压力，保证对顶板的支护质量，依据工作面和巷道压力的历史和实时数据，还可进行矿压分析。此外，系统通常在工作面机头、机尾以及工作面液压管路安装压力传感器，用于测量主进、主回液压管路上的压力，通过操控中心控制乳化液泵，保障工作面供液压力正常。

3. 行程传感器

行程传感器通常安装在推移油缸内，用于测量支架和运输机的位置，也可以用于护帮板油缸和伸缩梁油缸实时位置测量。目前常用的有干簧管式行程传感器和霍尔行程传感器两种。

干簧管式行程传感器采用滑动电阻原理来确定推移油缸活塞杆实时位置，其工作原理如图 3-17 所示：在该行程传感器的线路板上，规律地分布着电阻和干簧管式磁力开关；环形磁铁(磁环)与被测油缸活塞相连并随之运动，处于磁环磁场中的磁力开关闭合形成闭合回

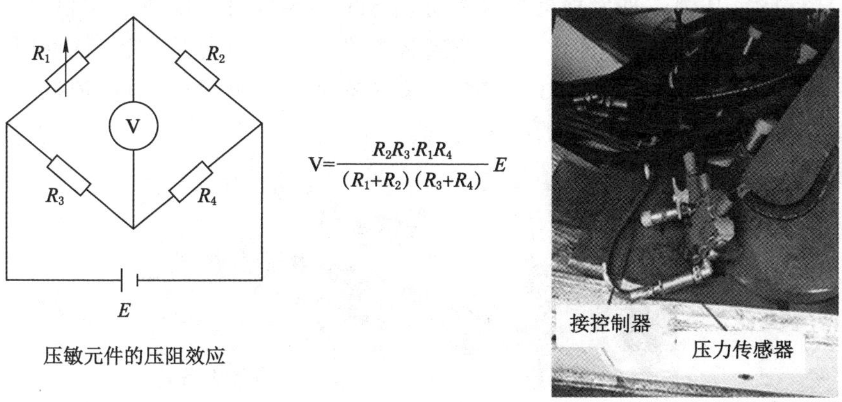

图 3-16　压力传感器检测原理及安装

路，该回路的电阻大小与闭合状态磁力开关所在位置（活塞位置）呈线性关系；然后利用电路将电阻值变化转换为电压变化，将推移油缸活塞位移信号转化为电压信号输送给控制器。由于干簧管式磁力开关的分布是非连续的，因此，该类行程传感器只能实现非连续测量，精确度相对较差且不可调节，且干簧管在震动或低温环境中易碎，开关易抖动，长期使用后易吸合，导致整个行程传感器报废，传感器可靠性不高；采用干簧管的行程传感器由于干簧管体积大，安装密度无法很高，因此分辨率也较差。

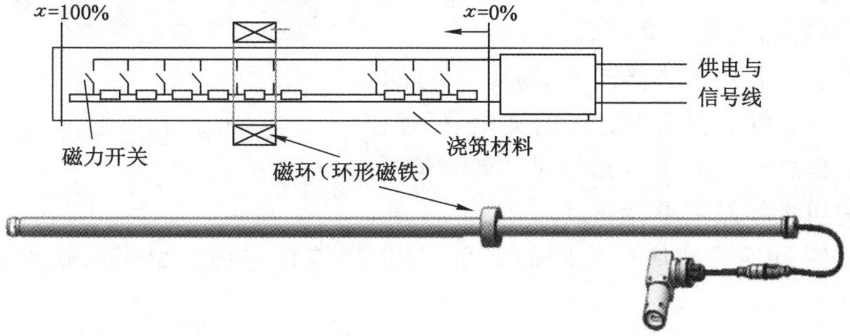

图 3-17　干簧管式行程传感器结构示意图

霍尔行程传感器利用霍尔电路阵列取代干簧管式行程传感器中的电阻和磁力开关，由于所有霍尔电路均一线排列，每个霍尔电路的工作状态和磁环的位置呈现着对应关系。当磁环随运动部件停留在某一位置时，附近的霍尔电路被触发，处于导通状态，输出低电平，而其他霍尔电路则处于截止状态，输出高电平。采集和分析霍尔电路阵列中每个霍尔电路的电平信号，即可判断出磁环的位置。由于磁环位置是与油缸活塞相连接的，因此霍尔电路电平信号和推移油缸行程位置存在唯一的对应关系。利用单片机对霍尔电路进行扫描和编码，查寻霍尔电路的电平信号，即可实现对行程的主动检测。与干簧管式行程传感器相比，霍尔行程传感器安全性、可靠性及分辨率高，功耗低。

4. 红外接收器

目前多采用红外传感器测量采煤机与支架的相对位置，红外传感器由红外发送器和接收器组成(图 3-18),其中红外发射器安装在采煤机的中部,由采煤机直接供给 DC 12 V 电源,红外发射器发射红外脉冲信号。每个支架控制器接一个红外接收器,依据所接收到红外脉冲信号,判断采煤机所在位置。红外接收器安装有双份红外接收元件,依据红外接收元件接收红外信号的顺序,判断采煤机的行驶方向。

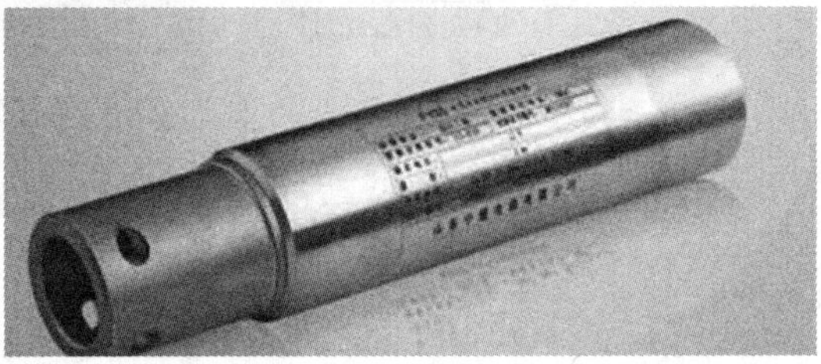

图 3-18　矿用本安型红外线接收器

5. 倾角传感器

每个液压支架安装有三个倾角传感器(图 3-19),分别安装在液压支架顶梁、掩护梁和四连杆/底座上。测量顶梁和顶板之间的夹角、顶梁和底座之间的夹角、顶梁水平翻转夹角,利用这几个夹角可以计算工作面采高。为提高支架高度和工作面高度的测量精度,近些年一些企业利用重力原理以及安装在传感器端头端尾的倾角传感器,研制了采高传感器。

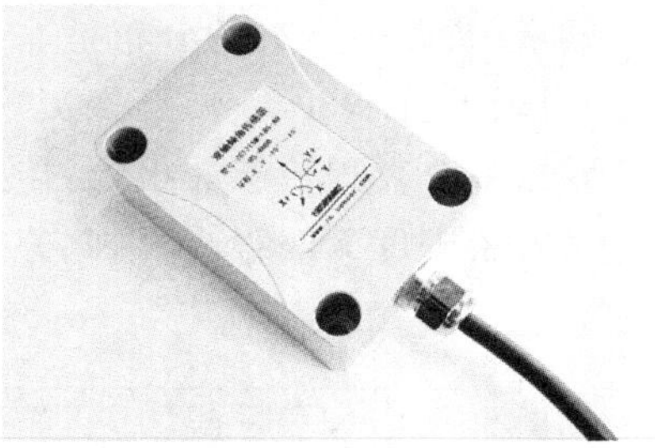

图 3-19　矿用本安型高精度倾角传感器

液压支架安装倾角传感器还可实现以下目的:

(1) 通过测量顶梁和顶板之间的夹角,保障工作面顶梁和顶板之间的夹角不允许超过界限值,保证顶板的支护质量和保护平衡油缸。

(2) 通过测量顶梁和底座之间的夹角,保护四连杆、掩护梁销轴、销轴孔,免于应力破坏。

(3) 通过测量顶梁的水平翻转夹角,保障顶梁对顶板高质量支护。

(4) 监测液压支架的实时状态,控制支架精确降柱,实现擦顶移架。

五、隔离耦合器

在工作面上支架被分成若干个独立的供电组(典型配置方式为 1 路电源给 3 个支架控制器供电),与此同时工作面数据需要在全工作面范围内进行传输。如图 3-20 所示,隔离耦合器连接两个供电组,隔离支架供电组之间的电信号,数据信号经过光耦合后在工作面内传输。

六、电液控制阀

如图 3-21 所示,电液控制阀主要由电磁先导阀和主控制阀两部分组成,是支架电液控制系统的最底层元件。支架控制器通过串行通信方式向电磁线圈控制器发出指令,由后者对指令信息进行解码和信号放大,然后通过控制电磁先导阀通断电来控制主控制阀阀芯启

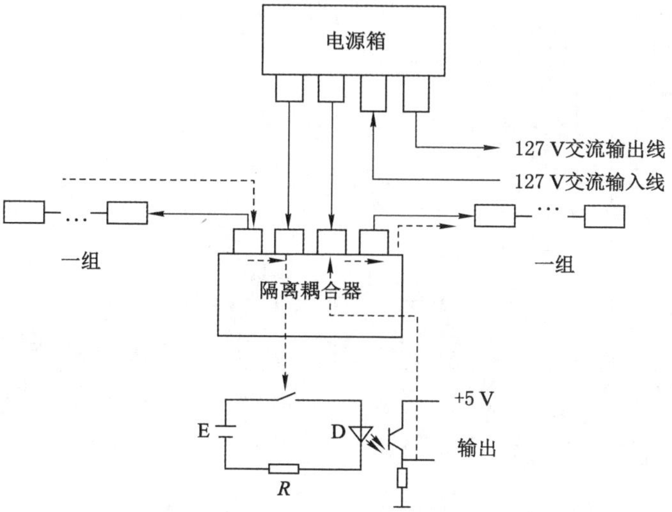

图 3-20　隔离耦合器工作原理

闭，从而开启或者停止回路供液，实现液压支架动作操控。中厚煤层液压支架的电液控制阀多安装在四连杆之间，薄煤层液压支架安装在顶梁下方，此时多采用倒装方式，方便先导阀拆装。

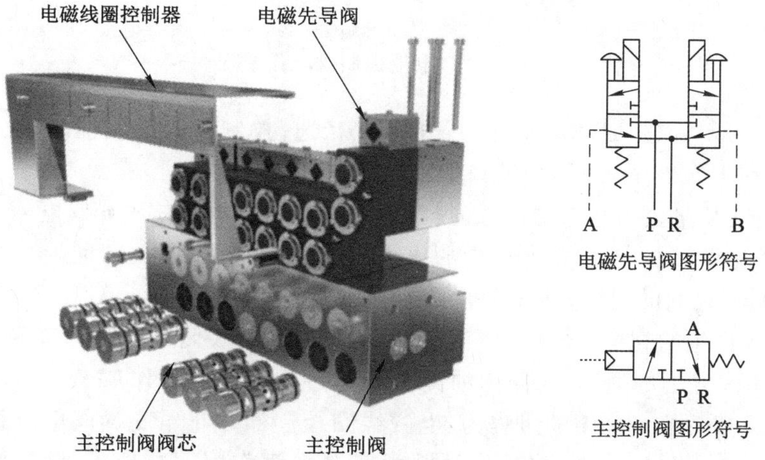

图 3-21　电液控制阀的结构组成

先导阀和主阀都是两位三通阀。如图 3-22 所示，两个先导阀成对使用控制油缸伸缩，P 为先导阀(进)供液口，通过先导滤芯和主阀进液通道相通；R 为回液口，通过回液单向锁和主阀回液通道相通；A/B 为工作口，和主控制阀的控制口相连。电磁铁断电时，先导阀在零位，回液口 R 和工作口 A/B 相通，进液口 P 处于关闭状态；电磁铁通电时，先导阀在工作位，进液口 P 和工作口 A/B 相通，回液口 R 处于关闭状态。

主控制阀的供液口 P 和系统供液通道相通，回液口和系统回液通道相通，工作口 A 和液压缸某一腔相通。当先导阀让主控制阀的控制口与回液通道相通时，主阀工作在零位，其

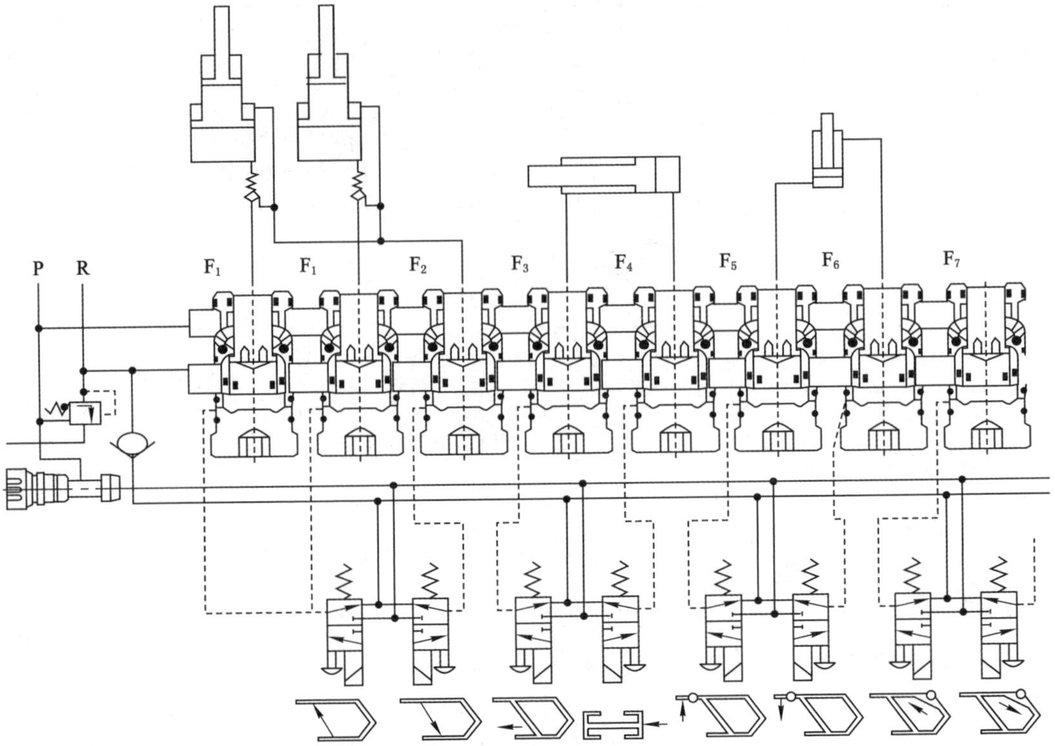

图 3-22 电液控制阀工作原理

进液口 P 处于关闭状态，回液口 R 和工作口 A 相通；控制口通高压油时，主阀工作在工作位，进液口 P 和工作口 A 相通，回液口 R 处于关闭状态。

电液控制阀某路主阀开启的过程为：电磁线圈控制器给相应先导阀电磁线圈供电，所产生的磁力吸合先导阀杠杆；杠杆所产生的压力，推动先导阀控制关闭回液口 R，打开进液口 P 和工作口 A/B 之间的通道；高压乳化液经过先导阀阀芯工作口 A/B 进入主阀阀芯控制腔；主阀控制腔产生的高压，推动主阀阀芯活塞套和活塞，关闭主阀回液口 R，开启主阀进液口 P 和工作口 A 之间的通路；主阀内的高压液经过主阀阀芯工作口 A，经过辅阀或直接进入油缸，完成支架功能。关闭的过程为：电磁线圈控制器停止给先导阀电磁线圈供电，电磁线圈所产生的磁力消失，杠杆复位；先导阀阀座在弹簧作用下复位，关闭进液口 P，工作口 A/B 和回液口 R 相通；主阀阀芯控制腔内高压液，经先导阀回液通道，回液单向阀和主阀回液通道相通，控制腔内的压力瞬间卸载；主阀阀芯在弹簧的作用下复位，关闭进液口 P，工作口 A 和回液口 R 相通，支架动作停止。

七、支架电液控系统功能

1. 系统功能

基本功能：控制液压支架的支护、升架、降架、移架、推溜等动作，可实现邻/隔架控制、远方控制、单架/成组自动控制、全线紧急停止、状态及故障信息显示等。

支架电液控系统自成体系，即使支架控制器与操控中心网络中断，操作人员在井下利用人机界面按键也可直接操作液压支架，实现各项基本功能。支架控制器现场操控有按键控制和时间控制两种模式。按键控制一般设计为单键单动作方式，操作人员触动按键，液压支架执行相应的动作，停止触动按键，液压支架所执行的动作停止；时间控制模式被设计为按键被触动之后，液压支架在某一预设时间内持续执行某一动作，设定时间到后，自动停止该功能。

高性能支架电液控系统通常还提供参数控制模式和上位机控制模式。参数控制模式工作原理：控制器在比对传感器实时测量值和系统界限值之后，自主地发出控制信号执行某一功能，通过传感器实时测量值作为反馈，当测量值达到系统设定值之后，自主地停止该液压功能。参数控制模式是自动补压、擦顶移架、跟机自动化等高级功能的基础。上位机模式分为两种，一种是指在顺槽内通过井下操作台或井上集控中心电脑，依据传感器的实时数据和工作面视频，操作人员利用遥控操作/远程控制手段操作支架控制器某一支架功能；另一种是利用综采工作面集控系统，基于实时和历史数据以及生产过程优化控制算法，自主控制液压支架各项动作。

高级功能：压力自动补偿；推溜行程精确测量及控制，工作面调直；液压支架遥控/远程控制；液压支架跟机自动化；液压支架姿态精确检测与顶板控制；工作面防片帮控制；放顶煤自动化控制；故障在线诊断和显示；工作面数据上传；修正采割曲线调整记忆割煤；工作面集成控制；矿压分析和预警。

2. 系统操作方式

支架电液控系统操作方式分为单键单动作、成组动作、自动动作和跟机自动化四类。

(1) 单键单动作

操作人员可以在工作面上任一支架进行单键单动作操作，单键单动作步骤为：

① 选取左右邻架之一作为被控架，也可以选取隔架作为被控支架，考虑到安全操作，隔架操作不允许超出操作人员视线范围。

② 通过人机界面选择所要操作的功能。常用功能在人机界面上设置有专用键，其余的功能则要在服务菜单中选取。

③ 按下启动键，执行液压支架动作。

④ 操作人员判断支架动作达到要求后按停止键，完成单键单动作任务。

操作人员也可通过系统中预设的组合键，控制支架自动完成某一动作，如自动移架。

(2) 成组动作

操作人员可以在工作面上任一支架上进行成组动作操作，成组动作步骤为：

① 在工作面上任一控制器，就成组动作进行参数设定，设定成组范围、成组动作顺序(同时或依次动作)、成组动作方向、成组动作时间延迟和参数。

② 在工作面上选取一支架作为操作架，并选取所要执行功能。

③ 选取成组支架位置和运行动作(如护帮板，伸缩梁)。

④ 按下启动键。

成组动作会依据时间模式或者参数模式自动停止。成组控制的第一步仅出现在参数设置时，当参数设置完成之后，成组动作从第二步开始。成组动作可以是支架的某个单动作(比如收回护帮板)，也可以是组合动作(收护帮板同时收伸缩梁)，还可以是自动移架。

(3) 自动功能

系统依据所设定的参数和传感器的实时数据，通过闭环控制自动执行某项功能。如自动补压功能，立柱压力降低到某一数值时，系统开启自动补压功能，当压力达到设定值之后，停止补压，保障支护质量；漏架补架功能，在跟机自动化中，假若某一个支架没有移架到位，系统停止该支架继续移架，而启动下一个支架开始跟机自动化，在一定时间延迟之后，系统对该支架进行再次移架；消除行程系统误差功能，在推溜前系统发出指令给推移油缸短暂供液，用以消除推移杆和运输机长孔之间的间隙；保障顶板顶梁平行功能；为了保障顶梁和顶板之间的角度不超过规定值，系统动作平衡油缸，保障顶板和顶梁的平行。

(4) 跟机自动化

利用操控中心(井下控制台或井上调度电脑)上专用软件程序设定跟机自动化参数，系统根据采煤机所在位置、工艺参数设定和传感器实时参数，自主运行所设定的功能。跟机自动化可以在全工作面进行，也可以在局部工作面进行。

第三节　采煤机自动调高技术

一、概述

近年来，煤炭开采机械化已经成为煤炭工业增加产量，提高劳动生产率，减少重大恶性事故和改善劳动条件的关键技术之一。采煤工作面机械化程度的不断提高，特别是高产高效采煤工作面在国际、国内相继出现，使采支运设备功率、负荷、生产能力不断加大。以采煤机为例，大功率采煤机的单个截割电机功率已达 1 000 kW 以上，单机年产也达 1 000 万 t，且呈现出继续增大的趋势。

目前国内比较大的采煤机是 MG1100/3050-WD 型采煤机(图 3-23)。这台采煤机最大总装机功率可达 3 450 kW，整机重量 220～230 t，可实现最大厚度 9 m 煤层的一次采全高智能化高效开采，年生产能力达到 1 500 万 t 以上，创造了采煤机装机功率与开采高度的世界之最。

因此，实现采煤工作面自动化，使采煤工作面机电设备协调、安全、可靠、高效地运行显得越来越重要。同时，随着采煤机功率的增加，工作面粉尘问题也越来越严重。因此，为了改善矿工健康和安全条件，提高产品质量(降低含矸率)、延长设备寿命和保障生产安全，国内外对采煤机组自动化的兴趣不断增加。其中，采煤机自动化是整个工作面自动化的中心环节。

图 3-23　MG1100/3050-WD 型采煤机

采煤机作为矿井生产的主要采煤设备，其自动化水平是综采工作面自动化的关键。按照顶板和底板的变化确定的采煤工艺，滚筒自动调高的功能就是要求采煤机按照顶底板的变化规律自动调整滚筒高度，尽量减少采煤机截割顶底板岩石，保持支护要求的工作面顶底板的平整性。也就是说要使采煤机的前后滚筒截割后形成的顶底板要跟踪按照采煤工艺设定的顶底板的曲面，同时保持跟踪轨迹的平滑性。实现采煤机滚筒自动调高可以提高产量，降低设备损耗和故障率，减轻工人的劳动强度，尤其是加强工作面的安全保障，同时提高了回采率，减少了资源的浪费。因此，实现采煤机滚筒的自动调高既有经济效益又有社会效益。

由于井下工作面环境较为恶劣，高粉尘浓度以及井下的各种噪声导致采煤机操作人员很难准确且及时地判断采煤机的截割状态，更无法准确控制采煤机滚筒高度。目前，采煤机滚筒的高度控制，普遍以人工手动控制为主，即采煤机操作人员用视力和听力判断采煤机滚筒的截割状态，对滚筒的高度进行控制。图 3-24 所示为工人控制采煤机工作。

图 3-24　工人操作采煤机

仅凭肉眼观察和声音来判断滚筒的高度，对其进行粗略调整，会带来以下一系列问题：

(1) 对于井下瓦斯浓度较高的矿井，切割岩石产生的火花有可能引发瓦斯爆炸等恶性事故。

(2) 如果滚筒长时间切割岩石，导致煤岩剧烈振动，可能引发顶板大面积崩塌，威胁采煤设备和工人人身安全。

(3) 切割岩石产生的粉尘严重影响操作人员的视线，干扰其对滚筒工作情况的判断，且工人吸入大量的煤灰有害身体健康。

(4) 采煤机滚筒截割岩石时，大量崩落的岩石杂质混入原煤中，造成原煤质量下降，增加选煤厂的工作量，不利于提升煤炭品质。

(5) 在薄煤层开采中，频繁截割岩石，将会加速对设备的损伤；但在中厚煤层或者是特厚煤层，如果滚筒的截割高度太过保守，则容易造成顶底煤剩留过多，降低回采率，导致资源浪费。

因此，国内外一直致力于采煤机调高系统自动化技术的发展，而采煤机滚筒高度的精确控制又是采煤机调高系统自动化技术的核心。当前采煤机滚筒高度的控制方法是通过对煤岩进行识别、分界，进而控制采煤机滚筒的高度。但井下有关煤岩分界和识别技术还尚未成熟，导致该项研究的进展较为缓慢。当前煤岩识别、分界的主要方法大致分为两类：一类是对煤岩界面进行直接识别，包括天然伽马射线测量法、红外线检测法等，但这类检测方法实用性相对较低，有些对煤岩中的化学元素有一定的要求，有些比较适合井下瓦斯浓度较高的矿井，还有一些对井下工作面的温度需求较高，因此此类方法基本处于理论阶段的研究；另一类是对煤岩界面进行间接识别，包括记忆截割法和截割力分析法，这种方法是通过安装在摇臂中的振动传感器和油缸中的位移传感器以及摆角传感器实时判断采煤机滚筒工作状态，从而间接识别煤岩的分界情况，这类方法操作简单，也相对易于实现。

国外 JOY、Eickhoff 以及 DBT 三家公司均推出了具有记忆截割功能的采煤机，也在井下较为平整的工作面进行了试验，效果较为显著，大大提高了井下自动化水平。近年来，我国一些采煤机厂家也研发了具有记忆截割功能的采煤机，2016 年底，由天地科技股份有限公司牵头，天地科技上海分公司、北京天地玛珂公司参与，与澳大利亚联邦科学及工业研究组织(CSIRO)合作开展的“LASC 研究及示范项目”获得圆满成功。截至 2017 年底，由天地科技股份有限公司上海分公司生产的，装有 LASC 系统具有记忆截割功能的滚筒采煤机已在多家煤炭生产企业使用，获得广泛好评。该技术减小了井下工人的劳动强度，一定程度上满足井下工作面自动化、智能化要求。但由于我国的煤层地质条件较为复杂，在一些井下地质情况较为复杂的地方应用效果并不理想。这种方法仅能在工作面顶底板变化相对稳定的情况下，由采煤机司机先割一刀进行示范，并且需要工作人员实时监控采煤机的工作状态完成整个工作过程。

二、煤岩识别技术

采煤机自动调高是综采工作面全自动化运行、有效降低截割能耗的关键技术，而煤岩识别技术决定采煤机自动调高的技术水平，也是实现无人自动化开采的先决条件。采用先进的煤岩识别技术实现采煤机滚筒的自动调高控制，能够有效提高采煤机的工作效率和煤的输出率，减少截割岩石对采煤机截齿的磨损，延长采煤机滚筒及截齿的使用寿命，降低成本和能耗。

自 20 世纪 60 年代起，世界各主要产煤国如英国、澳大利亚、美国和苏联等就开展了大量关于煤岩识别的研究，主要分为两大类：通过测量煤层厚度来探测煤岩界面；通过一种装置来判断滚筒截齿是否切入了顶底板，当判定滚筒切割到岩层时立刻调整滚筒高度，如图 3-25 所示。

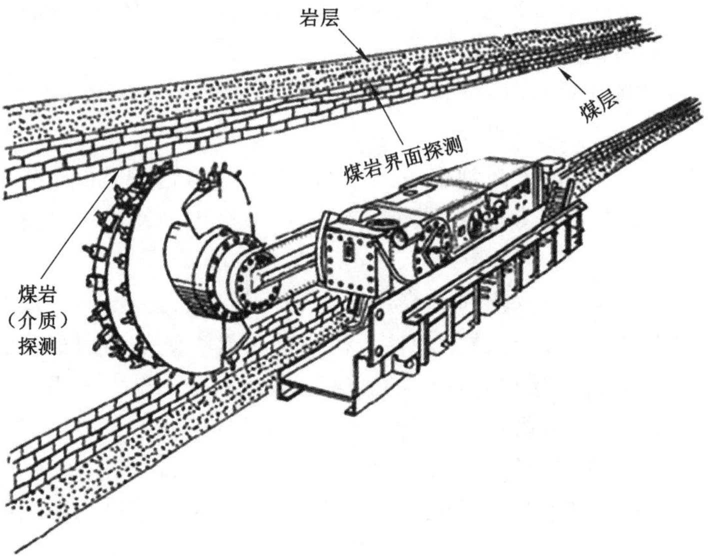

图 3-25　煤岩界面探测方法

1. 图像法

根据图像处理技术来进行煤岩识别是目前研究热点之一，如图 3-26 所示为煤岩样本图像。为实现煤岩图像的高效识别，我国研究人员提出了一种基于双树复小波域统计建模的煤岩识别方法，采用双树复小波变换对煤岩图像进行多级分解，并根据设计的旋转不变增强策略，通过基于尺度独立形状估计方程的广义伽马分布参数估计方法，实现了模型参数确定和煤岩图像的有效识别。还有研究人员通过采用基于形态学权重的自适应算法进行形态学降噪，最后利用二维最大类间方差法（OT-SU）对图像进行分割，该方法提高了红外图像的特征提取和缺陷识别能力。

（a）砂岩　（b）页岩　（c）烟煤　（d）无烟煤

图 3-26　煤岩样本实物图像

然而该技术也有明显的缺陷，在采集煤岩图像的过程中，经常受到现场复杂环境的影响，其图像采集具有与地面不同的特点：

（1）照度极低。矿井巷道往往远离地面，井内面积狭小，照度相当低。即使晚上没有星光和月光，地面的照度也要比井下的照度强。倘若缺少辅助光源，普通可见光照相机或摄像机很难在煤矿井下采集到理想的图片。因此在煤矿井下拍摄图片需要配备相应的辅助照明。

（2）矿尘干扰。煤炭采掘现场和运输过程中，经常产生大量的矿尘，主要是煤尘和岩尘，降低了能见度，影响图像采集，矿尘容易粘在采集设备的镜头上，进一步降低图像采集质量。

（3）喷雾干扰。在掘进、采煤以及煤炭运输转载点等产生矿尘的地方均设置有各种喷雾或洒水的降尘设备。在降尘过程中产生的水雾也会对图像质量造成影响。

（4）机械振动。从煤炭采集到运输整个过程，都伴随较大的机械振动，对摄像机和照相机的稳定造成干扰，进而导致图像抖动，影响图像质量。

（5）电磁干扰严重。大功率机电设备如采煤机、刮板输送机等集中在煤矿井下狭小的巷道空间，大功率机电设备启停、大功率变频设备启动、架线电机车火花等都会对图像采集设备造成严重的电磁干扰。上述这些因素都会对图像质量造成影响，产生噪声，如果图像伴有较大的噪声，就会影响到后续的图像处理。

2. 截割参数法

当煤岩介质具有不同的力学特征时，采煤机滚筒截齿在截割煤与截割岩石时的截割力、电机电流、调高油缸压力、机身振动等参数会有所差别，以此为判别依据可以实现煤岩介质的识别。苏联学者 Amshinskii 等提出了根据切割煤岩所需的不同切割力来识别煤岩的方法。Brenner 等提出，只有在高切割力下，这种方法才能更有效地分辨出煤岩介质。英国研究基于截割力响应的煤岩识别系统，并在卡特格勒煤矿进行试验；美国矿业局、麻省理工学院及德国 MARCO 公司也分别进行了振动监测样机的研制。国内研究人员应用这种原理取得了较多的研究成果。图 3-27 所示为不同煤岩比例试件截割振动加速度曲线。这种方法是目前国内研究的热门方法，研究者们更倾向于在该方法基础之上引入神经网络、主成分分析、机器学习、数据融合等模型，通过提取多种传感器的特征数据来实现煤岩介质的识别。当前基于截割参数的煤岩识别，主要存在的一些问题：① 该方法要求煤层与岩层的普氏系数等差异大，所以适用范围较小；② 只有截割到岩层时，才能测算出煤岩界面；③ 探测传感器易受到电磁干扰，导致识别精度降低；④ 工作中截齿需要切入岩石，导致截齿的损耗较大。因此，目前该方法处于探索和完善阶段。

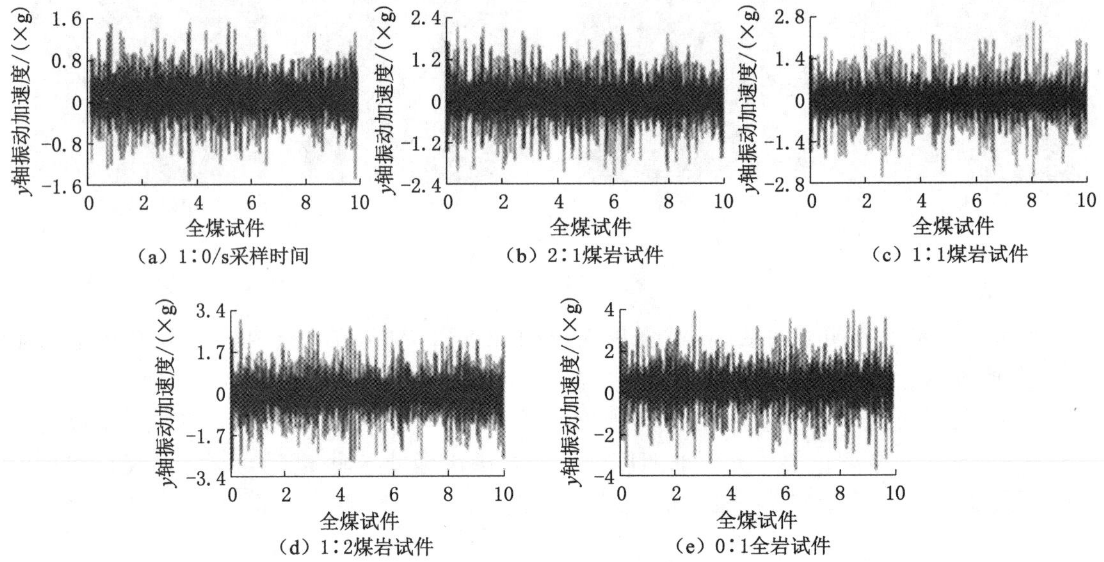

图 3-27　不同煤岩比例试件截割振动加速度曲线

3. 声波测试法

该方法大致分为两种：第一种是利用声波作为探测源向煤层发射，通过接收到反射波的时间差来计算煤层的厚度。我国研究人员将该方法和小波分析结合起来实现了煤岩界面的识别。但由于声波在空气中衰减严重，该方法属于接触式探测，较难实现；第二种方法是根据煤和岩石的物理差异，通过提取煤岩介质与截齿、支架、刮板等装备碰撞声音而实现煤岩介质的识别。还有研究人员发明了一种基于声音的煤岩界面识别方法，利用人耳生理学上的时频分解特征、定位及掩蔽特征对声音信号进行进一步的处理，从而辨别出采煤机当前的截割状态，但在采动环境下，该方法的识别率有待提高。

4. 电磁测量技术

由于电磁测量技术无须预先求取煤岩物理特性，同时测量传感器受作业环境影响（如工作面光照强度低、粉尘量大等）较小，因此当前通过电磁测量技术，识别煤岩界面的方法已经成为研究热点之一。

利用电磁波作为探测源对着煤层顶部发射，当电磁波传播到煤岩界面时，由于煤和顶板围岩的介电特性不同，电磁波将会发生反射，利用电磁波在空气-煤层界面以及煤岩界面的两次反射时间差即可计算出煤层厚度。美国矿业局于20世纪率先使用雷达探测的方法进行了煤岩界面的研究，并尝试了多种方法来克服煤层和天线所引起的色散问题，最终利用矢量网络分析仪搭建了连续波雷达传感器，并成功地在井下进行了相关实验。该方法曾被认为是最有可能成功的方法，但是该方法对天线频率和带宽存在一定限制条件，从而使其探测范围受到了限制。澳大利亚 Ralston 等开发了便携式探地雷达，并将其应用到煤厚探测中；Strange 等致力于雷达信号处理算法，突破了传统的雷达盲区，成功实现了厚度为1～6 cm的煤层探测。美国 Stolar Research Corporation 设计了掘进机前向探测雷达系统，将该系统安装在掘进机的截割滚筒上，用来探测井下危险区域并在 Bowie 煤矿进行了测试，结果表明该系统可以有效地探测出7 m以外的煤/空气界面。在国内，重庆煤科院在逢春煤矿对采空区的煤厚进行了探测，并得到了较准确的结果。

当前针对电磁测量技术的应用，主要存在以下问题：

(1) 探测范围太小，当顶煤厚度增加时，信号衰减严重，并影响识别精度；

(2) 易受天线放大器溢出、天线环时响应等干扰；

(3) 界面识别的计算过程复杂，存在时间域问题，影响识别速度。

因此，该方法在实际应用中受到了一定的限制。

5. 红外探测法

美国矿业局率先尝试了无源红外煤岩识别，该方法的原理是利用煤与岩石的硬度不同，截割时产生的温度也不同，通过实时温度的监测，来判断是否截割到顶板。中国矿业大学许静等提出了一种基于温度的煤岩识别方法，将测量范围内的温度场划分为若干个温度点，形成温度矩阵，数据处理单元将接收到温度矩阵进行处理，获取采煤机当前截割滚筒位置与煤岩分界面的相对位置，该方法使用非接触式识别装置，可以减少识别装置的损耗，采用红外测温仪可以降低粉尘的影响，使识别方法更加可靠，适用于各种地质条件。

但是这种方法适用于煤岩硬度差异较大的情况，当煤层中含有矸石或煤岩硬度差异不大时该方法较难奏效。

图3-28所示为我国研究人员获得的煤岩截割截齿红外热像图像，研究了截齿振动信号、红外热像信号与不同煤岩比例试件之间的变化规律。研究结果表明：随着试件中岩石比例的增大，截齿振动加速度均值逐渐上升，频谱图对应的均方根值逐渐增大；截割试件过程中截齿齿尖产生点状闪温区，截割全岩试件时最高闪温值与高温区范围远大于截割全煤试件，温度-频数图像中最高温度所对应的频数逐渐上升。

除了上述的方法之外，还有激光粉尘法、光纤探测法、高压水枪光测法、物质成分分析法等煤岩界面识别方法。

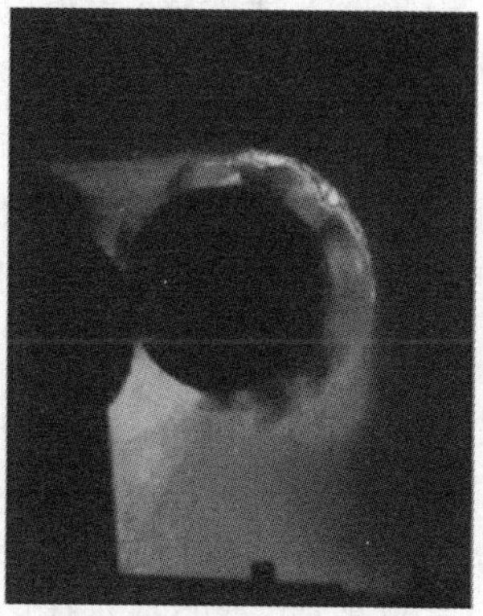

图3-28 煤岩截割截齿红外热像图像

三、采煤机自动调高系统

采煤机自动调高系统并不是简单地进行煤岩截面识别，然后简单地自动调节摇臂高度，必须考虑工作面设备能力、地质条件、采煤工艺和煤质要求等因素。采煤机自动调高不应该是简单的过程控制，必须是集成采煤工艺、工作面管理、信息处理和自动控制的系统工程。模拟人的思维，基于人工智能来构建自动调高系统，是解决问题的重要方法之一。采煤机智能调高系统的结构规划就是研究调高系统的功能、结构及工作机制等软硬件系统。

1．采煤机智能调高系统的功能

采煤机滚筒自动调高的功能就是在采煤机装备了一定精度的煤岩界面识别装置后，利用已开挖巷道的煤岩界面信息对工作面前方的煤岩界面进行预测，然后根据煤层的赋存条件制定相应的采煤工艺，规划顶底板的形状，尽量避免采煤机截割顶底板岩石或保持工作面顶底板的平整性。最后自动调整滚筒高度，也就是说要使采煤机的前后滚筒截割时跟踪采煤工艺设定的顶底板的曲面。同时保持跟踪轨迹的平滑性。

因此，采煤机滚筒自动调高系统的功能可划分为：

(1) 顶底板的几何形状的识别，即煤岩界面识别。利用识别的功能确定已开采部分的顶底板形状。

(2) 顶底板几何形状的预测，预测的功能是要利用一切可以利用的信息，对整个准备开采的煤层顶底板的形状进行一定精度和可靠性的预测。

(3) 按照已识别和预测的顶底板形状，考虑地质条件、煤质、安全性、回采率、经济性和工作面设备的能力等因素，以最大资源回收率为最优目标，来确定滚筒自动调高的目标轨迹。

(4) 采煤机滚筒自动跟踪既定的目标轨迹。考虑采煤机调高机构的动态特性，设计相应的控制器和执行机构来满足跟踪要求。

(5) 相关信息的记录、修改和编辑等数据管理。

(6) 系统应具有友好的人机界面。系统不应该排斥人的干预，应是人机协同工作的系统，系统的各运行环节均允许人工的干预。

2．采煤机自动调高系统的复杂性讨论

为实现上述功能，系统设计必须考虑到采煤机滚筒自动调高应具有以下适应性：

(1) 适应煤岩界面识别工作的复杂性，从过去的煤岩界面识别研究工作可以看出煤岩界面识别工作的艰巨性，必须考虑到系统识别结果的不确定性和不精确性。同时，还应当考虑到煤岩界面识别对地质条件的适应性。整个系统必须有一定的容错性和鲁棒性，在煤岩界面识别不能正常工作时，调高系统还可以继续运行。

(2) 适应信息的多样性、不精确性和不确定性。为实现对顶底板形状进行预测，就要利用一切可以利用的信息：巷道的顶底板的信息，地质勘探的信息，开切眼的信息，对采空区的煤岩界面识别的结果。由于实际现场的客观条件和工作速度的要求，获得以上信息均难以有较高的精度。同时，由于测量或识别原理等原因，易于造成信息的不确定性。另外，信息的形式也多样，有的是具体的描述，如地质勘探信息和巷道信息等给出具体的该点的顶底板的具体位置，而基于截割力分析的煤岩界面识别只能给出在该高度上是煤还是岩的定性信息。

(3) 人机结合的方便性，尤其是滚筒目标轨迹确定，考虑的因素较多，如果完全由既定的原则或方法去工作，显然会造成系统实用性差，无法适应工作面的地质条件复杂性、经济性、安全性等要求的多样性。必须使工程技术人员参与进来，进行充分的人机结合，发挥各自的优势。

（4）满足实时控制的要求，系统的信息处理需有一定的实时性。为提高识别或预测的精度或控制的精度，可能会采取比较复杂的算法，但必须能够满足实时性要求。

（5）工作环境的恶劣性。支持的硬件必须满足井下工作的要求。

综上所述，设计的自动调高系统既有处理复杂大量信息的特点，又有实现的功能相对集中和复杂的特点。所以，设计的系统必须具有较强的数据管理的能力，尤其是动态管理的能力。

3. 采煤机调高系统的结构分析

滚筒式采煤机在运行中，通过调高机构调整摇臂的高度以适应煤层的变化，达到最佳的开采效果，割煤过程中无论是采用自动调高还是手动调高，调高机构基本上都采用阀控油缸动力机构装置，油缸是调节摇臂的推动装置。各调高机构的油缸布置位置不一，常用的调高油缸布置采用上置油缸或者下置油缸，上置油缸的布置方式，油缸安装较容易，检修方便，但拉力小，而且油缸容易被煤块砸坏；下置油缸的安装方式，油缸推力大、调高范围大，但过煤空间较小，本书重点介绍下置油缸采煤机的自动调高方法。采煤机调高系统结构图如图 3-29所示，包括摇臂、连接架、支撑腿、油缸、调高油泵、调高泵箱等几部分，调高机构通过油缸活塞杆的伸缩推动连接架支撑摇臂从而带动滚筒的升降，摇臂式调高机构的优点是调高范围大、卧底量大，装煤效果好，其机构简图如图 3-30 所示。

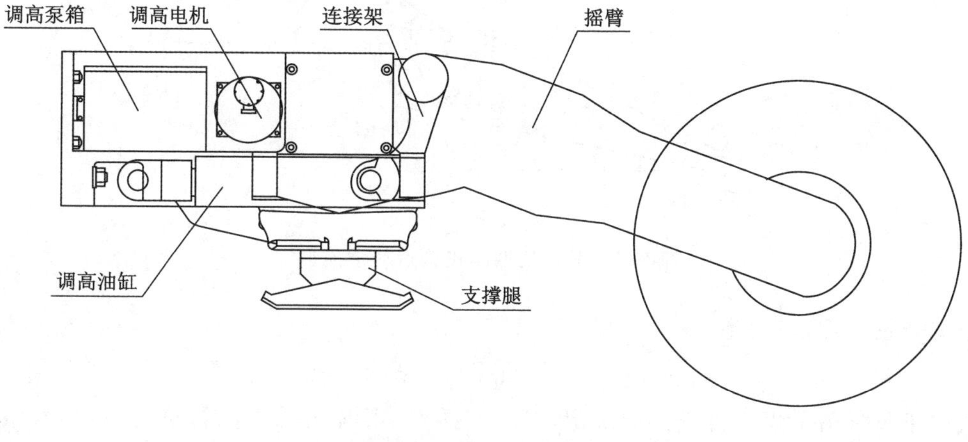

图 3-29　调高系统机构组成

为了计算调高油缸伸长量和滚筒高度之间的关系，将液压调高机构简化成曲柄摇块结构，如图 3-31 所示，以右摇臂为例，面向煤壁向右且平行于机身方向为 y 轴正方向，垂直于 y 轴方向向上为 z 轴正方向，假设采煤机沿 y 轴正方向运动，根据采煤机结构，可测得大、小摇臂之间夹角为 θ_B，大摇臂长度为 L_L，小摇臂长度为 L_S，调高油缸与机身的铰接点 D_3 和摇臂与机身的铰接点 D_1 之间距离为 L_J，其连线与 y 轴正方向夹角为 θ_A，由倾角传感器可测得右摇臂与机身夹角为 θ_C，或者由位移传感器直接测得调高油缸活塞杆伸长量 $L_C = L_{D_1D_2} - L_I$，L_I 为给定活塞杆初始位置。另外，定义大摇臂与 y 轴正向夹角为 θ_{B_1}，大摇臂与 y 轴正向夹角为 θ_{B_2}。

根据图 3-31，L_C 和 θ_C 满足如下等式关系：

$$L_C = L_E - L_L = \sqrt{L_{D_1D_2}^2 + L_J^2 - 2L_{D_1D_2}L_{D_2D_5}\cos\theta_C} - L_L \tag{3-1}$$

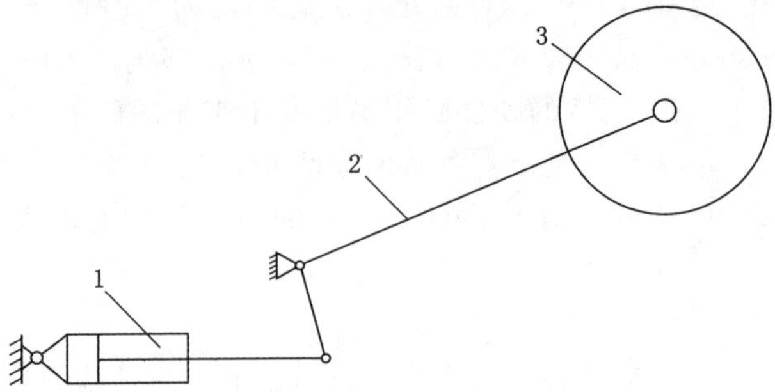

1—调高油缸；2—摇臂；3—滚筒。

图 3-30　采煤机调高机构简图

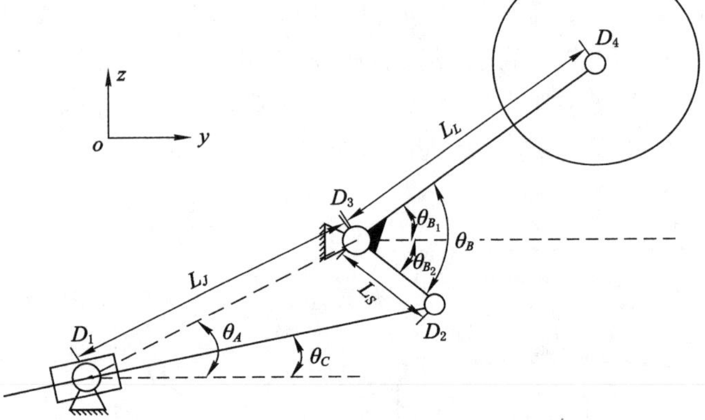

图 3-31　采煤机调高机构运动学模型

根据余弦定理，可得到：

$$L_{D_1D_2} = L_J\cos(\theta_A - \theta_C) \pm \sqrt{L_J^2[\cos^2(\theta_A - \theta_C) - 1] - L_S^2} \tag{3-2}$$

式中正负号由采煤机行进方向决定，对于右摇臂，当沿 x 轴正向行进时，右摇臂滚筒在上，取正号；反之，取负号。本节后续公示正负号与此规定相同。

然后，θ_{B_2} 和 θ_{B_1} 可分别计算为：

$$\begin{aligned} \theta_{B_2} &= \pi - \theta_A - \arccos\frac{L_J^2 + L_S^2 - L_{D_1D_2}^2}{2L_JL_S} \\ \theta_{B_1} &= \theta_B - \theta_{B_2} \end{aligned} \tag{3-3}$$

滚筒轴心 D_4 到调高油缸与机身的铰接点机身 D_1 的垂直高度定义为截割高度 L_H，其表示为：

$$L_H = L_J\sin\theta_A \pm L_L\sin\theta_{B_1} \tag{3-4}$$

采煤机调高系统运动学模型可写作：

$$L_H = L_J\sin\theta_A \pm L_L\sin\left\{\theta_B - \pi + \theta_A + \arccos\frac{L_J^2 + L_S^2 - L_{D_1D_2}^2}{2L_JL_S}\right\} \tag{3-5}$$

根据式(3-5)，采煤机调高系统逆运动学模型为：

$$L_C = \sqrt{L_J^2 + L_S^2 - 2L_J L_S \cos\left(\pm \arcsin \frac{L_H - L_J \sin\theta_A}{L_L} - \theta_B + \pi - \theta_A\right)} - L_I$$

$$\theta_C = \theta_A - \arccos \frac{L_J^2 + L_{D_1D_2}^2 - L_S^2}{2L_J L_{D_1D_2}} \tag{3-6}$$

此外，根据图 3-31，将铰接点 D_3 的位移 y_o 作为机身位移，则采煤机倾向移动时，滚筒轴心 D_4 的水平位移 y_c 与采煤机机身水平位移 y_o 的关系为：

$$\begin{aligned} y_c &= y_o + L_L \cos\theta_{B_1} \\ &= y_o + L_L \cos\left(\theta_B - \pi + \theta_A + \arccos\frac{L_J^2 + L_S^2 - L_{D_1D_2}^2}{2L_J L_S}\right) \end{aligned} \tag{3-7}$$

左摇臂截割高度和滚筒轴心位移计算方法与右摇臂类似，在此不做详述。一般来说，为了保证底板平整性，后摇臂高度不做调节，而前摇臂高度需在考虑顶板平整性等因素前提下，随煤岩界面位置变化而变化。

当给定截割轨迹时，为了实现采煤机滚筒的轨迹跟踪控制，需根据滚筒直径 d_s 得到滚筒轴心的运动轨迹，再根据 L_H 的值反算出 θ_C 的值，进而计算 L_C 的值，以得到的调高油缸活塞杆位移轨迹为目标轨迹。

采煤机调高系统的液压控制回路主要包括电液伺服阀、液压泵、调高油缸、安全阀和双向液压锁。采用两个液控单向阀组成双向液压锁，可实现油缸活塞在任意位置上的锁紧，如图 3-32 所示。

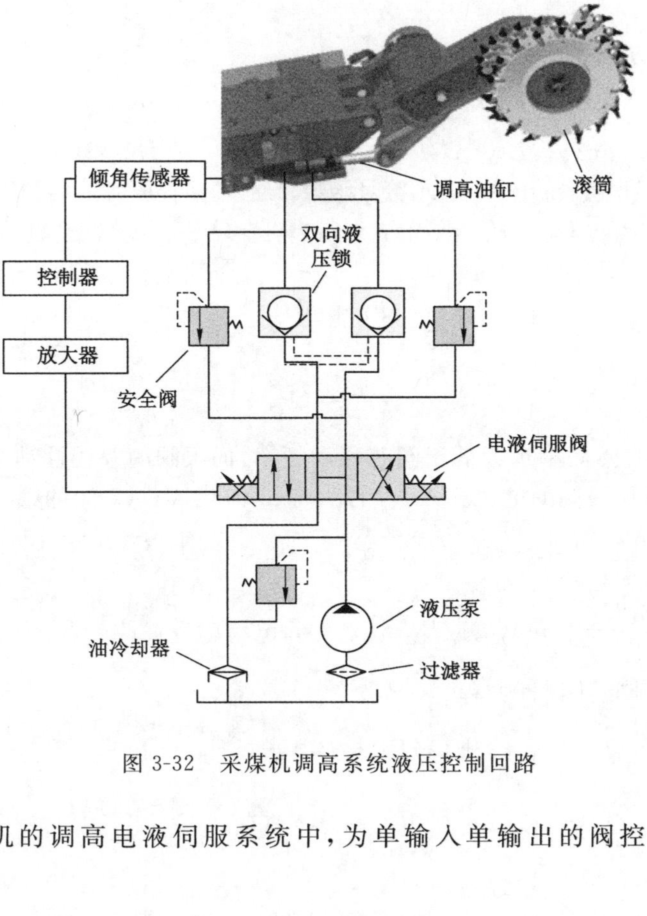

图 3-32　采煤机调高系统液压控制回路

在滚筒采煤机的调高电液伺服系统中，为单输入单输出的阀控非对称缸形式，如

图 3-33所示。P_S 是供油压力，P_T 是回油压力；P_A、P_B 分别是无杆腔压力和有杆腔压力；Q_A、Q_B 分别是无杆腔流量和有杆腔流量；A_A、A_B 分别是无杆腔体积和有杆腔体积；x_v、x_p 分别是阀芯位移和活塞杆位移；F_S 是外界干扰和噪声的总和。通过位置跟踪控制器输出阀电压 u，从而控制电液伺服阀的阀芯位移 x_v，通过改变阀开口的大小控制液压缸活塞杆位移 x_p。为了得到控制器输入与调高油缸活塞杆位移之间的关系，根据电液伺服阀的工作原理，我们使用以下三个基本方程，即阀的流量方程、液压缸的流量连续性方程和活塞杆动力学微分方程，来对电液伺服系统进行建模。

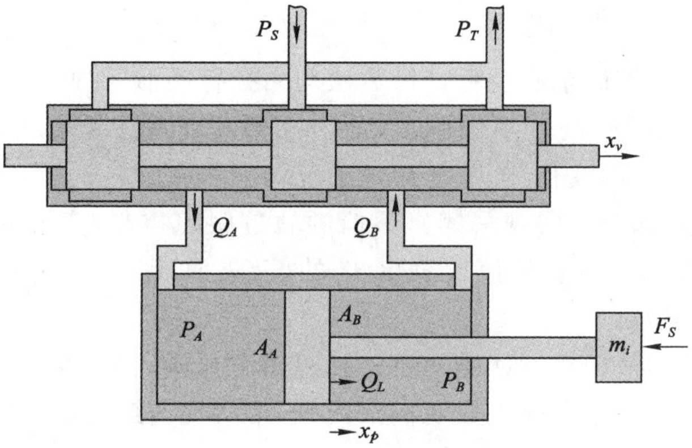

图 3-33　电液伺服系统结构

(1) 阀的流量方程

$$\begin{aligned} Q_A &= \operatorname{sign}(x_v)K_Q x_v\sqrt{P_S - P_A} + \operatorname{sign}(-x_v)K_Q x_v\sqrt{P_A - P_T} \\ Q_B &= \operatorname{sign}(x_v)K_Q x_v\sqrt{P_B - P_T} + \operatorname{sign}(-x_v)K_Q x_v\sqrt{P_S - P_B} \end{aligned} \tag{3-8}$$

其中，K_Q 是阀口流量增益，sign(·)表示符号函数。通常，回程压力 P_T 可被忽略，即 $P_T=0$。

定义等效压力 $P_L=P_A-\mu P_B$，其中 $\mu=A_B/A_A\approx Q_B/Q_A$。然后根据 P_A 和 P_B 可以被计算为：

$$\begin{aligned} P_A &= \frac{P_L + \mu^3 P_S}{1+\mu^3} \\ P_B &= \frac{\mu^2}{1+\mu^3}(P_S - P_L) \end{aligned} \tag{3-9}$$

因为液压缸的自然频率远远低于阀芯移动频率，伺服阀的非线性动力学可以被忽视，即 $x_v=K_u u$，其中 u 是伺服阀的电压输入。因此，将(3-9)代入式(3-8)的第一个式子中，得到：

$$Q_A = \frac{K_Q K_u}{\sqrt{1+\mu^3}}\left[\operatorname{sign}(u)\sqrt{P_S - P_L} + \operatorname{sign}(-u)\sqrt{\mu^3 P_S + P_L}\right]u = K_V u \tag{3-10}$$

其中，参数 $K_V=\dfrac{K_Q K_u}{\sqrt{1+\mu^3}}\left[\operatorname{sign}(u)\sqrt{P_S-P_L}+\operatorname{sign}(-u)\sqrt{\mu^3 P_S+P_L}\right]$。

(2) 液压缸的流量连续性方程

$$\begin{aligned} Q_A &= A_A\dot{x}_p + C_i(P_A - P_B) + C_e P_A + \frac{V_A(x_P)}{\beta_e}\dot{P}_A \\ Q_B &= A_B\dot{x}_p + C_i(P_A - P_B) - C_e P_B - \frac{V_B(x_P)}{\beta_e}\dot{P}_B \end{aligned} \tag{3-11}$$

其中，C_i、C_e 分别是内部泄漏系数和外部泄漏系数；β_e 是有效体积模量，$\mathrm{N/m^2}$；$V_A(x_p)=V_{A0}+A_Ax_p$，V_{A0} 是初始无杆腔体积，$\mathrm{m^3}$；$V_B(x_p)=V_{B_0}-A_Bx_p$，V_{B_0} 是初始有杆腔体积，$\mathrm{m^3}$；F_S 是系统不确定性和外界干扰的总和，N。

外部泄露可忽略不计，即 $C_e=0$。基于式(3-9)和式(3-11)，可得到以下等式：

$$
\begin{aligned}
Q_A &= A_A\dot{x}_p + C_LP_L + C_SP_S + \frac{V_A(x_P)}{\beta_e}\dot{P}_A \\
Q_B &= A_B\dot{x}_p + C_LP_L + C_SP_S - \frac{V_B(x_P)}{\beta_e}\dot{P}_B
\end{aligned}
\tag{3-12}
$$

其中，$C_L=C_i\dfrac{\mu^2+1}{\mu^3+1}$ 和 $C_S=C_i\left[\mathrm{sign}(u)\dfrac{\mu^3-\mu^2}{\mu^3+1}+\mathrm{sign}(-u)\dfrac{\mu-1}{\mu^3+1}\right]$。

然后根据式(3-12)，得到：

$$
\begin{aligned}
\dot{P}_L &= \dot{P}_A - \mu\dot{P}_B \\
&= \beta_e\left(\frac{1}{V_A(x_p)}+\frac{\mu^2}{V_B(x_p)}\right)(Q_A - A_A\dot{x}_p) - \beta_e\left(\frac{\mu}{V_B(x_p)}+\frac{1}{V_A(x_p)}\right)(C_LP_L + C_SP_S) \\
&= \Lambda_1(x_p)[Q_A - A_A\dot{x}_p] + \Lambda_2(x_p)P_L + \Lambda_3(x_p)P_S
\end{aligned}
\tag{3-13}
$$

其中，$\Lambda_1(x_p)=\beta_e\left(\dfrac{1}{V_A(x_p)}+\dfrac{\mu^2}{V_B(x_p)}\right)$，$\Lambda_2(x_p)=-\beta_e\left(\dfrac{\mu}{V_B(x_p)}+\dfrac{1}{V_A(x_p)}\right)C_L$，$\Lambda_3(x_p)=-\beta_e\left(\dfrac{\mu}{V_B(x_p)}+\dfrac{1}{V_A(x_p)}\right)C_S$。

(3) 活塞杆的动力学微分方程

$$
P_LA_A = m_t(x_p)\ddot{x}_p + B_P\dot{x}_p + F_S \tag{3-14}
$$

其中，B_P 是黏性阻尼系数；$m_t(x_p)$ 是作用在活塞杆上的等效质量，由于采煤机调高机构工作时，通过摇臂摆动调节滚筒高度，摆动的摇臂会造成活塞杆上的等效质量变化，因此 m_t 是关于活塞杆位移 x_p 的函数。

结合式(3-10)、式(3-13)和式(3-14)，电液伺服系统可以构建以下状态方程。

$$
\begin{cases}
\dot{x}_1 = x_2 \\
\dot{x}_2 = m_t^{-1}(x_1)(A_Ax_3 - B_Px_2 - F_S) \\
\dot{x}_3 = \Lambda_1(x_1)[K_V(x_3)u - A_Ax_2] + \Lambda_2(x_1)x_3 + \Lambda_3(x_1)P_S \\
y = x_1
\end{cases}
\tag{3-15}
$$

其中，$x_1=x_p$ 是活塞杆位移，m；$x_2=\dot{x}_p$ 是活塞杆速度，m/s；$x_3=10^{-6}P_L$ 是液压缸等效压力，MN/m^2；u 和 y 分别是系统的电压输入和位移输出；x_2，x_3，F_S 是未知的。已知采煤机摇臂调高油缸的理想运动轨迹为 x_d，故采煤机调高控制问题可以转化成调高油缸活塞杆位移 y 对液压缸理想轨迹 x_{1d} 的跟踪问题。

定义 $\bar{\boldsymbol{x}}_2=[x_1,x_2]^{\mathrm{T}}$。显然，式(3-15)属于非线性严格反馈系统，可被重写为：

$$
\begin{cases}
\dot{x}_1 = x_2 \\
\dot{x}_2 = f_2(\bar{\boldsymbol{x}}_2) + g_2(\bar{\boldsymbol{x}}_2)x_3 + d_2(t,\bar{\boldsymbol{x}}_2) \\
\dot{x}_3 = f_3(\boldsymbol{x}) + g_3(\boldsymbol{x})u \\
y = x_1
\end{cases}
\tag{3-16}
$$

其中，$f_2(\bar{\boldsymbol{x}}_2)=-m_t^{-1}(x_1)B_Px_2$，$g_2(\bar{\boldsymbol{x}}_2)=10^6m_t^{-1}(x_1)A_A$，$f_3(x)=-\Lambda_1(x_1)A_Ax_2+10^6\Lambda_2(x_1)x_3+\Lambda_3(x_1)P_S$，$g_3(\bar{\boldsymbol{x}}_3)=10^3\Lambda_1(x_1)K_V$ 为系统非线性函数，$d_2(\bar{\boldsymbol{x}}_2)=-m_t^{-1}(x_1)F_S$ 为未知外界干扰。即采煤机调高摇臂电液伺服系统调高控制等价于通过设计控制器，实现对上述系统的轨迹跟踪控制，且控制方案需保证所有闭环信号的半全局一致有界性。

由于采煤机调高摇臂电液伺服系统是一个复杂非线性系统，且采煤机工作时，存在巨大的噪声和干扰，受到地质条件和采煤工艺等影响，采煤机截割滚筒受到的外力是变化的，调高油缸所受外力也是非恒定的，因此传统线性控制方法无法对非线性系统进行控制。另外，不同型号采煤机的电液伺服系统模型参数存在较大差异，基于模型的控制方法需要已知模型参数，这使得该类方法在使用上和效果上受到限制。针对这种强噪声、时变载荷作用下复杂非线性系统的高精度轨迹跟踪控制问题，基于神经网络的自适应控制具有很好的潜力，其利用神经网络对非线性函数的任意逼近能力，提高调高系统鲁棒性和控制精度。

另外，在采煤机实际工作中，速度、加速度等状态通常是无法测量的或测量成本过高，这使得我们难以得到速度、加速度状态变量的准确值，从而大大影响采煤机调高摇臂高度控制精度。状态观测器可以根据系统的输入、输出估计内部状态，能有效地解决状态变量无法测量或测量不准确的问题。

四、基于记忆截割的采煤机自动调高控制

实现采煤机的智能化是实现少人、无人综采工作面的关键环节，而采煤机记忆截割技术是关键技术之一。采煤机记忆截割技术是基于采煤机司机正常截割煤壁时的示教数据，并根据关键数据点绘制顶底板曲线，进而控制采煤机截割滚筒按照顶底板曲线进行自动截割。采煤机自动截割时，采煤机司机可根据实际截割滚筒截割状态进行远程人工修正，以达到较理想的自动截割效果。采煤机每截割完一刀后，需要进行自学习，修正并优化顶底板曲线。

采煤机记忆截割过程：第一刀截割是由人工操作进行调高，将滚筒截割轨迹记忆下来；第二刀截割时，采煤机滚筒自动跟踪前一刀的记忆轨迹曲线进行自动调高；在后刀截割过程中，当顶板发生起伏变化时，就需要在顶板起伏变化的地方按当前顶板的实际情况进行人工调高，即对自动跟踪过程进行人工干预，此时对前一刀的记忆轨迹曲线要进行修正，而下一刀的截割将按此修正后的记忆曲线作为滚筒的目标跟踪轨迹进行自动调高。在记忆截割的基础上对采煤机截割姿态沿工作面推进方向进行预测，利用预测姿态参与采煤机调高状态的判断。采煤机自动调高控制过程如图 3-34 所示。

1. 采煤机记忆截割系统组成及其工作参数

(1) 系统组成

采煤机记忆截割系统是通过数据采集和操控模式的转换实现的一种记忆自动化截割的方法。该系统由配套传感器、传感检测与截割控制模块、记忆截割软件包等几部分组成。配套传感器主要包括左摇臂摆角传感器、右摇臂摆角传感器、采煤机牵位置和速度检测的旋转编码传感器、采煤机机身倾斜传感器、采煤机机身三轴陀螺仪等。传感检测模块主要检测各传感器的实时数据，截割控制模块里面安装有记忆截割工作程序，记忆截割模式开启后，采煤机工作的指令发送由截割控制模块来完成。记忆截割软件包就是采煤机记忆截割程序，在记忆截割过程中，通过对传感器检测到的实时传感器数据与学习记忆的数据进行比较，经过记忆截割程序的运行，将采煤机各动作指令通过截割控制模块实施，完成记忆割煤工作。

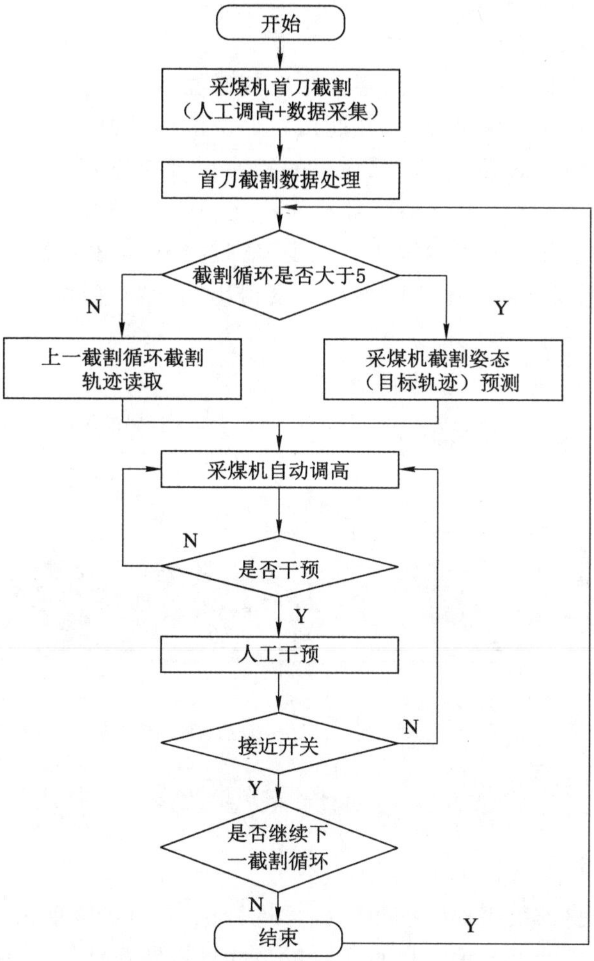

图 3-34　采煤机自动调高控制流程图

（2）工作参数

采煤机记忆截割主要涉及参数有：摇臂长度、摇臂相对机身回转中心长度（该长度的一半用于定位机器中部位置）、摇臂回转中心高度（回转中心相对于所骑运输机安装地平面垂直高度）、支撑腿垮距（两支撑滑靴支撑面几何中心之间距离）、纵向尺寸（支撑滑靴支撑面几何中心到滚筒最大截深处的水平面投影距离）、滚筒直径、机器测量牵引速度（从左往右牵引时，速度值为正；从右向左牵引时，速度值为负值）、机身中部相对于设定参考零点的距离（在参考零点的右侧输出为正值，左侧为负值，用于支架号定位计算和常规显示的数据一般是在此基础上根据现场配置和用户习惯变换后的计算值）。采煤机记忆截割系统的工作参数与状态描述涉及机器本身的三维结构特征与尺寸定义、工作面的布置结构以及采煤机在工作面所处的位置姿态描述方法。采煤机机身三维结构特征涉及参数有俯仰角和行走方向坡角；俯仰角为相对于水平面，机器顶面煤壁侧高于采空侧时为仰采，机身倾斜传感器 Y 轴输出角度为正，俯采时机身倾斜传感器 Y 轴输出角度为负；行走方向坡角为相对于水平面，当右牵引部高于左牵引部时，机身倾斜传感器 X 轴输出角度为正，反之为负。

2. 采煤机记忆截割系统传感器布置

(1) 记忆截割检测传感器

采煤机要进行精准的记忆截割，离不开相应传感器传递的参数。记忆截割中核心的变量参数主要为采煤机所处的相对位置、在此位置处两滚筒的高度以及采煤机在相对位置处的速度。通过旋转编码传感器来给出采煤机的相对位置与速度，旋转编码传感器安装在牵引减速箱四轴位置处，通过计数转动圈数核算行走轮走过的截距，得出采煤机的位置与速度。通过摇臂摆角传感器计算出两滚筒的高度，通过摇臂摆角传感器的角度与摇臂长度尺寸进行核算，最后加上摇臂回转中心距地面高度得出两滚筒高度。采煤机关键传感器安装位置如图 3-35 所示。

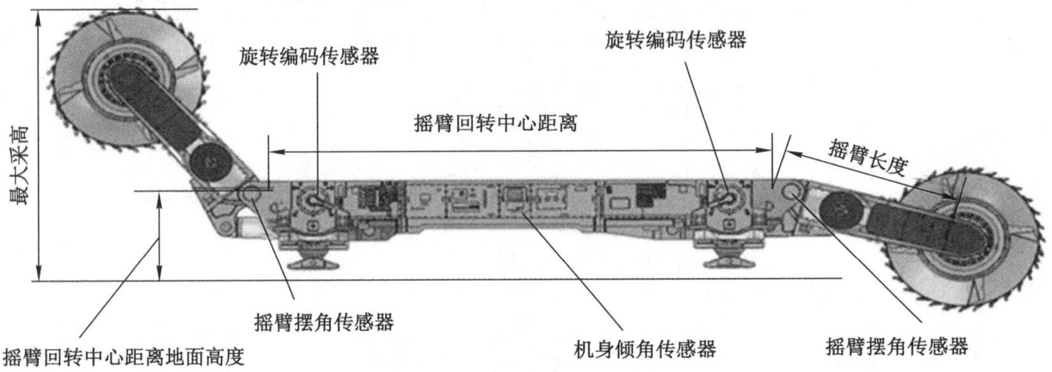

图 3-35　采煤机关键传感器安装位置

(2) 滚筒截割高度传感器

滚筒截割高度传感器采用摇臂摆角传感器进行感知，对于当前采高的计算，通过测量摇臂相对于机身的摆动角度以及根据机身自身的尺寸进行转换计算。滚筒截割高度传感器在安装过程中的关键在于保证旋转轴线与摇臂、机身摆动的回转轴线共线，在运行过程中若出现读数波动较大、失效等现象，需对传感器的安装工况进行排查，查验摇臂铰接销轴的连接牢固程度，尤其是活动回转部分是否随摇臂摆动、传感器检测模块的电缆连接是否正常等。应当注意的是控制系统中对采高的输出有几种形式，包括摇臂相对于机身的摆角、滚筒旋转中心到所骑运输机安装平面垂直高度、滚筒顶部截割高度和后滚筒最下部截割高度(卧底量)，在系统不同环节使用不同数据形式。

(3) 采煤机位置传感器

采煤机在工作面的位置检测与牵引速度传感器位于行走箱驱动轮转轴处，采用多圈旋转编码传感器检测牵引行走轮的转动圈数与角度，通过定时采样计算出机器牵引行走的距离与速度。采煤机行走采用齿轮与齿轨啮合的方式，使得采煤机工作面位置检测有较高的精度和长期稳定性，从而大大降低检测传感器对位置同步清零装置的依赖性。该传感器较为精密，在安装使用及检修过程中应注意其保护罩、连接电缆是否完好。检测信号出现输出异常时，应首先检查传感器连接电缆状况以及传感器的驱动轴套与行走驱动轮之间的连接固定是否牢靠。机身二维倾斜传感器被集成到位于电控箱内的模拟量混合输入模块内部，为了保证一定的测量精度，模块出厂前相关传感器都经过校准。模拟量混合输入模块的安装和更换都必须小心，注意其安装方向、位置与整机出厂安装状态一致。

3. 采煤机记忆截割系统运行模式与状态

(1) 系统运行模式

采煤机记忆截割系统的运行控制模式主要有人工操作模式、学习模式、自动截割模式3种工作模式，现场操作过程中，3种工作模式可自由进行切换。① 人工操作模式，在该模式下司机手动控制采煤机截割高度、牵引速度及方向。② 学习模式，在该模式下司机人工操作采煤机进行煤壁截割和牵引行走，记忆截割系统软件记录并存储工作过程中的机器所有相关运行数据和状态变量。③ 自动截割模式，该模式是一个对学习模式运行下的数据进行重复再现的过程，同时在自动截割过程中通过机身装有双轴倾角传感器，收集采煤机在工作面走向和纵向倾角的变化，并通过计算机进行计算自动修正滚筒位置。自动截割模式可以启动的前提条件：已经学习完成的工艺数据，采煤机屏幕显示"进入自动操作允许区"。

(2) 系统运行状态

在采煤机记忆截割系统中，截割与牵引方向的基本配合关系：在双滚筒采煤机工作过程中，牵引前进方向的滚筒（简称为"前滚筒"）用于割顶，而牵引方向后部的滚筒（简称为"后滚筒"）用于割底。需要注意的是在进行记忆学习时，每次需要行走换向时必须先停止牵引，然后根据下一步将要运行的方向将前后滚筒高度调整到位后，再按所需方向启动牵引。如果不按上述要求操作，会导致采高数据记忆错误，在后续自动截割过程中出现采高控制异常。

系统在学习模式阶段主要是存储工作面顶部和底部高度变化曲线以及行走的最大和最小位置。系统提供一个参数可配置的工序指令表，该指令表定义进行一个完整的循环所需要的工序步骤以及每一步的区段位置、摇臂与牵引方向的对应关系。系统成功进入自动模式后，将按该工序指令表的定义顺序进行所有操作，并在完成当前循环后重复进行。在进行记忆截割运行过程中，可能存在下述一些运行状态。

① 人工中断状态。在自动操作模式运行过程中，司机发现特殊情况临时中断（禁止）机器某些动作的自动运行，人工干预或修正采煤机的运行数据（采高、速度等），通过特殊区域或退出中断状态后可恢复到自动重复运行状态。

② 在线学习（修改）状态。与中断状态类似，在自动运行中司机人工干预或修正机器的运行，改变后的机器运行数据将被存储到相应的学习记录存储器，在下次自动操作模式中，采用最近修改过的学习记录。

③ 截割高度外延控制状态。在自动控制模式下，如果某一截割滚筒从有记忆（数字设置）的区域进入了无有效数据的区域，则该滚筒的截割高度控制进入自动外延状态，即其采高将保持最后一个有效记录所设置高度，直到该滚筒进入有效控制区取得新的有效数据。在外延控制状态期间，司机可以自由手动调节截割高度。

④ 错误模式状态。系统自动运行中出现不可自动恢复的故障或数据错误，系统进入该模式进行报警输出，并根据错误性质停止牵引，等待司机进行确认复位（系统复位）。可导致进入该模式的常见故障和错误：从人工操作模式进入学习或自动控制模式后，检测到煤机位置传感器异常；在学习或自动控制模式中发现有采高传感器异常；历史数据或编程参数异常。

⑤ 存储器清除模式状态。在牵引停止的人工操作模式下可以选择进入该模式，在该模式下用户可以选择将以前学习记忆的数据全部清除，格式化存储器为开始全新的数据记录

作准备。

4. 采煤机记忆截割系统操作

在需要采煤机进行记忆截割前，保证采煤机储存到完整截割数据，在进入采煤机记忆截割系统前，首先进入学习模式，经过一个完整的学习后方可进入记忆截割操作。

(1) 进入学习模式

在进入新的学习模式之前，需要清除之前记录的学习数据，对存储器进行格式化清除操作。通过显示控制键盘进入自动操作功能显示界面，确认当前存储器的状态。一般存储器有未初始化、格式化后空白以及记录有效(有学习记录，同时显示初始学习记录的日期，学习记录的起始和结束位置)3 种状态。启动进入通常的人工操作状态后，通过显示按键，进入到自动操作状态画面，按屏幕上的提示，通过无线电遥控发射机上特殊功能组合键选择菜单，进行存储器的格式化清除操作。进入学习过程前，要求相应的记忆存储器为格式化后的空白状态(可以通过参数配置，选择每次进入学习模式前自动格式化，以清除存储器中已有记忆数据)。

(2) 学习模式操作

① 学习模式启动

可以通过无线电遥控器发射机特殊功能组合键选择菜单或顺槽上位控制计算机发出相应命令进入学习模式。只有在系统行走位置传感系统、采高传感系统和牵引系统均无故障的前提下才能进入学习模式，否则采煤机记忆截割控制系统会锁定到报错警告状态。如果选择进入学习模式，只有牵引系统启动并且有方向指令后，学习记忆过程才会真正开始。如果记忆存储器处于格式化后的空白状态，可以在人工操作模式下正常牵引的行走过程中，随时通过遥控器发射机上的特殊功能组合键选择菜单，直接进入学习模式开始一个学习过程。学习记忆的内容包括采煤机在工作面的位置、牵引速度、方向、截割顶板和底板的高度、机身两维倾斜以及部分隐含状态关系。采煤机记忆截割学习模式界面如图 3-36 所示。

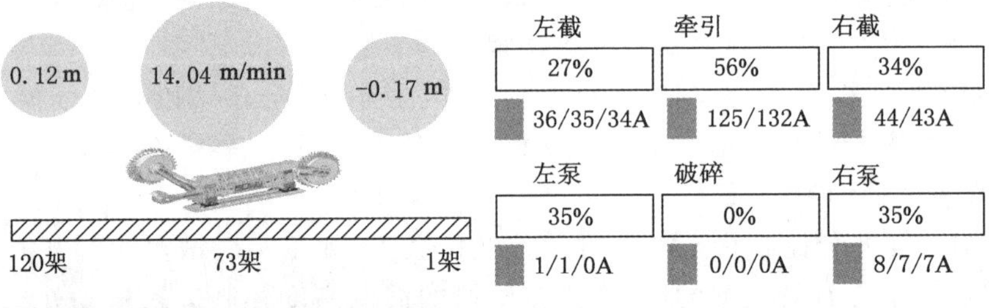

记忆截割学习过程中	
瓦斯浓度/%	0.06
变频器输入电压/V	386/387
变频器输出频率/Hz	-44.55
变频器输出转矩/Te%	-50.8/-56.47
变频器母线电压/V	517/518
设定与实测速度/(m/min)	14.04/14.35
架号/绝对位置/m	73架/-24.45

记忆截割学习过程中	
学习开始位置/方向	5.13 m/向左
学习结束位置/方向	-24.69 m/向右
当前工艺段号/方向	5段/向右
学习到的最小位置	-140.97 m
学习到的最大位置	5.13 m

图 3-36 采煤机记忆截割学习模式界面

② 学习循环深度

采煤机记忆截割系统中引入了一个循环深度(层数)的概念。循环深度(层数)简单来讲，指完成一个完整的工作面截割循环记录轨迹中牵引方向给定改变的次数。开始一个新的循环学习记忆后，每次司机改变牵引方向给定，记忆循环深度(层数)会加1。一个正常的学习记忆过程，记忆循环深度(层数)不允许超过30。

③ 牵引过程暂停

在学习过程中，如果司机停止采煤机牵引，单独进行摇臂调高(比如在端头支架处)，则程序暂停采高学习，等待牵引重新启动后，记录两摇臂的高低状态关系。

④ 截割高度记忆重复

在行走过程中，学习记录截割高度为顶板(前滚筒)高度和底板(后滚筒)截割高度，对于牵引的同一个位置，如果两次或多次截割高度不一致，则记录最后一次司机给定的高度。当采煤机牵引速度绝对值小于最小记录限定速度(默认设置为0.3 m/min)时，司机对采高的调整过程数据将不会记录，这主要是为了能够正确记录斜切和抹三角煤过程中，正确存储工作面断面高度。

⑤ 学习过程的结束

司机可以通过发出特殊牵引停止命令人工结束当前学习过程，也可由内部软件自动判断何时结束当前学习过程。如果学习过程中出现重载反牵，反牵过程不会被记录，但是如果学习记忆过程中出现过载、过热等保护停止或主控系统进入故障锁定状态，学习过程会被强制结束进入自动截割模式。

(3) 进入自动截割模式

在内部程序的控制下，机器按照之前学习的参数过程自动重复牵引与截割称为自动截割。进入自动截割模式的前提条件：一是系统检测到存储器中有相应的学习记录数据；二是采煤机进入到有学习记录对应的工作面位置；三是系统中采高与位置传感器正常，不存在影响牵引的故障。

(4) 自动截割模式操作

① 自动截割模式启动

在手动操作模式下，司机可以通过遥控器按键组合选择菜单或通过顺槽上位机发送命令，使其进入自动操作状态。只有采煤机进入或停止在之前开始学习的区域内时，才能进入自动操作模式，否则系统将进入一种等待进入状态。在检测到采煤机已经位于之前开始学习的区域后，采煤机牵引将先自动停止，如果找到相应的记忆数据，则读出相应的记录数据，按记录执行相应的牵引和截割，自动操作软件将搜索记忆截割存储器，寻找其中可应用到当前牵引位置状态的运行关键参数。自动截割模式启动必须满足2个条件：一是已经学习完成完整的循环深度；二是采煤机屏幕显示“进入自动截割允许区”。记忆截割学习完毕启动自动截割界面如图3-37所示。

② 溜车处理

在自动截割模式启动后，如果由于机器惯性等原因，运行中发现其位置漂移到了无有效操作记录的位置，系统软件将首先按原来牵引的方向横向搜索最近的有效记录位置，如果在附近0.5 m位置范围内未发现有效记录，则进入下一个循环层进行搜索，如果仍然没有发现有效记忆数据，则报故障并退出自动操作模式。如果发现有效记录，则软件将按该有效记

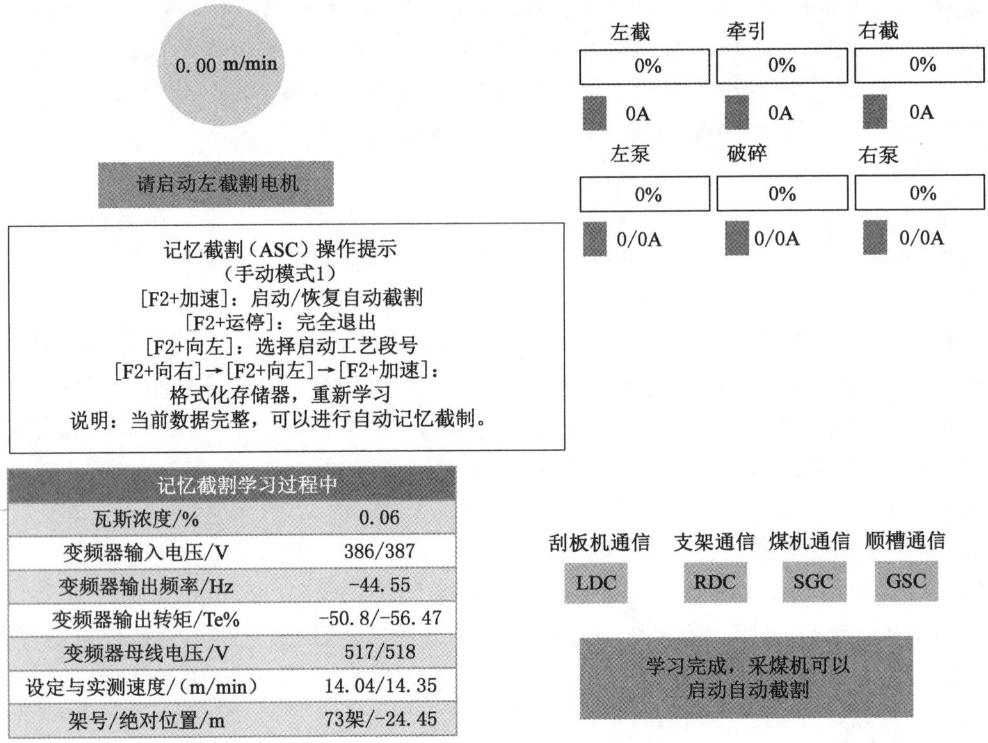

图 3-37　记忆截割学习完毕启动自动截割界面

录进行操作。

③ 自动截割模式退出

司机可以通过遥控发射机上的特殊的按键组合或通过顺槽上位机发送命令，使其退出自动操作模式，这时机器将停止自动牵引和调高，并进入手动操作模式。在自动截割中可采用一组合键暂停自动截割。

④ 在线学习

在自动截割模式中该状态为中断模式的扩展（中断后的人工操作状态及结果可被记录），当机器进入自动截割模式工作时，司机可以通过遥控发射机上的特殊的按键组合选择菜单或远方指令，启用在线学习功能。在自动截割模式下，在线学习记忆的内容包括司机对两侧摇臂采高的调整以及满足条件的牵引过程的记录。牵引过程的在线学习记录功能只针对自动截割过程中牵引速度改变和人工操作牵引进入当前循环层中未曾进入过的区域时的速度方向。需要注意的是，在线学习模式不能改变记忆的循环深度（尤其是端头斜切或反向割三角煤的次数），如果需要改变记忆循环深度，只能清除存储器后，开始一个全新的学习过程。司机可用遥控发射机上的特殊的按键组合选择菜单结束在线学习模式。

第四节　采煤机定位技术

一、概述

综采工作面的开采设备主要包括采煤机、刮板输送机和液压支架，其中采煤机是实现煤矿生产机械化和现代化的关键设备之一。在机械化采煤过程中，采煤机移动范围广、工作时间长、运动过程复杂，工作面其他装备均以其为核心进行工作，所以采煤机的智能化是实现综采工作面"无人化"或"少人化"发展的关键因素。采煤机智能控制的目的是使其能够根据煤层地质条件变化自适应地调整工作参数，准确定位是实现采煤机智能控制的前提。目前最常用的采煤机定位技术主要有基于红外信号定位、基于超声波信号定位、基于里程计定位、基于无线信号定位、基于惯性导航定位等。本节也将结合这几种常见的定位方法开始介绍采煤机的定位技术。

二、基于红外信号定位

1. 综采工作面支架控制系统

采煤机红外线位置检测装置由红外线发射装置和红外线接收装置组成。发射装置安装在采煤机上，接收装置安装在各个液压支架上。发射装置不断地发射红外线信号，随着采煤机的运动，某架支架上的接收装置接收到发射装置发出的红外线信号，说明此时采煤机的位置与该支架对应，从而完成采煤机的位置检测。

液压支架控制系统总体结构及采煤机红外线定位装置的安放位置如图 3-38 所示，图中，综采工作面液压支架电液控制系统是由端头控制器、若干个间架控制器和采煤机红外线位置检测装置组成。

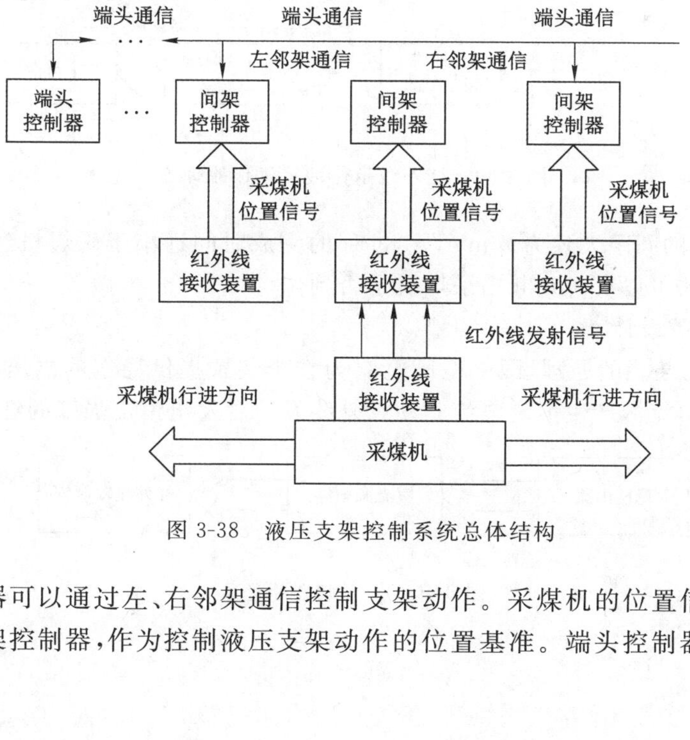

图 3-38　液压支架控制系统总体结构

间架控制器可以通过左、右邻架通信控制支架动作。采煤机的位置信号传送给采煤机正对支架的间架控制器，作为控制液压支架动作的位置基准。端头控制器可以通过端头通信直接控制间架控制器操作液压支架动作，同时也可以读取各个间架控制器的实时工作状态，转发给在巷道或地面的工控机。工作人员可以通过工控机远程监测采煤机相对于液压支架的位置，通过端头控制器操作液压支架做出相应的支护动作。

无人值守综采工作面自动化采煤的关键在于采煤机位置的判断，红外线位置检测装置是实现该功能的重要环节，它的准确性、实时性关系到能否实现综采工作面自动化生产。所以，采煤机红外线位置检测装置的设计对于液压支架远程监控和实现无人值守综采工作面自动化生产十分重要。

2. 红外线位置检测装置

(1) 位置检测装置的整体结构及工作原理

红外线位置检测装置的工作原理如图 3-39 所示。当接收装置接收到红外线信号后，送往信号调理电路的输出电压升高，经过信号调理后，得到适合 CPU 接收的电压信号，送往 CPU 的 A/D 转换端口，此时 A/D 转换输出的数字量较大，而无红外线信号进入时 A/D 转换输出的数字量偏小，两者相差很大。

当发射装置正对接收装置时，将此时 A/D 转换得到的数字量取为阈值，这样程序就可以判定当高于该值时采煤机正对当前支架，而低于该值则说明采煤机没有到对应位置。

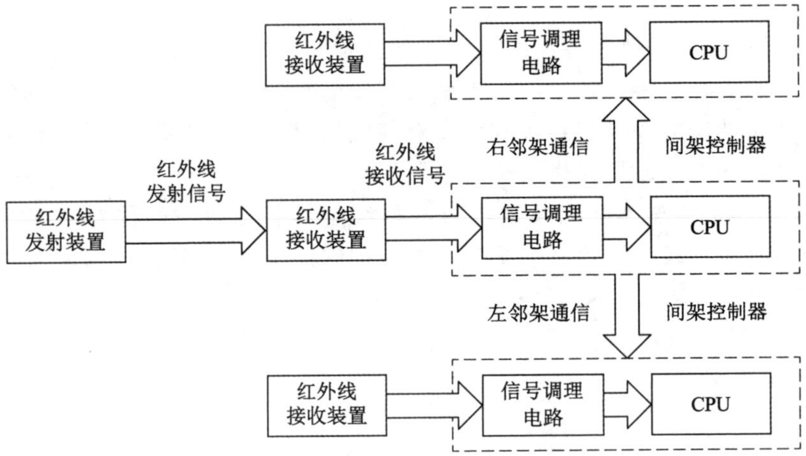

图 3-39　红外线定位装置工作原理

两台液压支架的间距大致为 2 m，上述过程的完成时间远小于采煤机经过两台支架的时间，所以这个方法可以实时判断出采煤机是否到位。

(2) 发射装置的设计

图 3-40 为发射装置的原理，图中稳压电路为整个装置提供稳定的电压，输出与恒流源电路的输入相连，恒流源产生恒定电流驱动红外线发射管发出恒定强度的红外线光信号。

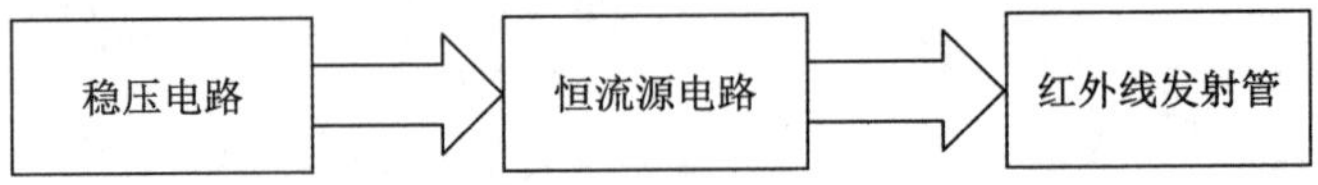

图 3-40　发射装置原理

由于井下的煤尘浓度较大，影响红外线信号的接收，所以如何使接收装置更容易接收到红外线信号就成为设计红外线发射装置的首要问题。可以从增强发射强度和扩大发射范围两方面解决这一问题。例如，增加红外线发射头可以增强发射强度，同时通过调整各个发射头的发射角度可以扩大发射覆盖范围。

(3) 接收装置与 A/D 调理电路的设计

接收装置与信号处理部分的原理如图 3-41 所示。

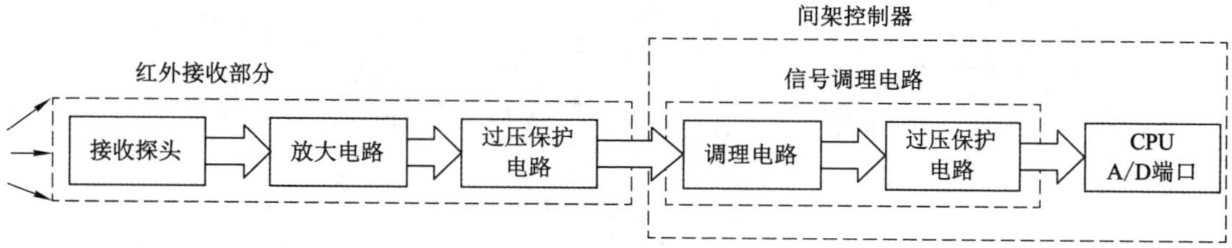

图 3-41 接收和信号处理部分原理

接收部分包括接收探头、信号放大电路和过压保护电路。信号调理部分包括放大电路和滤波限幅保护电路。接收装置接收到红外线信号之后，通过放大电路进行初次放大，然后送入调理电路进行滤波限幅，得到适于 CPU 接收的电压信号，再送入 CPU 的 A/D 转换端口。在接收电路和 A/D 转换器的信号输出端，都加入了钳位措施，防止高于 CPU 电源电压的信号进入 A/D 端口损坏 CPU。

接收装置的供电电源选取高稳定度电源，放大电路部分采用高性能放大器组成的差分放大电路对信号进行放大，最大程度减小零点漂移对信号带来影响。

三、基于超声波信号定位

1. 超声波测距原理

采煤机超声波测距原理是超声波发射器安装在桥式转载机小桥上并向采煤机方向发射超声波，同时开始计时，超声波在综采面的空气中传播，当碰到采煤机的时候就立刻反射回来，小桥上的超声波接收器接收到反射波，立刻停止计时。这样就可以计算出采煤机与转载机小桥的距离 $L=1/2c(t_2-t_1)$，其中 c 为超声波的传播速度(声速)，t_1 和 t_2 分别为发射和接收到超声波的时刻。

2. 超声波测距系统

系统的整体结构如图 3-42 所示，主要由中央处理单元、超声波收发器、校正模块、显示模块、存储模块、传输模块、电源模块等组成。

(1) 超声波发射器

超声波产生的原理如图 3-43 所示，控制电压通过中央处理器的控制产生 40 kHz 的方波触发脉冲，对三极管的开端进行控制。当控制电压超过三极管的门限电平时，三极管导通，发射器不工作；当控制电压低于门限电平时，三极管截止，发射器发出超声波。

(2) 超声波接收器

接收器用来接收从采煤机反射回来的超声波信号。由于反射回来的波形信号很微弱，所以要通过功率放大电路对信号进行放大才能使信号进入中央处理单元。由于工作面距离

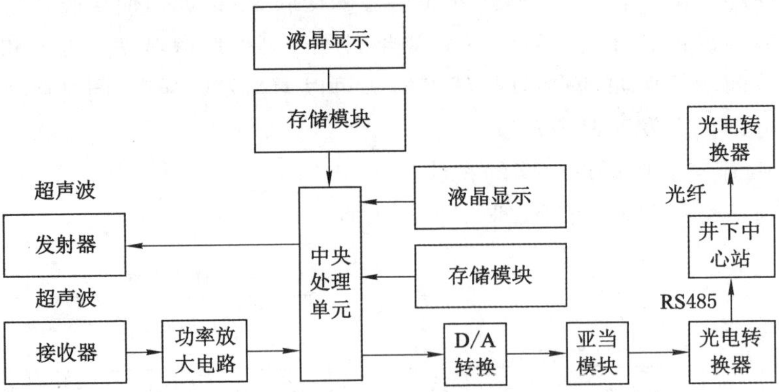

图 3-42　系统整体结构

较远,回波信号一般为几百微伏到几毫伏,在该系统中采用两级放大,每级放大 100 倍,共放大 10 000 倍。

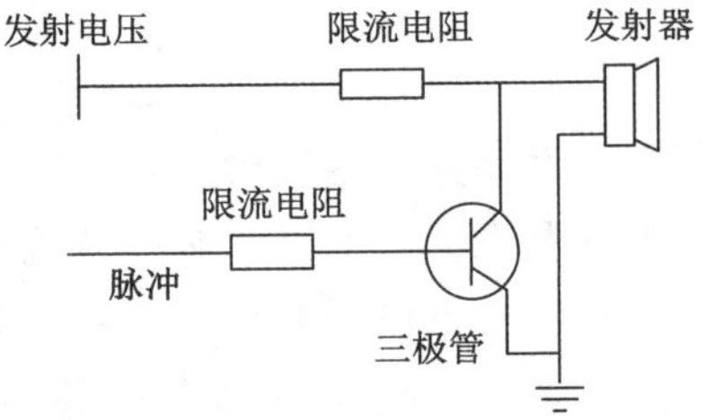

图 3-43　超声波发生电路

(3) 中央处理单元

中央处理单元是该系统的数据处理中心,发出脉冲控制发射器发射超声波,超声波碰到采煤机后反射回来,被接收器接收,经过放大再送入中央处理单元进行处理,通过校正模块进行校正,在显示模块上就地显示,并且通过数据传输模块和通信线路送入井下中心站和井上集控中心,以实现采煤机位置的远程监测。

该系统中选择 AT89C2052 作为中央处理单元,P110 口产生脉冲来控制超声波的发射,同时该脉冲通过触发器使 P312 口置 1,T0 计数器开始计数。反射回来的微弱超声波信号通过功率放大电路放大后,经过比较电路使 P312 口置 0,T0 计数器停止计时。再经过温度校正模块的校正,数据就可以进行显示、传输和存储。系统每小时进行一次复位,以避免更大的误差。

3. 误差校正

在采煤工作面,误差主要由空气的温度产生。我国矿井有深有浅,地温和空气湿度相差很大;工作面的设备功率差异很大,因此设备的发热量不同。这些因素导致超声波在采煤工作面的传播速度各不相同,甚至在同一个采煤工作面的不同时刻也有所差异。

利用测温元件(如热电偶或热电阻)测得实际环境中的温度,由声速和温度的关系可以计算出测量时实际环境中的声速,然后计算得到距离。

4. 抗干扰设计

由于该系统中有多种干扰源的存在,因此系统中应采用抗干扰措施。

(1) 抗电磁干扰

电磁干扰是无法完全消除的,只能采取屏蔽和接地等方式来降低其危害程度。在该系统中对外部干扰源、整个系统采用电磁屏蔽,并且利用导体接地进行静电屏蔽。

(2) 电源抗干扰

该系统采用交流稳压,因为交流稳压器可以保证供电的稳定性,防止电源系统的过压与欠压;安装低通滤波器,并用带屏蔽层的电源变压器,与其他供电电路相隔离;采用一点接地来抑制电源地线的噪声。

(3) 数字通道抗干扰

该系统的数字信号输入输出通道都采用光电隔离,使系统与外界信号系统没有直接的电气联系,同时又不影响信号的传输。

(4) 模拟通道抗干扰

在该系统中,所有模拟信号通过变送器转化 4～20 mA 的电流信号传输;传输线路采用屏蔽双绞线,屏蔽层接地,并且在模拟信号进入 A/D 转换之前经过二阶有源滤波,滤除干扰信号。

5. 系统安装

系统的安装如图 3-44 所示,超声波收发装置安装在工作面端头桥式转载机的小桥上,以采煤机为监测对象发射超声波。由于采煤机机身端部是金属平面,超声波很容易被反射回来,反射信号被小桥上的接收器接收到后,经过系统的处理,就地进行显示,并且通过有线通信方式把信号传输到中心站和井上集控中心。未在采煤机上安装系统装置是由于煤壁对超声波的反射能力比较微弱,信号难以采集;采煤机的工作环境比较恶劣(如经常被煤或矸石砸到),在采煤机上安装不可靠,如果在采煤机上安装系统设备,则处理后的信号要先传输到工作面端部(可以用无线传输),然后再传输到中心站和井上集控中心,系统供电电源在采煤机上不如在工作面端头容易获得。

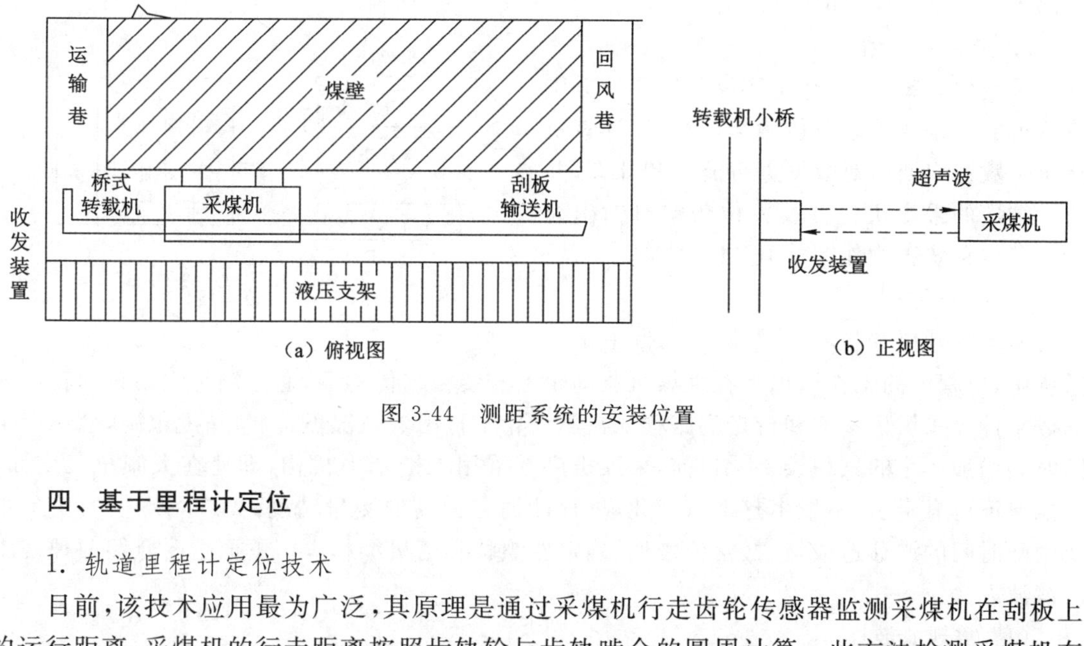

图 3-44　测距系统的安装位置

四、基于里程计定位

1. 轨道里程计定位技术

目前,该技术应用最为广泛,其原理是通过采煤机行走齿轮传感器监测采煤机在刮板上的运行距离,采煤机的行走距离按照齿轨轮与齿轨啮合的圆周计算。此方法检测采煤机在刮板轨道上的行走距离比较精确。但是,刮板轨道并非单一直线,要实现精确定位必须先对刮板形态进行精确测量。然而,采煤机牵引前行,随即推移刮板输送机,轨道形态即发生变化,要在该时间间隔内完成刮板轨道的精确测量几乎不可能实现,因此该系统仅能大体判断采煤机的位置,无法满足采煤机定位的精度和实时性要求。

2. 定位系统原理

基于陀螺仪和里程计的采煤机自主定位新方法将航位推算(DR)方法应用于煤矿井下采煤机的定位。航位推算原理过程是利用前一次的已知位置及其时间,和从那一时刻到当前时间的平均速度和运动方向进行计算完成的。利用航向角将速度分解成 2 个不同方向的分量,然后将每个分量乘以前一时刻至当前时间增量得到位置的变化量,最后将位置变化量加上初始位置即可得到当前的位置。航位推算原理如图 3-45 所示。

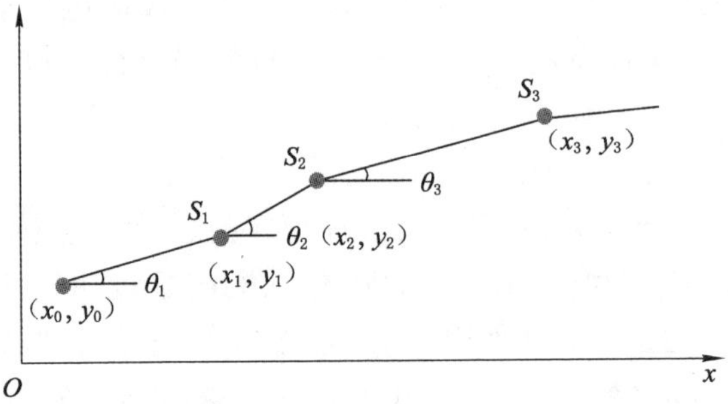

图 3-45　航位推算原理

将采煤机的运行简化为在二维平面 xOy 上的运动,如果已知起始位置(x_0,y_0)和初始方位角 θ_1,再通过里程计实时测量运行的距离 S_i 和陀螺仪检测的方位角 θ_i 的变化,就可推算出下一时刻采煤机的位置。

3. 定位系统结构

该定位方案中,光纤陀螺仪和里程计分别将测得的数据通过串口传输至计算机,计算机在每个数据周期内对数据进行滤波和计算,并将计算出的采煤机位置及方位角实时输出显示。定位系统结构如图 3-46 所示。

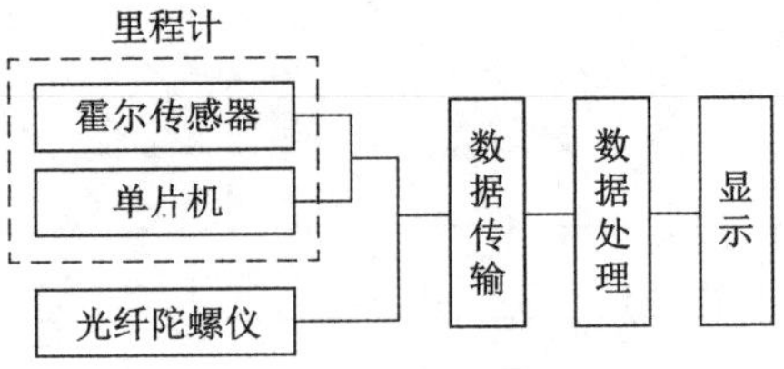

图 3-46　定位系统结构

4. 定位误差分析及补偿方法

基于陀螺仪和里程计的采煤机自主定位系统中,里程计的工作原理是在采煤机驱动轮上安装霍尔传感器,通过测量驱动轮的转速和圈数来计算采煤机速度和行走的路程。在驱动轮不打滑的情况下,测量精度很高,且不产生随时间增加产生的累积误差。目前,采煤机广泛采用无链牵引机构,即使在大倾角工作面,也能保证可靠牵引,不发生打滑。因此,里程计拥有极高的测量精度;光纤陀螺仪的误差主要由随时间的漂移造成,包括常值漂移、确定性漂移和随机漂移等。下面主要介绍两种常用的滤波方法。

(1) 常规滤波

采煤机在工作面的运行状态主要包括割煤、进刀和停机检查等状态,不同状态下陀螺仪检测的信号应符合采煤机运行实际。常规滤波的原理就是将陀螺仪数据与采煤机状态进行比对,滤除无效信号,其中采煤机运行状态可通过里程计判别。例如:当霍尔传感器较长时间无信号输出时,说明驱动轮没有转动,采煤机处于停机状态。由于陀螺仪自身的漂移,仍会输出数据,定位软件可将此信号作丢弃处理;当采煤机在弯曲段运行时,陀螺检测数据应不大于机身最大转速。

(2) 加权平均滤波算法

对于符合采煤机实际运行的陀螺数据，将采用加权平均滤波算法来提高精度。这种方法的原理是取若干相邻等距采样点的检测数据进行加权平均，用$\bar{\theta}_i$表示区间平滑值。一般取权系数为1，取霍尔传感器每个信号输出周期内的陀螺采样数据，滤除异常值后作平滑计算。

五、基于无线信号定位

无线传感器网络作为一种新兴的定位技术在移动目标跟踪方面开始广泛应用，常用于室内定位、路况检测等方面。无线传感器网络具有智能化、分布式、网络化等特点，且其定位不存在累积误差，不会随着时间推移出现定位误差增大的情况，在井下可以灵活布置无线传感器网络，可以实现井下采煤机定位要求。但在综采工作面的恶劣环境下，无线传感器网络也受粉尘吸收、煤壁吸收、信号遮挡、锚节点漂移等多重因素的影响，不能够稳定地提供定位信息。针对捷联惯导和无线传感器网络的各自特点，提出了基于组合导航的刮板输送机的直线度检测策略。

1. 无线传感器网络定位技术分析

在无线传感器网络中，布置有大量的无线节点，对于节点的位置信息，根据是否已知，分为锚节点(anchor node)和普通节点(normal node)，其中锚节点也称为信标节点或者灯塔节点，普通节点也称为未知节点或移动节点。在定位系统中，移动节点发射信号并由锚节点接收，通过相互通信获得锚节点与移动节点的几何布局，采用相应的算法，即可获得处于无线传感器网络中的移动节点的位置信息，如表3-3所示。

表3-3　无线传感器网络定位技术

节点类型	测距方式	测距下解算	非测距下解算	性能评估
锚节点	RSSI	三边法	质心法	定位精度
	TOA	极大似然法	APIT	容错性
移动节点	TDOA	WLS	凸规划	节点密度
	AOA	CHAN	DV-Hop	功耗

根据是否需要节点之间的相互距离和角度信息，在无线传感器网络中，把定位机制分为两种，分别为非测距技术的定位机制和基于测距技术的定位机制。非测距的定位技术其特点是计算量较少、功耗低、计算精度低。在高精度要求的场合下，一般采用基于测距技术的定位机制。基于测距技术的定位机制，常见的定位技术有三种，分别采用不同的方法来解算出移动标签和锚节点之间的距离。

(1) RSSI测距(received signal strength indicator)

RSSI测距技术是一种基于信号强度的测距技术，通过锚节点接收到的移动节点无线信号功率的损耗，来计算锚节点与移动节点之间的距离。它是一种粗精度定位技术，其测距随着节点距离的增加，测距误差逐步加大，且容易受环境噪声的干扰，从而影响定位精度；多用于对于定位精度要求低的场合，如矿井人员定位。

(2) AOA 测距(arrival of angle)

AOA 测距技术是一种基于到达角度的测距技术。通过在节点上安装天线阵列或者部署接收器,来获得到达角度信息,依靠计算移动节点和锚节点之间的无线信号到达角度进行测量,不依赖于锚节点与移动节点之间的时间同步,在无线传感器网络中得到广泛应用。但是 AOA 测距的精度很容易受到干扰,如多径效应、环境障碍物、衰落等。AOA 通常与 TOA 或 TDOA 组合定位,提高定位精度。

(3) TOA/TDOA 测距(time of arrival/time difference of arrival)

TOA 测距技术是基于到达时间的测距技术。移动节点发送带有时间信号的无线信号,锚节点接收到此信息,并计算出发送与接收之间的时间差,来计算节点之间的距离,如图 3-47所示。此种测距方法计算精度高,需要移动节点与锚节点之间时间同步,对于硬件的成本要求较高。

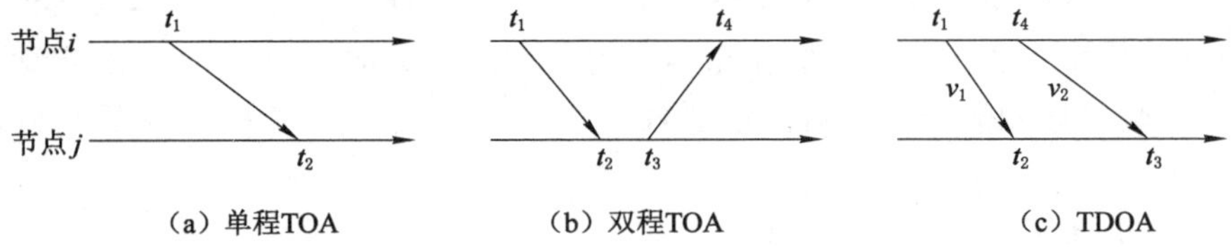

图 3-47 TOA/TDOA 原理示意图

对于单程 TOA,节点 i 与节点 j 的距离计算公式如下:

$$d_{ij} = v(t_2 - t_1) \tag{3-17}$$

其中,v 是信号传播速度,m/s;t_1是信号发送时间,s;t_2是信号接收时间,s。

同样,对于双程 TOA,计算公式如下:

$$d_{ij} = \frac{(t_4 - t_1) - (t_3 - t_2)}{2} v \tag{3-18}$$

TDOA 方法移动节点同时发送两种速率不同的信号,不需要移动与锚节点之间时间同步,只需要更为简单的锚节点之间时间同步,如锚节点之间可以采用网线连接。其计算公式如下:

$$d_{ij} = (v_1 - v_2)[t_4 - t_2 - (t_3 - t_1)] \tag{3-19}$$

通过不同的测距方法,可以测出移动节点和锚节点之间的距离,在三维空间中,移动节点处于以锚节点为球心,节点间距离为半径的球面上,单一的锚节点并不能确定移动节点在三维定位空间中的具体位置,需要用定位算法来解算出移动节点的位置。在 WSN 定位算法中,常用基于测距的三边定位算法,其原理如图 3-48 所示。图中已知三个锚节点 A,B,C 的位置坐标,分别为(x_i, y_i),$i=1,2,3$。D 点为移动节点,即位置节点,其位置设为(x_d, y_d),d_1,d_2,d_3分别为移动节点到锚节点的距离,其关系如下:

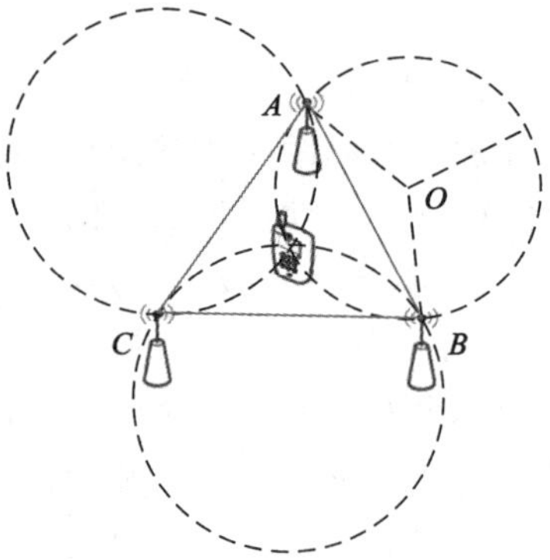

图 3-48 三边定位算法原理图

$$(x_d - x_i)^2 + (y_d - y_i)^2 = d_i^2 \quad (i = 1,2,3) \tag{3-20}$$

求解上式，把上述方程组转换为关于(x_d, y_d)的线性方程组，可以得到移动节点的位置坐标为：

$$\begin{bmatrix} x_d \\ y_d \end{bmatrix} = \begin{bmatrix} 2(x_1 - x_3) & 2(y_1 - y_3) \\ 2(x_2 - x_3) & 2(y_2 - y_3) \end{bmatrix}^2 \begin{bmatrix} x_1^2 - x_3^2 + y_1^2 - y_3^2 + d_3^2 - d_1^2 \\ x_2^2 - x_3^2 + y_2^2 - y_3^2 + d_3^2 - d_2^2 \end{bmatrix} \tag{3-21}$$

通过上述测距方法和定位方法，就可计算出移动节点的位置坐标。

六、基于惯性导航定位

由采煤机运动路线分析得出，采煤机位置与姿态定位是三维体定位。采用捷联惯导直接固联在采煤机机身，捷联式惯性系统中的陀螺仪和加速度计直接感受采煤机运动方向上的角速度和线性加速度。由于采煤机工作在冲击、振动、温度变化等恶劣环境中，捷联惯导直接安装的陀螺仪和加速度计必须能快速精确地进行测量并传输给计算机，计算机及时处理陀螺仪的姿态数据和加速度计的位置数据，推导出采煤机的运动路线。其原理如图 3-49 所示。

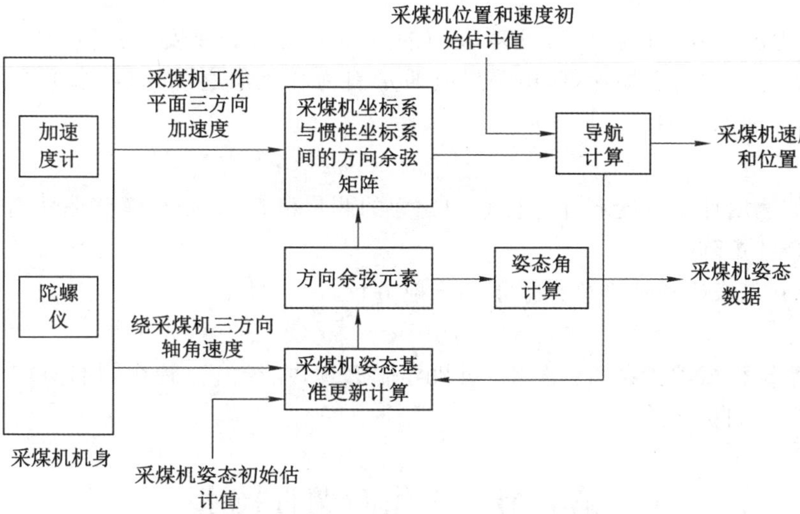

图 3-49　采用捷联惯导的采煤机定位原理

由采煤机机身加速度传感器直接输出值构成的坐标系是运动坐标系，而惯性定位计算是以地理区域为参照来确定采煤机的位置、速度、姿态等运动参数。采煤机所处的载体坐标系(b 系)下的测量值不能直接用于定位计算，因为实际需要的定位信息是相对于地理上某一原点的运动里程和方向，所以必须先变换到定位坐标系，然后才能进行定位计算。在此捷联惯导系统采用惯性坐标系(i 系)机械编排。在这种系统中，需要在惯性系中计算采煤机相对于地球的速度，即地速，用符号v_e^i表示。根据哥氏方程，惯性速度可以用地速表示为：

$$\left.\frac{\mathrm{d}r}{\mathrm{d}t}\right|_i = \left.\frac{\mathrm{d}r}{\mathrm{d}t}\right|_e + \omega_{ie} \times r \tag{3-22}$$

其中，r 为采煤机位置矢量；$\left.\frac{\mathrm{d}r}{\mathrm{d}t}\right|_i$ 为采煤机在惯性坐标系(i 系)中的速度；$\left.\frac{\mathrm{d}r}{\mathrm{d}t}\right|_e$ 为采煤机在地

球坐标系（e 系）中的速度，记为v_e；ω_{ie}为地球旋转角速度，设为常值。对上式求导，可得：

$$\left.\frac{d^2 r}{d t^2}\right|_i = \left.\frac{d v_e}{dt}\right|_i + \left.\frac{d}{dt}(\omega_{ie} \times r)\right|_i \tag{3-23}$$

进而得

$$\left.\frac{d^2 r}{d t^2}\right|_i = \left.\frac{d v_e}{dt}\right|_i + \omega_{ie} \times v_e + \omega_{ie} \times [\omega_{ie} \times r] \tag{3-24}$$

采煤机在惯性坐标系（i 系）中的加速度表示为：

$$a_i = \left.\frac{d^2 r}{d t^2}\right|_i \tag{3-25}$$

采煤机捷联惯导系统中的 3 个加速度计可提供采煤机惯性装置比力值

$$f = \left.\frac{d^2 r}{d t^2}\right|_i - g \tag{3-26}$$

式中，g 为采煤机质量引力矢量。

重新整理得到

$$\left.\frac{d v_e}{dt}\right|_i = f + g - \omega_{ie} \times v_e - \omega_{ie} \times [\omega_{ie} \times r] \tag{3-27}$$

式中，$\omega_{ie} \times v_e$为由于采煤机在旋转地球表面的速度引起的加速度，为哥氏加速度；$\omega_{ie} \times [\omega_{ie} \times r]$为采煤机感受的向心加速度，由采煤机质量引力和该向心加速度之和构成了当地重力矢量，用符号g_1表示。即：

$$g_1 = g - \omega_{ie} \times [\omega_{ie} \times r] \tag{3-28}$$

采煤机加速度计提供的载体坐标系中比力的测量值f^b，必须分解到惯性坐标系中，可通过左乘方向余弦矩阵C_b^i。

综上，得到采煤机在惯性坐标系下的导航方程：

$$\dot{v}_e^i = C_b^i f^b + g_1^i - \omega_{ie}^i \times v_e^i \tag{3-29}$$

当捷联系统机械编排结束，得到采煤机导航方程，在导航方程中，加速度计输出和方向余弦矩阵是随时间更新的。

第五节　工作面调直技术

一、工作面调直的基础知识

综采工作面如何实现高产高效，是目前现代化矿井最关键的问题，综采工作面作业过程可以概括为：三直一平两超前。其中，“三直”指综采工作面煤壁、运煤过程中的刮板输送机和支护状态的液压支架都应保持各自的整体成直线，并基本上使三者之间互相平行，成行成排。

1. 煤壁保持平直

综采工作面煤壁保持平直能有效地防止煤壁在矿山压力作用下被压酥而片帮，危害综采工作面操作人员和机械设备，有利于液压支架顺利升起护帮板或打开前探梁，及时支护液压支架和煤壁间的空顶区，同时可为刮板输送机的平直推移起定向作用。在工序质量管理上，综采工作面采煤机在割煤过程中煤壁不得留有伞檐，要控制好采煤机滚筒截割到位，既深浅到位（满截深），又上下到位（满采高），即所谓“吃满刀”。对于大采高综采工作面或煤壁片帮严重时，液压支架必须要带有护帮板。综采工作面煤壁厚度发生变化时，应控制调节采高大小，以便顺利推进。同时还需保证煤壁平直，不割顶底板、不留顶煤、不留底煤。

2. 刮板输送机保持直线

综采工作面“刮板运输机保持平直”不仅是保证其正常工作的基本要求，也是其在综采工作面中的作用所要求的。刮板输送机既是煤机的运行导轨，又是液压支架的支点，“三直”中的“刮板输送机的直”是基础和关键。刮板输送机直则割出的工作面才能直；如果工作面不直，则刮板输送机也必然是弯曲的，反之亦然。刮板输送机弯曲将导致链子受力不均，链子和槽子之间磨损加剧，造成刮板歪斜，严重时甚至拉断刮板，弯曲严重时还可能导致采煤机掉道。因此，“刮板输送机直”能有效防止采煤机机身倾斜而啃顶咬底，并保证了采煤机顺利进刀切割煤壁，从而确保了工作面煤壁直。另外，刮板输送机直又保证了整个工作面液压支架前移时平齐移动。

为确保刮板输送机的平直移动，液压支架上的推移装置要完整可靠。同时，工序进行过程中要有防止煤壁片帮、顶板冒落而砸伤人员和损坏设备的安全管理措施，特别是推移机头和机尾时要加强质量管理检查；推移工序进行前，刮板输送机周围的浮煤、撒煤应清理干净，克服刮板输送机推移后的高低起伏现象，实现平移前移。

3. 液压支架间保持平齐

液压支架间保持平齐能防止前方顶板空顶区局部冒顶、落矸，而且支架的后方切顶线平齐能防止支架间漏矸。这既有利于液压支架的后方顶板管理，又能均衡各个液压支架所受载荷；对于综放工作面，液压支架平直可减少煤炭损失，减少煤矸混杂，利于煤质管理。另外，液压支架平直和煤壁平直还能创造畅通的工作空间和环境，有利于工人操作、工序管理和通风安全管理。

在对综采工作面推移工序的操作管理上，要确保移架质量，支架间的煤矸要清理干净，架与架之间不得歪斜，防止咬架，保证支架与煤壁垂直，当煤层倾角大于15°时，支架必须采取防倒防滑措施。

4. 综采工作面调直

自动化综采工作面是以采煤机与液压支架联动为特征的工作面。井下复杂的环境和在“推溜移架”过程中出现的测量误差和执行误差等，会导致工作面循环截割过程中存在误差不断累积，并在多次循环后需要人工干预来满足综采工作面对于直线度的要求。因此，实现综采工作面无人化的前提就是实现工作面的自动调直。在工作面推进过程中，为使支架和刮板输送机受力状态最佳，应保证工作面成直线且与巷道方向保持正交。控制刮板输送机和液压支架直线度是保障工作面直线度的基础，根据两者之间的连接关系，工作面自动调直方法可分为以液压支架为基准的调直方法和以刮板输送机为基准的调直方法。

综采工作面如图3-50所示，采煤机紧靠煤层，其机身骑在刮板输送机的中部槽上，在电力牵引装置的带动下，沿刮板输送机的溜槽往复运动，进行割煤操作；刮板输送机沿煤层走向放置，并通过推移液压缸与液压支架相连，由液压支架控制器负责推移过程，液压支架及时支护采煤机采空过后的顶板。根据《煤矿安全规程》的规定，综合机械化设备进行采煤时，工作面煤壁、刮板输送机和液压支架必须保持直线。随着煤炭行业自动化和智能化深度融合，综采工作面的“两化”水平不断提高，在条件较好的矿区，工作面采煤机采用自动割煤技术进行自动控制，液压支架跟随采煤机实现位置自动控制。但是在工作面连续采煤多个循环后，液压支架与刮板输送机连接销耳存在间隙窜动量的累积，使得工作面的液压支架推移不齐，刮板输送机直线度无法保证，必须进行人工调整后才能继续生产。工作面连续推进过程中刮板输送机直线度控制的问题已成为综采工作面无人化开采的技术瓶颈。在这种工程背景下，为了能够适应井下工作面复杂的采矿环境，实现采煤机自动截割煤壁和液压支架跟机自动化，对综采工作面的直线度，特别是刮板输送机的直线度控制提出了更高的要求。刮板输送机保持直线状态有利于减小刮板输送机的运行阻力和采煤机的截割阻力，有效降低能源的消耗，有助于避免由于刮板输送机弯曲程度过大而出现的卡链、断链甚至采煤机脱离刮板输送机等事故的发生。

图 3-50　综采工作面及虚拟场景

二、刮板输送机调直技术

在目前的综采工作面中，刮板输送机的作用不仅是运送煤和物料，而且还是采煤机的运行轨道和液压支架支点。通过对其主要功能分析，发现控制刮板输送机的直线度非常重要。首先，好的直线度能够提高刮板输送机的运输效率和使用寿命，是保证工作面直线推进的基础。如果刮板输送机工作时运行直线度较差，就会加剧刮板链磨损，甚至造成刮板链断裂、工作面停产维修，直接影响生产效率。其次，刮板输送机直线度较差会导致采煤机割煤过程中直线度下降，整个工作面的直线度会发生偏移，影响液压支架的支护效果和顶板的稳定。目前，随着“机械化减人、自动化换人”目标和煤矿智能化建设标准的提出，刮板输送机直线度监测的智能化研究也在如火如荼地进行。方新秋团队开发的基于光纤光栅测曲率的刮板输送机直线度感知技术，通过对刮板输送机直线度的智能监测，实现刮板输送机自动调直，为工作面智能化建设提供经验和借鉴，达到工作面少人甚至无人的目的，建成了智能化工作面。

1. 刮板输送机调直基础知识

《煤矿安全规程》规定，综合机械化采煤时，工作面煤壁、刮板输送机和液压支架必须保持直线。刮板输送机的直线度较差时，直接导致采煤机截割煤壁的直线度下降，加剧中部槽之间的哑铃销的磨损，增加刮板链断裂的风险，影响液压支架顶板支护的稳定性。多数矿区对刮板输送机的调直采用人工方式进行，具体方法为在工作面拉绳或用红外光束为液压支架推移提供标准位置，工人凭借自身判断和经验手动对刮板输送机进行调直。自动化程度较高的矿区采用综采面自动化装置，实现采煤机、液压支架以及刮板输送机的自动控制。但是，多个工作循环后，由于设备运行过程中的测量误差、执行误差、窜动量累积造成刮板输送机的直线度较差，需停机后人工手动调整。

在采煤工作面，采煤机、刮板输送机、液压支架之间是相互关联的、相互影响的。经过多年的研究，关于刮板机的调直方面逐步形成了基于液压支架调直的刮板机直线度感知技术和基于采煤机自主定位的刮板机直线度感知技术两大技术体系。基于液压支架调直的刮板机直线度感知技术是一个间接调直方法，多数是利用在支架上安装传感器，如顶梁上安装测距仪和行程传感器、推移千斤顶上安装行程传感器等来感知液压支架之间的相对位置，再通过推移千斤顶来控制刮板输送机的直线度。这种方法精度低，而且多次推移后误差逐渐加大，因此在实际应用中存在很大问题。

基于采煤机自主定位的刮板机直线度感知技术也是一种间接的方法，以采煤机自主定位为主，来反演刮板输送机的直线度，进而通过液压支架进行直线度控制。如利用惯性导航技术和在采煤机机身安装陀螺仪与加速度计，首先实现采煤机的精确定位和位姿检测，其次反演出刮板机直线度的数学模型，最后通过液压支架推移千斤顶进行直线度控制。在这种技术中采用的是高精度陀螺仪，在采煤机割煤过程中产生的振动会干扰陀螺仪定位精度，而且采煤机的定位需要二次积分，造成实际运用效果差强人意。此外，还有利用人工调直的方法，是指利用人眼观测刮板输送机的直线度或者利用安装在刮板输送机中部槽槽体的钢丝绳长度传感器，获取刮板机位移数据后进行分析，得出结果后人为地控制液压支架来调整推移千斤顶，进而控制刮板机的直线度。

目前用于刮板输送机直线度感知技术的缺陷主要是：① 自动化程度低，难以和系统形成实现刮板输送机自动调直；② 环境适应度低，抗干扰能力弱；③ 直线度测量精度低；④ 无法实现实时动态感知。

2. 刮板输送机直线度测量

综采工作面刮板输送机直线度的实时监测控制及其位置状态信息的精确获取对煤矿智能化开采尤为重要。然而在实际煤矿开采作业中，综采工作面刮板输送机的直线度误差受刮板输送机的轨迹检测误差和液压支架的推移误差影响较大，其直接影响煤矿智能安全开采效率。

(1) 刮板输送机直线度误差

在刮板输送机直线度误差研究中，首先需要分析其相关的重要概念及其原理，将一般的具有几何意义的直线称之为理想直线，该种直线是误差评定的参照标准。直线度误差是指从待评定对象上得到的提取直线相对于某一条理想要素的变动量，这里的理想要素即理想直线，又称为评定基线或评定基准，选取得到的这一基准符合最小条件准则。评定直线度误差时，需要获得一条评定基准（或作评定基线），即以这条理想的评定基线作为基准来衡量待评定对象与基准之间的偏离程度。目前最常用的直线度评估方法主要有两端连线法、最小二乘法和最小区域法等。

① 两端连线法

两端点连线法就是把采样点首尾两点的连线作为评定直线度误差的基线，先求出各采样点偏差值到首尾两点连线的距离，然后求得被测对象的直线度误差值，此条误差曲线对理

想直线的最大变动量就是所要求得的直线度误差值。如图 3-51 所示，A、B 为被测要素误差曲线上的两个端点，由此两端点连成一条理想直线$\overline{AB}$，设 M 点和 N 点分别为误差曲线的最低点和最高点，则 M、N 两点分别至直线$\overline{AB}$的距离在坐标系纵轴的投影之和 H 即为直线度误差，则有 $H=|h_{\max}-h_{\min}|$。

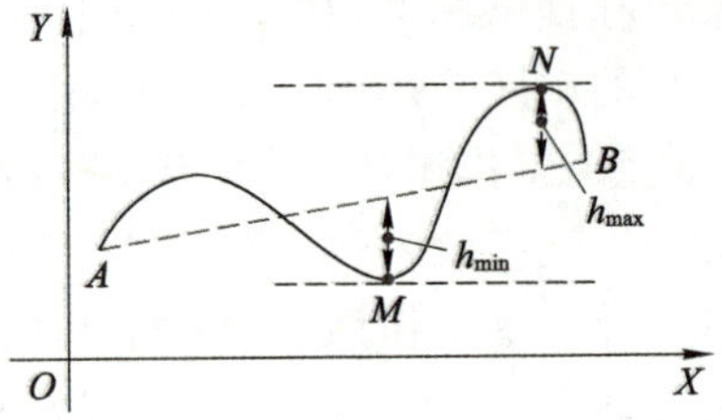

图 3-51　两端连线法示意图

② 最小二乘法

最小二乘法(又称最小平方法)是一种数学优化技术，它通过最小化残余误差的平方和寻找数据的最佳函数匹配。依据残余误差平方和为最小值这一原理，建立理想曲直线。假设直线度的理想直线方程为 $L-ax-b=0$，残余误差平方和最小时，则有

$$\begin{cases} E=\sum_{1}^{n}[L-ax-b]^2=m \\ \dfrac{\partial E}{\partial a}=\dfrac{\partial E}{\partial b}=0 \end{cases} \tag{3-30}$$

由上式可以进一步计算出理想直线方程中参数 a 和 b，表达式如下式所示：

$$a=\frac{\sum_{i=1}^{n}x_i y_i-\frac{1}{n}\sum_{i=1}^{n}x_i\sum_{i=1}^{n}y_i}{\sum_{i=1}^{n}x_i^2-\frac{1}{n}\sum_{i=1}^{n}x_i} \tag{3-31}$$

$$b=\frac{1}{n}\left(\sum_{i=1}^{n}y_i-a\sum_{i=1}^{n}x_i\right)$$

将 a 和 b 带入最小二乘直线方程可以求得直线方程 $L-ax-b=0$，通过误差曲线的最高点和最低点作理想直线 L 的平行线 L_1 和 L_2，两条平行线之间的区域为最小二乘法的最小包容区域。两条平行线间的宽度在坐标系纵轴的投影之值即为直线度误差 H，如图 3-52 所示。

③ 最小区域法

最小区域法就是找出包容被测线的许多对两两平行的直线中距离最小的一对包容线，从而得出直线度的误差。如图 3-53 所示，最小区域法不能以解析形式来表达，目前近似求解直线度误差的最小区域法多采用旋转法，即改变一元线性方程中的斜率 a 以进行搜索逼近，如逐次逼近旋转法；精确求解直线度误差的最小区域法有分割逼近法，构造包容线法等。下面简要说明一下构造包容线的方法：

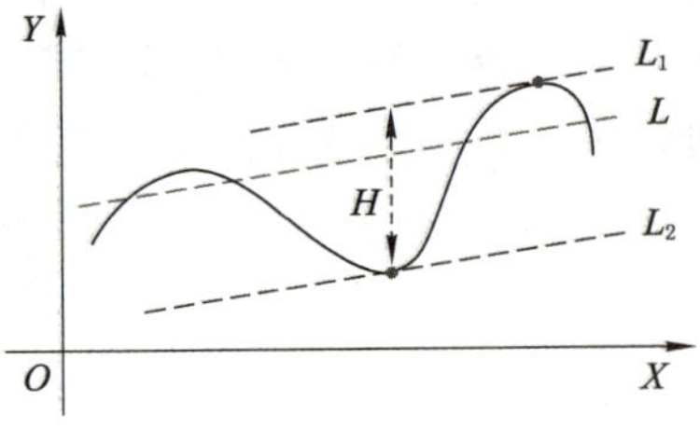

图 3-52　最小二乘法示意图

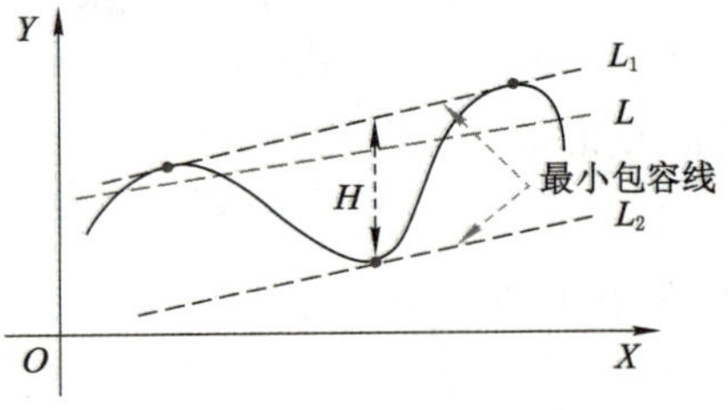

图 3-53　最小区域法示意图

a. 利用上面说到的最小二乘法得出采样点的最小二乘拟合直线；

b. 以最小二乘直线为基线，在基线上方的为高点，下方的为低点，将各测点区分为高点和低点；

c. 任选两高点或两低点作直线，如果此直线上方或下方无采样点，则把此直线作为上或下包容线，通过与此直线最远采样点作与基线平行的下或上包容线算出两包容线之间的距离，计算出所有符合包容条件的两高点与对应低点、两低点与对应高点所构成平行线的距离；

d. 找出最小的距离这个值就是符合最小条件的直线度误差值。

对比上述三种直线度误差评估方法，两端连线法计算简单，易于实现，通常用于计算评定直线度误差，但两端点连线法采用误差曲线首末两端点的连线为理想直线，以误差曲线对该理想直线的最大正偏差与最大负偏差之差作为该误差曲线的直线度误差，该理想直线受末端点的坐标值影响极大，并且误差曲线对该理想直线的最大正偏差与最大负偏差之差不是极小值，所以得出的直线度与最小区域法相比有较大的误差；最小区域法评定直线度误差符合最小条件，因此它是国家标准规定的评定方法，由于最小区域法计算较复杂，一般用于作图法；最小二乘法理论较为成熟，算法简单，在直线度误差评估时得到了广泛的应用，但是该方法理想直线的方向无法直接确定，而是通过残余误差平方和最小原理计算求解得到。然而，在综采工作面刮板输送机直线度评估过程中，只需要根据综采工作面的某一特定方向进行直线度评估。因此，最小二乘法的理想曲线的斜率一致，这样大大简化计算过程。

(2) 刮板输送机直线度表达误差

采煤机在采煤过程中，实际是骑在刮板输送机中部槽上，在牵引装置的牵引作用下进行往复式截割煤壁，包括从刮板输送机机头途经刮板输送机机身后到达刮板输送机机尾的正向截割煤壁作业过程，以及从刮板输送机机尾途经刮板输送机机身后到达刮板输送机机头的反向截割煤壁作业过程。在采煤机行走的过程中，刮板输送机对采煤机的行走路径具有约束作用，正是由于这种约束作用的存在，采煤机在采煤作业过程中的运动轨迹通过模型解算即可获得刮板输送机沿综采工作面布置的形态，完成对刮板输送机直线度的检测。采煤机和刮板输送机的配合关系如图 3-54 所示。

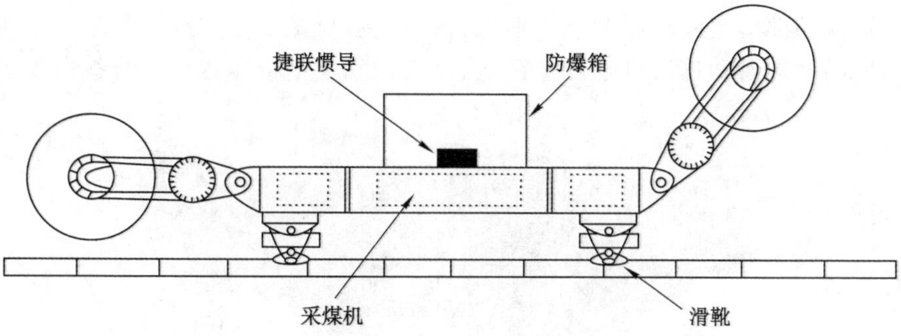

图 3-54　采煤机与刮板机配合示意图

在利用捷联惯导系统对采煤机进行定位时，通常是将捷联惯导装置安装于采煤机机身的中心位置。因此，对采煤机的定位位置实际为采煤机身中心位置在导航系统坐标系中的坐标，如图 3-55 中的圆点所示。为了进一步获取刮板输送机中心线的坐标轨迹，采用坐标变换的成刮板输送机中心线位置的坐标，如图 3-55 中虚线所示。在这个转换过程中涉及采煤机结构尺寸、捷联惯导装置安装位置、采煤机姿态角度等多个特征量。然而，当任一特征量出现误差，都必然会直接影响到刮板输送机直线度检测的准确性。此外，刮板输送机机身是由若干节中部槽通过哑铃销结构进行连接而成，当刮板输送机发生弯曲时，各节中部槽间出现不同程度的偏转，进而产生了偏转间隙。采煤机是以刮板输送机为行走轨道，采煤机前、后滑靴横跨多节中部槽，在将采煤机定位位置坐标转换成刮板输送机中线坐标时，如若不将偏转间隙因素考虑在内，必然会引起刮板输送机直线度的表征误差。

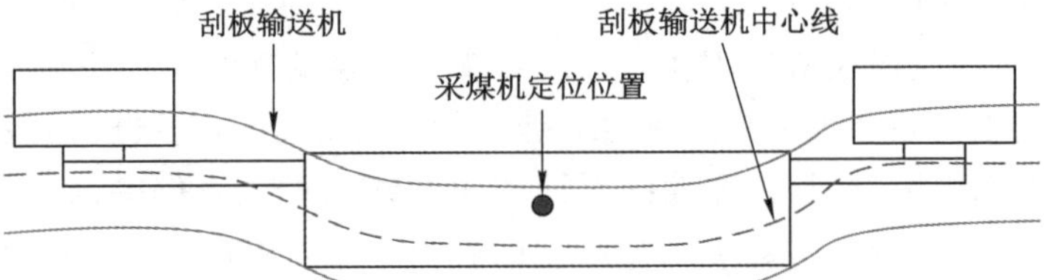

图 3-55　采煤机和刮板输送机配合关系图

(3) 刮板输送机直线度控制误差分析

① 液压缸动作误差

在综采工作面作业过程中，液压支架和刮板输送机通过液压缸的伸缩完成移架和推溜，而移架和推溜是否到位直接影响着刮板输送机的直线度。因此，液压缸的动作过程如果存在误差，在对刮板输送机的直线度进行控制时将影响刮板输送机直线度的控制精度。

② 中部槽销耳间隙误差

刮板输送机机身由多节中部槽构成，每一节中部槽通过液压缸和对应的液压支架进行连接，构成了中部槽-液压支架组，推溜和移架过程均是依托多个中部槽-液压支架组完成的。中部槽结构较为简单，其主要作用是构成刮板输送机机身结构，协助采煤机在工作面的割煤作业并将煤炭输送至转载机。为了保证推溜时中部槽可以尽可能将综采工作面底板的浮煤清理干净，在进行中部槽结构设计时通常设计成如图 3-56 所示的形成。为了满足连接要求，液压缸和中部槽之间采用销耳的形式进行连接，正是由于这种销耳结构使得销耳间隙必然存在，进而对推溜和移架过程产生影响，从而增大了刮板输送机的直线度误差。

图 3-56　中部槽结构

③ 中部槽联动效应误差

综采工作面的刮板输送机同时承担着运输煤炭和采煤机行走导轨的作用，在实际作业过程中，当采煤机完成一个截割循环后，支架控制器需要控制液压缸对刮板输送机进行推动，使刮板输送机向煤壁侧移动一个截距，为采煤机下一个截割循环做好准备，正是由于刮板输送机这样的工作过程，使得综采工作面的刮板输送机机身需要具备较强的可弯曲性能。根据综采工作面的长度和作业需要，刮板输送机机身通常是由若干节中部槽结构通过哑铃销连接构成，如图 3-57 所示，哑铃销结构的存在允许各节中部槽之间存在一定的偏转角度，同时还可以约束各节中部槽的位置，防止刮板输送机机身出现过度弯曲而引起推溜过程及刮板链运行过程出现卡死现象。

图 3-57　刮板输送机哑铃销结构

虽然哑铃销结构满足了刮板输送机的作业要求，但同时也制约了中部槽位移调整过程，如图 3-58 所示，当对刮板输送机机身的某一节中部槽进行位置调整时，与该节中部槽相邻的若干节中部槽的位置也会跟随变动，即联动效应。经过多个截割循环后，由于联动效应的存在，刮板输送机出现弯曲需要进行调整时，如果不考虑多节中部槽发生联动效应的误差影响，则刮板输送机的直线度更无法保证。

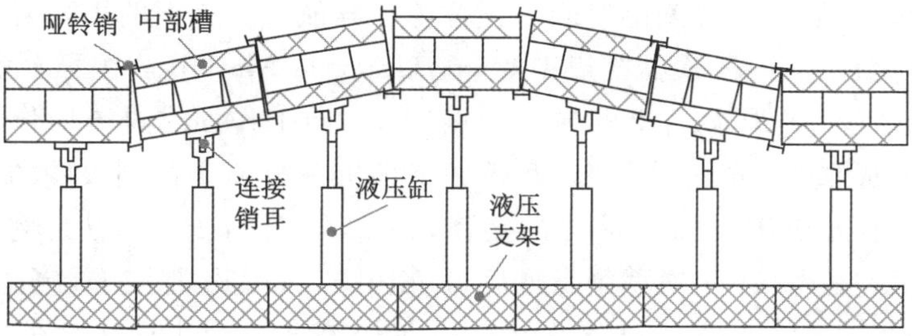

图 3-58　联动效应示意图

3. 刮板输送机调直方法

刮板输送机调直基本原理是首先依据工作面方向确定刮板输送机调直参考目标直线，然后根据刮板输送机测量轨迹与参考目标直线解算并控制液压支架的推移距离，在液压支架推溜过程中将刮板输送机调整为与工作面方向平行的直线状态，如图 3-59 所示。根据采煤机与刮板输送机的运动约束关系，刮板输送机测量轨迹由采煤机运动轨迹反演获得。

以液压支架为基准的调直方法存在传感器不易安装、移架顺序呆板、架间隙累积误差大等问题。以采煤机运行轨迹为基准的调直方法为：以采煤机运行轨迹为基准，建立采煤机与刮板输送机之间的几何约束关系，确定刮板输送机位置轨迹，并利用液压支架对刮板输送机位置轨迹进行修正。以采煤机为基准的调直方法：

采用 SINS 与轴编码器组合的方式，对采煤机位置进行精确定位，并构建基于实时三维位置的采煤机定位位置方程如下：

$$X_t = X_{t-1} + P_{ebx}^{n} \tag{3-32}$$

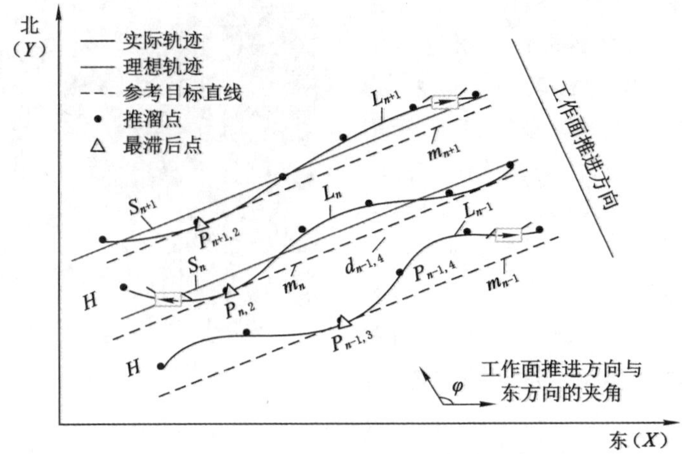

图 3-59　刮板输送机调直原理图

$$Y_t = Y_{t-1} + P^n_{eby} \tag{3-33}$$

$$Z_t = Z_{t-1} + P^n_{ebz} \tag{3-34}$$

其中，X_t、Y_t、Z_t 为采煤机在 t 采样时刻的位置；X_{t-1}、Y_{t-1}、Z_{t-1} 为采煤机在 $t-1$ 采样时刻的位置，P^n_{ebx}、P^n_{eby}、P^n_{ebz} 分别为采煤机坐标系（定义 X 轴为东方向，Y 轴为北方向，Z 轴为竖直方向）相对于地球坐标系 Δt 采样间隔时间内的位移在导航坐标系下的矩阵表示形式。

当采煤机在完成第 $n-1$ 次截割煤壁后，在 Unity 与 Matlab 监控平台实时生成刮板输送机的轨迹曲线 L_{n-1}，选取 L_{n-1} 上的最滞后点 $P_{n-1,3}$ 向工作面推进方向作垂线 m_{n-1}，将直线 m_{n-1} 沿着工作面推进方向平移距离 H，得到采煤机在第 n 次截割煤壁的理想轨迹 S_n，S_n 与 m_{n-1} 之间的差值为液压支架应推移的距离，以 m_{n-1} 上的 $P_{n-1,4}$ 点为例，其移架距离为 $d_{n-1,4}$。当采煤机完成第 $n-1$ 次截割煤壁后，Unity 与 Matlab 监控平台会实时生成刮板输送机的轨迹曲线 L_n，选取 L_n 上的最滞后点 P_{n-2}，向工作面推进方向作垂线 m_n，将直线 m_n 沿着工作面推进方向平移距离 H，得到采煤机在第 $n+1$ 次截割煤壁的理想轨迹 S_{n+1}，S_{n+1} 与 m_n 之间的差值为各液压支架应推移的距离，在推移误差和检测误差的影响下最终得到刮板输送机的轨迹曲线 L_{n+1}。据此循环对刮板输送机的直线度进行不断地修正，从而使得刮板输送机最大直线度误差（实际轨迹中的最大值与最小值的差值）能稳定在一定的范围内。

刮板输送机自动调直过程如图 3-60 所示，采煤机沿刮板输送机对煤壁进行截割的同时，要实时测量刮板输送机位置轨迹形状，当有参考目标直线时精确计算刮板输送机各推溜点与目标直线的补偿位移，控制液压支架按照计算更新后的推移距离进行推溜。采煤机完成截割一刀后形成采煤机下一刀截割的刮板输送机的形状。采煤机完成截割的刮板输送机形状曲线作为下一刀截割时刮板输送机的目标参考直线。当液压支架没有参考推移目标直线时，按照采煤机的截深 H 进行推溜。

采煤机第 $n-1$ 次作截割运动后测量的刮板输送机的轨迹曲线为 L_{n-1}，液压支架按照采煤机截割头截深依次将刮板输送机中部槽向采煤机截割方向推移距离 H，得到刮板输送机在进行第 n 次运行时的轨迹曲线 L_n。在曲线 L_{n-1} 上找出最滞后点 D_{n-1}，过该点作平行于采煤机工作面方向的平行线 M_{n-1}。将直线 M_{n-1} 沿工作面方向推移 H，得到刮板输送机

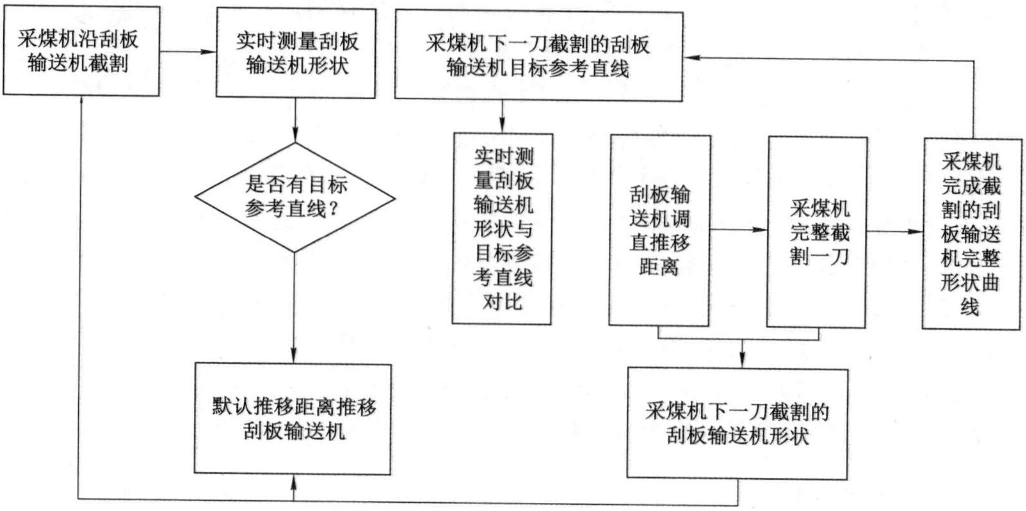

图 3-60　刮板输送机调直流程

在第 n 次运行时的参考位置直线 M_n。采煤机在进行第 n 次截割运动后测量出刮板输送机的轨迹曲线 L_n。通过对比曲线 L_n 以及参考位置直线 M_n，得出刮板输送机推溜点各位置的补偿距离。如果刮板输送机轨迹曲线上的推溜点 T_i 滞后参考位置直线 M_n 的距离为 Δd_i，则该推溜点的位移补偿为 $+\Delta d_i$，液压支架在该点的推移位移为 $H+\Delta d_i$；如果刮板输送机轨迹曲线上的推溜点 T_i 超前参考位置直线 M_n 的距离为 Δd_i，则该推溜点的位移补偿为 $-\Delta d_i$，液压支架在该点的推移位移为 $H-\Delta d_i$。液压支架按照此方法对刮板输送机各推溜点进行推溜，对刮板输送机进行自动调直。当采煤机完成第 n 次截割运动后，得到自动修正后的刮板输送机轨迹曲线 L_n。选取轨迹曲线 L_n 上的最后点 D_n，过该点作平行于采煤机工作面方向的平行线 M_n，并将该直线沿工作面方向推移距离 H，得到刮板输送机在第 $n+1$ 运行时的参考位置直线 M_{n+1}。重复第 n 次刮板输送机的自动调直方法完成第 $n+1$ 次的自动调直。

以精确参考位置直线为基准，计算各推溜点的位移补偿，对控制液压支架按照补偿后的位移进行推溜，既实现了对刮板输送机的自动调直，又保证了采煤机不停机连续运行，同时也避免了其他刮板输送机调直方法中存在的累积误差、测量误差、执行误差以及窜动量的影响。

4. 刮板输送机调直方法举例

(1) 利用超声波传感器实时检测推移液压缸的位移，并对综采工作面所有液压支架控制器进行编号，每一个支架控制器具有独立的编号，并通过网络变换器将综采工作面所有推移液压缸位移值汇集并存储，然后将存储值传送至刮板输送机的调直控制器中。将检测到的推移液压缸的位移量进行拟合，获取刮板输送机实时的直线度，并与理论的直线度进行对比，由对比误差控制液压支架控制器的输出，进而控制相应的电磁换向阀，实现对推移液压缸的控制，最终实现对刮板输送机直线度的调整。

(2) 基于惯性传感器的工作面校直技术，利用安装在采煤机上的惯性传感器及其信号处理电路，对采煤机沿工作面刮板输送机运行的轨迹和姿态进行实时检测，解析出工作面检测数据，将信号处理电路输出的工作面检测数据，经数据传输线路发送至全工作面电液控制系统，计算出推移液压缸下一行程，进而支架控制器控制推移液压缸推移工作面的刮板输送机中部槽，使工作面刮板输送机达到要求的直线度。

(3) 利用惯性测量单元和轴编码器检测采煤机的位置和姿态。依据采煤机和刮板输送机的几何约束关系将采煤机连续的位姿信息变换成刮板输送机的形态，从而实现对刮板输送机直线度的检测；在此研究基础上依据工作面方向确定刮板输送机的调直参考目标直线，然后根据刮板输送机测量轨迹与参考目标直线解算并控制液压支架的推移距离，在液压支架推溜过程中将刮板输送机调整为与工作面方向平行的直线状态。

(4) 在综采工作面连续截割作业循环过程中，将位置传感器安装于各液压支架处，检测获取每两架液压支架之间的相对位置，再获取液压支架与相应的刮板输送机中部槽之间的相对位置，以指定的液压支架为基准，对其余液压支架进行调整至位置传感器读数全部为零，以液压支架为基准，对刮板输送机进行校直，最终实现刮板输送机的校直。

三、液压支架调直技术

液压支架对采煤机起保护作用，与采煤机、刮板输送机等设备相互配合，使工作面向前推进。液压支架在推进过程中，由于坡度或采煤机截割高度设置等原因，造成煤壁上部或底部截割不完全，支架在移动过程中很难保持一条直线，顶梁升起后前端不能保持齐平，这样就不能对采煤机进行完全保护。在实际煤矿开采过程中，由于工作面断层等地质因素以及液压支架推移过程中误差的积累，液压支架很难保持在一条直线上，严重影响了煤矿开采的效率，降低了煤矿开采的安全性，制约了智能化煤矿的建设。为了提高工作面的开采效率、保障工作面安全可靠的开采，需要采取一些有效的控制措施来对液压支架以及整个工作面进行调直。

目前，综采工作面的调直大都是通过行程传感器来保障液压支架以及工作面的直线度。当传感器故障或者误差的积累造成液压支架的直线度发生较大偏差时，只能通过工人手动控制液压支架进行调直，效率低、工作量大，且不符合智慧煤矿的建设理念。以液压支架为基准的工作面调直方法最初是人工找直的方法，即在综采工作面两端拉一根绳子作为基准，由人工进行判断，当工作面局部出现弯曲时，由人工操作液压支架进行推溜调直。在工作面两端拉线和推溜调直的过程中必须停止生产，造成时间浪费和生产效率降低。目前的液压支架自动调直方法有激光调直、超声波测距调直以及压力传感器调直等。其中，激光调直需要在每个液压支架上安装激光收发装置，成本较高且安装难度大，实际工作效果不好；超声波调直需要在液压支架上安装超声波传感器，安装难度大且易受井下环境影响，测量精度不高；压力传感器调直通过在工作面的若干中部槽安装一组压力传感器，保证每组压力传感器的值相等来进行调直，存在安装不易、成本高、容易破损等问题。

1. 液压支架调直的基础知识

在综采工作面较为理想的工况条件下，综采工作面应该是三直一平的状态，液压支架应保持一条直线。从端头位置向尾部位置看去，支架群的侧面投影应完全重合。但是受到顶板条件、周期来压、设备震动、液压缸压力不准、支架底座与刮板输送机连接处的销耳间隙窜动等诸多因素的影响，液压支架一般在动作后就会产生位置偏移。最为常见的偏移是在水平方向上，液压支架产生了一定程度的交错。在某些情况下，受到底板的影响，支架也会产生竖直方向上的交错，这都导致了液压支架直线度无法得到保障，从而影响了设备运行和设备之间的配合。

（1）液压支架调直的重要性

液压支架直是“三直”的基础，它对工作面能否正常工作起决定性作用。液压支架直不仅指液压支架要排成直线，还指液压支架要直立支撑。只有保证液压支架直，才能保证与之互为支点进行推拉前进的刮板输送机直，进而保证以刮板输送机为运行轨道的采煤机走直线，把煤壁切直。

采煤机需要反复截割煤壁。通过手动操作使支架保持齐平。目前井下液压支架自动控制系统是按照整个综采面设备完全自动控制的要求设计的。但是由于井下环境比较恶劣、传感器采集数据的误差等因素的影响，致使液压支架自动控制系统无法实现。

液压支架直的重要性主要包括两个方面。① 液压支架呈直线排列的重要性。液压支架呈直线排列是保证工作面刮板机直的基础，液压支架是否呈直线排列对工作面能否进行正常生产起着决定性的作用。此外，如果液压支架不呈直线排列，还会使工作面矿山压力局部集中，造成液压支架切顶线前移，引发局部漏顶事故发生，直接制约着生产的正常进行。② 液压支架直立支撑的重要性。众所周知，液压支架的主要作用是支撑采场内的顶板，提供作业空间，保护工作人员的人身安全。要使液压支架发挥这一作用，必须使其直立支撑。如果液压支架不能处于直立状态，就可能导致漏顶事故与倒架事故发生，这些都会影响生产的正常进行，给安全生产带来极大的困难。可见，液压支架直立支撑是其发挥作用的前提条件，只有在工作面液压支架保持直立支撑的条件下，才能使其有效地支撑工作面的顶板，保证安全生产。

（2）液压支架不直的原因

液压支架不直主要包括液压支架不呈直线排列以及液压支架不呈直立支撑状态。下面对产生这两种问题的原因进行逐一描述分析。

① 液压支架不呈直线排列。液压支架不呈直线排列的原因有：一是操作方面的问题，主要表现为操作者的操作技能低，责任心不强，拉移液压支架时拉移不到位，不进行再次调整，致使液压支架不呈直线排列；二是推拉装置及其液压系统出现问题，出现问题后得不到及时处理，严重地影响着液压支架的拉移，使其不呈直线排列；三是推拉装置运行空间内堆积杂物，影响推拉装置的正常运行，使液压支架拉移不到位，导致其不呈直线排列。

② 液压支架不呈直立支撑状态，是由工作面内顶、底板不平所造成的。

2. 液压支架直线度测量

目前针对液压支架群直线度的研究主要有：① 依据三机相对关系间接表征其直线度，但无法直观地反映支架间的相对位置关系，存在较大误差；② 基于视觉测量的液压直线度测量方式，但是视觉测量容易受井下光线、粉尘等的干扰，测量精度无法保证；③ 基于相邻支架对齐的直线度测量方法，但这种方法易受粉尘等环境的影响，且只能测量液压支架在推进过程中的前后位置关系，无法做到对液压支架直线度的精确测量；④ 基于直线度测量机器人的直线度测量，但此种方法成本较高，检测实时性较差，无法满足动态工作的采煤工作面。

以下介绍一种基于行程位移传感器及三轴倾角传感器的液压支架直线度测量方法。该测量方法主要是利用安装在相邻支架间的行程位移传感器及三轴倾角传感器测量液压支架间的相对位置关系，通过建立基于 D-H 坐标系的液压支架直线度推导模型，便可求出液压支架群的直线度。相比于传统的测量方法，该方法成本低、精度高、不受粉尘的影响，还可以精确输出任意 2 台液压支架间的相对位置关系，为液压支架群的控制提供了更加准确的数据支持。

(1) 液压支架直线度数学表示

① 液压支架空间位置坐标建立

液压支架群的直线度受到每台液压支架空间位置的影响，所以只需对液压支架的相对位置关系进行测量，便可以反映整个液压支架群的直线度。为了方便对液压支架间的位置关系进行测量，忽略每台液压支架自身的支护位姿，将其简化为一个具有液压支架底架尺寸信息的刚体，如图 3-61 所示，在理想的工作条件下，以液压支架底架后端 O 点为坐标原点建立三维坐标系，其中 X 轴指向液压支架群排列的方向，Y 轴指向液压支架正对煤壁的方向，Z 轴指向顶板的方向。

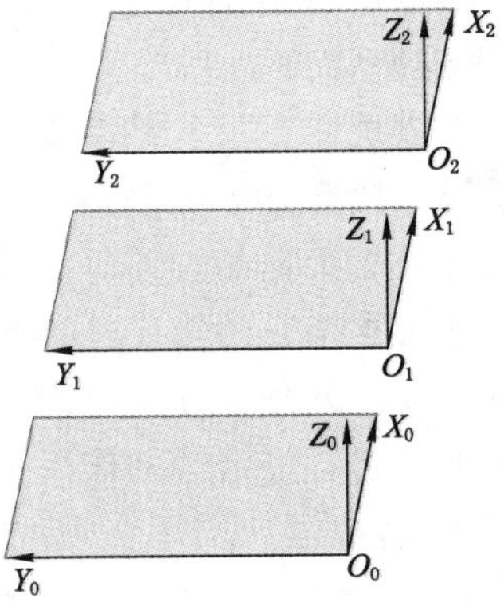

图 3-61　液压支架三维坐标系建立

② 液压支架直线度偏移量表示

根据液压支架直线度要求，需要液压支架的直线偏差不超过 50 mm，角度偏移量不超过 5°，故主要采用液压支架相对位置偏移量中的 ΔW（液压支架群在 Y 方向上的前后位置偏差）、$\Delta\beta$（液压支架群的偏航角度差）2 个量来表征整个液压支架群的直线度。

(2)液压支架直线度测量模型

在液压支架底板前后两位置分别安装行程传感器与倾角传感器组合的位姿测量传感器组件，可以测量得到相邻液压支架间的位姿关系，通过每台液压支架的坐标系转换，采用基于 D-H 模型的解算方法，便可以推导得到任意一台液压支架相对于基准支架的空间位置。坐标系建立如图 3-62 所示。

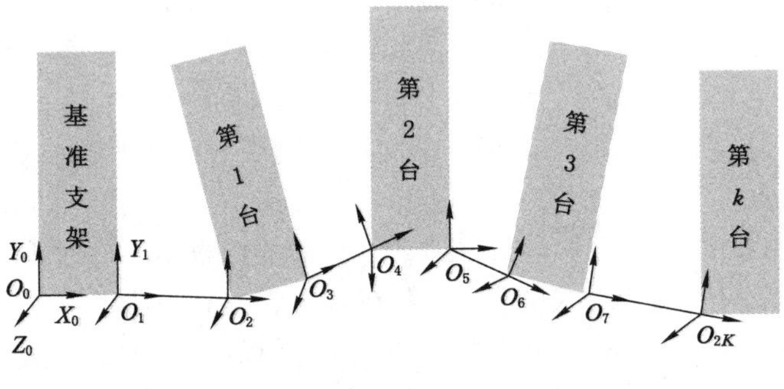

图 3-62　液压支架群 D-H 坐标系建立

3. 液压支架调直方法

(1) 基于 RSSI 的液压支架调直方法

液压支架电液控制器安装在液压支架的安装架上，液压支架保持在一条直线上等同于液压支架电液控制器保持一条直线，如图 3-63 所示，通过液压支架电液控制器的直线度来确保液压支架的直线度，将支架之间的蓝牙接收信号强度指示(RSSI)值、采煤机与当前液压支架之间的蓝牙 RSSI 值以及采煤机与邻架液压支架之间的蓝牙 RSSI 值作为 3 个调直参数，通过与标准参数的比对进行调直。

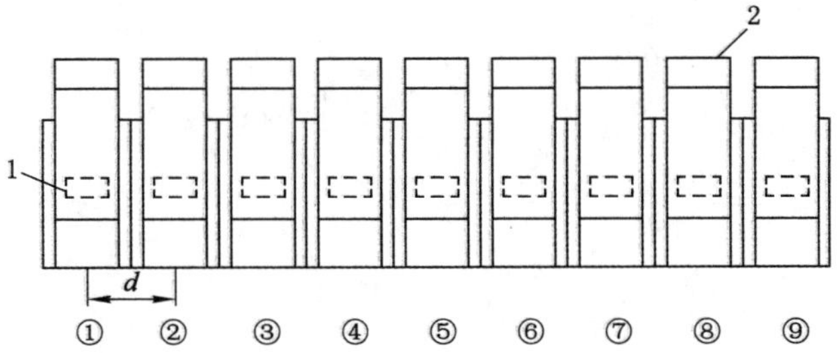

1—电液控制器；2—液压支架；d—支架间距。

图 3-63　工作面液压支架排列图

RSSI 用来判定链接质量以及是否增大广播发送强度，是通过接收到信号强弱测定信号点与接收点的距离，进而根据相应数据进行定位计算的一种定位技术。

① 液压支架的调直原理

在比较平整的工作面液压支架紧密排列，2 个液压支架排列平直时距离最小，当有支架落后其他支架时，与相邻支架之间的距离就会增大。当工作面不直时，支架之间以及采煤机与支架之间的距离都会发生变化。工作面发生不直现象时的状态图如图 3-64 所示，可以通过支架之间的相对距离、采煤机与支架之间的距离相结合的方式来保证工作面的直线度。

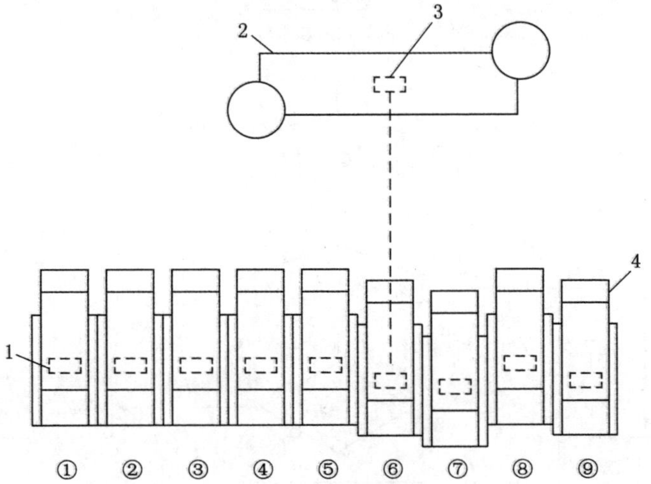

1—电液控制器；2—采煤机；3—采煤机定位装置；4—液压支架。

图 3-64　工作面发生不直现象时的状态图

液压支架控制器安装在液压支架的中部位置，用液压支架控制器代表液压支架。采煤机的定位装置安装在采煤机的中部位置，用嵌入蓝牙模块的采煤机定位装置代替采煤机，采煤机行驶过的轨迹就是刮板输送机的状态。工作面调直的原理图如图 3-65 所示，d_1 是支架之间的 RSSI 标准值，d_2 是当前支架与采煤机之间的 RSSI 标准值，d_3 是相邻支架与采煤机之间的 RSSI 标准值。当工作面直线度降低时，d_1、d_2、d_3 参数都发生了不同程度的变化，支架控制器根据这 3 个参数与标准值对比，得出工作面以及支架的直线度，进而进行相应的调整。

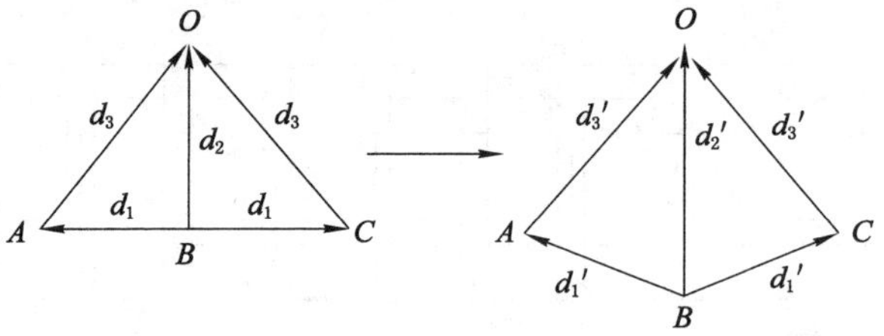

图 3-65　工作面调直原理图

② 液压支架的调直方式

造成综采工作面不直的因素非常复杂，包括液压支架位移传感器误差的积累、工作面倾斜以及工作面地质等因素。在采煤工作过程中，不同的因素导致综采工作面不直的程度不同，调直的方式也相应有所不同。可通过对比测量的 3 个调直参数与标准值，将工作面调直的方式分为 3 种。工作面调直的过程如图 3-66 所示。

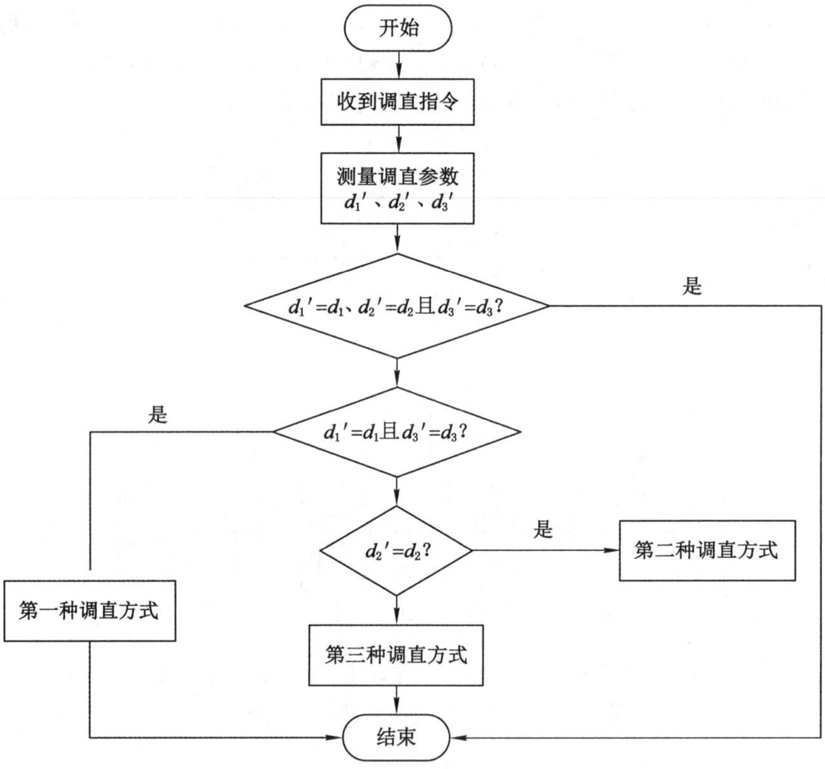

图 3-66　工作面调直的过程框图

a. 第 1 种：当 d'_3 和、d'_1 参数与标准值相比在误差范围内，只有 d'_2 参数误差较大时，说明是由于地质因素或者位移传感器的误差积累造成的液压支架拉架不彻底，当前液压支架已经推溜，拉架没有达到要求导致落后其余支架，此时刮板输送机保持直线。调直时通过支架控制器调整支架动作，使得 d'_2 参数与标准值相比在误差范围内，支架控制器以分时渐进的方式控制支架拉架。

b. 第 2 种：当 d'_2 参数与标准值相比在误差范围内、d'_1 和 d'_3 参数误差较大时，说明是地质因素造成的液压支架推溜不彻底，推溜距离没有达到要求，调直时通过支架控制器调整支架动作，使得 d'_1 和 d'_3 参数与标准值相比在误差范围内，支架控制器以分时渐进的方式控制支架推溜和拉架。

c. 第 3 种：当 d'_1、d'_2 以及 d'_3 三个参数的误差都较大时，说明刮板输送机不直且液压支架的位移传感器误差积累较大，应先进行拉架操作使得 d'_2 参数与标准值相比在误差范围内，再进行液压支架的推溜和拉架使得 d'_3 以及 d'_1 的参数与标准值相比在误差范围内。

实际工作时要根据工作面每个支架的 3 个调直参数自动选择调直的方式。支架控制器定时将每台液压支架的 3 个调直参数发送给上位机，上位机根据这 3 个参数得出工作面液压支架的排列情况以及刮板输送机的状态。

(2) 液压支架调直方法改进

以液压支架为基准的调直方法，通过激光列阵传感器来感知支架的相对位置，对液压支架进行调直。工作面液压支架动态调直示意图如图 3-67 所示。

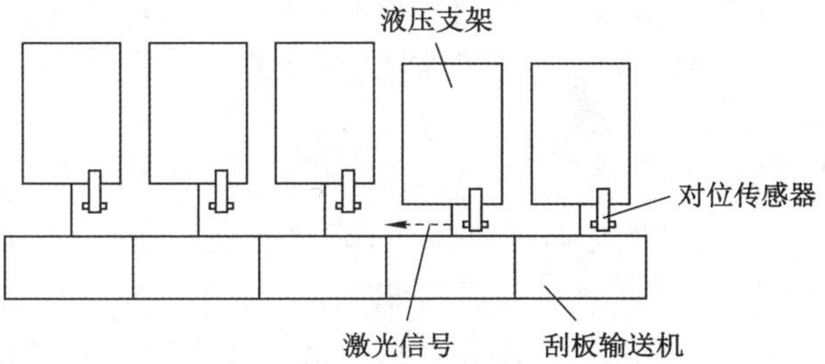

图 3-67　液压支架动态调直示意图

所有液压支架都安装激光对位传感器。移架前对调斜量控制。准备移架的支架向相邻的支架发出命令，通知相邻的支架控制器发出激光信号。图中箭头为对位传感器激光信号。移架中的支架可以接收信号，在激光信号接收列阵中感知与前一支架的相对位置，再在拉架过程中控制推移距离，从而实现支架运动的感知和控制，实现连续自主移架。

然而调直过程中存在精度和误差的问题，会导致偏离目标直线。为了补偿误差，用液压支架记录本次最终完成的行程目标与靶位的相对距离，其超出或不足的行程称为超调量，并使得相邻液压支架超调量相互抵消，最终保证支架移架行程误差控制在有效范围内。单个液压支架具体控制流程图如图 3-68 所示。

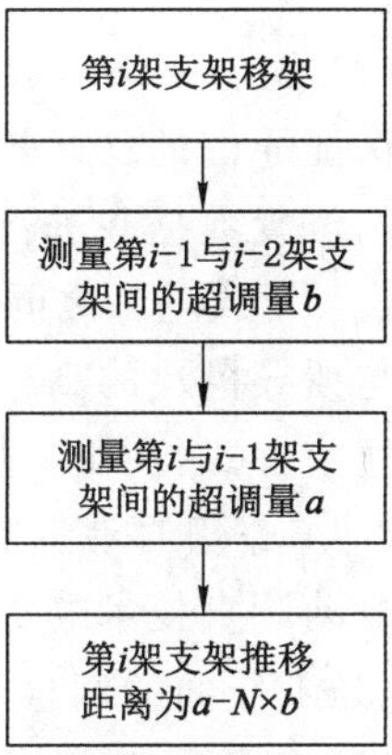

图 3-68　液压支架动态调直流程图

根据液压支架调直方法，首先确定第 1 架、第 2 架调直的纵坐标如下：

$$
\begin{aligned}
y_1 &= y'_1 + H \\
a_1 &= y_1 - y'_2 + \delta_{p1} \\
y_2 &= y'_2 + a_1 + \delta_{o2}
\end{aligned}
\tag{3-35}
$$

第 $i+1(i>1)$ 架液压支架调直过程如下：

$$
\begin{aligned}
b_i &= -(y_i - y_{i-1} + \delta_{qi}) \\
a_i &= y_i - y'_{i+1} + \delta_{pi} \\
y_{i+1} &= y'_{i+1} + a_i + \delta_{0(i+1)} + N \cdot b_i
\end{aligned}
\tag{3-36}
$$

式中　b_i——第 i 座支架推移之后与前一座支架的测量到的超调量；

a_i——第 i 座支架推移之后测量第 $i+1$ 座支架需要的推移距离；

y_i——第 i 座液压支架推移后纵向的位置；

y_{i+1}——第 $i+1$ 座支架推移前纵向的位置；

δ_{qi}，δ_{pi}——第 i 座支架测量推移距离和超调量的测量误差；

$\delta_{0(i+1)}$——第 $i+1$ 座液压支架推移时产生的推移误差；

N——补偿系数，由实际补偿量除以理论超调量。

四、惯性调直技术

惯性导航系统也称作惯性参考系统，是一种不依赖于外部信息也不向外部辐射能量(如无线电导航那样)的自主式导航系统。基于惯性导航的自动调直系统主要硬件有惯导模块、机载天线、无线基站等。

1. 自动调直系统组成

(1) 惯导模块、机载天线惯性导航的基本工作原理是以牛顿力学定律为基础，通过测量载体在惯性参考系的加速度，将它对时间进行积分，且把它变换到导航坐标系中，就能够得到在导航坐标系中的速度、偏航角和位置等信息。惯导模块安装在采煤机内部，通过防爆外壳防护，从采煤机上引入 220 V 电源进行供电。为使惯导数据传输到集控中心，同时安装在采煤机上的还有无线发射模块和天线(12 V)，其作用是与安装在支架上的无线基站进行通信。

(2) 无线基站一般在工作面端头和端尾各安装一个即可覆盖全工作面，当采面移长时为了保证通信的良好效果，在中间巷位置增加一个无线基站。无线基站用于接收惯导模块发出的位置数据并进行传输。

(3) 无线基站之间、无线基站与集控中心之间的通信方式通过光纤连接，主要实现集控中心与惯导模块的高速通信。无线基站与惯导之间采用无线通信。采煤机和集控中心采用载波通信方式，利用采煤机编码器向集控中心上传里程信息，用于辅助惯导进行导航。

2. 工作面自动调直流程探究

自动调直技术的实现大致分为 3 个步骤：一是工作面轮廓线测量；二是测量数据的计算；三是工作面的调直，通过此三步不断往复进行，最终实现工作面调直的目的。

(1) 工作面轮廓线测量

对工作面进行调直的前提是能够对工作面当前的弯曲程度进行测量，惯导是实现工作面弯曲程度测量的关键设备。惯导原来主要用于卫星、火箭和导弹发射等军工领域，原理是通过其内部安装的陀螺仪和加速度计来检测设备的当前方位和姿态，能够实现在没有任何外部辅助的情况下对飞行器的轨迹进行精确测量。将惯导安装在采煤机上后，同样可以测量出采煤机的运行轨迹，采煤机的运行轨迹代表了刮板机的弯曲形状，同时也是工作面轮廓曲线。

惯导在测量轨迹时有两种模式：纯惯性导航和组合导航。纯惯性导航是指惯导不依赖任何外部输入，仅靠自身陀螺仪和加速度计感知物体运行方向和速度的变化而测量出物体的坐标，这种模式所测量的轨迹误差较大。组合导航，在该模式下惯导只需要依赖一个外部参数，即物体的行走距离，惯导将自身感知到的运动方向与外部输入的行走距离相结合后得到物体的运动坐标，通过这种方式得到的运动轨迹精度较高，惯导测量采煤机运行轨迹时采用的也是这种方式。

(2) 测量数据的计算

① 惯导所测量的是采煤机的行走轨迹，并不是刮板机的弯曲形状。从井下实际的采煤工艺来看，往往是采煤机过后几架就要开始移架推溜了，而推溜后刮板机的形状随之改变。因此，惯导所测量的刮板机形状永远不是实时的，也就是说上一刀形成的实际轮廓只能在下一刀进行测量。基于以上情况，软件在实现自动调直时，采用一刀测量、一刀矫直的方式完成。在测量刀中，所有的支架按照满量程移架推溜，当测量刀完成后，虽然刮板机的形状被改变了，但由于支架是满量程移架推溜，因此运输机的弯曲形状应该和惯导所测量形状是相同的，相当于向前平移了一个移架步距，可以认为惯导测量的形状就是刮板机的弯曲形状，并基于此计算下一刀(矫直刀)的移架推溜参数。测量刀完成后，系统能够得到一条工作面轮廓曲线，根据该曲线计算出每一个支架的移架距离，并将移架距离发送到工作面的每一个控制器，在下一刀割煤过程中支架移架时按计算出的移架距离进行移架，不再按最大量程移架称为矫直刀，推溜时仍按最大量程推溜，矫直刀完成后，惯导会测得一条新的工作面轮廓曲线，按照之前的分析，这条轮廓曲线是上一刀满量程移架推溜后工作面的实际轮廓，本次矫直刀完成后所形成的实际的工作面轮廓，只能在下一个测量刀进行。

② 移架参数计算移架目标值时主要考虑两个参数：最大移架距离和最小移架距离。最大移架距离是指支架满量程移架推溜时每个支架的最大移架行程，等于采煤机的滚筒截深，对于特定的工作面，该参数是固定不变的。最小移架距离是人为设定的一个参数，意思是调直过程中每一个支架的最小移架距离，该参数的目的是保证工作面的正常推进，防止因为自动调直而严重影响产量。图 3-69 说明了最小移架距离对工作面推进度的影响。

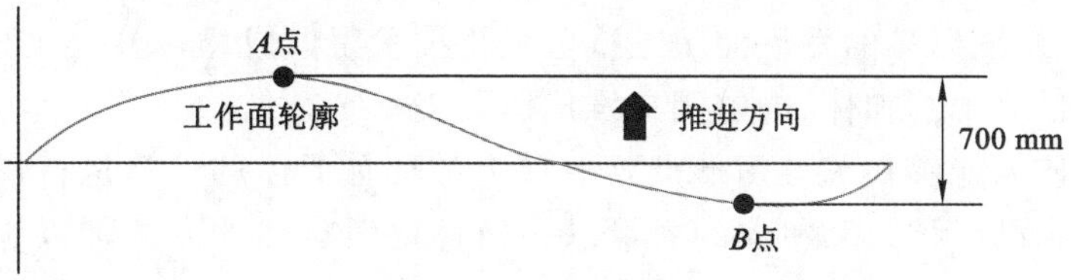

图 3-69　最小移架距离与推进度示意图

一个工作面轮廓中最大偏差 A 点与 B 点之间的距离为 700 mm，工作面最大移架距离为 800 mm，如果不考虑最小移架距离，使 A 点向前移 100 mm，B 点移 800 mm，其他位置移架距离介于 100 mm 和 800 mm 之间，则只需一刀就能将工作面调直。只要 A 点和 B 点之间的偏差小于最大移架步距都可以实现一刀调直。如果设置了最小移架距离为 500 mm，则说明每个支架在下次移架时至少要前移 500 mm，这种情况下，B 点就无法在 1 刀内追赶上 A 点，无法实现一刀调直，可能需要两刀甚至更多刀。因此，最小移架距离是自动调直中的关键参数，最小移架距离等于 0，则可以用最少的刀数实现调直，但对工作面的推进速度影响最大；最小移架距离等于最大移架距离，则相当于关闭了自动调直功能。在实际应用过程中，需根据实际情况调整最小移架距离。工作面的自动调直采用的是移架调直而不是推溜调直。所谓移架调直，是指系统通过控制每一个支架的移架量而不是推溜量进行调直，这就要求支架在移架时必须按照指定的行程，也就是第 2 步计算出来的移架目标值进行移架，达到目标值后停止移架，推溜时按满量程进行推溜，从而在经过移架-推溜后使运输机的形状达到预期效果。采用移架调直的主要原因是控制移架行程比控制推溜行程要容易得多，因为移架过程中每一个支架与相邻支架是相对独立的，两个支架不存在相互制约，可以通过行程传感器精确控制每一个支架的移架距离。但推溜不同，推溜一般是多架成组推溜，受刮板机的机械结构限制，支架可能无法按照设定的目标值进行推溜，因此也就无法实现最终的调直效果。

由于综采工作面的生产条件复杂多变，工作面自动调直在实际生产应用中会遇到这样那样的问题，需要长期深入研究，由于利用支架推移行程传感器较多，采集和处理的数据较大，下一步需要对存储到数据库的数据进行深入地二次开发和挖掘。同时，经过分析之后要及时跟踪现场进行更深入研究，逐步完善和优化工作面自动调直控制系统，通过自动方式代替人工方式将工作面直线度控制在允许的范围内，降低劳动强度。

第六节　综采装备可视化技术

一、概述

可视化（visualization）是利用计算机图形学和图像处理技术，将数据转换成图形或图像在屏幕上显示出来，并进行交互处理的理论、方法和技术。可视化涉及计算机图形学、图像处理、计算机视觉、计算机辅助设计等多个领域，是研究数据表示、数据处理、决策分析等一系列问题的综合技术。目前正在飞速发展的虚拟现实技术也是以图形图像的可视化技术为依托。

近年来，计算机图形学的发展使得三维可视化技术得以成型，这些三维可视化技术使我们能够再现三维世界中的物体，能够用三维形体来表示复杂信息。

可视化技术使人能够在三维图形世界中直接对具有形体的信息进行操作，和计算机直接交互。这种技术已经把人和机器的力量以一种直觉而自然的方式加以统一，这种革命性的变化无疑将极大地提高人们的工作效率。可视化技术赋予人们一种仿真的、三维的并且具有实时交互的能力，这样人们可以在三维图形世界中用以前不可想象的手段来获取信息或发挥自己创造性的思维。

机械工程师可以从二维平面图中得以解放，直接进入三维世界，从而很快得到自己设计的三维机械零件模型。医生可以从病人的三维扫描图像分析病人的病灶。军事指挥员可以面对用三维图形技术生成的战场地形，指挥具有真实感的三维飞机、军舰、坦克向目标开进并分析战斗方案的效果。

更令人惊奇的是，目前正在发展的虚拟现实技术，人们对计算机可视化技术的研究已经历了一个很长的历程，而且形成了许多可视化工具，其中美国SGI公司推出的GL三维图形库表现突出，易于使用而且功能强大。利用GL开发出来的三维应用软件颇受许多专业技术人员的喜爱，这些三维应用软件已涉及建筑、产品设计、医学、地球科学、流体力学等领域。

二、虚拟现实技术

煤矿工业安全、健康可持续发展离不开煤矿自动化与信息化。研究智能采煤、智能运输、煤矿大数据、煤矿物联网、矿用机器视觉、5G矿井移动通信、矿用机器人与救灾机器人自动导航等技术是实现煤矿自动化和信息化的关键。

全面及时掌握综采工作面机电装备的运行状态，实现稳定可靠的远程监测甚至远程交互控制，是煤炭生产由简单机械化向人工智能自动化转变的关键和急迫所需。特别是“中国制造2025”和“互联网＋”战略持续推进和纵深拓展，呈现出煤矿综采成套装备不断向自动化、智能化和无人化发展的新趋势。现代设计理念与设计技术、设计信息、虚拟现实(VR)等新技术在煤炭生产和煤机装备制造等行业的推广应用，加快了传统产业和产品的技术改造步伐，大幅提升了安全监测水平，极大减少了伤亡事故的发生，因而具有极其重要的意义。综采工作面自动化的关键就是对煤矿综采关键设备也就是综采工作面“三机”(采煤机、刮板输送机、液压支架)运行进行可靠的远程监测和控制。传统的煤矿井下监测系统缺点很明显：一是传输的数据量大；二是摄像头监测的位置固定和角度有限；三是在复杂恶劣的井下工作环境中显示效果很不理想。操作人员既没有现场感，也缺乏真实感，当然离真正的远程控制更远。

20世纪末，VR技术的兴起和迅速发展，它的应用领域不断扩展，创新成果日新月异。我国将VR技术列入“十三五信息化规划”等多项重大战略中，指明了VR技术的发展方向。在行业应用方面，“中国制造2025”重点领域技术路线图将VR列为智能制造核心信息设备的关键技术之一，VR＋工业有助于加速数字双胞胎的落地实现。

因此，将VR技术应用于综采装备监测监控领域，对其进行实时可靠、形象直观、带预操作的远程监测和控制，不仅可及时掌控综采装备的准确运行状态，还可预测其位姿变化，从而对其进行故障预测。适时调整运行参数，必要时发挥人的能动性，进行人工远程干预，实现临场式的远程控制与调度，对提高生产效率，消除事故隐患，减少工人数量和降低事故发生率，有着极其重要的保障作用，是实现综采自动化和煤矿高产、高效和安全生产的最有效手段。

1. 虚拟现实的科学技术问题

VR的目的是利用计算机技术及其他相关技术复制、仿真现实世界(假想世界)，构造近似现实世界的虚拟世界，用户通过与虚拟世界的交互体验相对应的现实世界，甚至影响现实世界。这一过程可以形式化地表述如下：设 W 为现实世界(假想世界)所有状态的集合，将 W 划分为不交子集的集合 T，以使不同的VR建模方法可以模型化对应划分中的现实世界状态；C 是计算机状态序列的集合；E 是人机交互设备的集合，$s(e)$ 为 e 的状态序列的集合。我们首先定义一个选择操作see，它把 W 中的状态映射到它所选择的划分：

$$\text{see}: W \rightarrow T$$

为表征对现实世界的模拟，定义仿真函数 in，它把现实世界状态划分映射到计算机状态序列集：

$$in: T \to \rho(C)\ (\rho(C) \text{为} C \text{的幂集})$$

为表征虚拟世界中对象对外界的作用，定义虚拟对象表现函数。how，它把计算机状态序列集映射到人机交互设备的状态序列集合：

$$show: \rho(C) \to S(E)\ (S(E) \text{为所有交互设备的状态序列集})$$

为表征人对虚拟环境的控制，定义控制函数 do：

$$do: C \times S(E) \to C$$

最后定义 VR 系统为 8 元组：

$$(W, T, C, E, see, in, show, do)$$

in，show，do 三个函数就是虚拟现实的三大科学技术问题类。in 是 VR 中的建模，可以是一个算法、公理系统，也可以是一个有结构的人工计算机输入过程；show 是 VR 对象的表现，可以是一个算法、数据变换，也可以是有结构的数据输出流；do 是人或外部世界对虚拟环境的控制，是有结构的数据输入流，与交互设备密切相关。

(1) 虚拟现实系统的分类

VR 的研究对象、研究目标和应用需求都决定了它是一个学科综合交叉、应用领域广泛、系统种类繁多的科学技术领域。VR 系统从不同的角度出发可以有不同的分类。

① 从系统的功能和作用分类

这实际上也就是从应用的角度来看，VR 系统可分为训练演练、规划设计和展示娱乐等几类。

训练演练类系统广泛应用于各种危险环境（如核设施、水下设施）、作业对象难以获得（如医疗手术、航天器维修），以及耗费巨大（如军事演练）的行业领域的技术业务训练和演练；规划设计类系统用于新建设施、设备的演示验证，可以大幅度降低设计成本、缩短设计周期，提高设计的合理性，如城市、社区、楼宇的规划设计，设备产品的虚拟设计与虚拟组装等；展示娱乐类系统将现实世界或假想世界场景数字化，供用户逼真地观赏体验，如虚拟景观、数字博物馆，以及各种游戏、影视制作等。

② 从沉浸式体验角度的分类。

从沉浸式体验角度，VR 系统有非交互式体验、人-虚拟环境交互式体验和群体-虚拟环境交互式体验等几类。

这种角度强调用户与虚拟环境的交互。对于非交互式体验来说，用户对虚拟环境的体验是被动的，体验的内容完全是规划好的。有的系统可以由用户在一定程度上选择视点，引导虚拟场景数据的调度，但不发生实质性交互行为，如场景漫游、四维影院等；在人-虚拟环境交互式体验系统中，用户可以通过交互设备（如数据手套、数字兵器、数字手术刀等）与虚拟环境进行交互，虚拟环境中的景物对交互行为做出实时响应，使用户能感受到虚拟环境的变化，从而产生对相应现实世界的体验，如飞行模拟器、单兵训练环境等；群体-虚拟环境交互式体验系统是人-虚拟环境交互式体验系统的多机化、网络化。多个或群体用户可以共享一个虚拟环境，同时与包括用户化身在内的虚拟环境进行交互，感受到和虚拟环境及其他用户相互作用的体验，如军事仿真演练、网上交互游戏等。

(2) 虚拟现实系统中的数据流

VR 系统是一种拥有多种类型数据的复杂信息系统，可以由运行期间不同类型数据流动的方式和走向来描述。按照这种观点，VR 系统就是一个在 n 个阶段，有两种数据根据一定规则，与有关环境相互作用，不断进行转换、积累、流动的信息系统。

① 不同种类的数据

VR 系统中的数据根据其来源和所起的作用可分为 4 类：平台数据(platform data，记为 PD)，这类数据包括支撑具体虚拟现实系统运行的计算机系统、网络系统、公共平台所生成的元数据，也包括具体 VR 系统通用部分生成的管理数据；模型数据(model data，记为 MD)，VR 系统中的主体数据，是现实世界事物在数字空间中的映像；感知数据(sense data，记为 SD)，或称渲染数据，作用于各种输出设备使用户产生视、听、力等感觉；控制数据(control data，记为 CD)，指用户通过输入设备所生成的数据，用于对虚拟环境进行控制和影响。四类数据及对应的生成器，如表 3-4 所示。

表 3-4　数据生成器

数据	生成器
平台数据 PD	公共支撑平台
模型数据 MD	扫描仪、算法、公理系统
感知数据 SD	渲染算法
控制数据 CD	人机交互设备

② 几种 VR 系统中的数据流

图 3-70 给出了场景漫游 VR 系统的数据流。虚拟场景由开发人员通过视频、图像、光谱、扫描仪等数据采集设备和建模软件建立，漫游时可通过鼠标、操纵杆等输入控制数据来调度场景的模型数据，从而选择漫游的视点。

图 3-71 是单兵 VR 训练系统的数据流。用户通过数字化武器产生控制数据，与 VR 场景对象发生作用，结合系统规则形成的平台数据生成新的模型数据，再经过渲染算法生成新的感知数据。多人对抗演练 VR 系统可以在单兵 VR 训练系统基础上开发建立，并在 DIS、RTI 等分布式 VR 系统运行支撑环境支持下运行。

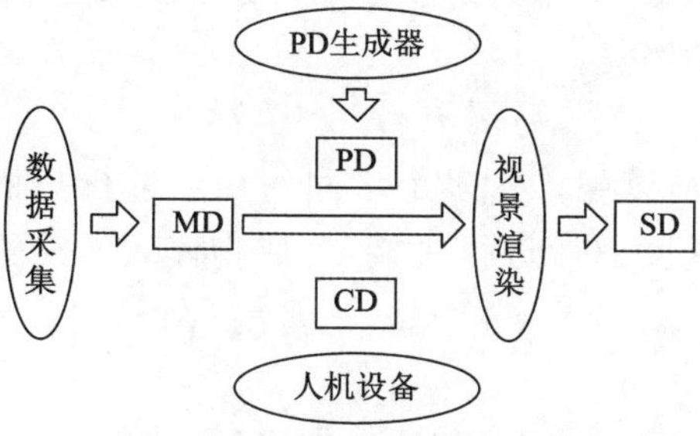

图 3-70　场景漫游 VR 系统

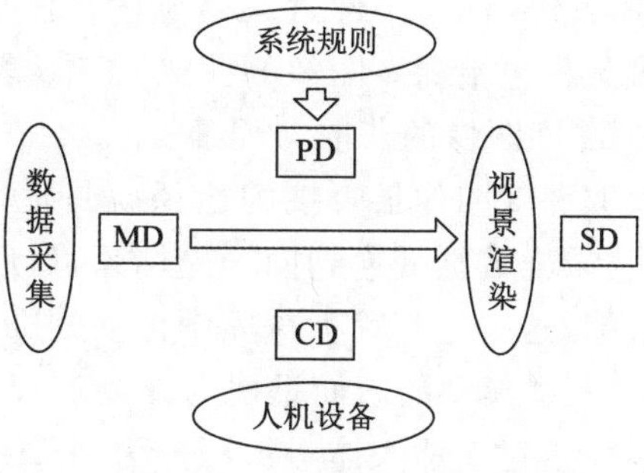

图 3-71　单兵 VR 训练系统

2. 虚拟现实中的建模方法

要在数字空间中模拟现实世界中的对象和状态，就需要将现实世界中的对象、对象之间的关系、对象之间相互作用及发展变化所遵循的规律映射为数字空间中的各种数据表示，这一过程称为建模。

(1) 模型数据的来源与类型

建模首先涉及模型数据。由于现实世界的对象、状态千变万化，因此模型数据也种类繁多。但从数据来源说，模型数据则主要有实际测量、数学生成和人工构造三大类。

实际测量：通过二维或三维扫描仪、摄像机、运动捕获设备、数据衣、数据手套，以及各类专业数据采集设备(如 CT、B 超、核磁共振、卫星遥感等)或人工测量所获得的数据。

数学生成：通过实验分析、物理仿真、归纳抽象等形成数学模型，如物理公式、模拟算法、公理系统等。数学模型的计算可以生成模型数据，例如根据物体运动方程获得物体的位置数据。

人工构造：人工或人工借助建模软件(如 CRE-ATOR，3D studio，AutoCAD)通过假设、想象生成模型数据，如物体的 3D 模型、动漫、影视制作等。

实际建模过程中，通常根据被模拟的现实世界对象的复杂性以及模型逼真期望程度，采用多种方式相结合形成模型数据。

在 VR 系统中，根据所表现的现实世界对象的不同方面，也可将模型数据分为空间结构数据、物理属性、行为属性、动力及运动数据等几类。

(2) 建模方法的分类

VR 建模方法与所要模拟的对象类有关，也与应用领域密切相关，针对所要模拟对象的不同方面，可将建模方法分为景物外观建模、物理建模、行为建模和虚实融合建模：景物外观建模针对景物的外观，主要包括基于几何、图像和材质光照信息的建模方法；物理建模在于体现对象的物理特性，使得虚拟环境中的动、静态景物更加逼真，主要涉及物体的动力学、碰撞、变形等物理过程的模拟；行为建模主要指自治实体的建模，涉及人工智能等学科领域，计算机生成兵力(computer generated forces，CGF)是行为建模在 VR 中的一个典型应用；虚实融合建模是一类重要的建模方法，可以使计算机生成的虚拟景物与现实世界的真实环境自然地融为一体，有效地提高 VR 建模的效率、灵活性和逼真性。

下面将从 4 个方面介绍目前常用的一些 VR 建模方法。

① 基于深度图像的建模

深度图像的每个像素保存与它关联的光线以及被拍摄场景的第一个交点的深度信息，其建模过程包括深度图像的获取、配准、表面重建和修复。

a. 深度图像的获取与配准

获取深度图像最直接的途径就是使用三维扫描设备。从多个不同的视点进行扫描采样，并将采样数据变换到同一坐标系，然后将这些深度图像进行拼接，生成物体表面完整的点云数据，这一过程称为深度图像的配准。

b. 三维模型的表面重建与修复

表面重建算法大体上可以分为两类：近似曲面(隐式曲面)和插值曲面(显式曲面)。前者构造点到物体表面的(有向)距离场，该距离场的零等值面即为重建曲面，如 Marching Cubes 算法。后者应用 Voronoi 图对采样数据进行 Delaunay 三角化，找到采样点间的拓扑关系，从而获得一个覆盖原始采样点的曲面。

三维模型的修复方法主要有基于网格和基于体数据的方法。基于网格的模型修复方法即首先找出模型表面缺陷部分的边界，然后寻找适当的网格面片填补这些缺陷，最后对添加的这些网格面片进行精细化和平滑处理。此方法适用于修复面积较小的空洞，对数据噪声比较敏感且不能保证结果的完整性。基于体数据的修复方法，首先对多边形网格进行体素化处理，将多边形网格数据转换成体数据，然后对体数据进行修复，最后使用获取等值面等方法，重新生成多边形网格。

此外，还有基于径向基函数、有限元和已有模型样例的修复方法。这些方法对于较小的空洞比较有效，但用于修复较大空洞时，会出现和原物体几何特征不一致的情况。

② 基于图像的建模方法

基于图像的建模方法利用拍摄的照片构造逼真的三维模型，有主动式和被动式两类方法。主动式方法通过控制场景中的光照主动地获取景物的三维信息，具有较高的重建精度且算法简单，但需人工创建重建线索，操作比较复杂。被动式方法被动地接收场景中的光亮度信息，进而通过分析图像中的明暗、阴影、焦距、纹理、视差等被动线索进行三维重建，对建模景物的规模和位置限制少，但精度较低，算法较为复杂。

a. 基于单幅图像重建几何模型

目前在 VR 应用中基于单幅图像进行几何重建主要有两种方法：一是通过大量交互，如使用传统的图像编辑手段来指定图像中各点的深度值；二是引入模型库，如使用建筑物的基本结构模型库，从单幅图像重建建筑物的模型。

b. 采用立体视觉和结构光方法重建几何模型

立体视觉方法利用 2 幅或多幅图像重建对象的几何模型，寻找并匹配图像之间的对应点是立体视觉方法中的重要问题。通过引入极线约束可以使得搜索图像对应点的范围由二维缩减为一维，得到稳定性较好、精度较高的匹配。通过已知的光源编码信息求得光源和图像中的对应点，称为结构光方法。常用的光源编码有棋盘格、黑白条纹、正弦光等。

c. 利用先验知识的景物重建

依靠图像信息直接恢复景物的几何信息往往难以取得很好的效果，可以利用先验知识辅助进行景物重建的方法。采用基于图像的方法，利用先验信息重建树模型，与未使用先验知识相比，对重建效果有显著改善。

d. 基于侧影轮廓线重建几何模型

物体在图像上的侧影轮廓线是理解物体几何形状的重要线索。侧影轮廓线和对应的投影中心共同确定了三维空间中一个锥壳，所有这些锥壳的交集就构成了一个包含该物体的空间包络，这个空间包络称为物体的可见外壳，是该物体的一个逼近。由于可见外壳生成算法一般需要多视角的参考图像，因此需要进行图像标定，涉及的外壳求交计算也很耗时。

③ 基于物理的建模方法

虚拟环境和对象的逼真性与外观建模水平有关，更与其运动、相互作用和发生变化时符合物理规律的程度密切相关，这有赖于物理规律的建模。Barzel 和 Barr 提出了“基于物理的建模”的概念，此后在 VR 研究领域引入了越来越多的物理学方法如流体模型、燃烧现象等，所建立的物理模型也越来越精确、越来越复杂，应用的范围也越来越广泛。根据建模对象的不同，基于物理的建模方法有针对刚体、柔性物体、不定形物和人体运动的建模方法。此外，为了模拟某些自然场景和随机变化，人们还在基于物理的建模中采用粒子系统和过程方法。

3. 虚拟现实的表现技术

VR表现技术是VR领域的重要研究内容之一,它将数字空间内的各种虚拟景物模型通过不同的VR表现方法、算法渲染在表现设备上,以沉浸方式呈现给用户。根据Gibson提出的概念模型,人的感知系统可划分为视觉、听觉、触觉、嗅/味觉和方向感等5部分,这就要求VR表现技术不仅要给用户提供逼真的视觉感受,还要在听觉、力、触觉和嗅、味觉方面给出全方位的逼真表现。

(1) 视觉表现技术

真实感图形图像实时绘制是实现VR视觉感知的最重要手段,是构造虚拟环境的一项核心技术。真实感和实时性是VR系统沉浸感及交互性的重要保障,也是一对突出的矛盾。真实感图形图像实时绘制技术大多围绕提高真实感和实时性展开。

按照所处理对象的不同,图形图像绘制可分为图形绘制技术、图像生成技术和图像图形结合的绘制技术。在图形绘制技术中,目前主要研究方向有真实感光照计算、纹理映射和自然景物绘制等;对于使用多边形表示的场景,为了加速绘制,很多研究者开展了网格化简和并行绘制的研究。基于图像的真实感场景绘制技术以图像作为输入,不经过几何三维重建,直接生成新视点图像,包括全光函数、光场计算、流明图、同心拼图、全景拼图等方面的研究内容。图像与图形相结合的绘制技术则主要包括图像图形融合时的几何一致性和光照一致性方面的内容。

① 真实感光照计算

真实感光照计算有局部光照和全局光照两种方法。在局部光照模型中,计算光照对象某一点的亮度时,仅考虑虚拟场景中的所有预定义的光源对象。全局光照将整个环境作为光源,不仅考虑场景中的光源对被绘制对象的直接影响,还考虑光线经反射、折射或散射后对被绘制对象产生的间接影响,可使绘制结果真实感大大增强。因此,全局光照是目前光照计算研究的重点。

经典的全局光照现象包括颜色渗透、阴影/柔和阴影、焦散/光谱焦散、次表面散射等,对于其中任何一种现象的模拟再现都可以显著提高绘制效果。

a. 光线跟踪算法

光线跟踪算法是最早出现的全局光照算法,由Appel等在1968年提出。该算法认为光沿直线传播,模拟照相机底片捕捉光线的方法,从焦点开始,向每一个像素的方向投射光线,由与此光线相交场景对象的位置决定光线强度。

b. 辐射度方法

与光线跟踪算法利用光沿直线传播这一物理特性不同,辐射度算法的思想来源于热传导理论,主要从光的能量传递角度进行处理,最早的辐射度算法由Goral等于1984年提出。辐射度算法首先需要确定整个场景的能量分布,然后再将其绘制为一个或几个不同的视图。在辐射度算法的求解中,形状因子的计算和能量平衡方程组的迭代求解都具有相当大的计算量,因此很多工作致力于对其进行优化。其中,比较重要的工作包括半立方体方法、逐步求精技术和层次结构辐射度方法。这些方法的引入使得辐射度方法成为实用的绘制技术。

c. 光子映射(photo-mapping)

光子映射方法首先由光源射出"光子"(区别于蒙特卡罗方法中的"光线"),并跟踪记录下光子在场景中的几次反射(也可能是折射等)情况,渲染某一个像素时,收集这个像素周围一定半径内的“光子”，累加它们的值，得到这个像素的颜色，光子映射算法流程如图 3-72所示，此方法比较容易表现次表面散射、焦散等绘制效果，在绘制具有复杂材质的对象时有一定优势。

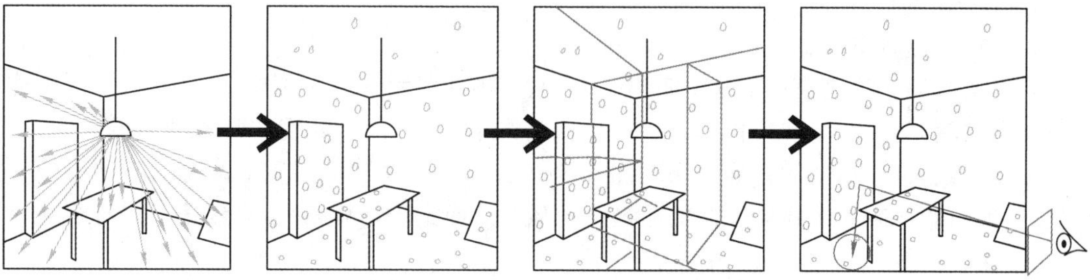

图 3-72　光子映射算法流程示意图

d. 预计算辐射度传递(precompute radiance transfer)

预计算辐射度传递是 Sloan 在 2002 年提出的一种光照技术，将全局光照分为光照计算和实时绘制两部分，光照计算部分由预计算程序预先完成，并将计算结果压缩存储。实时绘制部分使用已经计算完成的数据，与实时环境的光照相结合，得到最终的绘制结果。基于预计算辐射度传递的全局光照算法流程如图 3-73 所示。

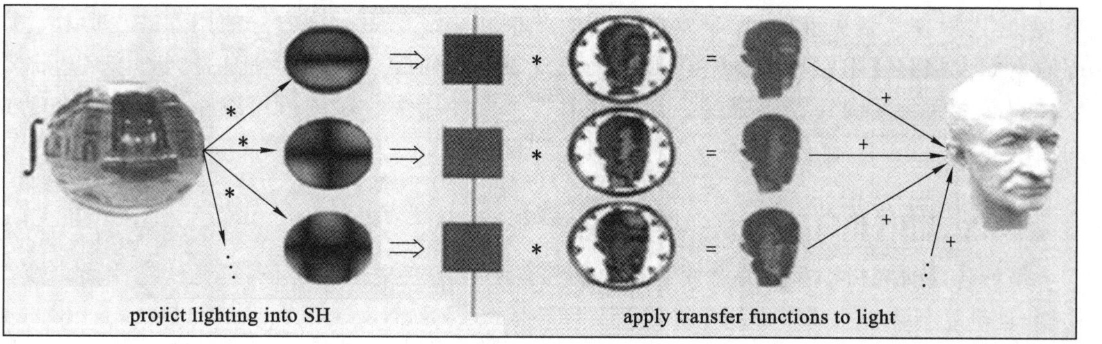

图 3-73　基于预计算辐射度传递的全局光照算法流程图

② 复杂纹理映射

传统的纹理映射是指将具有颜色信息的图像附着在几何对象的表面，在不增加对象几何细节的情况下，提高绘制效果的真实感。随着绘制技术的不断发展，出现了更为复杂的纹理形式及与其相对应的映射方法。

a. 凹凸映射(bump mapping)

传统的纹理映射难以表现物体表面的凹凸细节。为了解决这一问题，Blinn 于 1978 年提出了凹凸映射，利用一个扰动函数扰动物体的表面法向量来模拟物体表面的法向量变化，从而影响其反射光亮度分布的改变，产生更真实、更富有细节的表面。凹凸纹理映射与传统纹理映射的不同之处在于：传统纹理映射是把颜色加到多边形上；而凹凸映射是把粗糙信息加到多边形上，在多边形的视觉上会产生很吸引人的效果。

凹凸纹理的一个衍生是法线贴图。与凹凸纹理使用扰动函数对物体法向量进行扰动不同的是，法线贴图将对象表面的法向量预先计算，存储在法线图中，在绘制对象表面时，直接使用法线图中的向量作为表面法向量。因此与凹凸纹理相比，该方法速度明显提高，但同时也占用了更多的内存。

b. 位移映射(displacement mapping)

凹凸纹理并未改变模型的实际形状，因此它并不能对物体的轮廓线造成影响，而且不能产生遮挡和自阴影效果。1984 年，Coo 提出了位移映射技术，根据高度图移动顶点的位置，移动的方向是法线方向，移动的大小由高度图确定。由于位移映射从实质上改变了物体表面的几何属性，所以它所表现的物体表面的粗糙感较强。然而由于计算量大，难以用于实时绘制。

c. 视差映射(parallax mapping)

视差映射是作为对位移映射技术的改进。视差映射的输入需要一幅高度图和一幅法线图。高度图用来沿着视线方向偏移纹理坐标，从而实现比凹凸映射技术更加逼真的效果，同时所需计算量也不算大。视差映射使用逐像素深度的贴图扩张技术对纹理坐标进行移位，通过视差畸变给纹理赋予高度外观。它可以在不使用大量多边形，计算量较小的前提下让材质具有深度感。视差映射可以在纹理映射过程中与凹凸纹理映射一同使用，产生自遮挡效果，但不能产生自阴影效果。

d. 浮雕映射(relief mapping)

浮雕映射与视差映射的原理相似，都是通过图像的前向映射来模拟物体的三维视差效果，但它比视差映射更准确，而且支持自阴影效果和法线贴图。该方法使用图像变形和材质逐像素深度加强技术在平坦的多边形上表现复杂的几何细节。深度信息是通过参考表面和采样表面之间的距离计算出来的。浮雕映射技术仅使用法线贴图就可以在一个平面上生成凹凸的立体效果，常用于绘制物体表面，但计算量较大。

三、数字孪生技术

虽然各大研究机构及相关企业都推出了各自的数字孪生理念，但实例化的应用尚未获得实现，且对复杂装备数字孪生的定义以及关键技术尚不明确，尤其是在复杂装备状态评估与预测领域，缺乏相应的体系支撑和关键技术引导。在原有复杂装备和系统的诊断、预测和健康管理体系基础上，系统分析其与数字孪生技术之间的关联和异同，重点分析面向复杂系统运行状态评估和预测的数字孪生技术的内涵、关键技术，并展望其未来的发展趋势和方向。

1. 数字孪生的定义及内涵

(1) 数字孪生的定义

数字孪生指在信息化平台内建立、模拟一个物理实体、流程或者系统。借助于数字孪生，可以在信息化平台上了解物理实体的状态，并对物理实体里面预定义的接口元件进行控制。数字孪生是物联网里面的一个概念，通过集成物理反馈数据，辅以人工智能、机器学习和软件分析，在信息化平台内建立一个数字化模拟。这个模拟会根据反馈，随着物理实体的变化而自动做出相应的变化。理想状态下，数字孪生可以根据多重的反馈源数据进行自我学习，几乎实时地在数字世界里呈现物理实体的真实状况。数字孪生的反馈源主要依赖于各种传感器，如压力、角度、速度传感器等。数字孪生的自我学习(或称机器学习)除了可以依赖于传感器的反馈信息，也可以是通过历史数据，或者是集成网络的数据学习。后者常指多个同批次的物理实体同时进行不同的操作，并将数据反馈到同一个信息化平台，数字孪生根据海量的信息反馈，进行迅速深度学习和精确模拟。

（2）数字孪生的内涵

数字孪生的概念最早提出是用来描述产品的生产制造和实时虚拟化呈现，但受限于当时的技术水平，该理念没有获得足够的重视。随着传感技术、软硬件技术水平的提高和计算机运算性能的提升，数字孪生的理念得到了进一步发展，尤其是在产品、装备的实时运行监测方面。

从产品全寿命周期的角度来看，数字孪生技术可以在产品的设计研发、生产制造、运行状态监测和维护、后勤保障等产品的各个阶段对产品提供支撑和指导。在产品设计阶段，数字孪生技术可以将全寿命周期的产品健康管理数据的分析结果反馈给产品设计专家，帮助其判断和决策不同参数设计情况下的产品性能情况，使产品在设计阶段就综合考虑了后续整个寿命周期的发展变化情况，获得更加完善的设计方案。在产品生产制造阶段，数字孪生技术可以通过虚拟映射的方式将产品内部不可测的状态变量进行虚拟构建，细致地刻画产品的制造过程，解决产品制造过程中存在的问题，降低产品制造的难度，提高产品生产的可靠性。产品运行过程中，数字孪生技术可以全面地对产品的各个运行参数和指标进行监测和评估，对系统的早期故障和部件性能退化信息进行多尺度、深层次、完整性反馈，指导产品的维护工作和故障预防工作，使产品能够获得更长的寿命周期。后勤保障过程中，由于有多批次全寿命周期的数据作支撑，并通过虚拟传感的方式能够采集到反映系统内部状态的变量数据，产品故障能够被精确定位分析和诊断，使产品的后勤保障工作更加简单有效。通过将数字孪生技术应用到产品的整个生命周期，产品从设计阶段到最后的维修阶段都将变得更加智能有效。

以卫星的监测、优化、管理和控制为例，如图 3-74 所示，基于遥感数据深度融合技术和系统动态实时建模和评估技术，技术人员能够通过卫星近实时遥测数据在地面站构建卫星的数字孪生体，实时反映卫星的健康状态并预估卫星各系统、各部件的使用寿命，在丰富的传感信息和基于数学模型的感知信息增强的基础上，对卫星状态进行全面深入的分析和计算，呈现给使用者全面而又细致入微的卫星状态监测接口，使使用者对卫星当前的健康状态具有深刻细致的理解，同时还可以优化卫星的调度管理和控制，实现卫星使用寿命的延长。该实例是对数字孪生技术在产品运行状态监测和维护阶段的一个实例化应用，卫星实体和卫星虚拟影像之间的精确匹配是整个技术体系的核心。

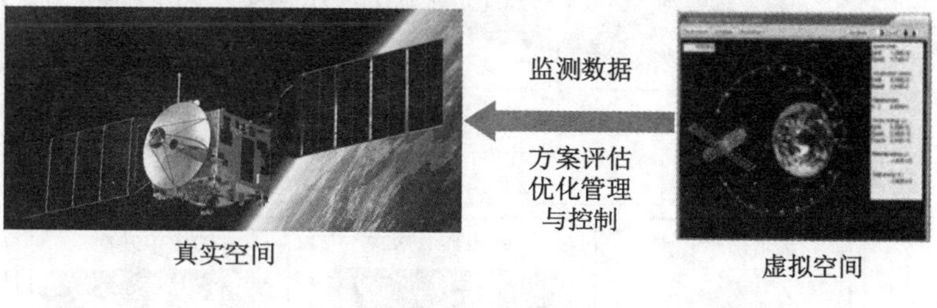

图 3-74　遥感数据深度融合技术

数字孪生的实现主要依赖于高性能计算、先进传感采集、数字仿真、智能数据分析、VR 呈现等技术，实现对目标物理实体对象的超现实镜像呈现。通过构造数字孪生体，不仅可以对目标实体的健康状态进行完美细致的刻画，还可以通过数据和物理的融合实现深层次、多尺度、概率性的动态状态评估、寿命预测以及任务完成率分析。数字孪生体以虚拟的形式存在，不仅能够高度真实地反映实体对象的特征、行为过程和性能，如装备的生产制造、运行及维修等，还能够以超现实的形式实现实时的监测评估和健康管理。

2. 数字孪生的技术体系

数字孪生技术的实现依赖于诸多先进技术的发展和应用，其技术体系按照从基础数据采集层到顶层应用层依次可以分为数据保障层、建模计算层、数字孪生功能层和沉浸式体验层，每一层的实现都建立在前面各层的基础之上，是对前面各层功能的进一步丰富和拓展。数字孪生技术体系如图 3-75 所示。

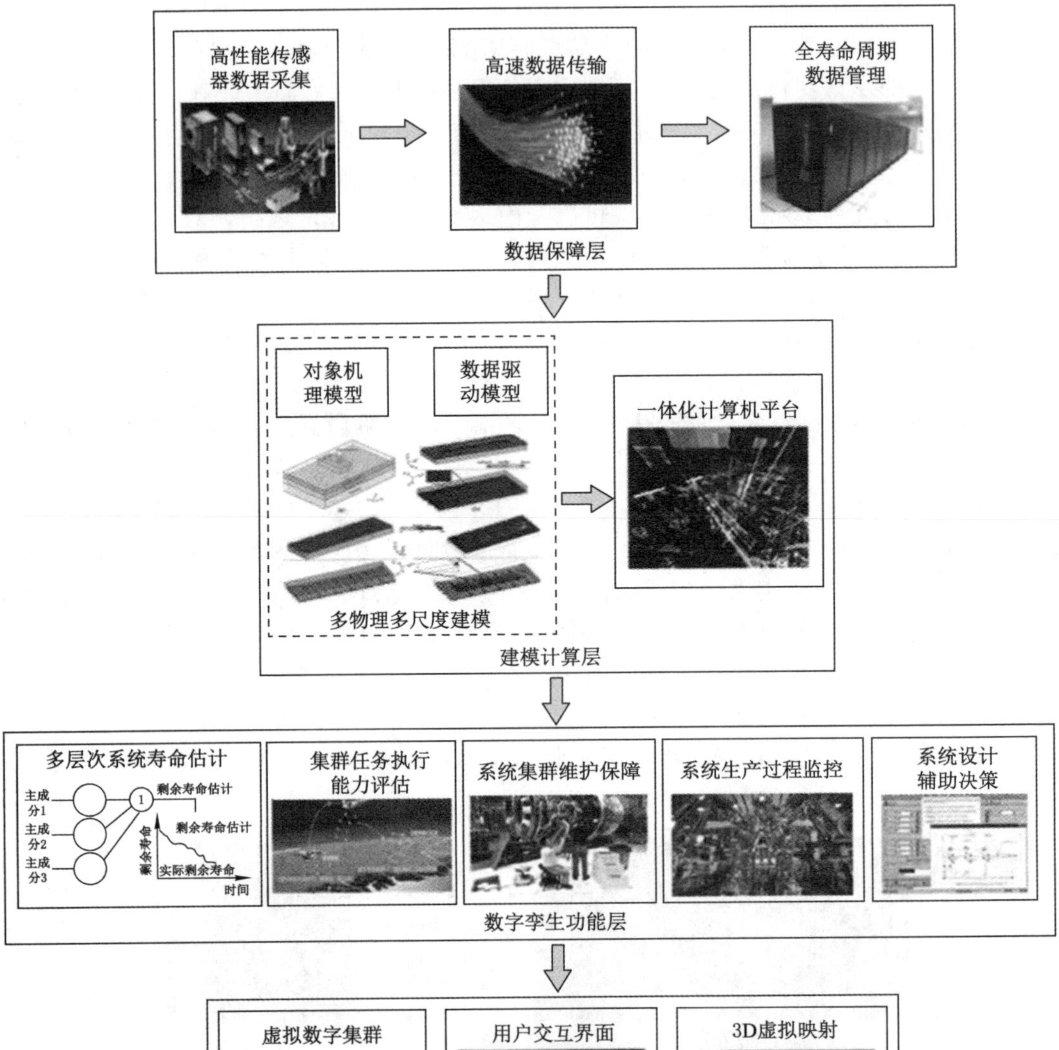

图 3-75　数字孪生技术体系

（1）数据保障层

数据保障层是整个数字孪生技术体系的基础，支撑着整个上层体系的运作，主要由高性能传感器数据采集、高速数据传输和全寿命周期数据管理3个部分构成。先进传感器技术及分布式传感技术使整个数字孪生体系能够获得更加准确、充分的数据源支撑，数据是整个数字孪生体系的基础，海量复杂系统运行数据包含用于提取和构建系统特征的最重要信息，相比于专家经验知识和系统，系统实时传感信息能更准确地反映系统的实时物理特性，对多运行阶段系统更具适用性。作为整个体系的最前沿部分，其重要性毋庸置疑。高带宽光纤技术的采用使得海量传感器数据的传输不再受带宽的限制，由于复杂工业系统的数据采集量庞大，带宽的扩大缩短了系统传输数据的时间，降低了系统延时，保障了系统实时性，提高了数字孪生系统的实时跟随性能。分布式云服务器存储技术的发展为全寿命周期数据的存储和管理提供了平台保障，高效率存储结构和数据检索结构为海量历史运行数据存储和快速提取提供了重要保障，为基于云存储和云计算的系统体系提供了历史数据基础，使大数据分析和计算数据查询和检索阶段能够快速可靠完成。

（2）建模计算层

在获得数据保障层提供的数据后利用数据驱动方法和基于数学模型的方法对系统进行多物理、多尺度层面的建模，使所建立的模型与实际系统准备匹配、实时同步，并能预测系统未来状态和寿命，依据其当前和未来健康状态评估其执行任务成功的可能性。建模计算层主要由建模算法和一体化计算平台两部分构成，智能算法部分充分利用机器学习和人工智能领域的技术方法实现系统数据的深度特征提取和建模，通过采用多尺度多模型的方法对传感数据进行多层次多尺度的解析，挖掘和学习其中蕴含的相关关系、逻辑关系和主要特征，实现对系统的超现实状态表征和建模。

计算部分分为系统嵌入式计算和云服务器计算两部分，协同完成系统的计算任务。嵌入式计算层在端上完成数据的分析和建模，使得数据分析工作不再仅仅依赖于云端计算，并且通过端上数据计算和处理，减小了通过链路传输的数据量，节省了传输时间，提高了系统时效性；云服务器计算层是整个体系的计算核心，为复杂的建模计算提供硬件计算平台，在平台上利用分布式计算方法对经过链路传送到云端的数据以及历史存储数据进行高速解析，智能算法模型的训练和应用都在云端完成。建模计算层是整个数字孪生体系的核心部分，为功能层提供多视角、多尺度的系统模型和评估结果。

（3）功能层

功能层面向实际的系统设计、生产、使用和维护需求提供相应的功能，包括多层级系统寿命估计、系统集群执行任务能力的评估、系统集群维护保障、系统生产过程监控以及系统设计决策等功能。针对复杂系统在使用过程中存在的异常和退化现象，在功能层开展针对系统关键部件和子系统的退化建模和寿命估计工作，为系统健康状态的管理提供指导和评估依据。对于需要协同工作的复杂系统集群，功能层为其提供协同执行任务的可执行性评估和个体自身状态感知，辅助集群任务的执行过程决策。在对系统集群中每个个体的状态深度感知的基础上，可以进一步依据系统健康状态实现基于集群的系统维护保障，节省系统的维修开支和避免人力资源的浪费，实现系统群体的批量化维修保障。数字孪生体系的最终目标是实现基于系统全寿命周期健康状态的系统设计和生产过程优化改进，使系统在设计生产完成后能够在整个使用周期内获得良好的性能表现。作为整个数字孪生体系的直接价值体现，功能层可以根据实际系统需要进行定制，在建模计算层提供的强大信息接口的基础上，功能层可以满足高可靠性、高准确度、高实时性以及智能辅助决策等多个性能指标，提升产品在整个寿命周期内的表现性能。

(4) 沉浸式体验层

沉浸式体验层主要目的在于提供给使用者人机交互良好的使用环境，使使用者能够获得身临其境般的技术体验，迅速了解和掌握复杂系统的特性和功能，并能够便捷地通过语音和肢体动作访问数字孪生体功能层提供的信息，获得分析和决策方面的信息支持。未来的系统使用方式将不再仅仅局限于听觉和视觉，同时还将集成触摸感知、压力感知、肢体动作感知、重力感知等多方面的信息和感应，使使用者在使用时能够完全复现真实的系统场景，并通过人工智能的方法了解和学习到真实系统本身不能直接反映的系统属性和特征。通过学习和了解在实体对象上接触不到或采集不到的物理量和模型分析结果，使用者能够对系统获得更深入的理解，设计、生产、使用、维护等各个方面的改进和优化灵感将被激发和验证。体验层是直接面向用户的层级，以用户可用性和交互友好性为主要参考指标。

3. 数字孪生与 VR 融合

VR 技术可以将系统的制造、运行、维修状态以超现实的形式给出，对复杂系统的各个关键子系统进行多领域、多尺度的状态监测和评估，将智能监测和分析结果附加到系统的各个子系统、部件，在完美复制现实体系统的同时将数字分析结果以虚拟映射的方式叠加到所创造的孪生系统中，从视觉、声觉、触觉等各个方面提供沉浸式的虚拟现实体验，实现实时连续的人机互动。VR 技术能够使使用者通过孪生系统迅速地了解和学习目标系统的原理、构造、特性、变化趋势、健康状态等各种信息，并能启发其改进目标系统的设计和制造，为优化和创新提供灵感。通过简单地点击和触摸，不同层级的系统结构和状态会呈现在使用者面前，对于监控和指导复杂装备的生产制造、安全运行以及视情维修具有十分重要的意义，提供了比实物系统更加丰富的信息和选择。复杂系统的 VR 技术难点在于需要布置大量的高精度传感器采集系统的运行数据以为虚拟现实技术提供必要的数据来源和支撑，同时，虚拟现实技术本身的技术瓶颈也亟待突破和提升，以提供更真实的虚拟现实系统体验。

另一方面，现有工业数据分析中，往往忽视数据呈现的研究和应用，随着日趋复杂的数据分析任务以及高维、高实时数据建模和分析需求的增强，强化对数据呈现技术的关注，是支撑构建数字孪生体系的一个重要环节。目前很多互联网企业均不断推出或升级数据呈现的空间或软件包，工业数据分析可以在借鉴或借用这些数据呈现技术的基础上，加强数据分析可视化的性能和效果。

第七节　综采装备通信技术

一、综采工作面通信网络设备

煤矿通信系统是指煤矿通过传输媒质(导线、电缆、光缆、电子波、脉冲波等)在煤矿生产运营的各个环节进行模拟数字信息、网络数据信息等各种信息的传递。由 IP 多媒体调度系统统一指挥，可以保证通信信息能够更加快速、准确，并以更加多样化的手段传递信息，这对煤矿的安全生产、正常运营和管理来说极为重要。通信网络是实现煤矿井下综采工作面集中控制的关键所在，稳定可靠的通信网络可以将井下设备有效地连接在一起，在集控平台和综采设备之间建立良好的数据交互桥梁。本节分别对煤矿地面和井下所用的通信网络进行了分析，并针对煤矿井下所用通信网络的主要特点进行了说明，结合当前煤矿井下所用的现场总线式的通信网络特点，进行通信网络的介绍。

1. 地面和井下通信网络

(1) 煤矿地面通信网络

煤矿地面通信网络与普通的通信网络一样，由电信部门统一配置，以光纤网络为骨干，用 IP 交换机作为骨干节点。整个矿区地面通信网络可以连接 Internet 网络，也可以构建矿区内部网络。

(2) 煤矿井下通信网络

由于煤矿井下生产环境十分特殊，井下作业对生产管理有非常高的实时性要求，作为井下各班组的负责人员应能够与生产调度室及时取得联系，将生产一线的各种情况实时上报，以方便调度部门能够对井下生产有序指挥调度。因此，煤矿井下所采用的通信网络应该具有以下特点：

① 电气防爆

由于煤矿井下含有易燃易爆的气体瓦斯，当井下稍有不慎发生瓦斯爆炸时，为了保证通信设备的正常使用，井下与地面的通信良好，通信网络的设备要有电气防爆措施。

② 传输衰耗大

煤矿井下可活动空间十分狭小，而距离长远，严重影响了传输媒质的传输能力，使信号传输衰耗大。

③ 抗干扰能力强

煤矿井下用电设备多，在巷道内存在大量的电磁信号，为了保证通信的可靠性，现有的通信网络在设计中要特别提高整个网络的抗干扰能力。

④ 网络结构不固定

随着生产的进行、工作面的推进和转移，通信距离和网络结构都会发生变化，煤矿井下所采用通信网络结构应该不固定。

⑤ 信息孤岛

绝大多数的煤矿，井下综采工作面之间没有信息互通，同一综采工作面内的综采设备之间没有信息互通，因此整个矿区井下成为单一的信息孤岛。考虑到井下结构复杂、通信设备多，一般井下通信网络采用两级结构：一级是通信主网络，采用环网光纤或同轴电缆作为信息传播媒质，具有传输信息容量大、传播速度快等特点；另一级采用现场总线式的网络结构，用于连接通信设备，具有传输信息容量小、传播速度较慢等特点。

2. 煤矿井下适用现场总线

随着通信技术的发展，现场总线具有良好的实时性、稳定性和开放性，已经逐渐地取代了煤矿井下传统的 RS-485 和其他的串行通信方式。如国内的神东煤炭公司的哈拉沟煤矿、山西潞安矿业集团的漳村矿、晋煤集团的古书院矿等所建设的自动化工作面均采用现场总线的通信方式。现场总线(fieldbus)是在 20 世纪 90 年代发展形成的一项将智能传感、计算机和数字通信等技术集成在一起的通信网络综合技术，用于过程自动化、制造自动化、楼宇自动化等领域现场设备互连的通信网络。在现场总线技术的推动下，工业应用较多的离散系统逐步被具有更为开放性的分布式控制系统所取代，成为了自动化控制系统的发展趋势。目前的总线类型有 Lon Works、Profibus、CAN、HART、RS-485 等，而在煤矿井下常用的现场总线有 Profibus、CAN。

(1) Profibus

Profibus 是在欧洲工业界得到最广泛应用的一个现场总线标准，也是目前国际上通用的现场总线标准之一。由 Profibus-DP、Profibus-FMS、Profibus-PA 三部分组成：DP 型用于分散外设间的高速传输，适合于加工自动化领域的应用；FMS 型适用于纺织、楼宇自动化等一般自动化；PA 型则是用于过程自动化的总线类型，它遵从 IEC1158-2 标准。Profibus-DP 具有高速低成本的特点，数据传输速率在 9.6 kb/s～12 Mb/s，用于现场设备控制器与分散式 I/O 接口之间的通信，同一总线上最多可连接 126 个站点。

(2) CAN

CAN(controller area network)即控制器局域网络，最早由德国 BOSCH 公司为解决现代汽车中复杂的控制流程与相关测试仪器之间进行数据交互而开发的一种串行数据通信协议，是一种标准的现场总线。CAN 主要有双绞线、同轴电缆或光纤，数据传输速率最高可达 1 Mb/s。由于其高可靠性、灵活性以及独特的设计，CAN 总线越来越受到人们的重视并被广泛地应用于航海、航空、医疗及工业现场领域。CAN 总线现已成为国际标准的总线通信方式，已广泛应用于各行业的离散控制领域中。CAN 总线的特点可以概括如下：

① CAN 既可以采用多主方式，也可以采用单主多从的方式，通信方式灵活。

② CAN 总线采用非破坏性仲裁技术，当多个节点同时向总线发送信息时，优先级较低的节点会主动地退出发送，而最高优先级的节点可不受影响地继续传输数据，从而大大节省了总线冲突仲裁时间。

③ 通过报文滤波即可实现点对点、点对多点及全局广播等几种方式传送接收数据，无须专门的“调度”。

④ CAN 的直接通信距离最远可达 10 km(传输速率 5 kb/s 以下)；通信速率最高可达 1 Mb/s(通信距离最长为 40 m)。

⑤ CAN 上的节点数主要取决于总线驱动电路，目前可达 110 个；报文标识符可达2 032 种(CAN2.OA)，而扩展标准(CAN2.0B)的报文标识符几乎不受限制。

煤矿井下综采工作面集中控制系统通过可靠的通信网络将综采设备有效地连接起来，进而在集控平台下实现对综采设备运行情况的远程实时监测，将各设备的操作控制功能移至顺槽控制中心。在煤矿井下综采工作面集中控制系统的作用下，让原本无任何联系的综采设备之间产生联系，可以协同运行工作，进而达到综采设备自动化运行的目的。

二、综采通信设备的举例应用

1. KTC5 型通信控制装置

KTC5 型煤矿综采工作面网络通信控制装置，是综合了近年来煤矿井下综采工作面情况研制开发出的最新产品，主要用于煤矿井下综采工作面运输机、转载机、破碎机及乳化液泵的控制和沿线通信，是 ZK-2、ZK-3 和 CK-3 的更新换代产品。KTC5 型通信控制装置通过控制装置采用目前世界上最先进的适于工况环境的单执行周期的微控芯片，用方便、灵活的语音技术替代以往枯燥的单一频率报警。KTC5 型通信控制装置增加了电缆线故障检测系统和闭锁装置，具备沿线的断线监测和故障判断的功能，使通话距离由原来的 300 m 增加到 2 000 m，扩大了控制范围，提高了通信质量。它采用微控芯片和先进的语音技术进行单一频率报警，可实现沿线的断线监测和故障判断，该装置成本不高，性能可靠，沿线管理功能和通话功能强大。KTC5 型在大同矿务局、阳泉矿务局和铜川矿务局的有些煤矿中得到应用，经综采工作面的实践检验，该装置控制范围大、保护功能健全、通话质量高、经济效果好。KTC5 型通信控制装置的工作原理：

（1）它由五芯电缆将本机电话和扩音电话连接起来，增加了密封放大器。当某台电话发话时，通过送话器将音频信号转换成电信号，经过受话器送到电缆的 4# 线，其余电话收到此话音信号，打开电子门，放大器工作，音频信号经过耦合、放大，送到扬声器使沿线都能收到声音。

（2）控制系统由控制器、扩音电话、末端监视器等通过电缆连接而成，控制器由主控板、多功能组件（I/O 板、语音板、联锁板）等部件组成。主控板为控制器的控制中心，位于主控板上的主 CPU 不断监测键盘，判断是否有键按下。如有键按下，判断键值并做相应处理，主 CPU 还根据键值和 I/O 板、语音板传来的信息给液晶相应显示，主 CPU 判断到有效键值后发出指令给语音板，按参数设定的延迟时间先发出语音报警信号，延迟时间到后，启车指令经隔离后，再送给相应的继电器。

（3）报警部分：语音板上有语音芯片，当语音板收到主 CPU 发来的报警指令，就发出相应的语音信号到 4# 线，通过沿线电话放出来，这样连线就可以听到语音报警了。当主 CPU 检测不到语音板时，由 I/O 板发出 800 Hz 和 1 200 Hz 的交替频率报警信号。

（4）闭锁部分：装置上电后，末端监视器不断地发出脉冲闭锁信号，通过沿线 3# 给 I/O 板，I/O 板靠中断管角不断监测此信号，如监测不到此信号，则表示向断电器发出停车指令，同时告知主 CPU 进行相应显示。在硬件上闭锁信号还控制着输出继电器线圈的负极，一旦沿线闭锁键按下，闭锁信号消失，输出继电器的负极断开，使设备强行停车。

（5）沿线监测部分：沿线的监测与管理是通过电缆 5# 线来实现的，每台电话里有一块通信模板，通信模板上有一电子开关。装置接通电源后，电子开关打开，整个沿线的 5# 线被电子开关分成数段，I/O 板向沿线发出查询数据。第 1 个电话中的通信模块收到查询数据后返回一个反映其电话本身状态的数据，然后关闭电子开关，I/O 板收到返回数据后并记录。发出第三个查询数据，这个查询数据就通过第 1 个通信模块到第 2 个通信模块，第 2 个通信模块也会发出返回数据，合上电子开关。同理，直到查询数据达到末端监视器，即 I/O 板收到末端监视器返回的终端数据，表示一遍查询完，并把它告知主 CPU 显示出来。

（6）末端监视器：末端监视器完成发送闭锁信号，与 I/O 板在 5# 线上进行通信，同时还监测 4# 线的报警语音是否达到终端以及沿线末端的工作电压。末端电压超过 11 V，沿线可正常工作，电压指示灯亮。末端电压低于 11 V 或无电压，指示灯灭，表示出现故障，此时应检查沿线查出原因。

2. KTC101 型通信控制装置

KTC101 型控制系统在晋煤集团古书院矿综采工作面三机控制和带式输送机控制应用较为普遍，可实现综采工作面三机控制、固定胶带输送机的保护、控制、沿线通话、故障检测、汉字显示及语言报警等功能。系统采用的是嵌入式技术，并配有两个标准串口，串口通信采用 Modbus 通信，可以与外界计算机或其他 Modbus 通信方式的设备配接实现信息共享。

(1) 系统工作原理

从图 3-76 可以看出,KTC101 系统采用的是双总线结构,包括内部总线和外部总线。KTC101-Z 主控制计算机(CPU 模块,也可称为上位机)通过内部总线和各中位机模块相连,CS1 和 CS2 这两个中位机又通过外部总线和远端的下位机(智能输入、输出)相连。下位机挂接在外部总线上,上位机只和中位机通信,完成信息采集和发出控制指令。CS1 和 CS2 起到转站的作用,将上位机的查询指令和控制指令下传给下位机,再将下位机的应答上传给上位机。

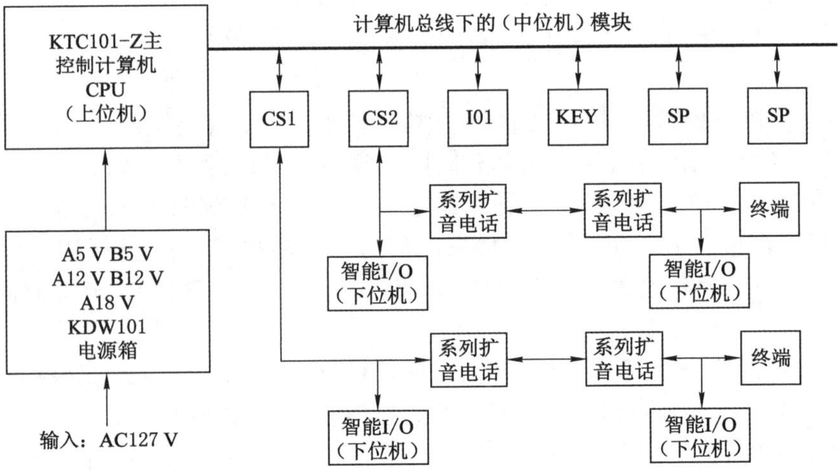

图 3-76　KTC101 系统工作原理

(2) 现场运用

以普通综采工作面为例,工作面顺槽装备通常包括一部刮板输送机、破碎机、转载机和一部带式输送机。带式输送机需要配置跑偏、堆煤、烟雾、温度、速度、纵撕等保护装置。根据现场要求,做如下配置:

① 在工作面设备列车处安装一部 KTC101-Z 型主控制计算机,用于控制工作面装备的控制及功能显示。同时,安装 KDW101 型矿用隔爆兼本质安全电源箱一台,用于工作面的 KTC101-Z 型主控制器系统供电。

② 从工作面的 KTC101-Z 型主控制器开始,连出一条 30 m 长的七芯屏蔽阻燃电缆,电缆另一端接一台 KTK101-1 型带闭锁扩音电话,从该电话向下再接一条 15 m 的带抽头七芯电缆,另一端接 KTK101-1 型闭锁,以此类推到机尾(注:在刮板机机头机尾分别布置一部 KTK101-1-C 型多功能电话)。

③ 在带式输送机机头安装一部 KTC101-Z 型皮带控制器和 KDW101 型矿用隔爆兼本安电源箱。从控制器开始向皮带机尾方向每隔 100 m 布置一台 KTK101-3-HA 型带拉线急停闭锁电话,直至皮带机尾。同时,皮带机头配置速度传感器、温度继电器、堆煤传感器、烟雾传感器、纵撕传感器各一个,跑偏传感器两个。

④ 在设备列车(皮带机尾处)安装一台智能耦合器,用七芯电缆将皮带机尾扩音电话与工作溜机头 KTK101-1-C 多功能扩音电话相连,将工作面顺槽装备连接。在耦合器上有两个闭锁按钮,分别用于控制工作面侧和皮带侧的设备急停。

⑤ 根据现场实际需要，若工作面皮带需要与下一部皮带相连时，可在皮带控制器中安装一块 COU 模块，与下一部皮带耦合。

3. KTC102 型通信系统在综采工作面的应用

(1) KTC102 型通信控制系统的基本功能

KTC102 型通信控制系统是采用了 8617 芯片的一种计算机控制装置，使系统具有灵活的组合方式，以适用于综采工作面通信控制。对所控制的各设备，既可以单独启停，也可以进行连锁控制，还可以对所控制的设备的反馈信号进行检测。除了以上控制功能外还具有以下功能：

① 沿线闭锁台号显示。

② 检测电话是否故障及显示故障台号。

③ 沿线线路断路检测及断路位置显示。

④ 启车报警(可由参数设定为语音报警或非语音报警两种)。

⑤ 报警信号检测。

⑥ 启动设备反馈信号连续检测。(可由参数设定为检测和不检测两种)。

⑦ 完善的参数调整。

⑧ 通过对参数的调整，可方便地进行工作方式的切换，为设备检修提供方便。

⑨ 装置对关键芯片设备有自动的检测功能，一旦检出故障，自动显示提示信息，提示维修人员更换。

⑩ 留有过载报警接口。

(2) KTC102 型通信控制系统的工作原理

① 电源：外部输入 127 V 交流电，经电源箱的变压整流稳压后，输出本安直流 18 V 和 9 V。18 V 供控制台及沿线使用，9 V 供控制的 CPU 部分使用。

② 通信部分：控制台发话时，通过控制台送话器，将音频信号换成电信号，再经过送受话放大器送到线路中，然后线路中的各扩音电话接收到此语音信号后，通过音频耦合后再经过放大器放大送到扬声器，使沿线都能够听到控制台发出的语音。扩音电话发话时，原理同上。

③ 控制部分：先由控制台和多功能终端共同组成的检测系统对通信沿线和控制台进行检测，显示正常时，再按下控制台启动键，多功能终端接到启动信号后，发出报警。同时，控制台开始延时，经控制台延时后，设备启动，当线路发生故障时，控制台检测出故障信号，自动停止各设备的运行，并显示故障。另外本系统还可以由电源和扩音电话构成一个单独的通信系统。

(3) KTC102 型通信控制系统的安装

在入井前，先做好系统的联机调试。控制台放在顺槽工作面配电点的开关附近，转载机头放一台扩音电话，工作面从机头向后每隔 18 m 设置一台扩音电话，多功能终端与最后一台扩音电话直接相连，控制台与扩音电话、扩音电话之间用 MHY-BV-5-XOO 型电缆相连。

4. TK-100 型通信控制系统在综采工作面的应用

综采工作面的环境比较恶劣，电子产品要想在工作面用好，必须解决两个问题：一是工作面大电流、强磁场和高频信号的干扰；二是具有自诊断功能，便于快速维修。TK-100 型工作面通信控制系统正是结合现场使用经验综合国内外同类产品的先进技术制造出的一种新型通信控制系统,系统工作稳定,维修方便。该系统不仅具有工作面通信和集中控制功能,同时还配有电流检测报警装置,能对工作面前、后部运输机的电流随时进行检测和报警。TK-100 型通信控制系统,实现了从运输巷道的电气列车到工作面输送机机尾的全线通话、工作面设备集中控制、两部输送机和转载机的过载语言报警,减少了综采工作面的设备事故,确保了安全生产。

(1) TK-100 型通信控制系统的组成

TK-100 型控制器组成:TK120 型电源(输入电压:127 V±31.7 V,50 Hz;输出电压:DC 18 V;最大短路电流 940 mA,DC 9V 最大短路电流 1 200 mA,DC 12V 最大短路电流 750 mA);TK130 型闭锁扩音电话;TK130C 型多功能组合电话(包括一个闭锁按钮和两个用于单停前部、后部输送机的远停按钮);TK150 型终端;TK130X 五芯带屏蔽矿用拉力电缆;TJ100 型设备工作电流检测仪。系统配置,见图 3-77。

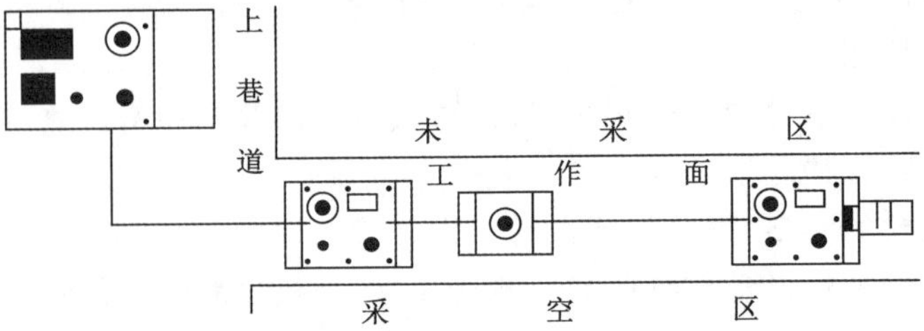

图 3-77　TKl00 用于综采工作面的典型配置

(2) TK-100 型通信控制系统工作原理

控制器是系统的核心,而控制板又是控制器的核心部分,设备的启停是在控制板上通过继电器的通断来实现的。电话是由语言处理模块和闭锁电路板及五芯电缆接插件来完成通话及闭锁功能的,系统在控制继电器的回路中加入强制闭锁电路,如图 3-78 所示,实现紧急情况下按下闭锁按钮,达到绝对停车。

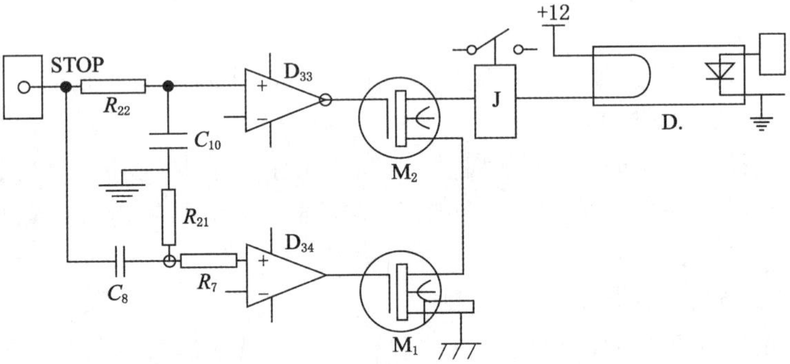

图 3-78　闭锁控制继电器电路原理

从图中可以看出,要保证继电器运行,首先 D. 点闭合,同时 M_1、M_2 导通。M_1、M_2 点受 D_{33}、D_{34} 控制,D_{33}、D_{34} 即为强制闭锁检测电路。

TK-100 型通信控制系统功能:

① 实现从刮板输送机机尾经工作面到运输巷道的电气列车沿线的通话、联系。

② 在集中控制台上控制工作面各设备的启停车(包括采煤机、前后部刮板输送机、转载机、破碎机、泵等)。

③ 用于沿线紧急停车闭锁控制。

④ 对工作面设备工作电流进行检测和显示。当工作电流超过设定值后,由 TJ100 输出一个信号给 TK100 型系统,TK100 型系统根据不同的信号在系统沿线每隔 3 s 进行一次语言报警,分别报出转载机过载、前部输送机过载和后部输送机过载。

⑤ 沿线闭锁台号显示、沿线电话故障显示和沿线线路检测和断路位置显示。

⑥ 启车报警。

5. TK200 型通信控制系统在综采工作面的应用

TK200 型通信控制系统是以工作面实现高产高效为目标而开发的全新系统,可实现采掘工作面装备的保护、控制,长距离的扩音通话、启车前语言报警、可靠的沿线急停闭锁及位置显示、自身的故障检测和大屏幕汉字显示、无中断传输。防爆类型为矿用隔爆兼本质安全型,该系统工作电压为 127 V,采用工业控制中国际流行的模块化设计理念,在主控 CPU 的基础上将具有独立功能的控制部分分解为若干模块。模块化设计类似电脑的扩展插槽,用到哪部分功能插上相应的模块,各个模块相互独立,彼此完成不同的功能,又同为主控模块服务,形成集中和分布式控制有机集合的智能型控制系统。为配合现代控制理论而设立了智能输入输出设备,即整套系统可以看作一个主站(控制器)和若干分站构成的集中加分布控制系统。分站负责远程数据的采集、通信,直接参与控制,在分站的配合下可实现整个系统的扩展与延长。且分站不需设址,只要接入系统,控制器会自动识别。在系统设计上以一体化工业控制计算机为核心,配以智能 I/O 模块,形成总线式控制网络。

TK200 型通信系统由以下设备及子系统构成:TK210 型控制器(控制、监测、显示中心);TK220 型隔爆兼本安电源(用于全系统的供电);TK230 系列扩音电话(可以实现拉线急停、沿线闭锁、通话、预警等功能);TK230I 系列智能输入、输出(即远程控制分站,也被称为下位机。用于远程距离信号和远程控制);TK260 系列终端、智能耦合器(用于一个系统的末端或两个 TK200 系统之间的尾尾搭接);TK210 系传感器;TK230 矿用七芯拉力阻燃电缆;TJ200 型防爆接线箱。其中控制器是整个通信、控制系统的核心。

(1) TK200 型通信控制系统的工作原理

TK200 型通信控制系统采用的是双总线结构,一条是内部总线,TK200 主控计算机(CPU 模块也称为上位机)通过内部总线和各中位机模块相连。这两个中位机又通过外部总线和远端的下位机(智能输入、输出)相连。下位机挂接在外部总线上,上位机只和中位机进行通信,完成信息采集和发出控制指令。CS1 和 CS2 起到中转站的作用,将上位机的查询指令下传给下位机,再将下位机的应答上传给上位机。

(2) TK200 型通信控制系统的功能

TK200 型通信控制系统全新的设计使得该机型性能稳定、操作简便、直观、维护量小、故障率低,提高了工作效率。其主要功能为:工作面沿线工作人员可以进行通话,及时了解各设备的运行状态,减轻了工作人员的劳动强度;对出现的故障能通过屏幕方便查看和快速处理,缩短了故障处理时间;由于工作面设备的集中控制大幅减少了工作人员数量,有助于矿井的减员提效;启动、停车前的语音报警功能,提高了设备的安全可靠性,为生产工作面实现高产稳产提供了可靠保证。

6. KDD型通信控制系统在综采工作面的应用

KDD型采煤面通信信号控制设备是以旗山煤矿综采电控使用情况为参照，在吸收国外先进技术的基础上，结合国产综采设备的实际工况研制开发的一种新一代通信信号控制设备。运行以来，效果良好，取得了一定的安全、经济效益。

(1) KDD型通信控制的设备组成

KDD型采煤面通信信号控制设备由三大部件组成：KDD-DH型防爆扩音电话、KDD-DH型防爆扩音电话电源控制柜、KDD-ZD型监测终端。KDD型采煤面通信控制设备与西门子IP11控制设备相比，具有以下特点：

通信采用新型大功率防爆扩音电话，该电话具有技术等级高(输出功率大，是以往扩音电话的3～5倍)，话音清晰洪亮、传播距离远等特点，它克服了国内现有扩音电话通话功率小、距离短、故障率高、易被环境噪音覆盖等缺陷。

采用微型计算机控制，一旦发现综采设备有故障，可通过闭锁开关远程关停转载机和运输机，并在台站控制柜面板上显示闭锁，以提示监控人员，同时该机可以方便修改相关程序，使系统获得更多的功能组合。

通信信号控制设备采用防爆设计，适用于含有瓦斯气体及煤尘爆炸危险的巷道等恶劣环境，核心部件采用环氧树脂灌封，防尘、防潮效果好，工作可靠性高。

(2) 系统功能的调试与运行

首先接通各电话站电池开关，此时电源箱给各电话站内的电池组充电，第一次充电时间不得少于24 h，在满足上述充电时间后即可进行功能调试。

发信功能调试。逐一按下某电话站的发信按钮，除本电话站不发声外，其余各电话站均发出洪亮的“嘟”声。发信声音的长短、节奏均由操作者手控决定。

通话功能调试。逐一按下某电话站的通话按钮，对着内接或外接送话器喊话，除本电话站不发声外，其余各电话站均应发出洪亮的扩音。如有混响现象，则表明各电话站距离太近，拉远距离即可消除。

故障检测功能调试。电缆断线检测：将连接电话站或终端的任一处电缆断开，此时电源故障指示灯亮。通过电话站发信和喊话，故障点就在无声电话站附近电源箱方向的第一台处。电缆短路检测：将连接电话站或终端的任一处电缆短路，此时电源箱故障指示灯亮，所有电话发信或通话均不起作用，通过断开第一台电话站电缆可开始寻找故障地点。

7. 综采工作面阵列天线式综合语音通信系统

目前，井下综采工作面语音通信系统按照功能大致可分为以下几类：固定电话或直拨电话；无线手机；综采工作面扩音对讲机；广播系统。井下综采工作面语音系统在使用中存在的问题主要包括：固定电话布点受限，接打不方便；无线手机在井下有信号盲区，无法接打电话；扩音电话系统无法与其他语音系统互联使用；综采工作面内噪声大，通话质量差。以上问题可以归纳为3点：各种语音系统无法互联，功能不全、使用不便；无线信号存在盲区和丢包；强噪声影响通话质量。

(1) 基于音频数据双总线技术的多语音系统互联

以井下所有工作面的扩音电话系统为基础进行音频-数据双总线开发，构建一套基于音频-数据双总线技术的综合语音系统，系统可以与矿井无线语音系统和语音调度系统进行互联，包括井下使用的所有有线语音通信设备和无线语音通信设备，形成了覆盖全矿井的多网络融合的综合语音生产调度系统，实现方法如图 3-79 所示。在工作面内布置语音通信终端，所有工作面的语音通信终端通过 RS485 总线和音频总线互联，实现语音和数据的交换，然后通过语音网关与矿井无线语音系统以及各种语音调度系统进行互联。无线语音系统的信号通过阵列式分布天线系统，将无线信号延伸至工作面内，实现手机在工作面内的正常使用，从而实现井下无线信号的无盲区、无死角全方位覆盖，真正实现全矿井的多网络融合的综合语音生产调度。

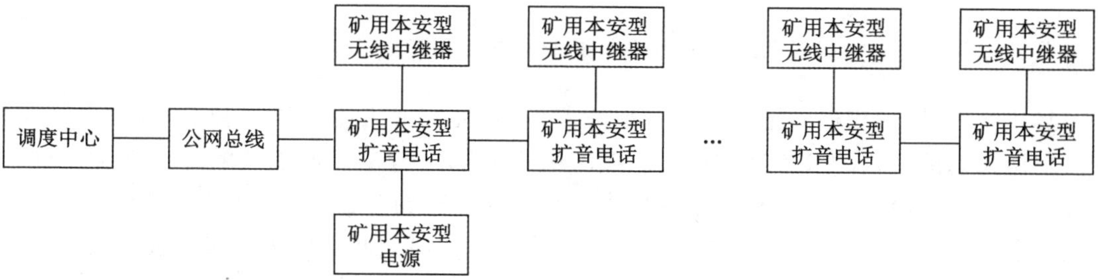

图 3-79　阵列天线式综合语音通信系统

（2）工作面无线信号传输方法的研究

在井下工作面中，电磁波从发送点到达接收点，除了直射波之外，大部分都是通过左右 2 个墙壁，以及地面和顶部反射到达接收点。根据能量守恒定律，分界面处入射波能量等于反射波与透射波能量之和，由此可知，接收点接收到的电磁能量，与电磁波入射到分界面处的反射电磁能量成正比，即电磁波在分界面处的反射系数越大，透射系数越小，则接收点接收到的电磁能量越多，传输距离也越远。由菲涅尔定理可知，分界面处反射与透射系数不仅与分界面 2 种介质特性有关，还与电磁波极化方式有关，研究和实验表明垂直极化波传输到接收点的电磁波能量多于水平极化波，圆极化方式要优于线极化方式。因此，天线单元选择波导型圆极化定向天线和阵列式布置，更有利于综采工作面环境电磁波传输。天线控制单元采用功分器、合路器、耦合器与射频放大器组成射频前端，采用低通滤波器对信号整形，采用高隔离度的射频开关进行通路选择。开发的阵列天线单元的指标和要求：增益$\geqslant$6 dB；天线的前后比 $i\geqslant$30 dB；防护等级 IP54；具有防砸能力；小型化、安装方便。突出特点是定向性好、辐射方向调节方便、机械结构坚固，便于安装在金属壳内，防护性好。

（3）开发自适应抑噪通信终端

综采工作面生产作业环境复杂，而且存在大量噪声源（含采煤机、刮板输送机和液压支架操作噪声，较大噪声能达到 90～110 dB），因此在工作面环境中的语音通信质量很差，大部分噪声来自机器设备工作时发出的声音。针对井下工作面噪声产生特点及类型，研究人员选择自适应降噪技术措施对大量机电设备噪声进行频谱分析与特性提取，研究并采用一种针对不同机器噪声的自适应主动噪声消除技术，开发了语音扩音设备，噪声抑制可以达到 40 dB。其基本原理是：利用环境噪声频谱与带噪语音频谱相减，得到语音频谱的估计值，由于人耳对于语音信号分量的相位不敏感，而对语音感知主要来源于信号的幅度分量，所以当语音频谱估计值中有负值时，将其置零便得到合适音质的语音信号，电路原理如图 3-80 所示。

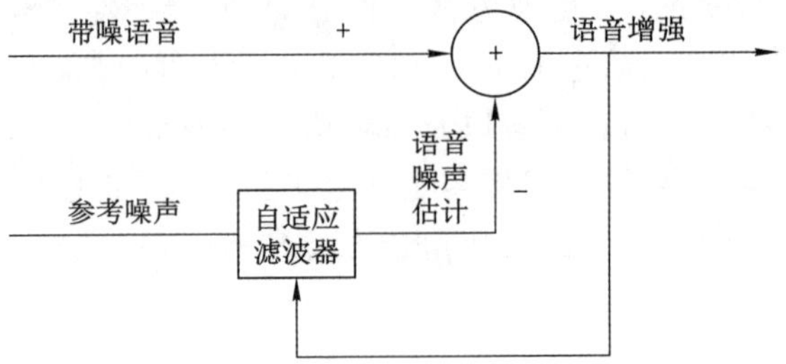

图 3-80 自适应抑制噪声电路原理框图

具体做法是:采用横向结构自适应滤波器,一路麦克输入是带噪语音信号,另外一路麦克则是作为辅助输入的参考噪声信号。参考噪声的选定地是根据语音的环境来确定的,再经自适应噪声对消算法能彻底地排除噪声的随机性,从而有效地滤去语音中的噪声成分,在保证语音可辨识度的情况下,能够较大地提高信噪比。研究和实验得出权系数取值 0.16 使系统均方误差达到最小,此时信号收敛速度较快,同时进入稳态后误差和收敛速度也较小,能够保证语音通信质量。终端技术指标为:18 V 级联式供电;采用 ARM-STM32 主控制器;噪声处理采用 DSP 和双 MIC;RS485 总线采用光耦隔离,耐压值≥2 kV;音频采用±5 V 差分信号,2~4 线转换实现双工通话。

(4) 现场试验

① 现场条件与终端布置

某煤矿 8202 综采工作面布置图如图 3-81 所示,倾斜长 133.5 m,有较大起伏,采高 1.6 m,配置 MG2×125/560 型采煤机、SGZ-764/400 刮板输送机、ZYB4400/8.5/18 型四柱支撑掩护式液压支架 92 架、KTK18 型矿用本安型扩音电话 4 台(语音终端和阵列天线的设备间距 30 m)、KDW127/18B 型矿用隔爆兼本安电源 2 台,18 V 隔爆电源安装在工作面端头,使用 1 对光端机将数据上传至井上调度中心。

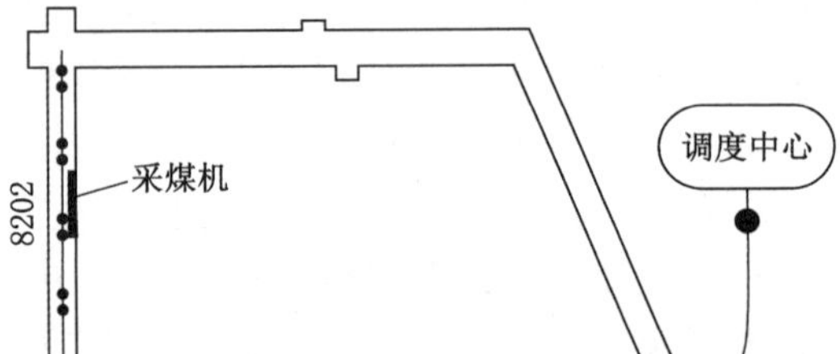

图 3-81 阵列天线式综合语音通信系统布置图

② 试验效果

在试验期间综采工作面无线信号传输正常,工作面在推进过程中无线信号质量和强度始终良好,语音通信终端之间对讲功能正常,话音清晰;语音通信终端向井上进行报警和安全呼救功能正常;语音通信终端接收安全广播语音清晰,收听效果良好;语音通信终端接打无线手机和固定电话的功能正常,通话效果良好,矿用无线手机在工作面内正常进行接听和拨打电话,没有丢包或断音现象。

三、无线网信号监测计算机通信在综采工作面的应用

1. 无线以太网的介绍

无线以太网技术应用于20世纪70年代初,工作在两个相对开放的频段,已应用的实用技术包括直序列扩频、正交频分复用、智能天线和频道聚合等,无线以太网技术是在有限以太网技术基础上的进一步拓展和应用,具有发展前景广阔、标准化协议好、灵活性程度高、资金投入量低、抗干扰能力强、带宽大等优势,能实现对语音的承载以及数据和视频的传输。无线以太网技术在国内的应用范围较广,如各类终端设备、各类无线局域网络等,电信以及移动运营商已经将自身的服务与以太网相连接,实现了智能化建设。

2. 无线以太网的应用

(1) 移动通信

煤矿生产移动通信中应用无线以太网技术,兴起于21世纪初,现阶段在国内已经有了几十套系统,随着无线以太网技术的更新和进步,各类无线以太网的问题都得到了合理的解决,已经实现了无线以及有线一体化、生产一体化通信功能。

(2) 系统组网

在系统组网中,原来的链型或者星型拓扑是井下的主要通信系统,全部的子系统形成一个新的网络,系统的特点是带宽小、可靠性不足、冗余能力差等。现阶段,工业以太网络已经大量应用于煤矿中,实现了井下通信系统功能以及可靠性的提高。但是,以太网采用的传输方式为有线形式的,基于井下的情况复杂程度高、工作范围小且位置不断改变等特点,必须注意两个方面的问题:第一,在环境条件良好、位置固定的巷道布置环网,但一些真正危险的位置保留采掘面等还不能进行环网的布置,无法布置环网的地方往往也是最关键的工作点;第二,移动生产设备以及线缆拆迁,涉及极大的工作量,对设备和材料产生较大的损耗,而以太网的组网技术以及无线网桥技术可以满足无线组环的功能。比如:采煤工作面主运顺槽以及辅运顺槽,实现和以太网的有效连接,使采掘工作面和顺槽、大巷之间形成了一个环路,可以完成设备的随时撤回,使运行以及维护工作更加简单快捷,使系统工作更加方便可靠。

(3) 工业自动化

煤矿中综合自动化技术逐渐推广,现阶段煤矿的生产、监控系统自动化程度逐渐提高,运行复杂程度有显著增加。随着子系统数量和种类的增多,接入系统的传输方式采用星型以及链型的网络拓扑形式,如果以有线的方式接入,则容易受到位置因素以及现场环境因素的影响,极为不便。

(4) 综合自动化技术

在煤矿生产中,综合自动化技术不断得到应用,现阶段煤矿工程的生产系统以及监控系统的自动化程度逐渐提高,复杂程度显著增加。子系统中数量和种类均有所增加,现阶段子系统的接入方式为星型以及链型,在应用有线的接入方式时,极易受到位置和操作现场环境条件的影响,如线缆架设时无法实现灵活移动,链路可能稳定性不足。对于被控设备以及子系统,通过以太网实现串行通信、总线通信等多个种类的接口。如果采用以太网接入自动化适配设备,可以实现子系统的设备接入不再受线缆的影响,使接入极为方便快捷,同时稳定性得到了显著的提高。

(5) 应急通信

煤矿井下作业的危险性较高,极易在井下出现紧急状况或者发生灾害等,在应对这类状况时应该保证通信的顺畅以及稳定。现阶段应用的有线通信系统以及无线通信系统,工作时对地面交换设备极为依赖,受大气管控的影响较大。当灾害发生以后,伴随着设备的损坏和线路的破坏,井下会出现断电,当和地面设备失去联络后,通信系统将无法正常使用,不能在应急救援中发挥作用。在现阶段的通信机制下,系统内部不同的基站以及手机之间,都能够实现脱网通信,当无法和地面的中断设备取得联络时,系统的内部通信仍可以继续,无线以太网能够实现多条传输视频的承载。在矿井的生产环境中,一些摄像设备具有无线以太网的传输功能,具有灵活性强、可实现车载等一系列的优势,是现阶段工业系统的合理增补。

(6) 人员定位

现阶段煤矿应用中人员定位的实现需要有相对独立的系统,并由网络支持系统的工作,基于无线以太网定位技术的日渐成熟,在很多公共场所都有所应用,最重要的优势就在于系统是标准化的,不需要另外构建与维护,可以和很多业务共同构建网络平台。

3. 无线以太网设备井下维护检修技术

对于煤矿井下无线以太网设备的维护工作,通常设备的事故都是在运行过程中发生的,对于故障要根据其现象进行分析和处理。第一种故障,将启动按钮的接触器按下,但是不进行结合,这样的故障现象较为常见,处理方式有很多,调换电源线和负荷线,将熔体更换或者是适当调整闸刀的接触压力;第二种故障,接触器吸合但是不自保,通过调整触头的压力或者是更换、打磨触头能够很好地维护设备的性能;第三种故障,将停止按钮按下之后接触器不发生释放,首先需要对卡阻现象进行排除,然后调整电磁铁的气隙,增加弹簧的反作用力。基于协议标准化、规模小、灵活程度高以及资金投入量低等优势,无线以太网被广泛地应用于煤矿通信系统中,实现了高效率的管理与生产,具有极为广阔的应用前景,提高了我国的煤矿生产的效率和安全水平。

四、矿井宽带无线传输技术

随着煤炭开采和巷道掘进,煤矿井下采煤工作面和掘进工作面也在不断地推进。煤矿井下移动的作业环境、移动的作业人员和移动的设备,需要无线监控、无线通信等。但煤矿井下的特殊环境制约着地面无线传输技术和设备直接在煤矿井下应用。因此,迫切需要研究煤矿井下无线传输技术。

1. 矿井宽带无线传输要求

煤矿井下人员位置及移动设备等动态目标的监测,带班领导、技术人员、区队长、班组长、瓦斯检查员、安全检查员、电钳工、采掘工作面作业人员、胶轮车司机、巡检工等流动作业人员的移动通信等,急需矿井宽带无线传输技术。为满足煤矿井下移动监控、监视和语音通信需求,矿井宽带无线传输应能满足以下要求:

(1) 传输带宽较宽。以满足监控数据、语音和图像等多种信息实时传输的要求,且便于接入有线宽带网络。采掘工作面至地面调度控制中心距离长达 10 km 或更远,矿井巷道无线传输衰减严重、传输距离短。因此,需接入矿用以太网等有线宽带网络,实现远距离传输。

(2) 中继设备少。采用中继器接力可以延长矿井无线传输距离,但当中继器停电和出现故障时,会影响系统正常工作,过多的中继还会增加系统传输时延,减少传输带宽。

(3) 体积小。煤矿井下巷道空间狭小，要求用于煤矿井下的无线传输设备和天线体积小，特别是便携设备要体积小、重量轻。

(4) 发射功率小。为防止无线传输设备辐射的电磁波能量引起瓦斯爆炸，用于煤矿井下的无线传输设备的发射功率应不大于 6 W。由于煤矿井下空间狭小，井下作业人员离无线发射天线较近，应限制煤矿井下无线设备的发射功率，以避免或减少电磁波对人体的伤害。

(5) 电磁兼容性好。煤矿井下空间狭小，大功率机电设备相对集中，电磁干扰严重。大功率变频设备、大功率机电设备的启停及架线电机车火花等对无线传输设备的干扰较大。因此，煤矿井下无线传输设备应具有较强的抗干扰能力、低的误码率，同时所发射的无线电波等不产生对其他矿用电工电子产品不可容忍的干扰。

(6) 安全性好。无线传输设备(除电源外)应为安全性最好的本质安全型防爆电气设备，电源应为隔爆兼本质安全型、浇封兼本质安全型等本质安全复合型式防爆电气设备。

(7) 传输协议标准化。采用国际标准传输协议，以便于监控、监视、语音通信等不同类别，不同厂家设备共用传输平台实现互通互联。

用于煤矿井下的无线传输设备应具有良好的防尘、防水、防潮、防腐、耐机械冲击等防护性能，工作稳定、性能可靠、故障率低。

2. 漏泄通信，感应通信和透地通信

为满足煤矿井下移动通信的要求，人们研制并推广应用了矿用漏泄、感应、透地通信技术和系统。虽然这些技术均不能用作矿井宽带无线传输技术，但可分别用于局部通信、救灾通信和应急通信等。

(1) 漏泄通信

漏泄通信需沿巷道敷设漏泄电缆，一般工作在甚高频频段(30～300 MHz)，具有受巷道形状、截面、分支、拐弯、倾斜和巷道围岩介质等外界环境影响小，信道较稳定等优点。漏泄电缆传输衰减大，无中继传输距离短。为延长漏泄通信系统的传输距离，通常采用大量的双向中继器。中继器的串入增加了漏泄通信系统的成本，并且任意一个中继器的故障都会造成中继器以远的部分系统瘫痪，故而串入中继器的漏泄通信系统可靠性低。因此，漏泄通信不能用作矿井宽带无线传输技术，但可用于煤矿井下距离较近、不需要中继器的局部通信等。

(2) 感应通信

感应通信一般工作在中频段(300～3 000 kHz)，是一种通过架设专用的感应线或者利用巷道内已有的导体(如电机车架空线、照明线、动力线等)进行导波的通信方式。感应通信存在信道容量小、电磁干扰大、天线体积较大(通常为背心型或跨肩带型)等问题。因此，感应通信不能用作矿井宽带无线传输技术，但可用于煤矿井下救灾通信等。

(3) 透地通信

透地通信采用特低频频段(300～3 000 Hz)的电磁波，是一种穿透大地、进行井上下或井下巷道间无线通信的通信方式。因此，当井下发生灾变时，对透地通信系统的影响小，系统抗灾变能力强，但其存在信道容量小、不适宜井下向地面传输、电磁干扰严重、应用范围受限制、施工难度大等问题。因此，透地通信不能用作矿井宽带无线传输技术，但可以在避难硐室设置低功率发射装置和天线，用于避难硐室与地面双向通信。

3. PHS,CDMA,GMS 和 Bluetooth

为满足煤矿井下语音移动通信要求,人们研制并推广应用了 PHS(personal gandyphone system,小灵通)、CDMA(code division multiple access)矿井移动通信系统。PHS、CDMA、GMS(global system for mobile communications)、Bluetooth(蓝牙)存在传输带宽窄等问题,因此,不能用作矿井宽带无线传输技术。

(1) PHS

PHS 通信系统是一种语音移动通信系统,传输带宽窄。PHS 矿井移动通信系统具有基站和手机发射功率低等优点,但存在基站控制器和基站非本质安全型防爆、抗灾变能力差,传输距离短(井下分站至地面最大通信距离不满足井下通信 10km 要求)等问题。特别是地面 PHS 退出市场,PHS 通信系统及其产品的供货、维护和配件变得十分困难。因此,PHS 不能用作矿井宽带无线传输技术。

(2) CDMA

CDMA 通信系统是一种语音移动通信系统,属于第 2 代移动通信技术(简称 2G),传输带宽窄,主要用于语音通信。CDMA 矿井移动通信系统具有通话清晰、抗干扰能力强等优点,系统中的地面主机和井下远端模块通过光缆直接连接,远端模块没有交换功能,一旦接入的光缆发生断缆,远端模块不能脱网工作,抗灾变能力差。因此,CDMA 不能用作矿井宽带无线传输技术。

(3) GSM

GMS 全球移动通信系统是一种语音移动通信系统,属于 2G,传输带宽窄,主要用于语音通信,在地面 2G 系统中占有较大的市场份额。GSM 在我国煤矿井下未见有应用。GSM 传输带宽窄,因此不能用作矿井宽带无线传输技术。

(4) Bluetooth

Bluetooth 是一种短距离无线通信技术,工作在 2.4 GHz 频段,数据传输速率为 1 Mbit/s,传输距离一般不大于 10 m,采用 IEEE802.15 标准。Bluetooth 主要用于无线鼠标、无线键盘、无线打印机、无线耳机、无线话筒、游戏机、汽车、医疗保健、体育健身、家用电子等,在煤矿井下应用较少。Bluetooth 传输速率低、传输距离近,因此不能用作矿井宽带无线传输技术。

4. ZigBee、RFID 和 UWB

为满足煤矿井下人员位置监测等需求,基于 ZigBee、RFID(radio frequency identification)、UWB 的煤矿井下人员位置监测系统已在煤矿井下推广应用。虽然 ZigBee、RFID 和 UWB(ultra-wideband)均不能用作矿井宽带无线传输技术,但可分别用于精确定位、设备管理和生命探测等。

(1) ZigBee

ZigBee 是一种近距离、低复杂度、低功耗、低速率、低成本的双向无线传输技术,传输距离从标准的 75 m 到几百米或更远。ZigBee 采用 IEEE802.15.4 标准,可工作在 2.4 GHz(全球)、868 MHz(欧洲)和 915 MHz(美国)3 个频段,最高传输速率分别为 250 kbit/s、20 kbit/s 和 40 kbit/s。ZigBee 适用于矿用传感器等数据传输、煤矿井下人员和其他动目标精确定位,但不适宜多路视频监视和语音通信。虽然通过图像压缩和语音压缩可以将 ZigBee 用于视频监视和语音通信,但性能较差,性价比较低,难以满足多路视频监视和语音通信的要求。因此，ZigBee 不能用作矿井宽带无线传输技术，但可用于煤矿井下人员、胶轮车、电机车等动目标精确定位和矿用传感器无线传输等。

(2) RFID

RFID 是一种无线射频识别技术，传输带宽极窄，工作在 125 kHz、13.56 MHz、433 MHz、915 MHz、2.45 GHz 等频段。RFID 主要用于物流与供应管理、生产制造与装配、航空行李管理、邮件与快运包裹处理、文档追踪与图书管理、动物身份标识、门禁控制与电子门票、道路自动收费、城市与校园一卡通等。在煤矿井下，RFID 主要用于煤矿井下人员位置监测、胶轮车和电机车位置监测、矿用设备管理等。RFID 传输带宽极窄，因此 RFID 不能用作矿井宽带无线传输技术，但可用于矿用物联网、矿用设备管理和防碰撞等。

(3) UWB

UWB 是一种采用时间间隔极小(纳秒级)的脉冲进行通信的通信方式。UWB 具有对信道衰落不敏感、发射信号功率谱密度低、功率低、系统简单、设备体积小、传输速率高、定位精度高(可达数厘米)等优点，但存在传输距离短、缺少大规模商业应用等问题。因此，UWB 不宜用作矿井宽带无线传输技术，但可用于煤矿井下生命探测和防碰撞，以及人员、胶轮车和电机车等动目标精确定位等。

5. 5G、Wi-Fi、4G、WIMAX

为满足煤矿井下移动通信的需求，人们研制并推广应用了基于 Wi-Fi、WCDMA(wideband code division multiple access)、TD-SCDMA(time division-synchronous code division multiple access)的矿井移动通信系统和 Wi-Fi 矿用无线摄像机等。虽然第 3 代移动通信技术(简称 3G)不宜用作矿井宽带无线传输技术，但可用于煤矿井下语音移动通信等。Wi-Fi 具有传输带宽宽、便于接入有线宽带网络等优点，矿井宽带无线传输技术宜采用 Wi-Fi。第 4 代移动通信技术(简称 4G)有可能成为未来矿井宽带无线传输技术。

(1) 3G

3G 能够同时传输声音和数据，数据传输速率分别为 2 Mbit/s(室内)、384 kbit/s(室外)和 144 kbit/s(行车)。3G 不是一个统一的标准，包括 WCDMA、CDMA2000、TD-SCDMA 等多个不同标准。在我国，中国联通采用 WCDMA，中国电信采用 CDMA2000，中国移动采用 TD-SCDMA。其中，WCDMA 是当今世界上采用国家和地区最多、市场份额最大、终端种类最丰富的 3G 标准。

基于 3G 的矿井移动通信系统，手机等移动终端具有在煤矿井下专网、地面公网使用的优点，但存在以下问题：难以接入现有矿用以太网宽带有线传输网络，需在煤矿井下敷设专门光缆；难以满足多路矿用无线摄像机同时传输的要求；无手机脱网对讲功能等。因此，WCDMA、CDMA2000、TD-SCDMA 等 3G 不宜用作矿井宽带无线传输技术，但可用于煤矿井下语音通信等。

(2) Wi-Fi

Wi-Fi 是一种宽带无线联网技术，广泛用于笔记本、手机、手持终端等无线上网。Wi-Fi 采用 IEEE802.11 标准，传输速率为 54 Mbit/s 或更高，无线传输距离为 300 m。Wi-Fi 具有传输带宽宽、便于接入有线宽带网络、设备体积小、发射功率小等优点，可满足监控数据、语音和图像等多种信息实时传输的要求。在当今无线传输技术条件下，矿井宽带无线传输技术宜采用 Wi-Fi。

(3) 4G

4G 能够以 100 Mbit/s 速度下载,以 20 Mbit/s 速度上传,可以满足矿井监控数据、语音和图像等多种信息实时传输的要求。迄今为止,4G 还没有大规模商业应用,特别是 4G 手机等终端还存在体积大、功耗高等问题。因此,随着 4G 技术的逐渐完善(产品的成熟、大规模商业应用、成本的降低),4G 有可能成为矿井宽带无线传输技术。

(4) WIMAX

全球微波互联接入 WIMAX(worldwide interoperability for microwave access)又称无线城域网,采用 IEEE802.16 标准,是一种宽带无线接入技术。WIMAX 传输距离为50 km、传输速率为 70 Mbit/s,可以满足矿井监控数据、语音和图像等多种信息实时传输的要求。为满足远距离传输要求,WIMAX 需较大的发射功率,因此难以满足煤矿井下防爆要求。迄今为止,WIMAX 还没有大规模商业应用,特别是缺少 WIMAX 手机等终端。因此,WIMAX 能否用作矿井宽带无线传输技术,除取决于 WIMAX 自身发展外,还取决于 Wi-Fi 和 4G 在煤矿的应用。

(5) 5G

随着通信技术的发展,第五代移动通信网络(5G 网络)已经由概念变为现实,其传输速率已成功在 28 千兆赫(GHz)波段下达到了 1 Gbps,超过当前 4G 网络服务的传输速率 10 倍以上。5G 基站基于多天线大规模输入输出(Massive MIMO)、新型编码 LDPC/Polar 等 5G 先进新技术,具有大带宽、低延迟、高稳定性和允许大量设备接入的特点,正好适用于矿井下通信信号传输。

第八节　综采装备协同控制技术

一、概述

综采装备协同控制技术是根据采煤机、液压支架和刮板输送机等综采装备的状态信息,以综采装备合理协同动作为目标,结合采煤工艺决策综采装备的控制目标,最终实现综采工作面连续高效运行。协同控制解决综采装备之间的协调运行问题,包括工艺层次的协同和性能层次的协同。工艺层次的协同是指综采装备按照综采工作面生产过程中的开采工艺要求,确定采煤机、液压支架、刮板输送机、转载机、破碎机、胶带运输机和摄像头等设备之间的联动顺序和关系,实现一键启停控制、闭锁保护、跟机移架等功能。性能层次的协同是指综采装备在工艺协同的基础上,使综采装备发挥各自的最优性能,从而实现综采工作面安全高效生产。性能层次的协同功能包括采煤机防干涉控制、煤流负荷控制、工作面调直等。

二、工艺协同控制

1. 工艺协同

按照综采工作面生产作业工艺,将采煤机和液压支架的作业工序分别详细划分成子工序(表 3-5、表 3-6),重新匹配采煤机和液压支架作业子工序,使采煤机和液压支架的作业工序对应统一。以上行工艺为例,将采煤机作业子工序与液压支架跟机作业子工序进行对应,重新定义并生成机架协同工序,见表 3-7。

表 3-5　采煤机作业子工序

方向	子工序	采煤机工艺	滚筒割煤姿态
上行	1	从机头向机尾正常割煤	左滚筒割顶煤,右滚筒割底煤
	2	从机尾三角煤区域向机尾割顶煤	左滚筒水平割煤,右滚筒割顶煤
	3	机尾三角煤区域清浮煤	左滚筒水平割煤,右滚筒割底煤
	4	机尾三角煤区域清浮煤	滚筒水平割煤,右滚筒割底煤
	5	机尾三角煤区域清浮煤	左滚筒水平割煤,右滚筒割底煤
	6	从机尾三角煤区域向机头斜切进刀	左滚筒水平割煤,右滚筒水平割煤
	7	从机尾三角煤区域向机尾割二角煤	左滚筒割顶煤,右滚筒割底煤
	8	从机尾三角煤区域向机头割顶煤	左滚筒水平割煤,右滚筒割顶煤
	9	机尾三角煤区域清浮煤	左滚筒水平割煤,右滚筒割底煤
	10	机尾三角煤区域清浮煤	左滚筒水平割煤,右滚筒割底煤
	11	机尾三角煤区域清浮煤	左滚筒水平割煤,右滚筒割底煤
下行	12	从机尾向机头正常割煤	左滚筒割顶煤,右滚筒割底煤
	13	从机头三角煤区域向机尾割底煤	左滚筒割底煤,右滚筒水平割煤
	14	机头三角煤区域清浮煤	左滚筒割底煤,右滚筒水平割煤
	15	机头三角煤区域清浮煤	左滚筒割底煤,右滚筒水平割煤
	16	机头三角煤区域清浮煤	左滚筒割底煤,右滚筒水平割煤
	17	从机头三角煤区域向机尾斜切进刀	左滚筒水平割煤,右滚筒水平割煤
	18	从机头三角煤区域向机头割三角煤	左滚筒割顶煤,右滚筒割底煤
	19	从机头切角煤区域向机尾割底煤	左滚筒割底煤,右滚筒水平割煤
	20	机头三角煤区域清浮煤	左滚筒割底煤,右滚筒水平割煤
	21	机头三角煤区域清浮煤	左滚筒割底煤,右滚筒水平割煤
	22	机头三角煤区域清浮煤	左滚筒割底煤,右滚筒水平割煤

表 3-6　液压支架跟机作业子工序

方向	子工序	支架执行动作
上行	1	机头端头支架未跟机移架,其余支架执行中部跟机
	2	机头端头支架跟机推转载机,其余支架执行中部跟机
	3	机头端头支架跟机移架,其余支架执行中部跟机
	4	所有支架执行中部跟机
	5	采煤机到达机尾后,机身范围内支架补充移架
	6	在机尾三角煤区域采煤机往返清浮煤,支架动作闭锁
	7	斜切进刀段由支架自动控制推移形成
	8	采煤机斜切进刀,机尾三角煤区域支架补充跟机移架
	9	斜切进刀完成,机尾三角煤区域支架推直斜切段刮板输送机
	10	割三角煤,机尾端头支架跟机移架
	11	在机尾三角煤区域采煤机往返清浮煤,支架动作闭锁

表 3-6(续)

方向	子工序	支架执行动作
下行	12	机尾端头支架未跟机移架，其余支架执行中部跟机
	13	机尾端头支架跟机推转载机，其余支架执行中部跟机
	14	机尾端头支架跟机移架，其余支架执行中部跟机
	15	所有支架执行中部跟机
	16	采煤机到达机头后，机身范围内支架补充移架
	17	在机头二角煤区域采煤机往返清浮煤，支架动作闭锁
	18	斜切进刀段由支架自动控制推移形成
	19	采煤机斜切进刀，机头三角煤区域支架跟机移架
	20	斜切进刀完成，机头三角煤区域支架推直刮板输送机
	21	割三角煤，机头端头支架跟机移架
	22	在机头三角煤区域采煤机往返清浮煤，支架动作闭锁

表 3-7　机架协同工序

机架协同工序	采煤机作业子工序	液压支架跟机作业子工序	协同工序说明
1	1	1	根据机头端头支架状态控制采煤机牵引方向
2	1	2	根据机头端头支架移架状态控制采煤机牵引启停
3	1	3/4	根据中部跟机移架、跟机推刮板输送机效果控制采煤机速度
4	2	5	根据补充移架区域支架状态控制采煤机反向牵引
5	3/4/5	6/7	根据采煤机特殊作业范围控制支架动作闭锁
6	6/7	8	根据机尾端头支架状态控制采煤机牵引启停
7	7	9	根据机尾三角煤区域支架状态控制采煤机牵引方向
8	8/9/10/11	10/11	根据采煤机特殊作业范围控制支架动作闭锁

2. 协同控制逻辑

在工作面回采作业过程中，按照采煤机与液压支架既定的协同作业工序，各设备协同操作运行期间仍然会出现速率不一致、动作不同步、相互影响制约等问题：在工作面中部截煤、跟机移架作业期间，采煤机运行速度过快会造成液压支架跟机自动移架区段和液压支架跟机推移刮板输送机区段产生重合区域；在截工作面端头三角煤期间，采煤机斜切进刀时会出现刮板输送机完全形成进刀姿态以后采煤机才会进行进刀截煤操作，而且刮板输送机在三角煤区域完成推直以后采煤机才会进行截端头三角煤操作。为防止出现以上问题，需在采煤机与液压支架协同作业工序控制过程中增设协同作业控制逻辑。采煤机与液压支架协同作业控制逻辑由采煤机运行时限定控制牵引方向的条件、液压支架自动跟机移架操作情况、判定的标准规则三部分组成。

各个工序协同作业控制逻辑：

(1) 协同作业工序 1：工作面采煤机向上运行截煤，当运行至即将触发控制机头端头支架推移转载机的传感器时,判断端头支架移架行程是否均比移架到位时规定的临界值小,若判定全部小于规定临界值,则说明支架全部移架到位,采煤机则会继续向上运行截煤;若行程大于规定的临界值,则说明支架未拉移到位,此时采煤机将会停止运行。

(2) 协同作业工序 2:工作面采煤机向上运行截煤,当运行至即将触发控制机头端头支架推移转载机的传感器时,判断端头支架推移转载机的行程是否比推移到位规定的临界值大,若判定行程大于规定临界值,则说明支架推移转载机到位,采煤机则会继续向上运行截煤;若行程小于规定的临界值,则说明转载机未推移到位,此时采煤机将会停止运行。

(3) 协同作业工序 3:工作面采煤机向上运行截煤,判断同时自动跟机移架支架数量是否比设定的同时移架数量多,若判定的同时移架数量多于设定的临界值,则说明支架未能及时在同一时间内完成跟机移架作业,此时采煤机需降低运行速度;若判定的同时移架数量小于或等于设定的临界值,则采煤机会加速或正常运行。

(4) 协同作业工序 4:采煤机截煤运行至机尾后,判断工作面跟机自动补充移架区段内所有支架移架行程是否比规定的临界值小,若判定支架移架行程比规定临界值小,则判定补充移架区段内支架全部拉移到位,采煤机则会继续向机头方向运行;若判定支架移架行程大于规定临界值,则说明支架未能全部拉移到位,此时采煤机将会停止运行。

(5) 协同作业工序 5:采煤机在工作面机头三角区段来回往返多次清理机尾浮煤,此过程中下端头三角区段的所有支架动作实现闭锁。

(6) 协同作业工序 6:采煤机向上运行进行斜切进刀作业,当运行至即将触发控制机头端头支架推移转载机的传感器时,判断三角区段内支架的行程是否比拉移到位规定的临界值小,若判定行程小于规定临界值,则说明三角区段内支架拉移到位,采煤机则会继续向上运行截煤;若行程大于规定的临界值,则说明三角区段内支架未拉移到位,此时采煤机将会停止运行。

(7) 协同作业工序 7:采煤机向上运行进行截三角煤作业,当运行至即将触发控制机尾端头支架自动跟机移架的传感器时,判断机尾端头支架的行程是否比推移转载机到位时规定的临界值大,若判定行程大于规定临界值,则说明转载机推移到位,采煤机则会继续向上运行截煤;若行程小于规定的临界值,则说明转载机未推移到位,此时采煤机将会停止运行。

(8) 协同作业工序 8:采煤机在工作面机尾三角区段来回往返多次清理机尾浮煤,此过程中上端头三角区段的所有支架动作实现闭锁。

(9) 采煤机下行截煤及跟机移架工序协同作业控制逻辑与上行工序相同。

3. 基于信息融合的采煤机定位协同控制方法

综采工作面设备协同控制中,定位采煤机位置信息是至关重要的,将红外信号定位方法、轴编码装置定位方法进行融合,以更加精确地定位采煤机位置。在一个采样周期内,基于信息融合的采煤机定位方法流程如图 3-82 所示。

定义采煤机牵引方向为$\vec{D}$,+1 表示采煤机向左运行,−1 表示采煤机向右运行,0 表示采煤机停止。定义$\vec{D}$为+1 且 num=1 时,采煤机牵引距离:

$$S_t = (i_t - 1) \cdot k_i \cdot \Delta d + i_t \cdot d \tag{3-37}$$

其中:S_t为采煤机在刮板输送机上的牵引距离;i_t为采煤机红外信号定位法得到的液压支架编号;k_i为动态调节因子,用于调节相邻液压支架的距离;d 为液压支架宽度;Δd 为相邻液压支架平均距离初始值;num 为接收到的液压支架数。

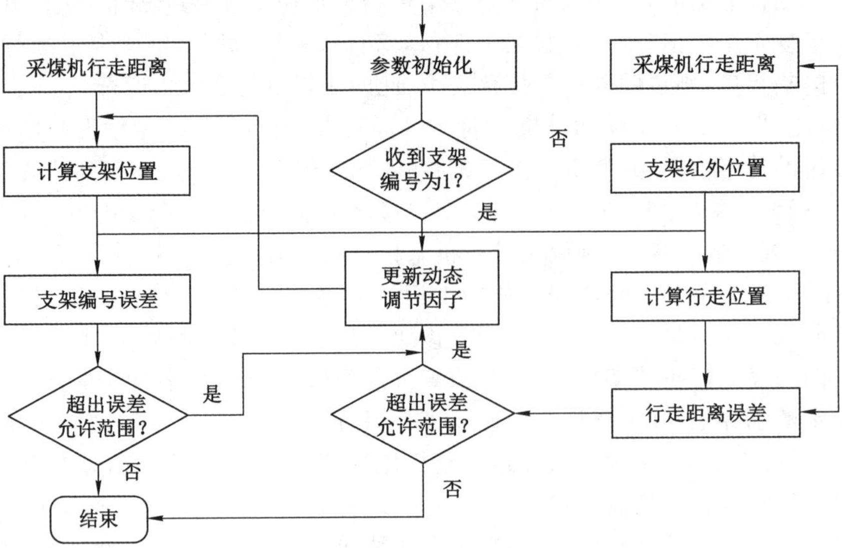

图 3-82　基于信息融合的采煤机定位方法

采煤机沿刮板输送机的牵引距离S_c：

$$S_c = i_t \cdot d + (i_t - 1) \cdot k_i \cdot \Delta d \tag{3-38}$$

采煤机与液压支架的相对位置i_c：

$$i_c = (S_t + k_i \cdot \Delta d)/(d + k_i \cdot \Delta d) \tag{3-39}$$

4. 采煤机-刮板输送机多电机协同控制方法

为达到节能的目的，对采煤机、刮板输送机采用多电机协同控制策略，将转速、转矩、电流以及功率作为评价变频器、电动机运行状态的依据，并实现多电机免疫平衡协同控制，协同控制过程框图如图 3-83 所示。

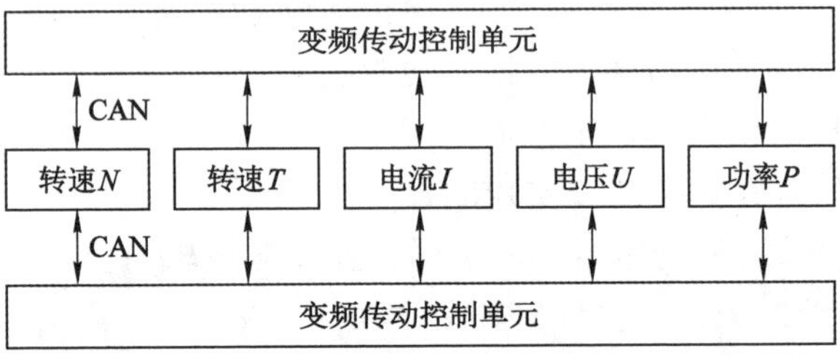

图 3-83　采煤机-刮板输送机变频参数平衡协同控制过程

以采煤机左、右牵引电动机为例，其运行状态矩阵：

$$\boldsymbol{S} = \begin{bmatrix} N_1 & T_1 & I_1 & U_1 & P_1 \\ N_2 & T_2 & I_2 & U_2 & P_2 \end{bmatrix} \tag{3-40}$$

采煤机控制器中的数据采集单元将下一时刻电动机的运行参数以 CAN 通信方式传送给核心 PLC 控制器。核心 PLC 控制器对接收到的电动机运行参数经判断、计算和比较后，将结果发送给变频器传动控制单元，控制采煤机左右牵引电动机运行，以达到左右牵引电动机输出负载平衡的目的。

采煤机-刮板输送机多电机协同控制模型：

$$\max\{G(t+1,\Omega) \mid \Omega = (N(t+1),T(t+1),I(t+1),U(t+1),P(t+1)),\Omega \in R^5\} \tag{3-41}$$

其中，$G(t+1,\Omega)$为电动机的稳定控制函数；Ω为五维向量空间；$N(t+1)$、$T(t+1)$、$I(t+1)$、$U(t+1)$、$P(t+1)$分别为电动机转速、转矩、电流、电压、功率的时间函数，代表下一时刻电动机的运行参数。上述参数相互协同、相互限制，选择最优参数组合作为下一时刻控制电动机的参数。

三、性能协同控制

综采工作面的生产连续性对煤矿出煤起着至关重要的作用，而采煤机与刮板运输机之间的配合运行情况直接影响着工作面连续生产。

1. 刮板运输机调速

电动机依靠输出转矩来驱动设备，变频器转矩 T_1和负载转矩 T_0关系如图 3-84 所示。

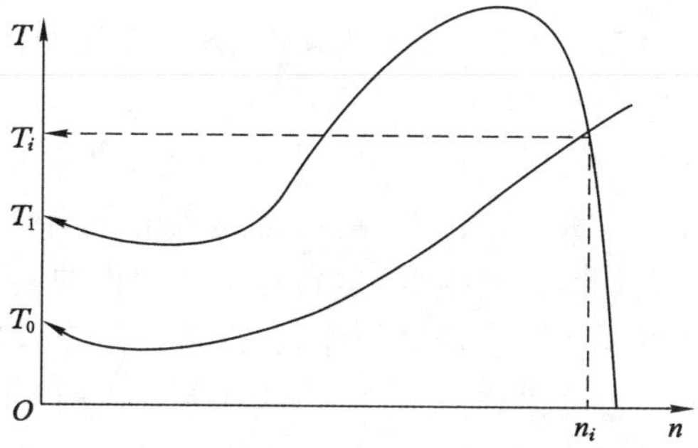

图 3-84　电动机变频驱动特性曲线

当 $T_1-T_0>0$ 时，设备加速运行；当 $T_1-T_0<0$ 时，设备减速运行；当 $T_1-T_0=0$ 时，设备匀速运行。由图 3-84 可知，T_1为变频器转矩，T_0为负载转矩，ΔT 为变频器转矩与负载转矩的差，$\Delta T>0$ 时设备加速运行，$\Delta T<0$ 时设备减速运行，$\Delta T=0$ 时设备处于匀速速度平衡状态。在采煤过程中，为实现采煤过程的连续性、降低空载时刮板运输机的运行速度，达到节能降耗的目的，变频器在实际使用中可进行 2 种变量控制：转速控制与转矩控制。根据变频器的特点，可在设备启动或负荷变化较大时采用转矩控制，正常运行时采用转速控制。在外部条件满足工作面采煤时（带式运输机、转载机、破碎机均已开启）启动刮板运输机，由于此时并不知道刮板运输机上是否存有煤，因此启动刮板运输机时要采用恒转矩控制方式，保证变频器能输出足够的转矩将刮板运输机启动。

变频器 V/F 控制的基本思想是 $V/F=c$，因此定义在频率为 f_x 时，u_x 的表达式为 $u_x/f_x=c$，其中 c 为常数，就是"压频比系数"。基本 V/F 控制曲线如图 3-85 所示，是一种比较简单的 V/F 控制曲线，针对负载不会产生变化的情况比较适用。但刮板运输机在工作面生产时，其负载是在不断变化的，而且规律性不强，因此需要找出一种适用于综采工作面的变频器的 V/F 控制曲线（图 3-86）。

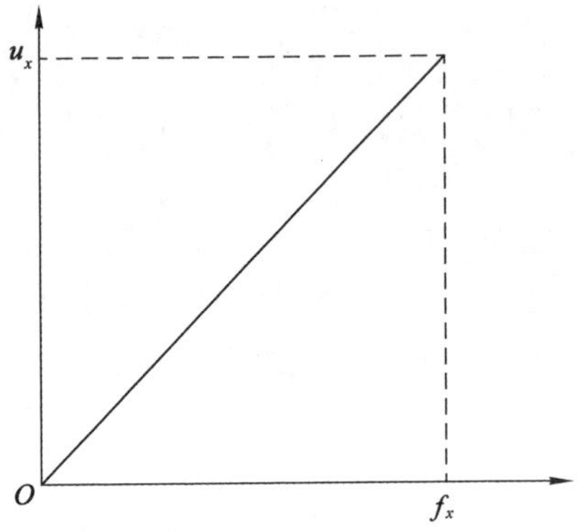

图 3-85　基本 V/F 控制曲线

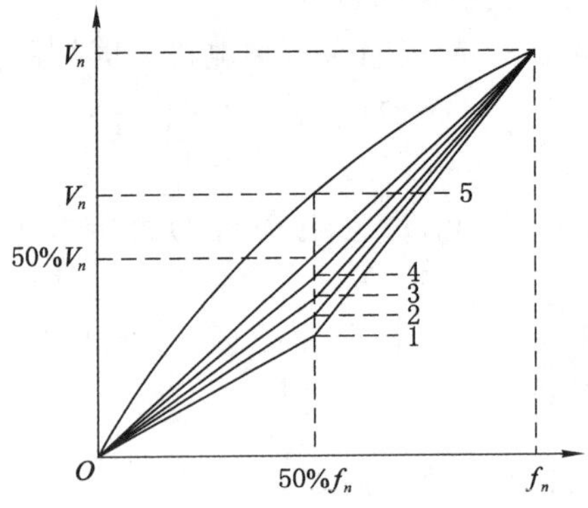

图 3-86　改进 V/F 控制曲线

刮板运输机启动时，可根据负载分以下情况：空载时，为减少启动对电网冲击，采用降转矩的方式启动。另外，定义在电动机额定频率一半（即 50％f_n）时的输出电压是电动机额定电压的 30％时（即 30％V_n）为曲线 1；35％V_n 为曲线 2；40％V_n 为曲线 3；45％V_n 为曲线 4。而在刮板运输机带载时，为提高输出转矩，须提高输出电压，按照曲线 5 运行。

2．刮板运输机与采煤机负荷平衡

采煤机与刮板机的生产过程：采煤过程中主要是对落煤速度的控制，采煤机前后滚筒在割煤过程中，煤块不断掉落到刮板运输机上，刮板运输机的负荷会不断地增加，当达到其负荷的警戒值时，通过向采煤机下达减速指令，达到对生产过程的调节。采煤机与刮板机负荷关系：将工作面的煤炭质量作为主要变量进行控制，设采煤机采煤时的落煤量为 Q_s，刮板运输机转载机上输煤量为 Q_a。假设采煤机在工作面匀速前进时，工作面单位长度煤存量为 P，采煤机采煤时运行速度为 V_s，刮板运输机运行速度为 V_a，刮板运输机单位长度存煤量为 X，刮板运输机额定运煤量为 Q_m，t 为运行时间，则有：

$$Q_s = Pt\,V_s;\quad Q_a = XtV_a \tag{3-42}$$

则刮板运输机上存煤量：

$$Q_s - Q_a = Pt\,V_s - Xt\,V_a \tag{3-43}$$

负荷平衡控制原理：① 若采煤过程中刮板运输机采用转速控制模式，当采煤机与刮板运输机运行方向相反时（假设采煤机从刮板运输机机头向机尾运行时的时间为 t_0），随着时间 t 增加，刮板运输机上的煤量会越来越多，导致刮板运输机的负荷会越来越大，即 $Q_s - Q_a > 0$，随着刮板运输机的负荷不断增大，刮板运输机电流也会不断增大。若电流达到最大值的 85％时，降低采煤机运行速度 20％，若刮板运输机负荷继续增加，再将降低采煤机运行速度 20％；若刮板运输机上的煤量慢慢减少后，当刮板运输机负荷降到 50％时，再将采煤机的采煤速度提到原值；② 若采煤机与刮板运输机运行方向一致，则刮板运输机上煤量计算公式同式(3-43)，但由于采煤机与刮板运输机方向一致，刮板运输机上存煤的空间随着采煤机运行会越来越少，如果采煤机还是按照较快速度运行，则刮板运输机上的单位存煤量会越来越多，甚至会有很多煤不能及时装载到刮板运输机上，导致煤堆在刮板运输机下，影响采煤机运行。这种运行情况下，可采用将刮板运输机的运行速度提高，若刮板运输机的速度达到上限后，仍不能减少煤量，可降低采煤机运行速度。刮板运输机恒速控制模式：无论采煤机与刮板运输机运行方向是否同向，若出现刮板运输机负荷快速上升的情况 $d_i/d_t>C$(C 为设定值)，经过滤波(去除干扰)后，若 d_i/d_t 仍然大于 C，则降低采煤机速度，将刮板运输机负荷控制在警戒线以下。

图 3-87(a)为刮板运输机负荷情况，图 3-87(b)为采煤机和刮板机速度曲线。速度调节曲线是以刮板运输机为基准进行控制，即对刮板运输机的变频器采用速度控制，保持刮板运输机速度恒定。在图中，从 t_1 时刻开始，随采煤机速度不断地增加，刮板运输机的负荷也会不断增大，当刮板运输机负荷达到额定负荷的 80%(可设定)，即从 t_2 到 t_3 时间段内刮板运输机的负荷与采煤机采煤速度达到一个平衡状态，一般情况下，工作面均采用这种状态进行采煤，可以达到较高的生产效率。从 t_3 开始，刮板运输机负荷继续从 80%向上增加，达到 85%后，达到了警戒值，开始对采煤机的速度进行干预，降低采煤机速度，一直降到 50%，在 t_4 时刻再将采煤机的速度增加，提升工作面采煤速度。采煤机恒速控制模式：采煤机恒速模式如图 3-88 所示，采取采煤机速度恒定控制，即采煤机采用固定速度运行，在 t_1 时刻随着采煤机不断采煤，刮板运输机速度及负荷都在不断增加，从 t_2 时刻开始，刮板运输机的负荷达到 80%额定负荷，刮板运输机负荷、速度与采煤机采煤速度达到平衡，在 t_3 时刻，刮板运输机负荷达到了额定负荷的 85%，采煤机速度恒定，则需将刮板运输机的速度提高，才能降低刮板运输机上的煤量，随着刮板运输机速度的增加，刮板运输机上煤量不断减少，从而降低了刮板运输机的负荷，在 t_4 时刻刮板运输机的负荷降到了其额定负荷的 50%，再将刮板运输机速度调节到正常运行速度。

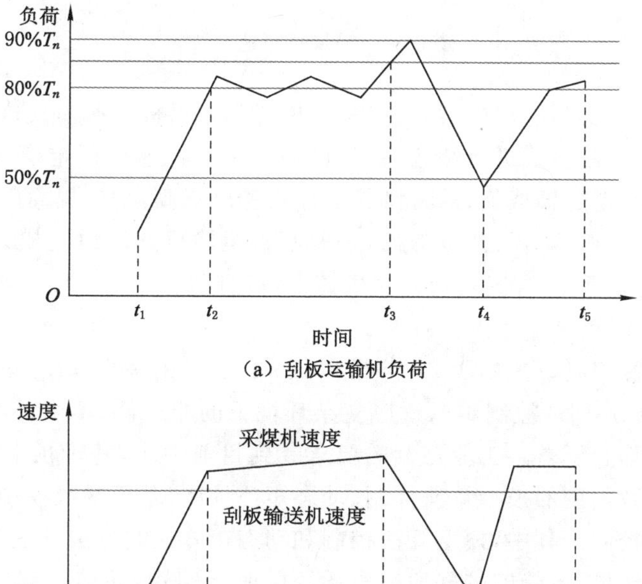

(a) 刮板运输机负荷

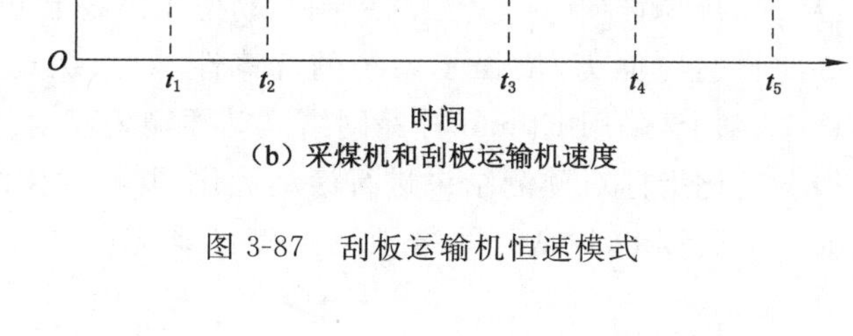

(b) 采煤机和刮板运输机速度

图 3-87　刮板运输机恒速模式

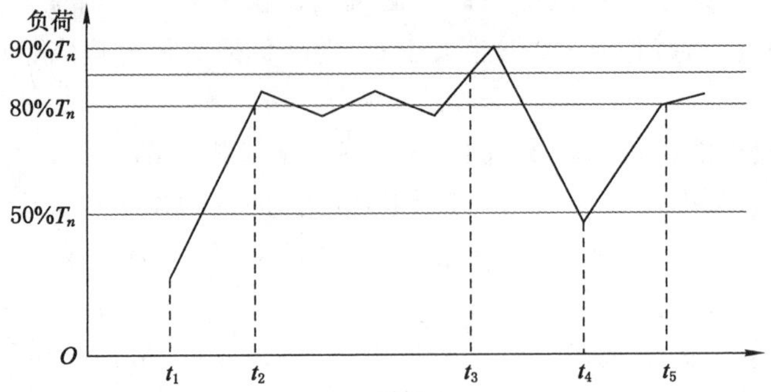

(a) 刮板运输机负荷

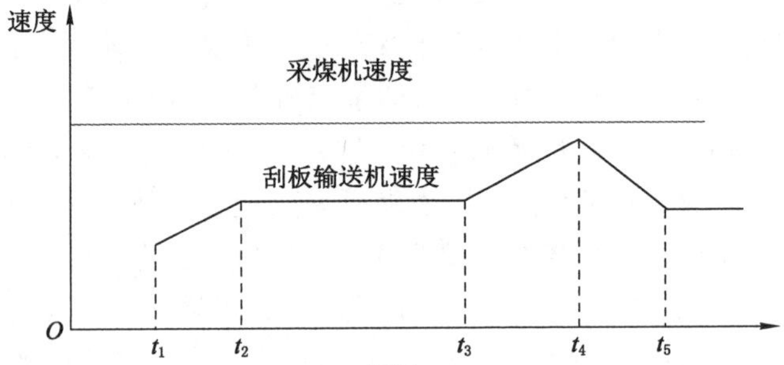

(b) 采煤机和刮板运输机速度

图 3-88 采煤机恒速模式

综合控制模式：在实际应用中，刮板机恒速模式和采煤机恒速模式这 2 种情况均可能发生，因此将以上 2 种控制模式进行综合，首先可采用采煤机速度恒定模式，如果在采煤过程中刮板运输机的负荷超过警戒值，需将刮板运输机速度提高，如果提高后仍不能降低刮板运输机负荷，则需将采煤机的运行速度降低，采取刮板运输机速度恒定模式，直到刮板运输机负荷降到 50%额定负荷后，再恢复到采煤机速度恒定模式。

3. 综采装备的滚动优化协同控制方法

基于模型的预测控制方法始于 20 世纪 80 年代，主要由多步预测、滚动优化和反馈校正等环节组成，针对传统 PID 控制难以适应复杂环境下的非线性、不确定性和时变性局限，预测控制方法的提出切合了复杂工业控制的要求。到目前为止，基于预测模型控制理论的方法主要有基于非参数模型的模型算法控制、动态矩阵控制、基于参数模型的广义预测控制和广义预测极点配置控制。其中，模型算法控制和动态矩阵控制方法一般用于线性系统，由于采用了多步预测方法，因此能够较好地解决系统的时延问题，并结合误差计算和反馈控制，能够较好地实现线性系统的预测控制；广义预测控制与动态矩阵控制相比，增加了自校正功能，使得系统具有较好的自适应能力，增强了系统的鲁棒性，对干扰具有较好的抑制效果。在吸收预测控制优点的基础上，采用 Elman 神经网络滚动预测模型对综采装备的时间序列信号进行多步预测，根据优化指标对预测结果进行滚动优化，并将优化结果作为反馈控制的依据控制系统的输出。基于 Elman 神经网络预测模型的动态优化协同控制过程可表述如下：

（1）根据综采装备的主要历史运行数据和经过训练的 Elman 神经网络，对指定时间范围内的时间序列信号进行预测，得出综采装备运行参数下一时间段内的运行参数预测结果。

（2）在专家系统数据库基础上，根据预测所得刮板输送机状态，按照一定的方式计算预测时间内刮板输送机的运行速度和负载，如采用基于模糊逻辑-概率神经网络的方法对预测状态下的刮板输送机输出参数进行计算。

（3）根据刮板输送机负载的预测变化情况，计算采煤机控制输出的期望值，并对采煤机的预测控制结果进行分析，得出采煤机输出期望值与预测结果之间的差值，并将比较结果作为依据对采煤机的控制输出进行修正，得出预测状态下的采煤机滚动优化速度。

（4）以采煤机滚动优化速度为依据，得出液压支架供液系统的动作执行频率，从而得出液压支架供液系统输出压力的期望值，对液压支架供液系统的输出压力进行预测，将预测结果与期望值进行比较，并将结果作为依据对系统的压力输出进行修正，使满足预测状态下的采煤机运行速度要求。

（5）在步骤 1～4 的优化过程中，根据评价指标产量/能耗比，动态调节系统控制输出，使得系统能够沿着预测状态曲线达到稳定状态，若稳定空间为预测状态下的最优空间，则替换原有相同状态下的最优空间；若稳定空间并非相同状态下的最优空间，则替换成原有相同状态下的最优空间；综上，可得出综采装备运行过程中的动态优化协同控制过程如图 3-89 所示。

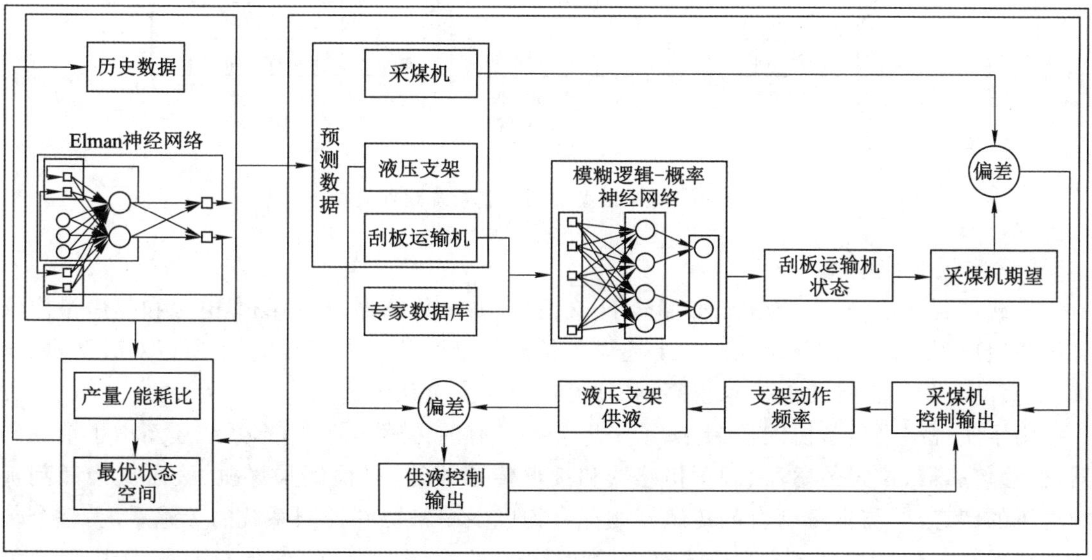

图 3-89　综采装备动态运行协同优化控制实现过程

在不违反各级和专家数据库条件约束的前提下，对综采装备的控制变量不断进行（1）～（5）步骤的滚动优化计算，以产量/能耗比为评价指标、以综采生产过程为约束条件，不断向当前状态空间条件下的最佳控制输出逼近，最终实现不同状态下的综采装备的最优协同控制。

四、综采装备协同控制系统设计

1. 协同控制系统硬件设计

综采装备协同控制系统是一个多输入和多输出的复杂控制系统，主要分为本地和顺槽2个监控单元，其硬件结构如图3-90所示。

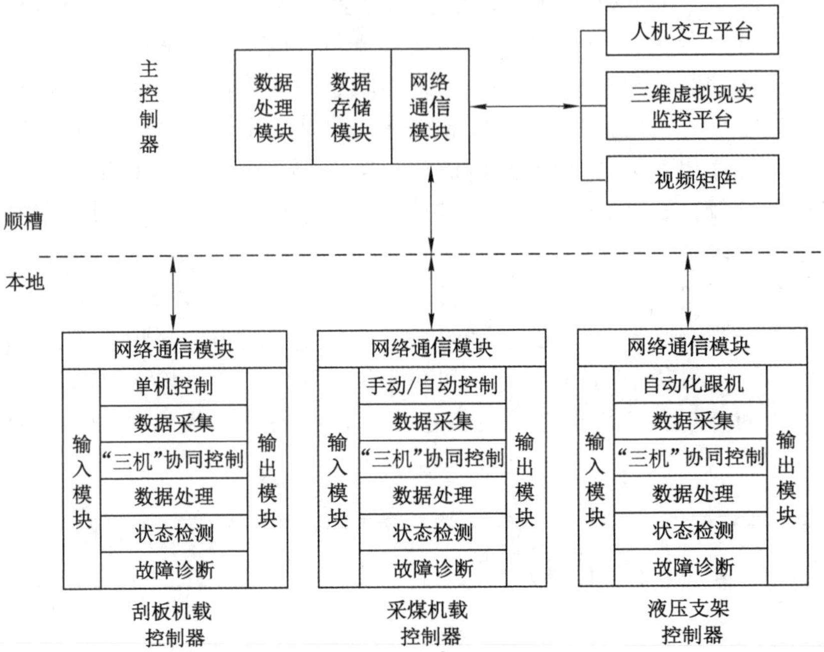

图3-90　综采装备协同控制系统硬件架构

（1）本地监控单元

机载控制器、本质安全型无线MESH交换机、各种传感器、矿用隔爆电源和隔爆摄像仪等设备组成了本地监控单元。由于上述设备长期处于极其恶劣的环境中，所以对其防水、隔爆、抗振动和耐冲击等性能要求很高，必须通过煤矿安全认证。

为了实现综采装备协同控制，除了采煤装备已有的传感器之外，本系统还新增了轴编码器、位移传感器、位置传感器、倾角传感器和接近传感器等，以检测采煤机、液压支架和刮板输送机的状态，并与本身已有的传感器相配合构成了综采协同控制系统的传感系统，整个传感系统融合了包括采煤机、液压支架和刮板输送机的传感数据，各传感数据及其用途见表3-8。轴编码器监测采煤机位置，并配合位置传感器对采煤机机身定位以确定采煤机牵引速度和方向；位移传感器用来监测液压支架推溜液压缸的伸缩距离；倾角传感器用于监测采煤机机身的横向、纵向倾角以及摇臂倾角，其中监测横向、纵向倾角用隔爆型倾角传感器，而监测摇臂倾角用普通型倾角传感器；接近传感器用于监测液压支架顶梁位置，防止采煤机截割滚筒截割顶梁，通过以上传感数据的相互融合，组成了整个综采协同控制系统的传感系统，为实现协同控制提供了实时数据。

表 3-8　系统传感设备

序号	采集对象	传感数据名称	数据用途
1	采煤机	左、右调高油缸位移	摇臂调高
2	采煤机	左、右摇臂倾角	摇臂调高
3	采煤机	机身倾角	摇臂调高
4	采煤机	牵引速度	机身定位
5	采煤机	摇臂振动状况	状态监测
6	采煤机	左、右截割电机电流	状态监测
7	采煤机	左、右牵引电机电流	状态监测
8	采煤机	左、右截割电机温度	状态监测
9	采煤机	左、右牵引电机温度	状态监测
10	采煤机	变压器温度	状态监测
11	采煤机	变频器运行状态数据	状态监测
12	采煤机	水流量	状态监测
13	刮板输送机	机头、机尾电机温度	状态检测
14	刮板输送机	机头、机尾电机电流	状态检测
15	液压支架	压力传感器	状态监测
16	液压支架	行程传感器	机身定位
17	液压支架	接近传感器	机身定位
18	液压支架	红外接收传感器	机身定位

(2) 顺槽协同监控单元

顺槽监控单元是综采本地监控单元与地面监控单元的中心枢纽，来自本地和地面的数据在此被处理、存储并转发。操作人员可以通过顺槽控制中心对综采装备进行监测和控制。设备列车主要包括 2 台三维虚拟现实(3D VR)监控平台、2 台视频监控平台、2 台无线 MESH 网络监控平台、人机交互平台(HMI)和 2 台顺槽协同控制器。三维虚拟现监控界面可实时显示综采装备的动作，如采煤机行走姿态、摇臂升降、液压支架动作、刮板输送机运行等工作状态；视频监控平台监测综采面的实时环境；MESH 网络监控平台监测综采面无线网络的状况；通过人机交互平台远程控制面板，可以对采煤装备工作方式及工作参数进行设置，以数字方式实时监测综采装备协同工作状态，并能及时对异常数据发出报警。

2. 协同控制系统软件设计

采煤机、液压支架和刮板输送机三者之间相互作用和相互制约是综采装备协同控制系统的主要特点。综采装备协同控制系统软件主要由连锁互锁模块、自动控制模块和监控平台模块构成。

(1) 连锁互锁模块

在综采工作面中，本系统通过顺槽协同控制装置实现对综采工作面生产设备的连锁、互锁控制。采煤机和刮板机实现互锁，即只有刮板机启动后采煤机才能开启，只有采煤机停机后刮板机才能停机，防止采出的煤不能运出而堵塞运输通道；确保本地控制权限，生产一线的操作员拥有紧急停车权，实现设备的急停闭锁，防止安全事故的发生。

(2) 自动控制模块

协同控制系统自动控制模块主要包括液压支架的跟机自动化和采煤机自适应控制 2 部分，为本系统软件设计中核心的部分，其控制原理如图 3-91 所示。

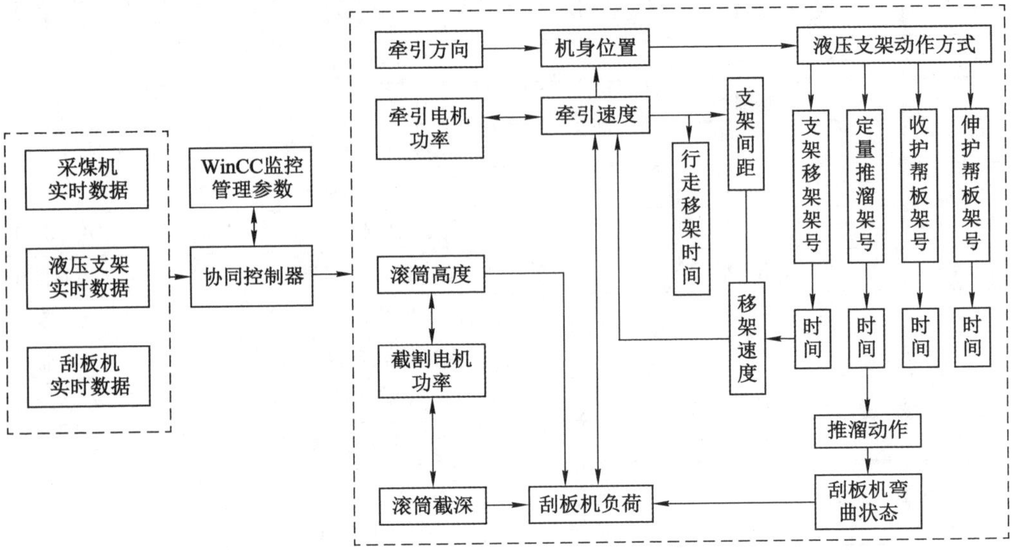

图 3-91　综采装备自动控制原理

数据采集模块通过现场总线、无线 MESH 网络和工业以太网实时从机载控制器中读取各子系统的工况参数以及姿态参数，液压支架控制系统根据采煤机的牵引方向及机身位置，经过协同控制模块运算与分析，控制相应架号支架的动作，包括采煤机前方相应支架的收护帮板，以及采煤机机身通过后，后方支架的降柱、移架、升柱、推溜和伸护帮板等动作，每个动作的时间长短可以通过液压支架控制器进行参数设定。

在协同控制系统运行时，采煤机的牵引速度受液压支架的移架速度、刮板机负载和牵引电机功率制约，采煤机的滚筒高度主要受截割电机功率和刮板机负荷影响。采煤机自适应控制的调整对象是采煤机牵引速度和滚筒高度。当采煤机截割到岩石后其截割电机温度、电流都将升高并超出正常范围，由于采煤机的截割负载与截割电机电流间存在着对应关系，因此可以建立截割负载与截割电机电流间的关系模型，根据采集到的截割电机电流计算出截割负载。如果运行过程中截割负载增大并超过正常范围，则协同控制模块首先控制采煤机降低牵引速度，如果截割负载恢复正常，则继续截割；如果持续降低牵引速度一段时间后截割负载仍然异常，则降低滚筒高度，如果截割负载恢复正常，则继续截割，否则报警请求人工干预。当刮板机负载过大时，机头、机尾电流增大，协同控制模块降低采煤机速度，减少割煤量，降低刮板机负载。

(3) 监控平台模块

基于 WinCC7.0 SP3 设计了综采装备协同控制系统监控平台，通过接收机载控制器的信息，获取采煤装备的工况参数，监测采煤机姿态、采煤机位置、牵引速度、液压支架动作和刮板机运行等工作状态，并及时对异常数据发出警报；通过人机交互平台远程控制面板，可对采煤装备工作方式和工作参数进行设置；通过三维虚拟现实(3D VR)数字化平台真实再现采煤装备的工作过程；通过视频监控平台可以监测到工作面的真实场景。

课后习题

1. 简述综采装备的主要组成及其主要功能。
2. 简述液压支架电液控制系统组成及工作原理。
3. 现有煤岩识别方法主要有哪几类？
4. 采煤机定位技术可以分为哪几种？
5. 综采装备可视化应用中应注意哪些问题或面临哪些难点？
6. 举例说明 2～3 种常用综采通信设备及其主要功能。
7. 未来智能煤矿是什么形式？

第四章　综掘装备智能化理论与技术

巷道掘进水平正处在机械化掘进向自动化掘进发展阶段，如图 4-1 所示。目前一些国家基本实现了掘进自动化。《煤炭工业“十四五”高质量发展指导意见》指出，到“十四五”末，煤矿采煤机械化程度 90%左右，掘进机械化程度 75%左右；原煤入选(洗)率 80%左右；煤矸石、矿井水利用与达标排放率 100%。因此，为了进一步提高掘进机的施工效率、降低工人劳动强度、提高成巷质量，须对掘进机的自动化、智能化理论与技术进行研究。

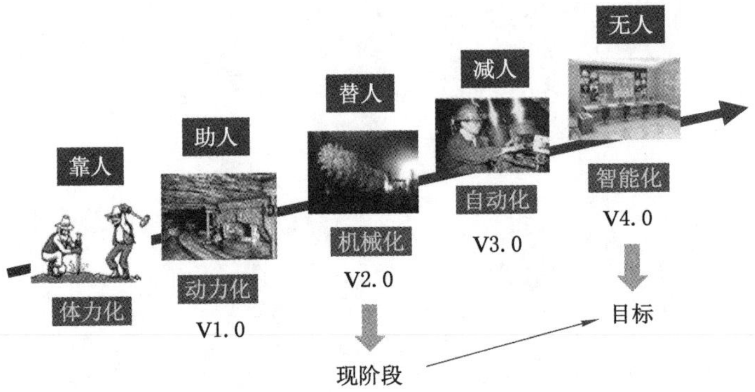

图 4-1　巷道掘进发展阶段

巷道掘进机由截割机构、支撑机构、行走系统、转运机构、液压系统和电气系统等组成，如图 4-2 所示。

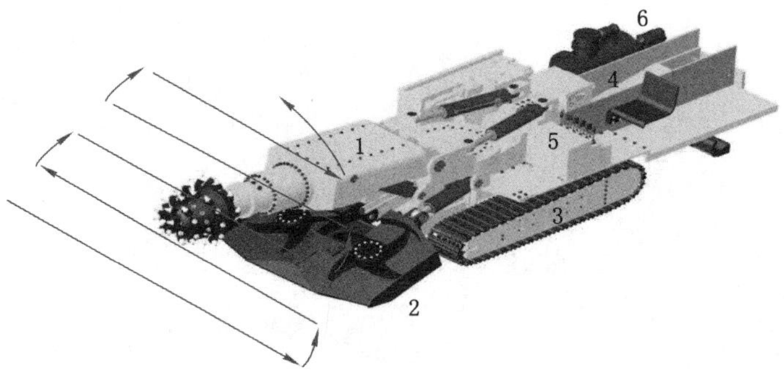

1—截割机构；2—支撑机构；3—行走系统；4—转运机构；5—液压系统；6—电控系统。

图 4-2　巷道掘进机结构组成

截割机构由截割头、截割臂和回转台等组成，利用截割头旋转运动进行煤岩破碎，截割头纵向推进力由行走系统(或伸缩截割臂的推进液压缸)提供,升降和横摆运动由相关油缸驱动,基于巷道断面形状和尺寸,截割不同部位的煤岩;支撑机构由前产板和后支撑两部分组成,前产板将截割破碎下来的煤岩集中装载,同时和后支撑同时起到对巷道掘进机的支撑作用;行走系统主要包含履带及履带驱动系统,用以实现巷道掘进机前进、后退和转弯等功能;液压系统由液压泵、液压马达、液压缸、控制阀组及辅助液压元件等组成,用以提供液压油,控制截割机构、支撑机构、航行系统相关运动;电气系统向掘进机提供动力,控制巷道掘进机上的所有电动机。

第一节　巷道环境探测与感知理论

一、巷道环境探测

安全问题是矿井开采的首要任务。瓦斯、粉尘、水、火、顶板并列为矿井五大灾害,具有突发性强、破坏性大、抢救难度大等特点,一旦发生会造成不可挽回的损失。

随着浅部资源逐渐枯竭,我国煤炭资源开采以平均每年 5～10 m 的速度向深部迈进,深部地层开采已成为我国煤炭行业的未来发展趋势,深部地层具有高地应力、高地温、高岩溶水压、开采强扰动等特点。地质条件复杂以及地表勘察技术手段有限,在施工前期难以对工程区域的工程地质情况有全面准确的掌握,加之断层、溶洞、破碎岩体等不良地质体具有较强的隐蔽性,很难做到对巷道沿线不良地质情况的准确揭示。而断层、破碎带、岩溶含水体等不良地质体是主要的灾害赋存源,在巷道施工扰动下有可能诱发突水突泥、塌方等严重的地质灾害,给巷道施工带来严重的生命财产损失,严重影响着煤炭资源的安全高效开采。

针对巷道掘进安全事故频发的问题,《煤矿防治水规定》明确提出“有掘必探、先探后掘”的原则。因此,发展巷道环境超前探测理论体系,开发新技术新方法,对保障矿井安全生产具有重要的意义。

(一) 巷道环境探测目标

巷道环境探测的核心任务是对巷道施工区域的地质条件进行定量化探测,从而为巷道掘进轨迹、施工工艺和防护措施的规划提供依据,减少或避免巷道掘进作业中安全事故的发生。所谓定量化地质探测,就是利用超前地质探测技术实现对不良地质体三大核心属性(空间位置、赋存形态、充填特性)的定性辨识和定量预报,定量超前地质探测的主要任务如下:

(1) 探明断层及其影响带的位置、规模及其性质,若充填地下水,定量估算地下水。

(2) 探明岩溶发育位置、规模,判断充填物性质,若充填地下水,定量估算地下水。

(3) 探测不同岩类间接触界面位置及其产状形态。

(4) 判断巷道围岩级别变化情况。

(5) 判断地质灾害可能发生的位置和规模。

针对上述探查目标,人们先后研发了多类巷道超前地质探测技术,主要包括:超前钻探类探测技术(超前导坑、探洞、超前钻探等)、地震反射类探测技术(巷道负视速度法、巷道地震预报、巷道反射成像等)、电磁类探测技术(地质雷达、巷道瞬变电磁等)、直流电法类探测技术(直流电法、激发极化法)等地球物理探测技术。每类探测方法是以地质介质的某一性质(如弹性性质、导电性质等)差异为物理基础的,每类技术有各自的适用范围、敏感特性和优缺点。

（二）超前钻探技术

超前钻探是用钻探设备(图 4-3)向工作面前方钻探，直接揭露巷道工作面前方地层岩性、构造、地下水、岩溶、软弱夹层等地质体及其性质，获得岩石的可钻性、岩体完整性、岩石强度等资料，具有精度高、直观性强、适应面宽等优点，是最直接有效的超前地质探测方法之一，在工程实践中应用广泛。巷道坍方空洞钻探预测结果图如图 4-4 所示。

图 4-3　全液压钻机图

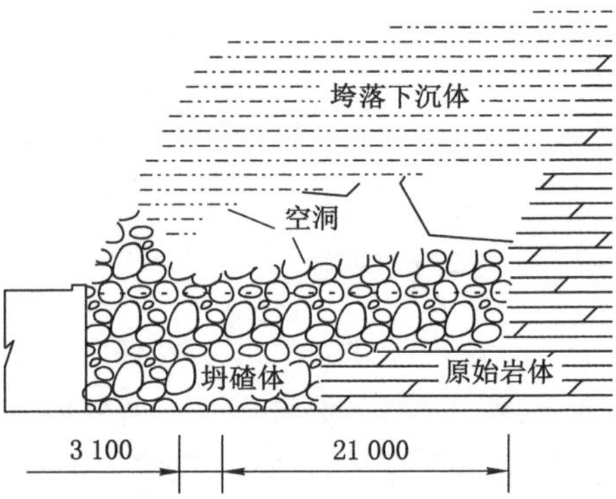

图 4-4　巷道坍方空洞钻探预测结果图

根据钻探过程中是否进行岩芯的取样，钻探技术可分为无芯钻探和取芯钻探两类。无芯钻探在钻探过程中不进行岩芯的取样，主要记录钻进过程中钻机的钻进速度、推进压力、扭矩、转速等各项钻进参数随钻进深度的变化，推断出不同位置岩石的硬度、均质性、完整性等特性；取芯钻探主要是根据钻取的芯样来判断围岩的岩性、岩层的变化以及节理裂隙的发育情况。工程应用中常采用两种方式相结合的手段推断施工区域的地质特性。

超前钻探作业在纵向可实现 60 m/次以上的探测距离，但在横向只能对钻孔周围的地质环境进行探测，往往会因“一孔之见”的问题导致不良地质体的漏报漏探，工程中常通过增加探测孔数目的方式来提高钻探的探测精度，但会大幅度增加探测成本，且超前钻探的施工效率较低。在巷道工作面实施水平超前钻探对巷道施工效率有较大的影响。

（三）岩石的地球物理特性

钻探法属于破坏性探测，虽然能够最直接查清掘进面前方的地质特性，但是存在施工费用高、效率低、容易漏报、盲目性强等缺点。针对钻探法存在的问题，相关学者利用岩层间物理性质的差异，提出了多种无须破坏岩层即可实现异常地质体探测的物理探测技术。岩层间的物理性质差异是开展异常地质体探测的前提条件。因此，了解地层岩石的物理特性及其影响因素，对合理选择物探方法，正确解释物探资料具有重要的意义。

1. 地震特性

(1) 地震波

地震波是由地震震源向四处传播的振动，指从震源产生向四周辐射的弹性波。按传播方式可分为纵波(P 波)、横波(S 波)和面波(L 波)三种类型。地震发生时，震源区的介质发生急速的破裂和运动，这种扰动构成一个波源。由于地球介质的连续性，这种波动就向地球内部及表层各处传播开去，形成连续介质中的弹性波。

纵波在介质中传播时，波的传播方向与质点的振动方向一致，在纵波经过的扰动带内，会间接形成压缩带和膨胀带，因此又称为压缩波或疏密波，它在介质中的传播速度最快。横波又称剪切波，在介质中传播时，波的传播方向与质点振动方向垂直。质点在水平平面中的横波分量称为 SH 波，在垂直平面的横波分量称为 SV 波。横波仅在固体介质中传播，液体和气体中不存在横波。地震波在岩体中传播时，纵波的速度约为横波波速的 1.732 倍。横波波速最小为零，最大为纵波的 70%，分别对应液体和极为坚硬的岩石。

(2) 影响地震波传播速度的地震因素

影响地震波传播速度的地质因素很多，除了岩石成分和结构外，还有岩石的密度、孔隙率、风化程度。

① 岩性

不同的岩土介质由于其弹性性质的差异而具有不同的传播速度和波阻抗。一般情况下，火成岩和变质岩比沉积岩的波速大，沉积岩的波速低而变化范围大，不同岩石或地层间存在波速和波阻抗差异，因而不同岩性的分界面是地震波反射和折射的截面，这是开展地质勘探的地球物理基础。

② 密度和孔隙率

波速随着密度的增加而增大，随着孔隙率的增加而降低。

③ 风化程度

风化作用使岩体矿物发生变异、原生结构遭到破坏，质点间的弹性联系减弱，因而波速随风化程度增加而减小。

2. 电性特性

(1) 岩石的电阻率

电阻率 ρ 是表示岩石导电性能的参数，是电法勘探中使用最多的表征参数。根据物理学上的定义，当电流沿着一段导体的延伸方向流动时，导体的电阻 R 与其长度成正比，与垂直于电流方向的导体横截面积 S 成反比，即：

$$\rho = \frac{RS}{L} \tag{4-1}$$

显然，岩石的电阻率越大，其导电性能越差，反之导电性能越强。

(2) 影响岩石电阻率的主要因素

天然状态下，岩石电阻率除了与其矿物成分有关外，还与岩石的结构构造、孔隙率和含水性等有关。

① 矿物成分和结构

岩石的电阻率与其组成矿物的电阻率、矿物的含量及矿物的分布状态有关。当岩石中含有良导电矿物时，岩石电阻率取决于良导电矿物的含量和分布状态。

② 孔隙率

岩石孔隙率的大小决定岩石中水的含量，从而决定岩石中离子的数量；岩石孔隙通道截面积大小、弯曲程度以及连通程度等结构参数影响着离子的运动速度和参加运动的离子数量，从而影响岩石的电阻率。

③ 含水率

沉积岩主要依靠孔隙水溶液来传导电流，因此岩层中水的导电性将直接影响沉积岩的电阻率，在其他条件相同的情况下，岩石电阻率与岩石中水的电阻率成正比。

二、地球物理类超前探测技术

根据探测原理的不同，地球物理类超前探测技术可分为地震反射类、电磁类和直流电类三种，每类技术有各自的适用范围和优缺点。地震反射类对具有弹性差异的异常体有较敏感的响应，但难以辨识是否为含水异常体，因此主要用来对岩石种类以采空区、断层等结构性异常地质体的勘探；电磁类探测技术对水的敏感度较高，适用于对巷道掘进面水文环境的探测；直流电类均适用于结构类以及水文类异常地质体的探测。地球物理类超前探测的结果均须经钻探法进行验证。

（一）地震反射类超前探测技术

地震类超前探测方法利用地震波在不均匀地质体中传播时产生的反射、折射、散射等特性，来预报巷道掘进前方及周围邻近区域的地质状况。这种技术的工作原理是当地震波遇到声学阻抗差异（密度和波速的乘积）界面时，一部分信号被反射回来，一部分信号透射进入前方介质，声学阻抗的变化通常发生在地质岩层分界面或岩体内不连续界面。反射的地震信号被高灵敏地震信号传感器接收，通过分析，可用来了解巷道工作面前方地质体的性质（软弱带、破碎带、断层等）、位置及规模，入射波反射系数 R 的计算公式如下：

$$R=\frac{\rho_2 v_2-\rho_1 v_1}{\rho_1 v_1+\rho_2 v_2} \tag{4-2}$$

式中　ρ——岩层密度，kg/m^3；

　　v——地震波在岩层的传播速度，m/s。

地震波从一种低阻抗物质传播到一个高阻抗物质时，反射系数是正的；反之，反射系数是负的。因此，当地震波从软岩传播到硬岩时，反射波的偏转极性和波源是一致的；反之，当地震波从硬岩传播到软岩时反射波的极性会反转；反射体的尺寸越大，声学阻抗差别越大，反射波就越明显，越容易探测到。

巷道地震预报和巷道反射成像是两种最为典型的地震波反射超前探测技术。

1. TSP 超前探测技术

TSP 超前探测技术属于多波多分量高分辨率地震反射波探测技术，专门为长距离巷隧道施工地质超前探测而设计，其工作原理如图 4-5 所示。该技术主要是在巷道的一侧沿直线布置一定数量的炮孔，通过小药量炸药激发产生地震波，地震波在岩石中以球面波形式传播，地震波遇到岩石波阻抗差异界面（例如裂隙带、断层或岩层变化等）时，有一部分信号会发生反射，反射信号的传播速度、延迟时间、波形、强度和方向等均与相关界面的性质和形状密切相关，并通过不同数据表现出来，利用布置在巷道侧面的高灵敏度三分量加速度地震传感器接收并记录反射波，经过后续信号处理形成反映相关界面或地质体反射能量的影像点图和巷道平面、剖面图。TSP 系统最大可准确预报巷道施工前方 300 m 范围内的地质条件和岩石特性变化。TSP 超前探测结果图如图 4-6 所示。

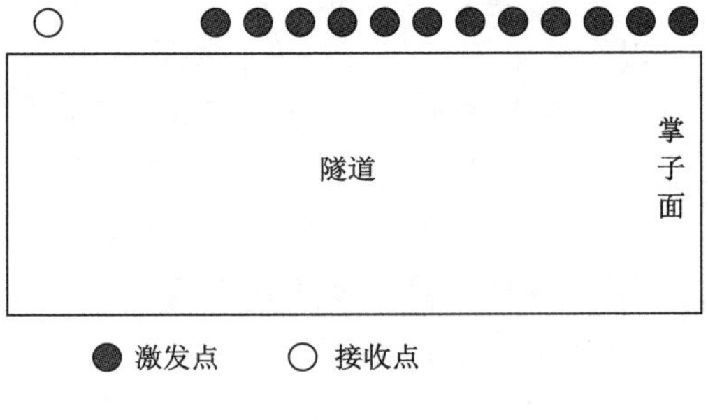

图 4-5　TSP 超前探测原理图

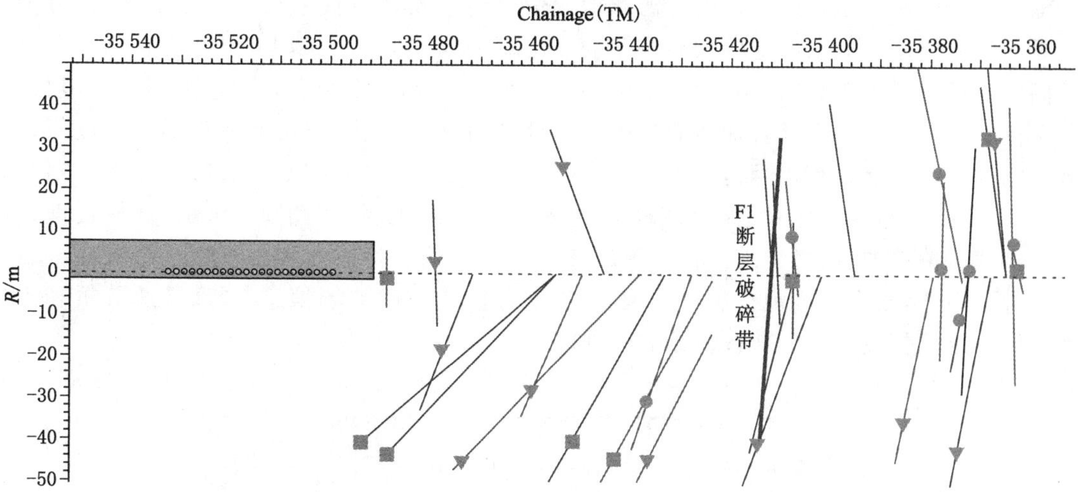

图 4-6 TSP 超前探测结果图

TSP 超前探测应该遵循以下几条原则：① 反射振幅越高，反射系数和波阻抗的差别越大；② 正反射振幅表明正的反射系数，也就是从软岩层变化硬岩层；负反射振幅表明从软岩层变化为硬岩层；③ 若 S 波反射比 P 波强，则表明岩层饱含水；④ v_P/v_S 突然增大，常常是因流体的存在而引起；⑤ v_P 下降表明裂隙密度或孔隙度增加。

TSP 在我国隧道工程领域的应用非常广泛，这类方法对规模较大的不良地质体特别是与隧道轴线近似垂直的不连续体（断层、破碎岩体等）界面探测效果较好，但是从反射地震探测原理来分析，TSP 直线测线布置方式难以获取掌子面前方的波速分布，从而导致定位不准确、探测结果不可靠。

2. TRT 超前探测技术

TRT 超前探测技术的工作原理如图 4-7 所示。TRT 与 TSP 的主要不同之处在于激发点和信号接收点的布置方式：TRT 的地震波信号激发点为一定数量的布置在巷道掘进工作面上的炮孔，反射信号接收点为布置在巷道墙体两侧和拱顶的多组高灵敏度三分量加速度地震传感器。

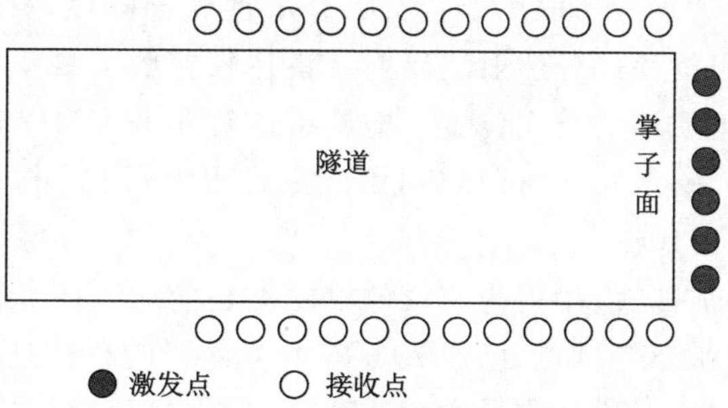

图 4-7 TRT 超前探测原理图

以每个震源和地震信号传感器组的位置为焦点，与所有可能产生反射信号的反射体可以确定一个椭球。足够多数量的震源和地震信号传感器组对会形成一个三维数组，每个反射界面的地层位置可以由这些众多椭球的交汇区域所确定。实际上，反射边界每一点离散图像的计算包括由所有震源和地震信号传感器组所对应的三维岩体空间中选定的区块。离散图像中各点值是由空间叠加所有地震波形计算得来，每个波按比例地从震源经过三维岩体空间的区块到达地震信号传感器。

TRT 技术的突出特点是在观测方式上实现了空间观测，如图 4-8 所示，资料处理方法上采用地震偏移成像，可实现工作区域的三维地质成像。检波器和激发炮点布置在隧道两侧和掌子面上，最大限度地扩展横向展布，以充分获得空间波场信息，提高波速分析和不良地质体的定位精度，较 TSP 有明显的改进。

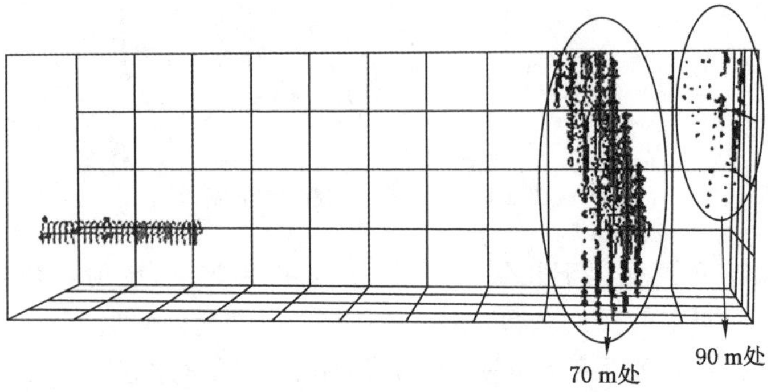

图 4-8　TRT 超前探测结果图

地震反射波法优点为探测距离长、分辨率高、信息丰富，对弹性差异的地质异常体有较灵敏的响应，其缺点为由于受掘进工作面狭小空间观测条件的限制以及三维空间岩体内不同方向反射波的影响，数据处理与解释存在很大的困难，且对含水地质结构的识别精度较低。

(二) 电磁类超前探测技术

1. 地质雷达法(图 4-9)

为了对含水地质体进行识别和定位，地质雷达法和瞬变电磁法被引入巷道超前地质探测领域。地质雷达法将雷达仪发射天线产生的高频窄脉冲电磁波定向往掘进面发射，电磁波在岩体中的传播速度和衰减率取决于岩石的介电性和导电性。在传播过程中，一旦遇到岩石导电特性变化，就可能使部分透射波反射。雷达仪接收天线识别反射波并确定其传播时间，从而确定界面或地质体的空间位置。地质雷达对含水体响应非常敏感，但高脉冲的特点决定了探测距离有限，一般在 50 m 以内，因此主要用于短距离探查。

2. 瞬变电磁法(图 4-10)

瞬变电磁法是更为成熟、应用更为广泛的电磁类超前探测技术凭借体积效应小、方向性强、分辨率高、对低阻区敏感等优点，已成为煤矿水害探测的最佳选择方法。瞬变电磁法是以不同地质结构的导电性、导磁性差异为物质基础，根据电磁感应原理，利用发射线圈向掘进面前方发送一次脉冲磁场，在一次脉冲磁场的间隙期间，利用接收线圈观察导电介质所产生的二次涡流场，从而探测地质结构电阻率的方法。

当发射线圈中的电流突然断开后，地下介质中就要激励起二次感应涡流场，以维持在断

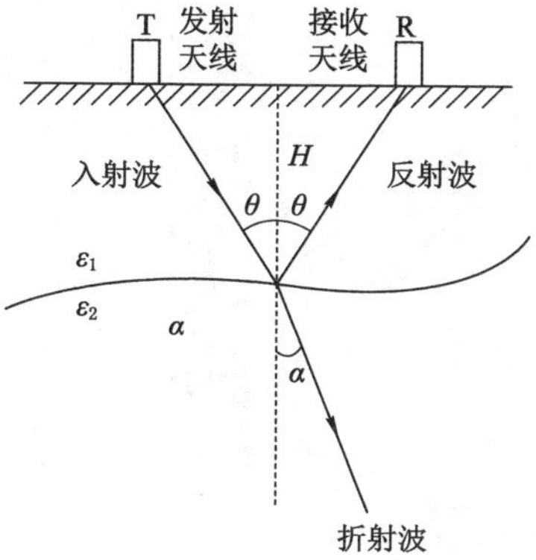

图 4-9 地质雷达超前探测原理图

图 4-10 矿井瞬变电磁仪

开电流以前的磁场。二次涡流场呈多个层壳的“环带”形，其最大值沿着与发射线圈成 30°倾角的锥形斜面向下及向外传播，不同时间到达不同深度和范围。二次涡流场的强度与地下介质的性质有关：完整岩石的电阻率相对较高，引起的二次涡流场较弱；破碎岩层，尤其是富水介质的电阻率较高，引起的涡流场较强。因此通过观察二次涡流场，就可以了解地下介质的电阻率分布状况，进而判断地层岩性及构造等特征。

瞬变电磁仪采集的数据一般要经过数字滤波、磁感应强度计算、斜阶跃效应校正、视电阻计值计算、时深转换等数据处理步骤，最终进行数据可视化成图，获取探测方向目标异常体的电性差异，从而推测巷道掘进面前方地质体的分布规律，如图 4-11、图 4-12 所示。具体施工中可通过调整电磁波发射方向，进行掘进面、顶板及底板等方向含水异常构造的探测。

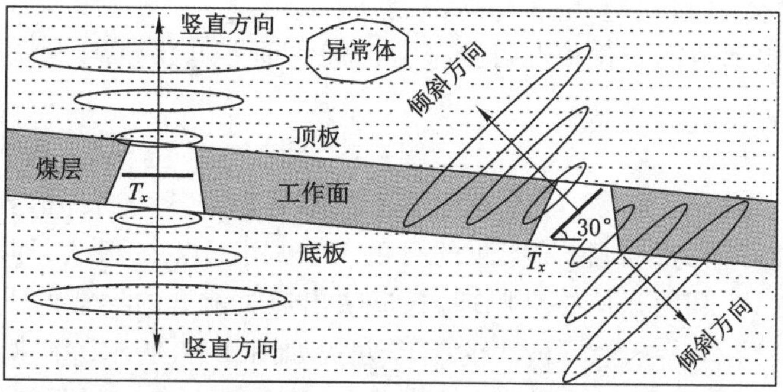

图 4-11 瞬变电磁法探测方向示意图

瞬变电磁法是纯二次场探测，因此与其他电性勘探方法相比，具有体积效应小、纵横向分辨率高，对低阻反应灵敏等特点。此外，因装置体积小、操作简单，因此具有施工方便快捷、劳动强度小等优点。瞬变电磁法的缺点：受关断时间等的影响，存在约 15 m 探测盲区；受全空间效应影响，掘进工作面前后方异常混合在一起难以分离；因金属结构对其探测结果会产生极大的影响，不适用于巷道周边有巨大金属结构的工况；巷道瞬变电磁反演成像目前仍以二维为主，三维探测其发展趋势，但其正演模拟、反演解释等基本问题研究处于起步阶段。

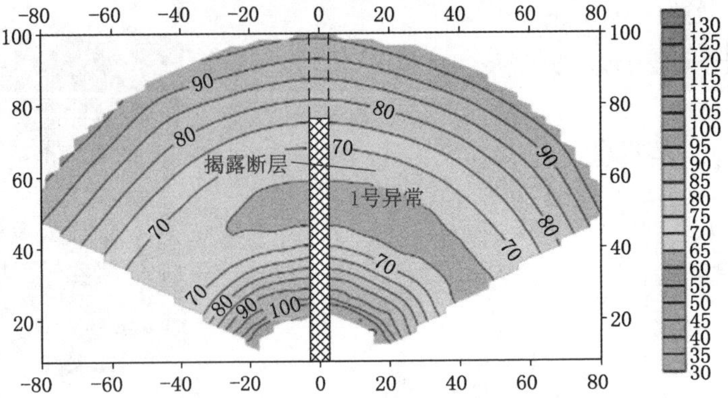

图 4-12　瞬变电磁法探测反演结果图

（三）直流电类超前探测技术

直流电类超前探测技术同样利用了地质结构的导电性和电阻率的差异来实现巷道掘进面异常地质体的探测，其基本原理如图 4-13 所示。在均匀介质中，利用单点电源 A 供电，点电源 A 形成的等位面为球面，则测量电极 M、N 之间的电位差是 MN 所夹球壳内岩体的综合电性响应，若 MN 球壳体积范围内存在电性异常，不论异常体位于哪个方位，均会引起视电阻率会发生变化，低阻异常体引起视电阻率降低，反之会引起视电阻率升高。因此，通过分析视电阻率值的变化情况可预报掘进迎头前方电性异常，进而判断地层岩性及构造等特征。

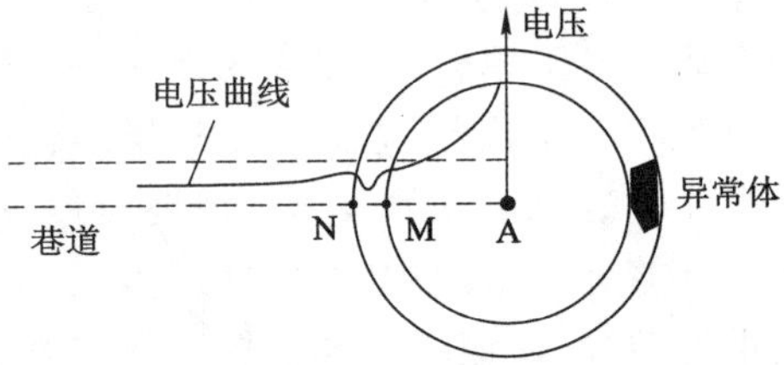

图 4-13　直流电类超前探测原理图

1. 直流电法

利用一个供电电极测到的视电阻率异常反映的是整个球壳内部的异常，并不能判定异常在巷道迎头的前方。为达到超前探测的目的，常采用三点-三极法，即 3 个供电电极交替供电分别测量的方式，利用几何交会原理，只反映出迎头前方的异常地质，消除顶板、底板和后方对探测结果的影响。三点-三极法的工作方式如图 4-14 所示。在掘进工作面附近按 4 m 间距布置 3 根电极作为供电电极（A_1、A_2、A_3），在后方按 4 m 间距布置若干电极作为接收电极（M、N），在供电电极分别供电时，接收电极 M、N 以一定极距向巷道后方逐步移动，采集接收电极之间的电位差，获得 3 条电位差曲线。

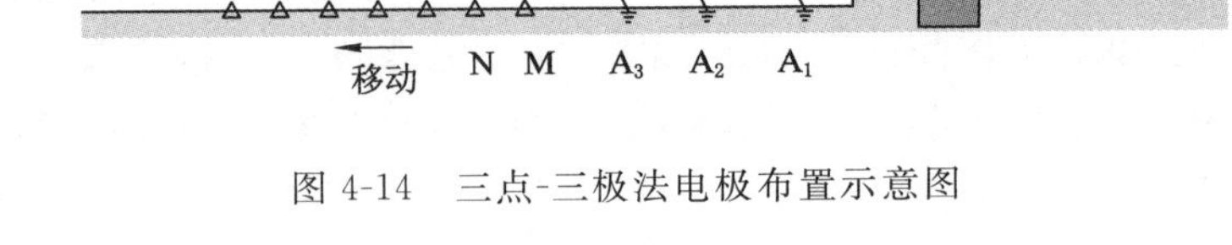

图 4-14　三点-三极法电极布置示意图

高密度电法是在三点-三极法的基础上发展而来，其探测原理与三点-三极法完全相同，不同的是在观测中设置了高密度的测量电极。如图 4-15 所示，在掘进巷道迎头附近一次布置 64 个电极，其中迎头立面上布置 A_1～A_4 四个电极（视迎头断面大小而定），A_4～A_{64} 沿巷道迎头后方底板按照一定极距布置，控制并行电法仪器使得各个电极逐个供电，该仪器在电极供电的同时，采集其余非供电极的电位值。根据直流电法超前探测需要，从中提取前几个（一般为 4～16 个）电极供电数据，通过一定的数据处理方法获取巷道迎头前方视电阻率分布状况。

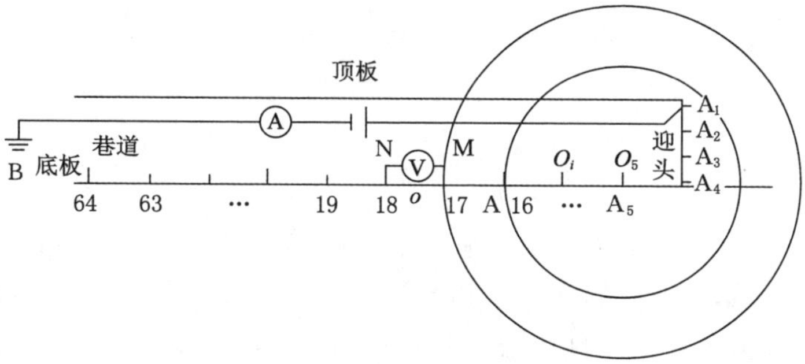

图 4-15　高密度电法电极布置示意图

与三点-三极法（图 4-16）相比，高密度电法具有如下优点：① 电极布设是一次完成的，减少因电极设置而引起的干扰和测量误差；② 能有效地进行多种电极排列方式的扫描测量，因而可以获得较丰富的关于地电断面结构特征的地质信息；③ 数据采集实现了自动化或半自动化，不仅采集速度快，而且避免了由于手工操作所引起的误差。

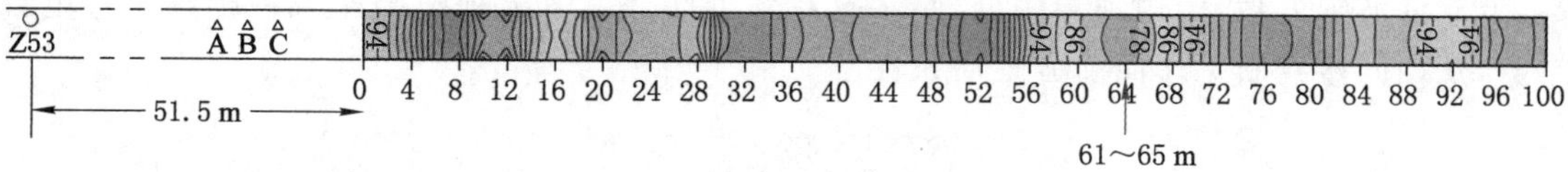

图 4-16　三点-三极法超前探测反演结果图

直流电法具有理论成熟、方法灵活、探测距离长、无盲区和抗干扰能力强等优点，但其最大的缺点是需要在巷道掘进面后方布置大量的电极，对巷道空间大小和环境具有较高要求。

2. 双频激电法

瞬变电磁法和直流电法所发射电场为全空间球面形状，在探测工作面前方地质条件的同时会受到工作面后方顶底板、侧面地质条件及设备的干扰，而易造成虚报或误报，需要在数据处理解释中校正或剔除。为消除全空间效应对探测结果的影响，相关学者提出了双频激电法超前探测技术。

巷道掘进面的岩石在人工电场激发作用下会发生复杂的电化学过程，并形成一个随时间增加而增长的极化电场，两者叠加的总电场经数分钟后趋于饱和。这时切断电源，人工电场会随之消失，但极化电场会经历一个随时间逐渐衰减放电的过程，这种现象称为激发极化效应或激电效应。电场的激电效应如图 4-17 所示，a 曲线为充电曲线，其中 E_Z 为总场强度

（包含人工电场强度 E_1 和极化电场强度 E_2），T_S 为人工电场消失时刻，b 曲线为人工电场消失后极化电场的衰减曲线。极化电场的强度和衰减持续时间的长短与介质的组成有关，所以可以通过观测和研究巷道掘进面前方岩体的激电效应来探测其地质条件。

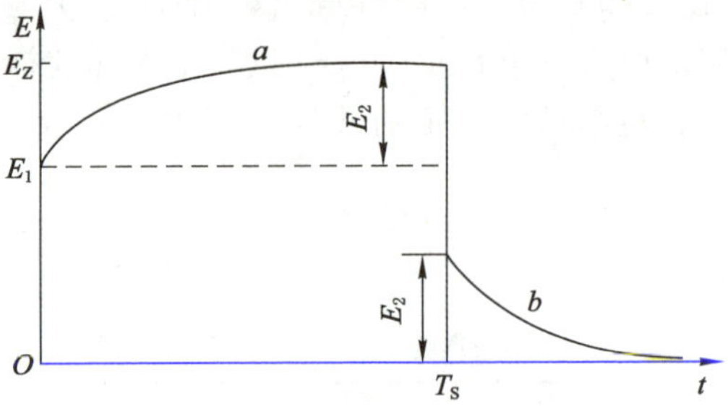

图 4-17　电场激电效应特征

双频激电法的电极布置如图 4-18 所示，A_0 为发射电极，A_1 为屏蔽电极，B 为接地电极。在 A_0 至 B、A_1 至 B 之间经岩体内部形成电场。A_0 和 A_1 两处电极同步向掘进面岩层发射同极性的双频交流电流。根据同性电流相排斥原理，发射电极 A_0 产生的发射电场和屏蔽电极 A_1 发射的屏蔽电场相互作用，使发射电场得以聚焦，并在探测距离内呈喇叭口状，从而控制电场在介质中传播的方向性问题，消除电场的全空间效应。发射极还负责测量介质中由于激发极化效应而产生的电场电性参数。接地电极 B 可放置于工作面后方数十米外。探测时发射极和屏蔽极同时发射特性相同的双频电流，在前半周期发射频率为 f_L 的低频电流，在后半周期发射频率为 f_H 的高频电流。低频时，岩石得以充分极化，产生二次电场；高频时，岩石来不及极化，而二次电场放电。发射和测量同时进行，所以在测得的信号中含有与发射极同频的高、低频两种电流量，但幅值和相位发生明显变化。将测得的信号经放大及高、低频滤波等处理，传送到专用处理器中，并分析计算可得出视电阻率及视幅频率等电性参数，从而间接判断工作面前方地质条件。

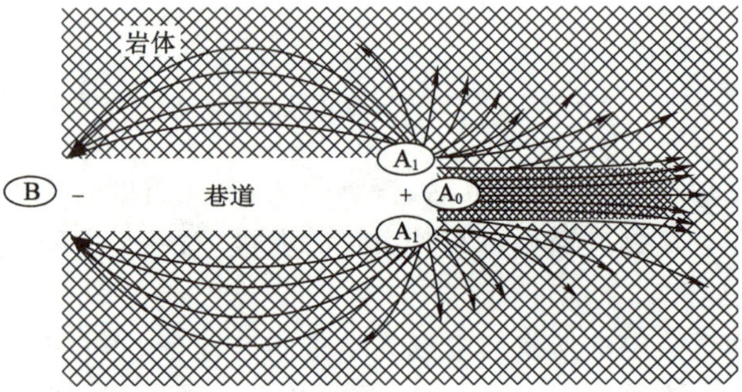

图 4-18　双频激电法电极布置示意图

双频激电法的优点如下：① 发射极和屏蔽极都安装在掘进机机身上，可实现边掘边探，不影响掘进速度，解决了探、掘速度不匹配问题；② 解决了电流在介质中传播的方向性问题，消除了电法探测中电场的全空间球体效应，不易受到掘进面后方地质条件的影响；③ 信号接收部分具有选频和滤波系统，只接收固定频率信号，因此在克服电极极化不稳、接地条件不良以及避免工业游散电流和天然大地电流场的影响等方面有优势，有较强的抗干扰能力。但根据现有研究，双频激电法也存在着探测距离短，单个测量电极只能定性推断掘进面前方的含水情况，无法对异常体精确定位的问题。

三、巷道综合超前探测技术

每类超前预报技术在适用范围、探测距离、识别精度方面各有不同和特点，在实际应用中应根据含水构造等不良地质体赋存的地质和地球物理特征及每种探测技术的特点，选择合适的综合探测方法。

以所介绍的探测方法的探测距离为基础，建立了如图 4-19 所示的四阶段巷道不良地质的综合定量超前地质预报技术体系，该体系以地质分析为先导，以地质与物探、钻探结合，不同物探方法结合为基本原则。必须说明的是，四阶段全过程的综合超前地质预报技术体系只有在高风险突水突泥段落才实施四阶段的综合探测，并非对所有地质情况都全部采用，针对不同类型的探测对象所采用的超前预报方法是不同的。

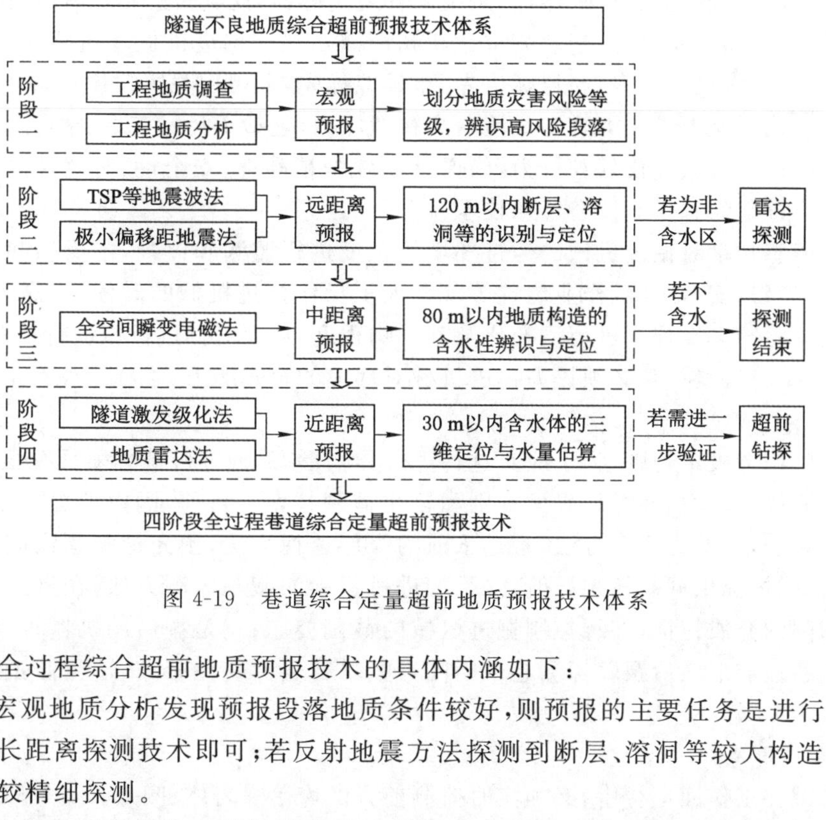

图 4-19　巷道综合定量超前地质预报技术体系

四阶段全过程综合超前地质预报技术的具体内涵如下：

(1) 若宏观地质分析发现预报段落地质条件较好，则预报的主要任务是进行岩性判别，采用地震波长距离探测技术即可；若反射地震方法探测到断层、溶洞等较大构造，则采用地质雷达进行较精细探测。

(2) 若宏观地质分析发现预报段落具有较高突水等地质灾害风险，则首先由反射地震类方法远距离(120 m)识别和定位断层、溶洞等地质构造，再由全空间瞬变电磁法中距离(80 m)辨识构造内是否含水并定位，若是含导水地质构造，则由激发极化法实现近距离(30 m)定位含水体并估算水量，必要时利用超前钻探进行验证。

四、巷道空间环境感知

掘进机械在多变地质环境中截割煤层，必须预先准确获取其作业位置、周围环境、煤层状态等信息，才能达到“知己知彼”的智能精准运行状态。对于智能掘进机械，环境感知是十分重要的信息获取能力，当掘进机具备环境信息检测、分析和建模功能时，才能模拟掘进机械司机对运行环境及态势进行控制。对于处于机械化阶段的掘进机械，环境感知是保障掘进机械安全运行的关键技术，避免发生碰撞、超速、超限等运行故障或生产事故。对于达到自动化阶段的掘进机械，环境感知是其自动运行的重要基础，通过掘进作业状态信息获取和反馈使掘进机械按照预定程序自动运行。进入智能化阶段的掘进机械，实质上需要实现自动驾驶才能达到自主机器人智能水平，因此环境感知是掘进机械智能运行的根本基础。

智能掘进机械获取环境信息通过机载传感器对周边环境信息进行采集和处理，主要包括掘进机械行进空间、运行位姿、截割状态、机器状态感知。按照获取方式，环境传感器分为两类：一是被动环境传感器，此类传感器本身不发射信号而是通过接收外部信号来获取环境信息，例如视觉传感器、听觉传感器；二是主动环境传感器，此类传感器向外部环境发射信号进行环境感知，例如激光雷达、毫米波雷达和超声波雷达。掘进机械环境感知，应遵循的原则是近目标优先、大尺度优先、动目标优先、差异性优先，采用相关感知技术对环境信息进行选择性认知。选择能力是人类感知环境的高智慧能力，包括了目标获取、学习、识别的功能，由此支持智能掘进机械优化驾驶行为，确保自动驾驶精准性、安全性、有效性。下面主要介绍掘进机械行进空间和作业位姿感知技术。

巷道环境感知是对掘进机械的运行环境复杂度进行监测和评判，主要感知要素包括煤层变化、前方障碍、安全风险、作业位置等。在人工操作掘进机械的时候，要靠人的视觉、听觉、触觉、嗅觉感知去发现掘进环境变化及其影响程度，从而对掘进机械进行控制。因此，要减少或者替代人工操作，就必须提高掘进机械对环境的感知能力。

1. 煤层构造感知

地下煤层构造极不规则，为了应对这种煤层异构形态，掘进机械必须具有煤层厚度监测和仿形截割调控的能力，即煤岩界面识别和自主截割技术。目前，国内外提出了20余种煤岩界面探测方法，归纳为3类方法：一是采前的煤层透视方法，预先探测巷道前端煤岩分布情况，为掘进机械提供截割轨迹导航；二是掘进过程中的截割监测方法，在掘进过程中实时感知截齿切削的介质特征，在线控制掘进机械的截割姿态；三是掘后的机器视觉方法，在掘进机械截割巷道成形之后跟随探测巷道周围岩壁暴露表面物性分布，适当修正下一循环的截割轨迹。

2. 空间障碍感知

掘进机械在工作面运行中，必须实时监测前方的垮落煤岩体、闯入人员等障碍物并予以规避，因此智能掘进机械须具有前方空间自主探测及避障能力。从目前已有技术看，掘进机械和井下移动设备的运动空间避障和防撞保护可采用红外线、超声波、微波和激光探测等技术。智能化掘进机械需要构建一个多种传感技术的融合感知系统，发挥各自传感器所长，获得准确、灵敏、全面的空间环境信息。借鉴无人驾驶汽车的空间障碍感知技术：首先是激光雷达探测的空间信息，其感知量占60%～75%；其次是视觉感知的图像信息；再次是毫米波雷达探测的距离信息、惯性导航获取的位姿信息；最后是超声波、红外线传感器等光电传感器获取的信息。

（1）红外线测距避障

红外线是波长介于微波与可见光之间的电磁波，其波长范围为 0.76～1 000 μm。红外测距仪以调制的红外光对目标物进行精密测距，其工作原理如图 4-20 所示。发射振荡器产生一定频率的调制信号，经过功放器加到红外发射装置上，由红外发射器发出红外线，经过红外反射装置反射后的红外信号，被红外接收装置接收，然后通过信号的处理，得到高频率的测距信号。红外测距技术在矿山测量中应用较为广泛，但在粉尘较大的环境中，红外测距的性能大大受限。

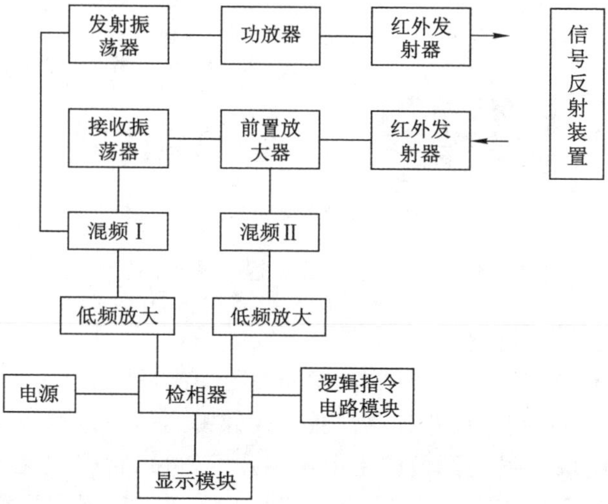

图 4-20　红外测距装置原理图

（2）超声波测距避障

超声波为振动频率大于 20 kHz 的机械波，其避障原理是发射器发射的超声波遇前方障碍物后反射回波，接收器获取回波来测定障碍物的距离。超声波具有指向性强、对尘土和湿气穿透性强的优点，常用于倒车雷达、测距仪、物位测量仪、移动机器人等场景，对井下掘进机械自主避障而言，超声波测距避障技术是一种较为可靠的技术。2018 年，日本电装(Denso)公司研发出防止司机误踩油门加速装置，用超声波传感器探测障碍，当车辆从泊车或停车状态转为前进状态时，一旦检测到附近有障碍物，会以蜂鸣报警提示司机，如果司机继续误踩油门试图加速，该装置就启动以制止汽车加速，防止冲撞或减轻冲撞强度，倒车速度超过 5 km/h 时也会启动并限速行驶。

（3）毫米波雷达探测避障

毫米波雷达是工作在波段 1～10 mm、频域 30～300 GHz 的电磁波雷达，具有可穿透灰尘、雨水而精准测距的优点，成为车辆防撞保护的主导技术。图 4-21 所示为神华集团研发的露天矿卡车 24 GHz 毫米波防撞雷达系统，包括车载毫米波雷达、雷达控制器和自动刹车系统等。安装在卡车前端的毫米波雷达传感器发射和接收电磁波信号，通过信号解析算法，探测本车与前方车辆或设备之间的距离与速度。雷达控制器用来接收来自雷达传感器的数据，根据解算的距离和速度，按照雷达防碰撞刹车准则，给出是否刹车的命令，并通过刹车制动检测装置，得知刹车踏板的刹车进程，利用系统状态显示器，可以实时得知雷达系统的工作状态，必要时通过刹车制动解除按键，使刹车踏板恢复到刹车前的位置。

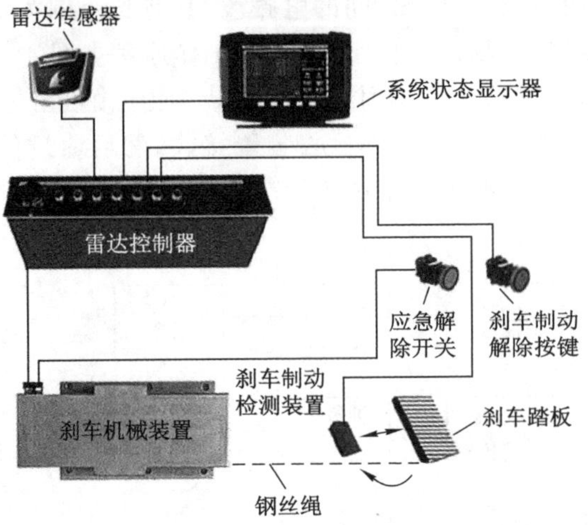

图 4-21 矿用卡车雷达防碰撞系统

（4）激光成像雷达探测避障

自 20 世纪 60 年代激光被发明以来，其激光测距功能，最早在军事领域的武器制导等方面得到广泛应用，随后向军用及民用迁移。激光成像雷达是通过激光束对待测目标物进行照射、扫描获取距离图像和强度图像的主动探测技术，可以精确快速获取目标三维空间信息，可作为智能采掘机械前方障碍探测的先进技术。2020 年，国内研究人员建立了井下掘进机激光成像雷达观测模型，采用国产激光雷达，获取掘进巷道的即时定位与地图构建(SLAM)场景，建模误差可控制在 0.02 m 以下。超声波雷达、毫米波雷达、激光雷达在探测距离、探测精度、成像能力、成本优势、尺寸优势、抗干扰能力方面的对比如图 4-22 所示。

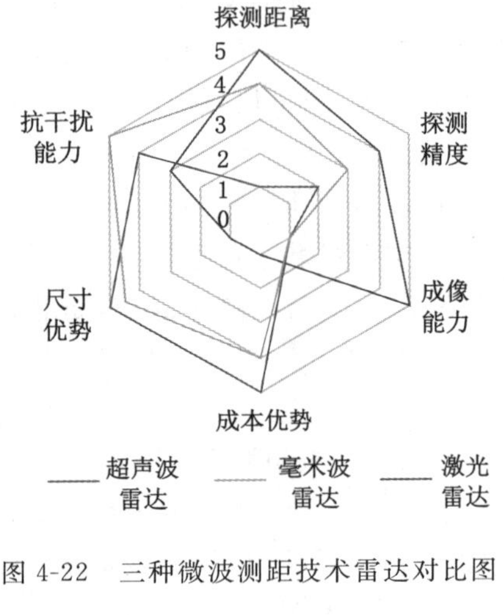

图 4-22 三种微波测距技术雷达对比图

3. 机器视觉感知技术

美国自动视觉协会(AVA)把机器视觉系统定义为一种通过光学非接触传感器测量和

识别物体图像并用于控制目标或过程的计算机图像识别系统。机器视觉有单目、立体和全景 3 种视觉获取方式。单目视觉技术用 1 个相机实现前方碰撞、行人探测、轨迹偏离等感知功能；立体视觉技术是采用双目相机仿生人类视觉，对视场范围内的目标进行立体成像，实现三维图像重构，主要用于采掘机械位置标定、障碍物检测；全景视觉技术由 4～6 个相机进行 360°同步成像，获得掘进机械前方全景图像，构建掘进机械运行空间的数字孪生场景。在智能掘进机械自动驾驶视觉感知中，基于深度学习的图像处理将成为掘进机械环境视觉感知的重要支撑。

图 4-23 所示为矿用钢丝绳的机器视觉无损监测系统，机器视觉图像采集设备安装在现场钢丝绳运转位置，采集钢丝绳图像并传输到中控主机进行图像识别、人工智能判别及报警信号发出，可对钢丝绳的断丝、磨损、锈蚀等损伤缺陷进行在线监测。

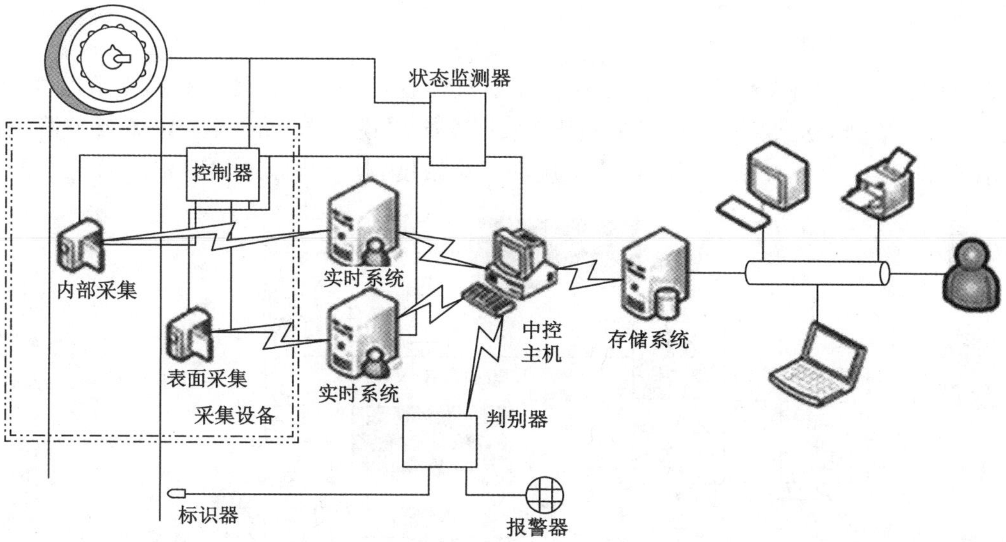

图 4-23　可视化煤矿钢丝绳智能监测系统图

图 4-24 所示为矿用带式输送机故障的机器视觉智能检测系统，在大同同忻煤矿使用，该系统采用 5 个线性光源的单台线阵 CCD 相机捕捉输送带表面图像，智能监控报警模块接收输送带监测图像，通过识别模块对撕裂、跑偏等故障危险等级进行评估，并根据危险程度采取报警、停机等措施。

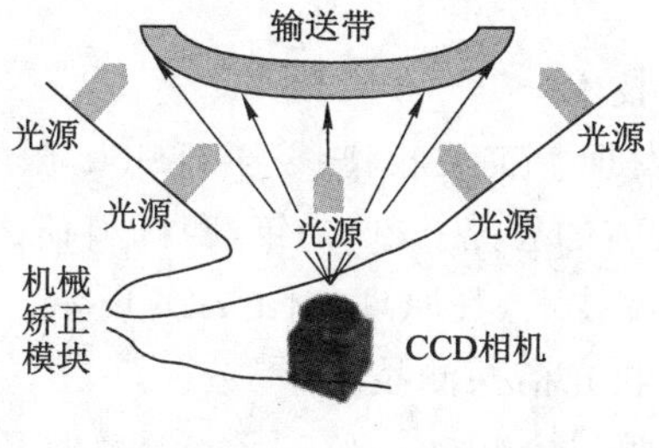

图 4-24　输送带线阵 CCD 相机图像捕捉系统

五、瓦斯浓度感知技术

矿井瓦斯是多种可燃、可爆气体的总称，其成分超过 90%是甲烷(CH_4)，故常用甲烷代表矿井瓦斯。由于采煤过程中的瓦斯涌出量与采煤量有近似线性正比关系，因此采掘机械应对瓦斯浓度具有"嗅觉"监测能力，它对保障采煤工作面安全极为重要。

1. 常规瓦斯检测仪

目前在矿井应用较为广泛的是根据载体催化元件原理设计的瓦斯检测仪，其原理为：瓦斯与氧气在工作元件表面反应，放出反应热，反应热被元件吸收引起温度升高，元件的温度增量 ΔT 将引起电阻增量 ΔR，从而使电桥不平衡，产生一个与瓦斯浓度成正比的输出信号。在采掘机械上安装了无线机载瓦斯实时监测系统，实现了采掘机械工作过程中的瓦斯突出实时预警。

2. 光纤瓦斯监测仪

20 世纪 70 年代末，光纤传感技术用于瓦斯气体检测，这种检测技术具有精度高、环境干扰小、稳定性好等优点。泰英夫(TAI H)采用 2 个单模分布反馈式半导体激光器组成 1 个复合光源，以 1 个光纤系统同时检测甲烷和乙炔浓度，其结构原理如图 4-25 所示。

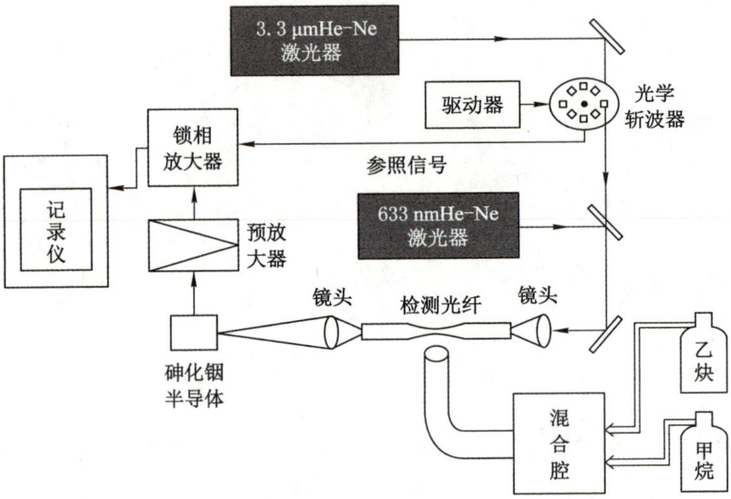

图 4-25　光纤传感器检测甲烷和乙炔浓度原理

3. 激光瓦斯遥测技术

(1) 近红外激光雷达探测技术

1965 年，莫尔(Moorecb)发现甲烷吸收谱线与 He-Ne 激光波长吻合，由此首次提出了采用激光吸收谱来探测甲烷气体的思路。2003 年，我国科研人员设计了利用单一可调谐外腔二极管激光(ECDL)遥测甲烷技术，其原理如图 4-26 所示。

(2) 可调谐二极管激光吸收光谱探测技术

1971 年，美国科学家辛克莱(Hinkleyde)在《Science》期刊上首次发表了利用可调谐二极管激光吸收光谱(tunable diode laser absorp-tion spectroscopy，TDLAS)对大气污染物进行高精度探测的试验结果，为烟囱排放气体、化工厂危害气体的远程监测提供了新方法。

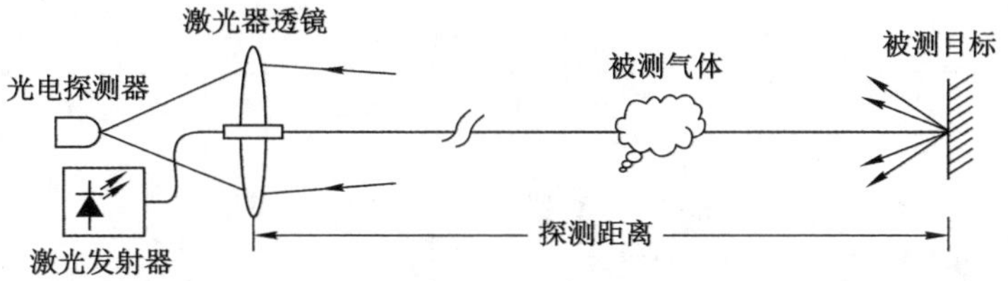

图 4-26　激光遥感探测瓦斯原理

第二节　悬臂式掘进机位姿检测与自主纠偏

据统计，煤矿在役掘进机约 6 000 台，以悬臂式掘进机为核心的综合机械化掘进巷道约占全部机械化掘进工作面的 90%以上，仅有少数地质条件极好的巷道采用全断面掘进或连采机掘进，现有掘进工作面从业人员约 40 万人。掘进作业是煤矿井下最危险、工况最恶劣的前端生产环节。掘进过程中事故发生频率相对其他环节较高，掘进工作面工人长期处于高温及高粉尘恶劣环境中，健康严重受损。自动化与无人化掘进相关基础理论与关键技术的探索与研究是解决这些难题的必由之路。综掘工作面各环节设备的全面感知、精准测控、自主导航、并行作业及可视化智能控制是实现巷道掘进无人化的必由之路，而掘进机的精确制导是上述关键技术和工艺的主要基础。

一、悬臂式掘进机位姿参数分析

首先建立四个相关的坐标系，用于解释掘进机的位姿参数，包括：

（1）大地坐标系（$OXYZ$）

大地坐标系是整个矿区进行测绘工作的基础。具体反映到煤巷掘进施工中，即可在大地坐标系中设计并标示出各巷道的设计位置及其掘进方向，用来作为位姿定义的参照坐标系，整个工作面的测量都与其相关。

（2）巷道测量坐标系（$O_cX_cY_cZ_c$）

巷道测量坐标系固定在巷道内部，设坐标原点为点激光指向仪悬挂点在巷道底板上的投影，Y_c轴指向巷道设计掘进方向，X_c轴指向巷道右侧，Z_c轴指向巷道顶板，用于检测悬臂式掘进机的机身位置姿态、所挖掘出的巷道是否符合标准。

（3）悬臂式掘进机机体坐标系（$O_bX_bY_bZ_b$）

机体坐标系固连在掘进机机身上，其坐标原点位于机身的几何重心处，X_b轴与机体的横轴方向一致，Y_b轴与机体的纵轴方向一致，Z_b轴垂直于 X_b轴和 Y_b轴构成平面指向上方，机体坐标系相对于巷道测量坐标系的状态就是掘进机的位姿参数。

（4）巷道断面坐标系（$O_hX_hY_hZ_h$）

坐标原点位于巷道的断面的中心点上，用于引导掘进机截割头进行无偏差的截割工作，X_h轴指向断面右帮，Y_h轴指向巷道掘进前方，Z_h轴指向断面顶板。

各个坐标系之间的位置关系如图 4-27 所示，通过有效的检测手段得到可测的所需的数据信息，即可推算出掘进机的机身位姿以及位姿偏差信息，从而制定出悬臂式掘进机的位姿检测及纠偏系统。

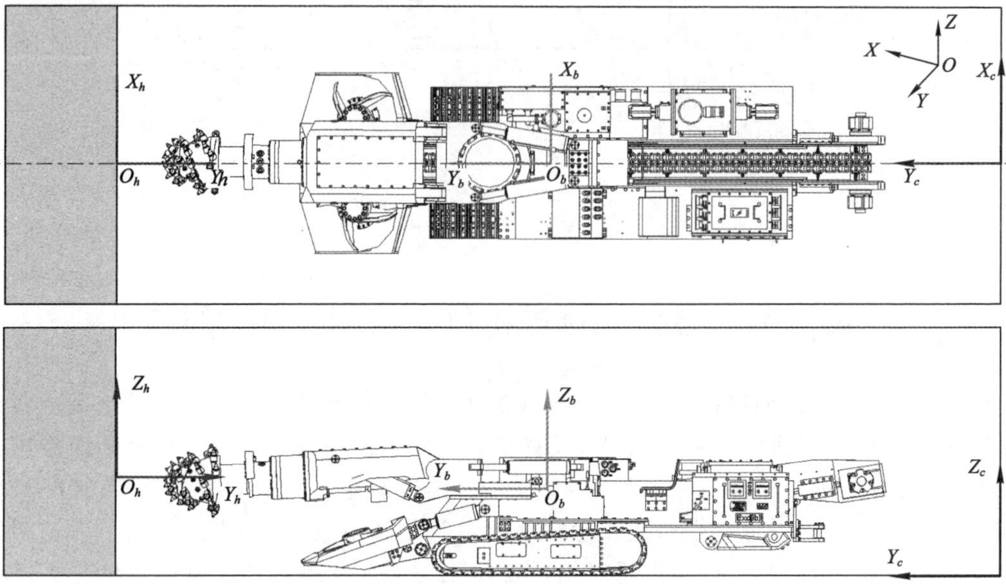

图 4-27　各坐标系间的相对关系图

在进行断面截割工作时，掘进机受力不平衡会导致机身晃动，引起机身的位置姿态出现偏差，因此掘进机的运行姿态测量即是确定掘进机的位姿（机身坐标、偏向角、俯仰角和横滚角）以及掘进机的中心点到巷道设计中心轴线的距离，这些参数将对掘进机的挖掘工作起到指引作用。

掘进机机身可能出现的位姿偏差，就可以由以下 5 个参数来全面地描述：

(1) 机身偏向角：α

如图 4-28 所示，掘进机机身中线与巷道设计中线在巷道底板平面 $X_cO_cY_c$ 上投影的夹角 α，定义为掘进机的"偏向角"。"偏向角"反映的是掘进机实际掘进方向与巷道设计掘进方向之间的角度偏差值。

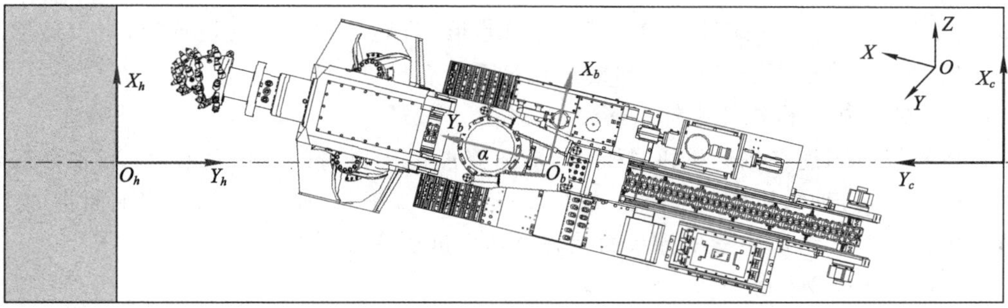

图 4-28　掘进机的偏向角

(2) 机身偏向位移：A

如图 4-29 所示，机身中心线与巷道设计中线在巷道底板平面 $X_cO_cY_c$ 上投影的距离 A，定义为“偏向位移”。“偏向位移”反映的是掘进机实际掘进方向与巷道设计掘进方向之间的距离偏差值。

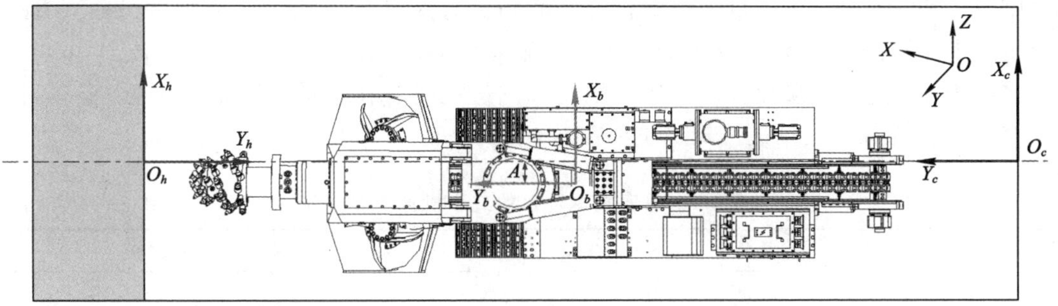

图 4-29　掘进机的偏向位移

(3) 机身俯仰角：β

如图 4-30 所示，掘进机机身中线与巷道设计中线在 $Y_cO_cZ_c$ 面上投影的夹角 β，定义为掘进机的“俯仰角”。“俯仰角”反映的是：在 $Y_cO_cZ_c$ 面上，掘进机机身的角度偏差值。

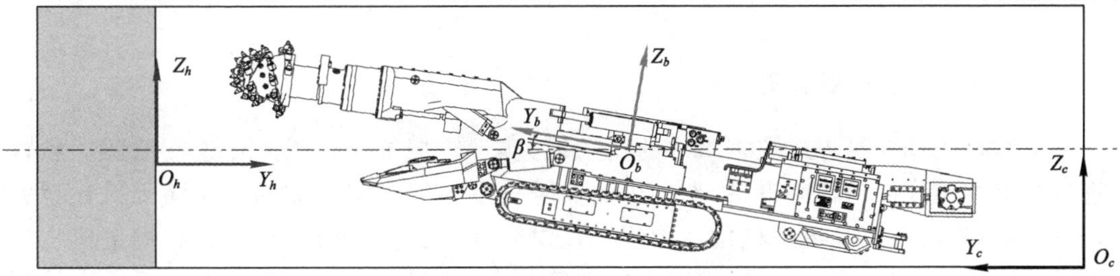

图 4-30　掘进机的俯仰角

(4) 机身滚动角：γ

如图 4-31 所示，掘进机机身横轴与巷道底板平面 $X_cO_cZ_c$ 的夹角 γ，定义为掘进机的“滚动角”。

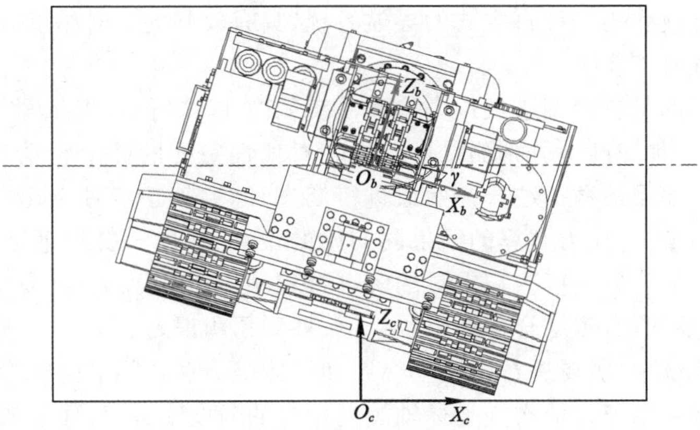

图 4-31　掘进机的滚动角

(5) 截割头距巷道断面距离:L

从掘进机机身位姿偏差研究的角度来说,上述 4 个参数已基本能够全面反映机身的位姿情况。但为了实现掘进机的自动定向掘进控制,还必须实时获知掘进机距离巷道前方断面的距离,以方便控制掘进机的自动行走和截割头的掏槽进尺。因此,将掘进机截割头距离巷道前方断面的距离设定为这里的第 5 个位姿参数:截割头距巷道断面距离 L。

综上所述,这 5 个参数全面描述了悬臂式掘进机机身在巷道内的各种位置、姿态,将这 5 个参数统称为悬臂式掘进机机身位姿参数,见表 4-1。

表 4-1　悬臂式掘进机的五个机身位姿参数

数学代号	参数名称	反映的位姿偏差	对自动掘进的影响
α	偏向角	偏向	掘进方向偏离巷道设计中线
A	偏向位移		
β	俯仰角	俯仰	切顶,或切底
γ	滚动角	滚动	切割出的断面形状不符合要求
L	截割头距巷道断面距离	机身在巷道内的行走位置	为自动掘进提供机身行走及截割头掏槽进尺的控制依据

二、煤巷掘进机位姿检测技术

井下综掘工作面是煤矿灾害事故的高发区,实现综掘工作面无人化迫在眉睫。悬臂式掘进机是综掘工作面的核心设备,掘进机的实时自主导航对实现综掘工作面无人化至关重要,掘进机导航的核心是掘进机位姿检测。在空间狭小、装备繁杂的巷道内,掘进机位姿检测受干涉影响大、定位参照差、标定工序复杂等制约:当掘进机掘进距离超过系统有效测量距离时,仍需要人工进行标定;位姿检测参数不完全,位姿检测精度低。为解决这些问题,许多学者将各种先进技术应用于掘进机位姿检测中,提出了多种位姿检测方法。

1. 惯性导航位姿检测技术

惯性导航是 20 世纪发展起来的一种十分先进的导航定位方法。它主要利用牛顿惯性原理,通过惯性元件测量运载体的加速度,利用积分运算获得运载体的速度、位置和姿态等导航信息。惯性导航作为一种自主式的导航系统,具有较好的短时精度和稳定性,不易受外部环境影响完全独立工作。

基于惯性导航的悬臂式掘进机位姿检测系统如图 4-32 所示,将陀螺仪和加速度计安装在载体上,陀螺仪和加速度计分别测量运载体相对惯性空间的三个转动角速度和三个线加速度。根据陀螺仪输出的数据结合初始值进行姿态计算,加速度计输出的数据和姿态计算结果一同进行比力解算,比力解算的结果同初始的位置、速度和补偿值联合进行导航计算,最后计算出运载体的位置速度。在实际的解算过程中,惯导系统的位姿检测误差随时间不断增大,通常不单独使用,需结合外部定位手段,抑制累积误差。

在惯性导航系统中,需要进行导航坐标系和机体坐标系之间的坐标变换,机体坐标系到导航坐标系的转换可以通过依次绕坐标轴旋转相应的角度完成,机体航向角用 ψ 表示,俯仰角用 θ 表示,横滚角用 γ 表示,则从载体坐标系到导航坐标系的变换过程为:

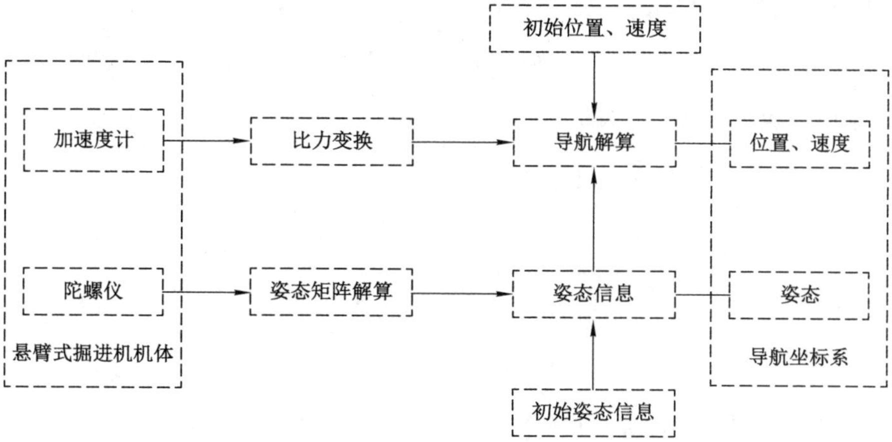

图 4-32　捷联惯性导航系统原理图

$$Ox_ty_tz_t \xrightarrow[\text{旋转 }\gamma]{\text{绕 }y_b\text{ 轴}} Ox_2y_2z_2 \xrightarrow[\text{旋转 }\theta]{\text{绕 }x_2\text{ 轴}} Ox_1y_1z_1 \xrightarrow[\text{旋转 }\psi]{\text{绕 }z_1\text{ 轴}} Ox_ty_tz_t$$

坐标系的旋转可以通过旋转矩阵表示：

$$\boldsymbol{C}_b^2=\begin{bmatrix}\cos\gamma & 0 & \sin\gamma\\ 0 & 1 & 0\\ -\sin\gamma & 0 & \cos\gamma\end{bmatrix},\boldsymbol{C}_2^1=\begin{bmatrix}1 & 0 & 0\\ 0 & \cos\theta & \sin\theta\\ 0 & -\sin\theta & \cos\theta\end{bmatrix},\boldsymbol{C}_1^n=\begin{bmatrix}\cos\psi & \sin\psi & 0\\ -\sin\psi & \cos\psi & 0\\ 0 & 0 & 1\end{bmatrix}$$

$$\boldsymbol{C}_b^n=\boldsymbol{C}_b^2\boldsymbol{C}_2^1\boldsymbol{C}_1^n=\begin{bmatrix}\cos\gamma & 0 & \sin\gamma\\ 0 & 1 & 0\\ -\sin\gamma & 0 & \cos\gamma\end{bmatrix}\begin{bmatrix}1 & 0 & 0\\ 0 & \cos\theta & \sin\theta\\ 0 & -\sin\theta & \cos\theta\end{bmatrix}\begin{bmatrix}\cos\psi & \sin\psi & 0\\ -\sin\psi & \cos\psi & 0\\ 0 & 0 & 1\end{bmatrix}$$

$$=\begin{bmatrix}\cos\gamma\cos\psi-\sin\psi\sin\theta\sin\gamma & \sin\psi\cos\theta & \cos\psi\sin\gamma+\sin\psi\sin\theta\cos\gamma\\ -\cos\psi\sin\theta\sin\gamma & \cos\psi\cos\theta & \cos\psi\sin\theta\cos\gamma\\ -\cos\theta\sin\gamma & -\sin\theta & \cos\theta\cos\gamma\end{bmatrix}$$

机体坐标系下的坐标（x_b,y_b,z_b），经捷联矩阵坐标转换后，导航坐标系下的坐标为（x_n，y_n,z_n）：

$$\begin{bmatrix}x_n\\ y_n\\ z_n\end{bmatrix}=\boldsymbol{C}_b^n\begin{bmatrix}x_b\\ y_b\\ z_b\end{bmatrix}$$

（1）姿态更新

姿态更新算法主要有欧拉角法、方向余弦法和四元数法。欧拉角法计算过程中涉及大量的三角运算，计算较为困难；方向余弦法计算量较大，难以实现实时解算；四元数法以其计算量小、计算简洁、易于操作等优点得到广泛应用。本书采用四元数法作为姿态更新的表示方法。

四元数最早由数学家哈密顿提出，用于描述刚体转动和姿态变换。四元数为包含四个元的一种数：

$$Q=\lambda_0+\lambda_1\boldsymbol{i}+\lambda_2\boldsymbol{j}+\lambda_3\boldsymbol{k} \tag{4-3}$$

其中，$\lambda_0,\lambda_1,\lambda_2,\lambda_3$ 为实数；$\boldsymbol{i},\boldsymbol{j},\boldsymbol{k}$ 为互相正交的单位矢量，通过四元数对姿态矩阵进行更新，

首先需要求解四元数微分方程：

$$\dot{Q} = \frac{1}{2} Q \otimes \omega_{nb}^{b} \tag{4-4}$$

式中，$\otimes$表示四元数的乘法，ω_{nb}^{b}为机体坐标系相对导航坐标系的旋转角速度，上式进一步展开为：

$$\begin{bmatrix} \dot{\lambda}_0 \\ \dot{\lambda}_1 \\ \dot{\lambda}_2 \\ \dot{\lambda}_3 \end{bmatrix} = \frac{1}{2} \begin{bmatrix} 0 & -\omega_{nbx}^{b} & -\omega_{nby}^{b} & -\omega_{nbz}^{b} \\ \omega_{nbx}^{b} & 0 & -\omega_{nbz}^{b} & -\omega_{nby}^{b} \\ \omega_{nby}^{b} & -\omega_{nbz}^{b} & 0 & \omega_{nbx}^{b} \\ \omega_{nbz}^{b} & -\omega_{nby}^{b} & -\omega_{nbx}^{b} & 0 \end{bmatrix} \begin{bmatrix} \lambda_0 \\ \lambda_1 \\ \lambda_2 \\ \lambda_3 \end{bmatrix} \tag{4-5}$$

惯导系统的姿态角速度 ω_{nb}^{b}，可以利用陀螺仪测得的角速度 ω_{ib}^{b}、地球角速度 ω_{ie}^{n}，位置角速度 ω_{en}^{n} 以及姿态矩阵 $\boldsymbol{C}_b^n$ 求得

$$\omega_{nb}^{b} = \omega_{ib}^{b} - \boldsymbol{C}_b^n (\omega_{ie}^{n} + \omega_{en}^{n}) \tag{4-6}$$

k 表示当前时刻的一次循环，四元数微分方程的解的迭代形式：

$$\boldsymbol{Q}_{k+1} = \left\{ \cos\frac{\Delta\theta_0}{2} I + \frac{\sin\frac{\Delta\theta_0}{2}}{\Delta\theta_0} [\Delta\theta] \right\} \boldsymbol{Q}_k \tag{4-7}$$

式中

$$[\Delta\theta] = \begin{bmatrix} 0 & -\Delta\theta_x & -\Delta\theta_y & -\Delta\theta_z \\ \Delta\theta_x & 0 & \Delta\theta_z & -\Delta\theta_y \\ -\Delta\theta_y & -\Delta\theta_z & 0 & -\Delta\theta_x \\ \Delta\theta_z & \Delta\theta_y & -\Delta\theta_x & 0 \end{bmatrix}$$

设采样时间间隔为 Δt，则 $\Delta\theta_i = \omega_{nbi}^{b} \Delta t (i = x, y, z)$，$\Delta\theta_0$ 的表达式：

$$\Delta\theta_0 = \sqrt{\Delta\theta_x^2 + \Delta\theta_y^2 + \Delta\theta_z^2} \tag{4-8}$$

设 $\lambda_0, \lambda_1, \lambda_2, \lambda_3$ 为更新后的姿态四元数，则姿态矩阵 $\boldsymbol{C}_b^n$ 可表示：

$$\boldsymbol{C}_b^n = \begin{bmatrix} \lambda_0^2 + \lambda_1^2 - \lambda_2^2 - \lambda_3^2 & 2(\lambda_1\lambda_2 - \lambda_0\lambda_3) & 2(\lambda_1\lambda_3 + \lambda_0\lambda_2) \\ 2(\lambda_1\lambda_2 + \lambda_0\lambda_3) & \lambda_0^2 + \lambda_1^2 - \lambda_2^2 - \lambda_3^2 & 2(\lambda_2\lambda_3 - \lambda_0\lambda_1) \\ 2(\lambda_1\lambda_3 - \lambda_0\lambda_2) & 2(\lambda_2\lambda_3 + \lambda_0\lambda_1) & \lambda_0^2 + \lambda_1^2 - \lambda_2^2 - \lambda_3^2 \end{bmatrix} = \begin{bmatrix} T_{11} & T_{12} & T_{13} \\ T_{21} & T_{22} & T_{23} \\ T_{31} & T_{32} & T_{33} \end{bmatrix} \tag{4-9}$$

可以求得姿态角：

$$\begin{cases} \psi = \arctan\dfrac{T_{12}}{T_{22}} \\ \theta = \arcsin T_{32} \\ \gamma = \arctan\left(-\dfrac{T_{31}}{T_{33}}\right) \end{cases} \tag{4-10}$$

(2) 速度位置更新

速度更新过程分为两步，首先通过 k 时刻加速度计输出的加速度比力 $\boldsymbol{f}^b$ 和姿态矩阵求出此时加速度在导航系中的投影 $\boldsymbol{f}^n$

$$\boldsymbol{f}^n = \boldsymbol{C}_b^n \boldsymbol{f}^b$$

然后利用 k 时刻地球角速度、位置角速度以及导航系中的加速度比力投影，得到速度的微分方程为

$$\begin{bmatrix}\dot{v}_x^n\\ \dot{v}_y^n\\ \dot{v}_z^n\end{bmatrix} = \begin{bmatrix}f_x^n\\ f_y^n\\ f_z^n\end{bmatrix} - \begin{bmatrix}0 & -(2\omega_{iez}^n+\omega_{enz}^n) & 2\omega_{iey}^n+\omega_{iey}^n\\ 2\omega_{iez}^n+\omega_{enz}^n & 0 & -(2\omega_{iex}^n+\omega_{enx}^n)\\ -(2\omega_{iey}^n+\omega_{iey}^n) & 2\omega_{iex}^n+\omega_{iex}^n & 0\end{bmatrix}\begin{bmatrix}v_x^n\\ v_y^n\\ v_z^n\end{bmatrix}\begin{bmatrix}0\\ 0\\ -g_k\end{bmatrix} \tag{4-11}$$

式中，g_k 为地球重力加速度，其表达式可写为

$$g_k = g_0\left(1-\frac{2h}{R_e}\right) \tag{4-12}$$

其中，$g_0=9.780\ 49\ \mathrm{m/s^2}$；$h$ 为高度；R_e 为地球赤道半径，通常取 $R_e=6\ 378\ 393\ \mathrm{km}$。

机体所在位置的经度、纬度和高度可以由下式求得：

$$\begin{cases}\dot{L} = \dfrac{v_y^n}{R_M+h}\\ \dot{L} = \dfrac{v_x^n}{(R_N+h)\cos L}\\ \dot{h} = v_z^n\end{cases} \tag{4-13}$$

2. 无线传感网位姿检测

煤矿井下环境属于封闭环境的范畴，传统的 GPS 定位无法实现有效定位，而融合了传感器技术、嵌入式计算技术、计算机及无线通信技术、分布式信息处理技术的无线传感器网定位技术以其优异的室内定位表现，得到越来越多的关注。使用无线传感网进行精确定位研究时，首先需要测量移动节点与基站间的距离，测距的方式主要有如下几种：

（1）基于信号接收强度的测距方式（RSSI）

RSSI（received signal strength indication）即接收信号强度指示。根据电磁传播理论 UWB 信号强度在信号传播过程中随着传播距离的增大而减小。RSSI 是在信号传播模型的基础上，在信号发射点测得信号强度，并在信号接收点测得信号强度，将两者代入信号传播模型，即可得到信号传播距离。

（2）基于接收信号角度的测距方式（AOA）

AOA（arrival of angle）即到达角定位法，其测距定位原理如图 4-33 所示。到达角定位法通过阵列天线或多个接收器结合来得到相邻节点发送信号的方向，从而构成一根从接收机到发射机的方位线，两根方位线的交点即为未知节点的位置。

（3）基于信号到达时间的测距方式（TOA）

基于 TOA（time of arrival）的 UWB 测距方式主要通过测量信号的飞行时间测量距离，原理如图 4-34 所示，若电波从信标节点到未知节点的传播时间为 t，电波传播速度为 v，则信标节点到未知节点的距离为 $s=tv$，要求接收信号的信标节点或未知节点知道信号开始传输的时刻，并要求节点有非常精确的时钟。

（4）基于到达时间差的测距方式（TDOA）

TDOA（time difference of arrival）即为到达时间差法，其原理如图 4-35 所示，定位计算两个信标节点信号到达未知节点的时间差，将其转换成到两个信标节点的距离之差，未知节点通过到多组信标节点的距离之差得出自身的位置。测距时，在发射端两种收发器同时发

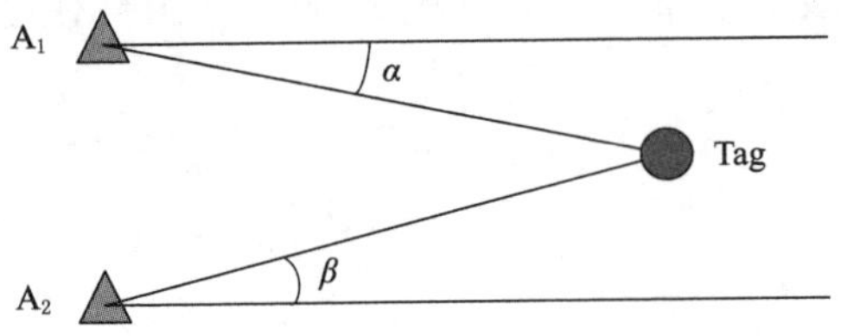

图 4-33　AOA 测距定位原理图

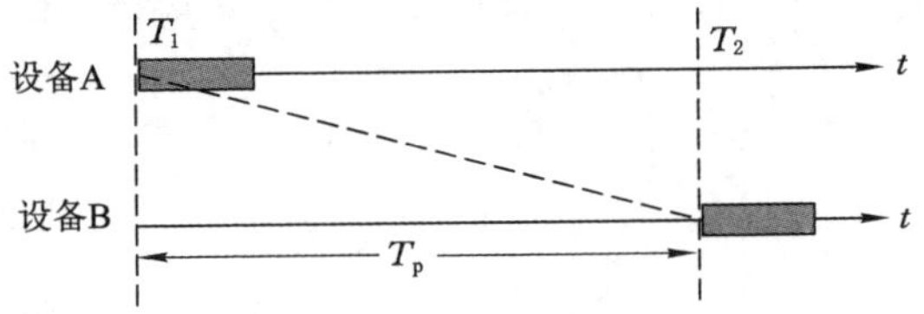

图 4-34　TOA 测距原理图

射信号。

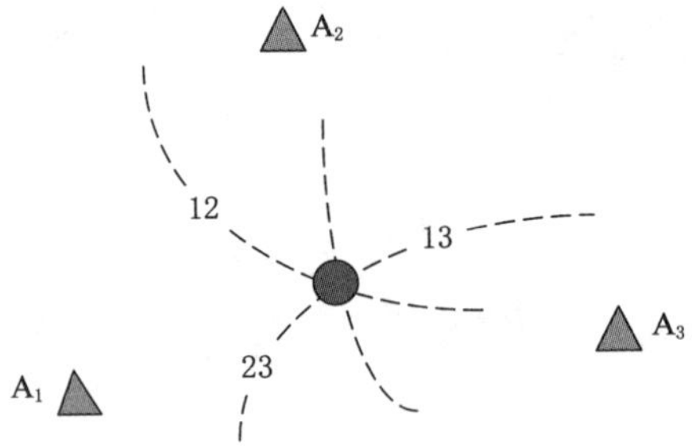

图 4-35　TDOA 测距定位原理图

(5) 基于信号飞行时间的测距方式(TOF)

TOF(time of flight)即为信号飞行时间法,为解决各基站时钟同步的问题,采用时钟偏移解决时钟同步问题,其原理如图 4-36 所示。T_1 时刻发射机发出信号,到达接收机后,经过时间 T_r,接收机返回信号,发射机从发射信号到接收到返回信号的总时间为 T_p,发射机从发射到接收信号的总时间减去接收机时钟偏移量,然后乘以二分之一,即可得信号单向飞行时间,假设信号飞行时间为光速,即可得到发射机与接收机间的距离值。

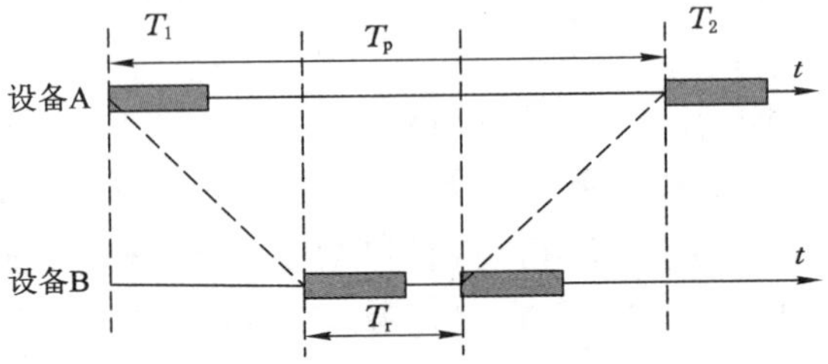

图 4-36　TOF 测距原理图

基于 RSSI 的测距技术极易受环境的影响;基于 AOA 的测距技术需要配置复杂的天线系统,且角度误差对定位精度影响较大,只适用于对误差要求不高的辅助粗定位场合;基于 TOA 和 TDOA 的测距技术要求各节点具有较高的时钟同步性,时间同步成本较高;TOF 技术目前应用较多,成本较低。

在前述测距的基础上,建立位置坐标解算模型,以测距信息作为数学模型的输入,求解坐标信息,测距定位原理图如图 4-37 所示。

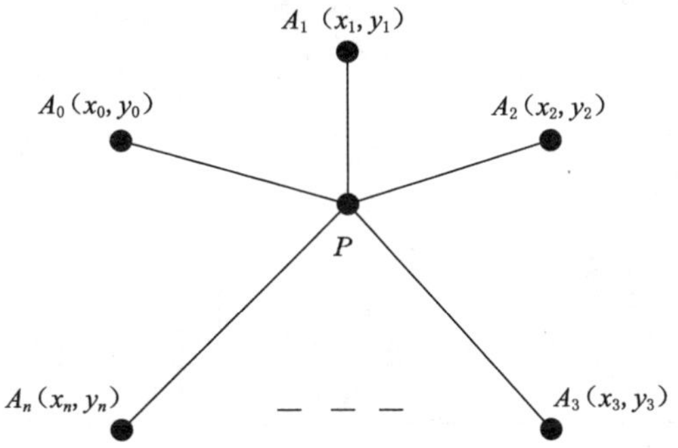

图 4-37　测距定位原理图

设目标的坐标为 $P(x,y)$，定位区域内有 n 个基站，坐标分别为 $A_0(x_0,y_0)$，$A_1(x_1,y_1)$，$A_2(x_2,y_2)$，$A_3(x_3,y_3)\cdots$，$A_n(x_n,y_n)$，通过上述的测距方式可以得到目标点距离各基站的距离，设为 d_1，$d_2\cdots$，d_n，则有：

$$\begin{cases}(x_1-x)^2+(y_1-y)^2=d_1^2\\(x_2-x)^2+(y_2-y)^2=d_2^2\\\cdots\cdots\\(x_n-x)^2+(y_n-y)^2=d_n^2\end{cases}\tag{4-14}$$

$$\begin{cases}-2(x_1-x_4)x-2(y_1-y_4)y=d_1^2-d_4^2+x_4^2+y_4^2-x_1^2-y_1^2\\-2(x_2-x_4)x-2(y_2-y_4)y=d_2^2-d_4^2+x_4^2+y_4^2-x_2^2-y_2^2\\\cdots\cdots\\-2(x_n-x_n)x-2(y_n-y_n)y=d_3^2-d_4^2+x_n^2+y_n^2-x_n^2-y_n^2\end{cases}\tag{4-15}$$

$$\boldsymbol{A}=-2\begin{bmatrix}x_1-x_n & y_1-y_n\\x_2-x_n & y_2-y_n\\\vdots & \vdots\\x_3-x_n & y_3-y_n\end{bmatrix}\tag{4-16}$$

$$\boldsymbol{x}=\begin{bmatrix}x\\y\end{bmatrix}\tag{4-17}$$

$$\boldsymbol{b}=\begin{bmatrix}d_1^2-d_4^2+x_4^2+y_4^2-x_1^2-y_1^2\\d_2^2-d_4^2+x_4^2+y_4^2-x_2^2-y_2^2\\d_3^2-d_4^2+x_4^2+y_4^2-x_3^2-y_3^2\end{bmatrix}\tag{4-18}$$

$$\boldsymbol{AX}=\boldsymbol{b}\tag{4-19}$$

$$\boldsymbol{X}=(\boldsymbol{A}^{\mathrm{T}}\boldsymbol{A})^{-1}\boldsymbol{A}^{\mathrm{T}}\boldsymbol{b}\tag{4-20}$$

由此即可求得目标点的坐标。

现有的 WSN 定位技术如表 4-2 所示，超声波定位技术测距精度较高，但测距范围有限，易受干扰；射频识别只适用于短距离感应，Zigbee、蓝牙、Wi-Fi 定位精度较低，不能满足掘进机的使用要求；UWB(ultra wide band)技术因其灵活性、鲁棒性以及高精度测距等特性，在井下高精度定位领域得到广泛的应用，接下来介绍基于 UWB 定位技术的无线传感网位姿检测系统。

表 4-2 无线传感网定位技术

定位技术	常用定位机制	精度	优缺点
超声波	回波测距定位	10 cm	精度较高，易受到干扰
射频识别	短距离感应	可变	功耗低，成本低，但作用距离短
Zigbee	RSSI	3～5 m	功耗低，成本低，但定位精度较低
Bluetooth	RSSI	1 m	体积小，易集成，但工作范围小，易受干扰
Wi-Fi	RSSI 和 TOA	1 m～2 m	易安装，成本低，但抗干扰差，功耗较高
UWB	TOA/TDOA	10 cm	精度高，抗干扰强，穿透力强

基于 UWB 的掘进机位姿检测系统如图 4-38 所示，通过布置在悬臂式掘进机后方的四个基站，分别对掘进机机体上的 3 个 UWB 节点进行测距，得到 12 组测距信息，通过定位解算得到相对位置已知的 3 个 UWB 节点的坐标，从而得到掘进机的位置信息，基于 UWB 的掘进机姿态角测量，通过相对位置固定的 3 个节点的坐标即可解算得到掘进机机体相对巷道中心线、水平面或者竖直平面的倾角，即为掘进机机体的姿态角。

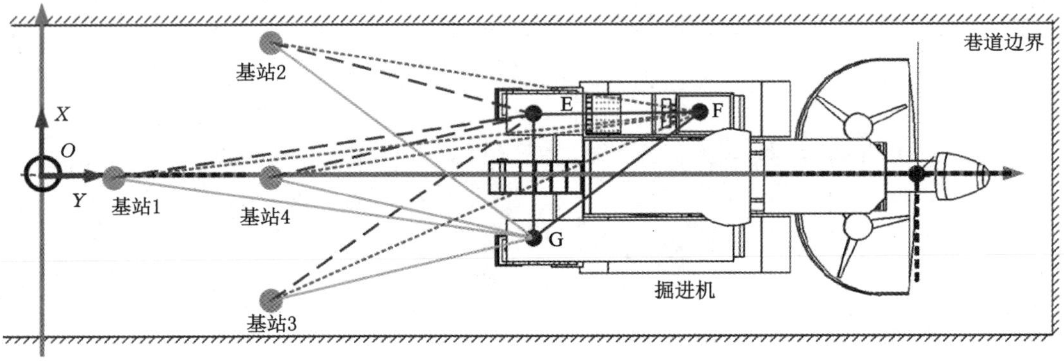

图 4-38 基于 UWB 的掘进机位姿检测系统

3. 视觉位姿检测

视觉位姿检测技术主要依赖于视觉传感器采集的视场图像特征进行对象的运动分析，从而得到待测对象的位姿信息，利用视觉距离投影模型或背景图像差分方法，可以确定待定位物体与环境背景特征之间的距离。现有研究中，该项技术一般可以达到分米级精度。

基于十字激光与机器视觉的掘进机位姿检测系统，如图 4-39 所示。2 台激光标靶安装在掘进机机身且相对位置已知；2 台机器视觉摄像仪分别安装在激光标靶后方；2 台十字激光发射器安装在巷道后方，其三维坐标由地测人员事先标定。系统工作时，2 台十字激光发射器向掘进机掘进方向发射 2 组十字激光，分别照射在 2 台激光标靶上，单组十字激光成像与单台激光标靶四周会产生 4 个交点和 1 个中心交点，2 台激光标靶共产生 10 个交点并由机器视觉摄像仪记录，根据各交点的相对关系可推导出掘进机相对于十字激光发射器的 3 个姿态角及 X 轴、Z 轴坐标偏差。

该系统在 100 m 的有效测量距离内，机身姿态角解算误差不超过 0.16°，机身 X 轴、Z 轴坐标最大误差小于 10 mm；但无法检测掘进机 Y 轴坐标。

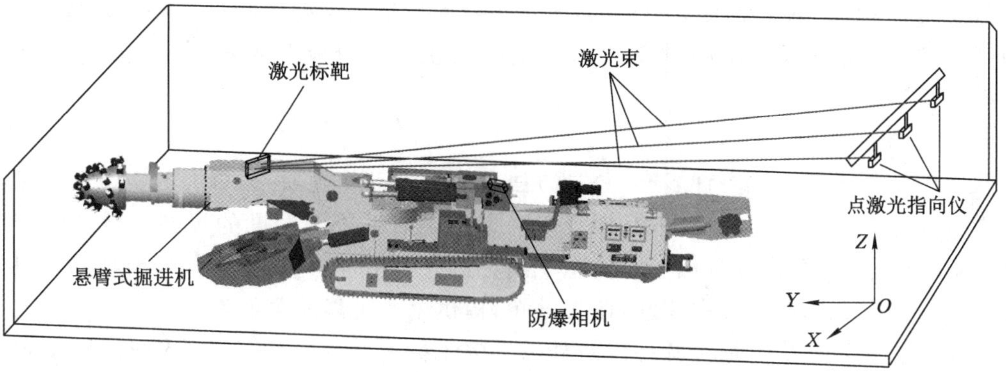

图 4-39 基于十字激光与机器视觉的掘进机位姿检测系统

全站仪测量系统和原理如图 4-40、图 4-41 所示。设 P_1 点为单台机身棱镜位置，O 点为全站仪位置。当全站仪对 P_1 点进行扫描时，记录全站仪内扫描发射器的水平角 α_3 及俯仰角 φ_3，同时对棱镜进行空间测距，得到距离信息。根据式(4-21)可推导出机身棱镜相对于全站仪的三维坐标(x_1，y_1，z_1)。

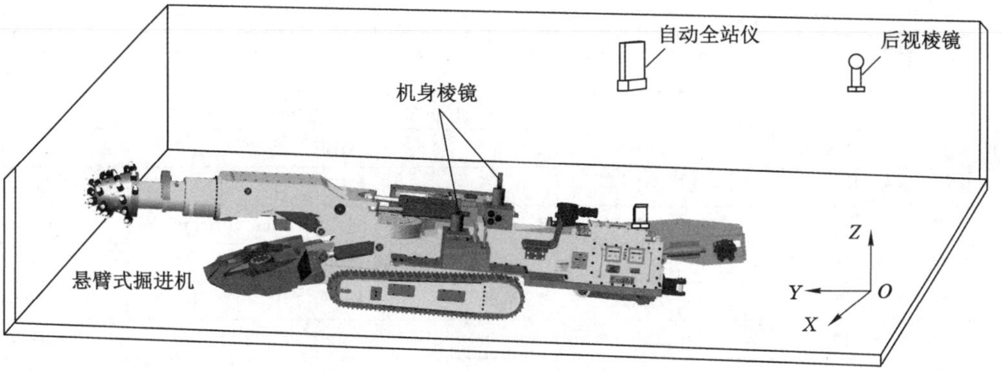

图 4-40 掘进机位姿全站仪测量系统

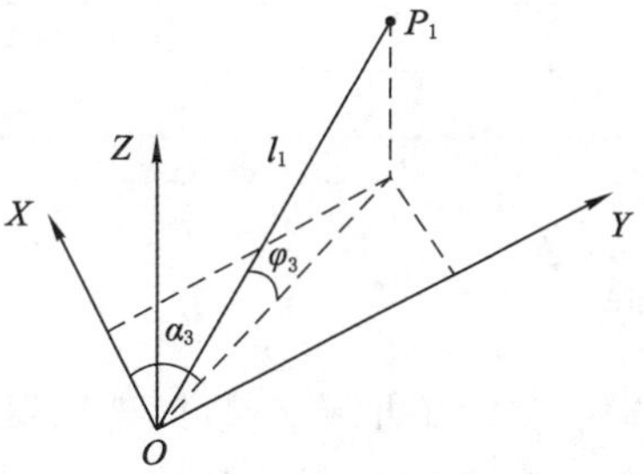

图 4-41 全站仪测量原理

$$\begin{cases} x_1 = l_1 \cos \varphi_3 \cos \alpha_3 \\ y_1 = l_1 \cos \varphi_3 \sin \alpha_3 \\ z_1 = l_1 \sin \varphi_3 \end{cases} \tag{4-21}$$

该系统在 60 m 的有效测量距离内，三维坐标测量最大误差不超过 9 cm，搭配倾角传感器时姿态角测量最大误差不超过 0.01°；但全站仪在巷道顶板上的安装、标定、整平及移站工作较为复杂。

4. 组合定位导航

现有的定位导航技术多种多样，每种方法也都有自己的优缺点，单一的定位导航系统的精度在一定的时间段里是有上限的，而且单一定位导航系统的精度的提高必然伴随着成本的增大，多种信息的有机融合比单一信息汇总更具有实用价值，组合定位导航技术可以将多种定位导航技术有机地结合在一起，取长补短，提供更为可靠的导航信息。

组合定位导航系统就是将两种或两种以上的不同的导航系统的信息进行融合，它以集成后的系统的导航精度尽可能高、鲁棒性尽可能强、成本和复杂性尽可能低为原则，同时还必须兼顾不同信息源的特点。数据融合的数据包括同类数据源、异类数据源、同步数据、异步数据，具体的数据融合方法有卡尔曼滤波、最小二乘法、加权平均法、贝叶斯估计等。近年组合定位策略的对比如表 4-3 所示。

表 4-3　近年组合导航策略对比

技术	年份	测量方法	精度
RFID/车载传感器	2014	LMS+IMM+STEKF	1.440 m
UWB/IMU	2017	ZUPT+PF	0.700 m
VLC/视觉	2015	Back ground difference method+LMS	0.274 m
LaserRadar/视觉 SLAM	2016	TMLE	0.050 m
RFID/视觉 SLAM	2010	MLE	0.755 m
超声波/视觉	2017	Geometric distance locational gorithm	0.381 m
WSN/SIINS	2014	Integrated navigation filter	0.200 m
RFID/INS	2009	EKF	1.700 m
LaserRadar/INS	2017	/	0.260 m
VLC/INS	2017	EKF	0.140 m
VLC/视觉 SLAM	2018	Multi-sensor fusion technology	0.100 m
INS/UWB	2014	FAKF	0.270 m
Wi-Fi/SINS	2018	降阶卡尔曼滤波	0.500 m
Camera/INS/Speedometer	2018	Federated filter	0.480 m

三、悬臂式掘进机自动纠偏

目前，悬臂式掘进机采用的仍是手动纠偏方式，掘进机驾驶员根据掘进机机身位姿及巷道信息，操作手动阀，控制掘进机的左右行走液压马达，调整掘进机使其处于巷道设计中心线上。依靠人工完成掘进机的纠偏，容易造成巷道欠挖或超挖，同时也加大了工作人员的劳动强度，难以满足巷道快速掘进的精度与效率要求，而掘进机自主的调动与纠偏的功能可以较好地满足快速掘进现场生产需求，提高掘进作业效率。

1. 掘进机纠偏策略

采用实时位姿检测、实时位姿纠偏的控制思想，机身纠偏控制器根据巷道设计断面的大小、掘进机的机身尺寸及掘进机相对于巷道的位姿信息综合判断，确定纠偏方法。纠偏过程中，将各个传感器的输出信息上传给工控机和可编程控制器组合而成的纠偏控制器中，根据机身位姿参数矩阵及巷道设计参数，确定调整策略，并将其转换成位姿控制参数，将控制参数输送至可编程控制器中，控制掘进机的执行机构按照要求运行，形成悬臂式掘进机位姿反馈纠偏控制系统。

（1）机身位姿偏差较小

机身位姿偏差较小时，纠偏控制对象为截割摇臂，无须调整掘进机的行走机构，只需利用工控机计算出掘进机截割臂的误差补偿控制参数，将其加载到截割臂控制系统中，使掘进机在截割过程中消除由悬臂式掘进机机身位姿偏差引起的断面偏离误差，从而保证断面截割质量。

（2）机身位姿偏差较大

机身位姿偏差较大时，纠偏控制对象主要为掘进机的行走机构以及俯仰支撑机构，调整悬臂式掘进机的行走机构，使位置误差以及航向角误差降低到可控范围内，然后控制俯仰支撑机构，调整机体的俯仰角和横滚角，将使位姿偏差减小到截割臂能够补偿的范围内。

2. 掘进机位姿纠偏

用程序进行掘进机位姿误差消除的执行机构主要为掘进机的行走机构、前铲板、后支撑板和截割臂。首先利用程序计算的机身位姿偏差量控制掘进机的履带、前铲板和后支撑，使机身误差处于截割臂的补偿范围内，然后再根据掘进机在各方向上的剩余位姿误差补偿量设置截割轮廓参数。

（1）水平位姿误差的消除

掘进机水平方向上的位姿误差包括偏向角和偏向位移，可通过控制掘进机的行走部来实现位姿的调整。掘进机行走履带行进的距离及机身转动的角度跟掘进机左右行走液压马达所需的油量具有一一对应的关系，通过控制电液比例换向阀组来决定油量和流向，即可实现掘进机的位置以及航向纠偏功能，从而实现定向掘进。当掘进机的偏向角为 α，偏向位移为 A 时，可先控制掘进机向后退一段距离，该距离长度大小为 $A/\sin\alpha$，则行走驱动马达转动的圈数 $n=I\cdot(A/\sin\alpha)/(2\pi R)$，总共消耗的油量 $Q=I\cdot q(A/\sin\alpha)/(2\pi R\eta)$，此时掘进机的中心点又位于巷道设计中心线上；再控制掘进机的左右液压马达，使掘进机机身中心线向巷道设计中心线方向旋转一定角度，该角度的大小即是偏向角的角度值，则行走驱动马达转动的圈数 $n=I\cdot(\sqrt{l^2+w^2}|\alpha|)/(2\pi R)$，总共消耗的油量 $Q=I\cdot q(\sqrt{l^2+w^2}|\alpha|)/(2\pi R\eta)$，此时掘进机的中心轴线与巷道设计中心线重合；最后控制掘进机向前行驶一定距离，该距离的大小为 $A/\tan\alpha$，则行走马达转动的圈数 $n=I(A/\tan\alpha)/(2\pi R)$，总共消耗的油量为 $Q=I\cdot q(A/\tan\alpha)/(2\pi R)$，此时掘进机在水平方向上不存在误差，实现了水平方向上位姿误差的有效校正。

（2）俯仰位姿误差消除

掘进机的俯仰位姿误差主要由掘进机前铲板和后支撑共同作业来校正。在前铲板加装倾角传感器以获取前铲板的运动位置，后支撑油缸中加装内置行程传感器获取后支撑油缸的伸长量，进而得到后支撑当前的运动位置。在油路中加装油压传感器，通过传感器的标定，将油缸中的油压的变化转换成电流信号；通过检测该电流信号可以获取前铲板及后支撑的压力情况，通过对压力的数值分析，可以判定前铲板和后支撑是否被压死；通过对前铲板和后支撑进行控制，保证在前铲板、履带以及后支撑三者共同受力的基础上，通过位姿检测系统的实时监测，实时调整支撑机构液压油缸伸长量，从而实现俯仰角以及横滚角的纠偏。

第三节　掘进机自主成形截割控制理论

悬臂式掘进机巷道断面自主成形截割控制技术主要涉及机构运动学、动力学、岩土力学、传感与信号传输、控制理论等学科知识，其中截割系统主要包括机械系统、液压系统和电气系统。因此，掘进机自主成形截割控制是典型的多学科交叉技术问题研究。

对于悬臂式掘进机，人工操作面临的问题主要体现在以下几方面：

(1) 作业环境恶劣，危险程度高。主要体现在巷道存在瓦斯、煤层气、粉尘等，还含有一些其他有毒气体，对工人的身体健康具有很大威胁；由于巷道中照明条件不好，而且地压较大，容易发生机电事故、运输事故、顶板事故、煤与瓦斯突出等，工人的生命安全得不到保障。

(2) 掘进机定位定向困难，断面成形质量差。主要体现在司机在操作过程中由于距离截割头较远、机身上有很多其他设备阻挡视线，加上矿井粉尘大、黑暗等环境因素，无法有效识别前方整体掘进情况，只能通过巷道后方投射到工作面的导向激光斑点来估计掘进机位置，成巷质量直接取决于司机的个人经验，随机性较大。

(3) 施工效率低，工人劳动强度大。主要体现在对掘进机进行手动位姿调整与截割头位置调整十分烦琐，浪费大量时间，手动操作成巷质量差，需要大量的后期修整工作，不仅降低了效率，也加大了工人劳动强度。

(4) 截齿磨损严重，截割电机故障率高。主要体现在煤层中含有夹矸等较硬岩石，截割头在突然截割到较硬岩石时，会出现截割电流突然增加、机体振动加剧、截割头磨损严重等有害影响，人工操作无法有效地对截割状态进行感知，进而调节掘进机的工作参数，导致机电系统的过载运行，系统可靠性得不到保障。

因此，为了进一步提高悬臂式掘进机的施工效率，降低工人劳动强度，优化机电系统工作性能，提高成巷质量，必须对掘进机的自动化、智能化进行研究。为了实现悬臂式掘进机巷道断面自动成形控制，首先需要建立截割机构运动学模型，然后基于成巷参数规划截割路径，并基于逆运动学求解各关节控制量，最后设计控制算法实现断面成形控制。由于煤巷赋存条件复杂且多变，为了使截割参数与煤岩特性相匹配，提高截割性能与掘进效率，需要研究截割头自适应截割控制技术。

一、掘进机截割机构运动学

1. 掘进机截割机构运动几何关系

悬臂式掘进机截割机构如图 4-42 所示。悬臂式掘进机工作时，通过截割头旋转和悬臂的垂直、水平摆动截割出所需断面。截割头在空间的行走轨迹决定截割巷道断面形状，由截割臂相对于掘进机机体的垂直摆动与水平摆动以及截割头的伸缩实现。垂直摆动与水平摆动是两个分别独立的液压控制系统，既可以单独实现截割头垂直或水平运动，也可以实现复合运动，从而完成任意断面形状截割。因此对掘进机截割机构进行运动学分析非常重要。

(1) 坐标系建立

掘进机截割臂在任意时刻处于空间某一位置，建立以截割臂与主机架铰接点 O_1 及水平回转工作台中心 O_2 为原点的两个右手系笛卡儿直角坐标系（O_1-$X_1Y_1Z_1$）、（O_2-

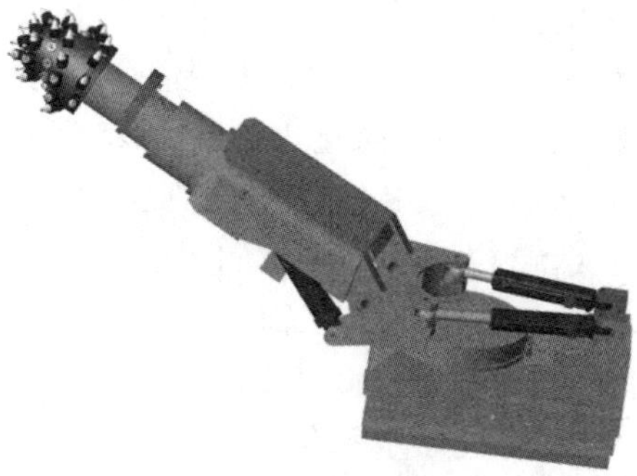

图 4-42　悬臂式掘进机截割机构示意图

$X_2Y_2Z_2$)。设截割头垂直面内上、下摆动由升降液压缸伸缩量确定,对应截割头任意位置 Z 轴坐标;水平面内左、右摆动由回转液压缸伸缩量确定,对应截割头任意位置 Y 轴坐标,截割头伸缩量为 Δl。此外,也可通过分析确定截割头空间位置坐标与垂直、水平摆动角之间的几何关系。这两种运动学分析对于选取传感器有一定指导作用。

截割臂垂直摆动由一对同步升降液压缸完成。升降液压缸行程改变时,截割臂将绕垂直摆动中心(截割臂与机架的铰接点)在垂直面内摆动。因此通过升降液压缸的伸缩可以方便地改变截割头在巷道断面上的高度。垂直摆动机构如图 4-43 所示。

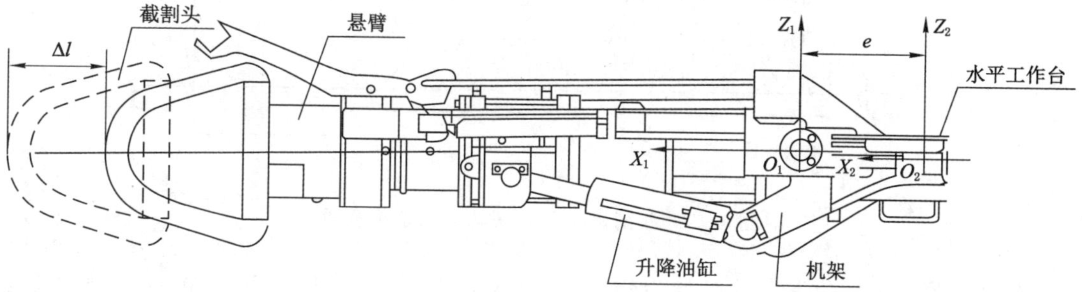

图 4-43　截割机构垂直摆动机构示意图

截割臂水平摆动依靠水平回转工作台回转实现,当回转台水平摆动时,安装在其上的机架将带动截割臂作水平摆动。截割机构水平摆动机构见图 4-44。

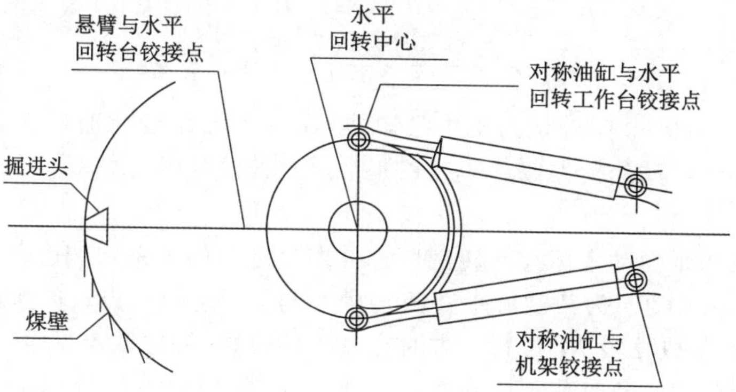

图 4-44　截割机构水平摆动机构示意图

(2) 截割头空间位置与液压缸伸缩量之间的关系

对于截割头垂直摆动坐标与升降液压缸伸缩量之间的关系，设升降液压缸伸缩量为 l_1，截割臂垂直摆角为 α。将截割头垂直摆动简化为如图 4-45 所示的刚性摆杆机构。其中，O_1 为截割臂垂直回转中心；O_2 为水平回转工作台中心轴线与 O_1X_1 轴的交点；A 点为升降液压缸与机架的铰接点；B 点为截割臂处于水平位置时升降液压缸与截割臂的铰接点；O_3 为截割臂处于水平位置时截割头中心在巷道断面上的投影；O'_3 为升降液压缸 AB 伸长为 AB' 时截割头在巷道断面上的投影。设：截割臂长 $O_1O_3=O_1O'_3=L$，$O_1B=O_1B'=L_2$，$\angle O_3O_1B=\angle O'_3O_1B'=\theta_0$。截割臂处于水平位置时 $AB=L_0$，$\angle AO_1X_1=\varphi_0$。

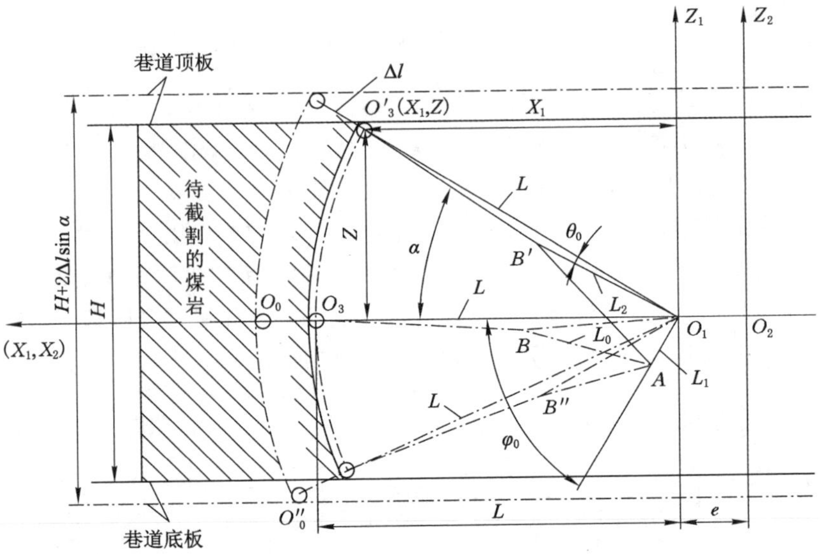

图 4-45　截割机构垂直摆动运动学示意图

截割头处于 O'_3 位置时的坐标为 (x_1,z)，$\angle X_1O_1O'_3=\alpha$，升降液压缸从 B 升到 B' 位置时的伸长量为 l_1。通过余弦定理导出截割头上下垂直摆动坐标关系 (x_1,z) 如下：

$$x_1=(L+\Delta l)\cos\left\{\arccos\left[\frac{L_1^2+L_2^2-(L_0+l_1)^2}{2L_1L_2}\right]-\varphi_0+\theta_0\right\} \tag{4-22}$$

$$z=(L+\Delta l)\sin\left\{\arccos\left[\frac{L_1^2+L_2^2-(L_0+l_1)^2}{2L_1L_2}\right]-\varphi_0+\theta_0\right\} \tag{4-23}$$

$$\alpha=\arccos\left[\frac{L_1^2+L_2^2-(L_0+l_1)^2}{2L_1L_2}\right]-\varphi_0+\theta_0 \tag{4-24}$$

上述等式中，右侧除 l_1 外均为机构已知结构参数，当 l_1 变化时 (x_1,z) 坐标也随之对应变化。截割头向下摆动分析类似。通过控制液压缸伸缩量确定截割头在垂直平面内的摆动位置。

对于截割头水平摆动坐标与回转液压缸伸缩量之间的关系，将其简化为如图 4-46 所示刚性摆动机构。其中，O_1 为截割臂垂直回转中心与 O_2X_2 的交点；O_2 为水平回转工作台中心；O''_3 为截割头在轴线 O_2X_2 位置上方时在其上的投影（考虑截割臂垂直方向有摆动）；O''_3 为回转台沿图示转动 β 角时截割头在水平面上的投影；O_4 和 O_5 分别是两水平回转液压缸与掘进机机身的铰接点；O_6 和 O_7 分别是两水平回转液压缸与水平回转工作台的铰接点；

O'_7 为回转台转动 β 角时液压缸的工作铰接点。

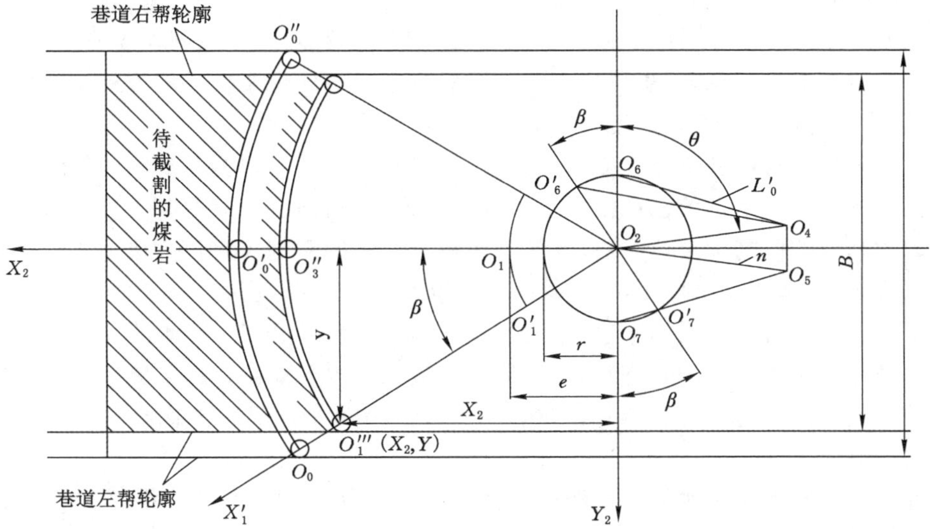

图 4-46　截割机构水平摆动运动学示意图

设:回转台半径为 $r, O_2O_5 = O_2O_4 = n, \angle O_5O_2O_7 = \angle O_4O_2O_6 = \theta, O_4O_6 = O_5O_7 = L'_0$，设升降油缸伸缩量为 l_1，向左转动 β 角 O_5Q_7 油缸伸长量为 l_2，则:$O_5Q'_7 = L'_0 - l_2$，若此时截割臂在垂直面内向上摆动 α 角，通过余弦定理等数学公式，导出截割头水平摆动坐标关系(x_2, y)如下：

$$y = \left\{e + (L + \Delta l)\cos\left[\arccos\left[\frac{L_1^2 + L_2^2 - (L_0 + l_1)^2}{2L_1L_2}\right] - \varphi_0 + \theta_0\right]\right\} \times \sin\left\{\theta - \arccos\left[\frac{n^2 + r^2 - (L'_0 - l_2)^2}{2nr}\right]\right\} \tag{4-25}$$

$$x_2 = [e + (L + \Delta l)\cos\alpha]\cos\beta \tag{4-26}$$

$$\beta = \theta - \arccos\left[\frac{n^2 + r^2 - (L'_0 - l_2)^2}{2nr}\right] \tag{4-27}$$

上述等式中，等式的右边只有 l_1, l_2 是变量，而其他参数为已知结构参数。根据 l_1, l_2 变化确定截割头空间位置坐标。截割头向相反方向摆动分析类似，只需将坐标表达式中 l_1 换作 $-l_1$，l_2 换作 $-l_2$，α 变为 $-\alpha$，β 变为 $-\beta$ 即可。

如果将这些坐标对时间求导可求出截割头运动速度，进一步求导可求出其加速度。在对坐标求导过程中 l_1, l_2 是两个时间变量，可确定油缸伸缩速度，此速度与液压系统所控制的流量有关，因此可通过控制流量来控制截割过程。

(3) 截割头空间位置与截割臂摆角之间的关系

除了通过各液压缸伸长量计算截割头位置，也可以通过截割臂摆角计算截割头位置，截割头空间位置与截割臂摆角之间的关系如下所示[x_2 已经由式(4-26)给出]：

$$z = (L + \Delta l)\sin\alpha \tag{4-28}$$

$$y = [e + (L + \Delta l)\cos\alpha]\sin\beta \tag{4-29}$$

比较两种运动学分析方式，很容易看出，直接测截割头空间摆角几何关系式要简便得多。在悬臂式掘进机实际应用中,如何求解截割头空间位置需要根据实际传感器系统选择。另外,已建立的掘进机截割臂运动学模型,可以得到截割臂水平方向的最大偏角以及垂直方向的最大俯仰角,因此可以推算掘进机截割头的极限位置,可用于针对所需开掘的巷道断面参数选择合适的掘进机型号,也可用于截割臂对掘进机机体位姿偏差的可补偿性分析。

2. 掘进机截割头定位

为了实现悬臂式掘进机巷道断面自主成形控制,需要实时检测截割头的位置,并将其作为反馈信号输入到控制系统。截割头定位方法有很多,目前主要有两种方式:一是基于截割机构运动学模型的截割头定位方法;二是基于机器视觉的截割头定位方法。

(1) 基于截割机构运动学模型的截割头定位

基于上述掘进机截割机构运动几何关系的分析,我们可以使用正向运动学求解截割头坐标。通过在升降液压缸、回转液压缸和伸缩部液压缸内部安装位移传感器,或在回转摆动关节和升降关节安装角度传感器并在伸缩部液压缸内部安装位移传感器,都能够对截割头的位置进行解算。

这种方法在原理和实践上都比较简单,但是其定位精度受机械部件加工装配误差、截割臂柔性变形、传感器性能以及截割机构高频振动等因素影响较大。

(2) 基于机器视觉的截割头定位

随着计算机技术的快速发展,机器视觉技术作为提高企业生产效率和自动化生产水平的重要手段,已逐渐应用于工业测量、三维重建等诸多领域。

杜雨馨提出了一种基于双目视觉的截割头定位系统,其采用非接触方法获取左、右眼两幅图像,在成像模型的基础上,通过左、右匹配点二维坐标的投影变换,感知掘进机截割头的三维空间信息。以下介绍用于掘进机截割头定位的双目视觉同步采集系统:两台矿用防爆摄像仪同一时间点采集的左右两张照片,水平拼接为一幅图像后输出。双目系统中的两摄像头,平行放置于掘进机回转台上,安装时保证摄像机的光轴相互平行,且两摄像机安装点的连线垂直于机身中轴线。掘进机工作时,双目系统固定在机身上,并随着机身在巷道中移动,采集截割头图像,存储于工控机中,用于下一步的定位操作,整个过程中双目系统与掘进机机身保持相对静止。摄像仪在掘进机上的安装示意图如图 4-47 所示。

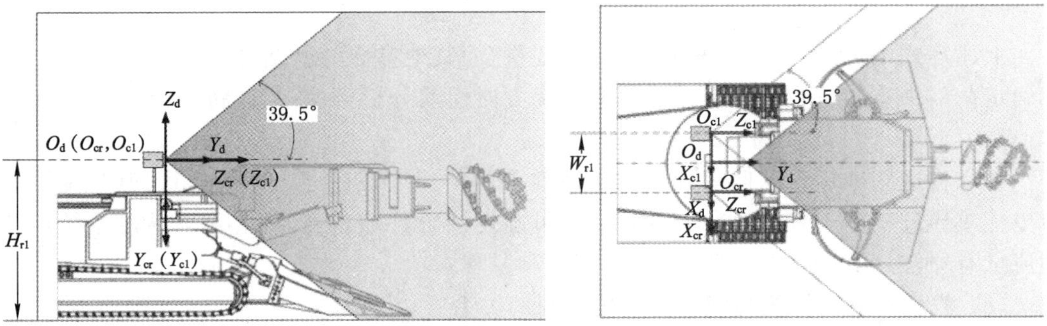

图 4-47　截割头定位立体视觉系统安装示意图

在双目视觉系统中,通过对比同一物体在左右两台摄像机成像平面上的成像点位置,得到场景的视差值,随后使用立体视觉的原理,获取目标物体三维信息,并提出了一种简单、易操作的双目立体视觉系统内外参数标定流程。由于镜头的径向畸变直接影响着成像点之间的约束关系，因此该方法首先采用畸变图像中心对称的位置约束关系对镜头的畸变参数进行标定，再充分利用标定参照矩形的长宽比在多次成像中固定不变这一隐含特性，完成了单目摄像机的内参数标定。利用对极几何约束特性对双目结构参数进行非线性优化，提高了标定结果的精度。在完成双目定位系统的参数标定后，为实现截割头的实时自动定位，需要进行掘进机截割头图像目标匹配，提出了一种具有自包含属性的轮廓切线夹角描述方法，可以高效、准确地完成全轮廓与局部轮廓的匹配。截割头轮廓识别效果如图 4-48 所示。

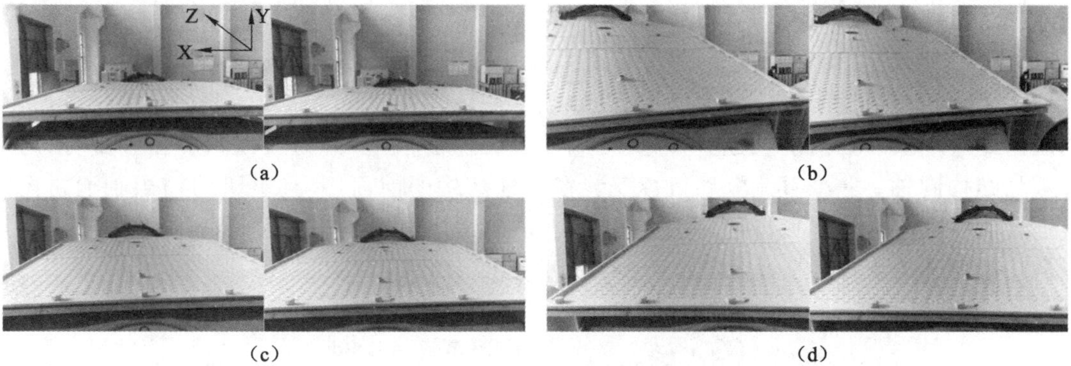

图 4-48　截割头轮廓识别图

双目立体视觉系统中，在完成目标轮廓提取后，即可采用三角测量法完成空间物体三维信息的获取。两摄像机光心与被测物体点之间组成一三角形平面，双摄像机之间的位置关系已知，基于小孔成像的原理，即可得到公共视场内被测物体的三维几何信息与空间点的三维坐标，利用空间内的点云信息，从而实现立体空间场的三维重构。

另一方面，杨文娟等提出一种基于红外标靶单目视觉的截割头定位系统，如图 4-49 所示。首先对防爆相机进行内参数标定，然后通过安装在掘进机机体上的防爆相机对截割部所安装的红外标靶图像进行实时采集，利用高斯曲面拟合算法对光斑进行中心定位，得到光斑中心后通过建立的基于对偶四元数的掘进机截割头位姿解算模型得到截割头在机身坐标系下的位姿。其中，图像光斑中心定位结果如图 4-50 所示。

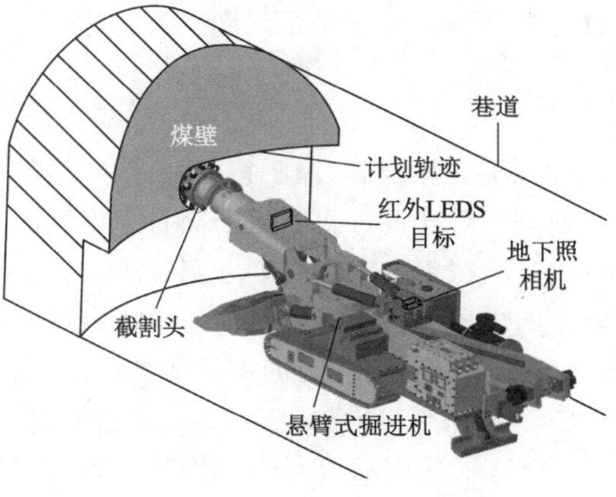

图 4-49　红外标靶单目视觉截割头定位示意

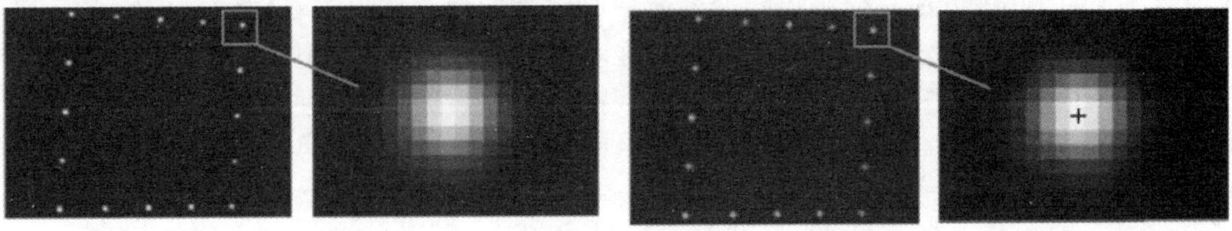

（a）原图像　　（b）光斑中心定位结果

图 4-50　红外 LED 光斑中心定位

为了使相机适用于巷道环境应用，设计了一种新的自动除尘防爆相机，如图 4-51 所示。内层防爆玻璃安装在内法兰板上，外层玻璃安装在外法兰上，作为大齿轮的轮毂部分，与空心圆柱结构同轴。一个直流电动机被安装在圆柱结构的前面，并且电机的输出轴通过内法兰连接到一个小齿轮。大齿轮与小齿轮啮合，驱动外层玻璃旋转。因此，扇形除尘器机构可以利用静刷清除水雾和灰尘。

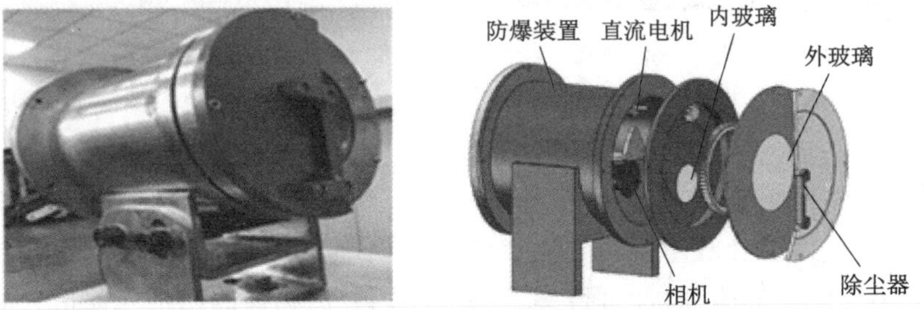

图 4-51　自动除尘防爆相机示意图

基于机器视觉的截割头定位方法原理和实践较为复杂，其误差来源主要包括相机或标靶安装误差、相机标定误差及图像处理误差等。

以上所述的截割头定位方法都是对截割头在掘进机机体坐标系中的坐标进行求解，而断面成形控制需要截割头在巷道坐标系中的坐标，这需要使用第二节中的机体位姿检测方法得到机体位姿，从而通过齐次坐标变换方法得到截割头在巷道坐标系中的坐标。

二、掘进机截割轨迹规划

巷道断面自主成形控制即控制掘进机截割头按照一定轨迹截割，从而完成整个断面的自动成形，因此截割轨迹规划是悬臂式掘进机巷道断面自主控制的首要工作。

实际煤巷断面形状多种多样，截割方式和路径也各不相同。截割路径可按由上向下或由下向上横向进行，根据具体的煤质和巷道断面形状要求决定截割顺序，一次性完成断面切割。选择截割工序的一般原则如下：① 较均匀的中硬煤层，先扫底，由下向上横向截割；② 硬煤层，先扫底，由上向下横向截割；③ 半煤岩工作面先割软后割硬，在煤层分界线的煤侧钻进开切；④ 层理发达的软煤层，采用中心开钻，四边刷帮；⑤ 对破碎顶板，采用留顶煤先割两帮、中间留煤垛的方法。

按照煤矿操作规程需要实现扫底—断面成形—刷帮三部分工艺过程，本书只对断面成形过程的轨迹规划进行介绍。目前常用的截割路径为类S形路径和选择性截割路径。

1. 类S形截割路径

煤矿巷道断面形状常见为矩形、梯形、半圆拱形。参考实际工况制定截割工艺流程，简化截割步骤，设计类S形截割路径，完成预设巷道断面成形。图4-52为常见断面截割路径设定示意图。

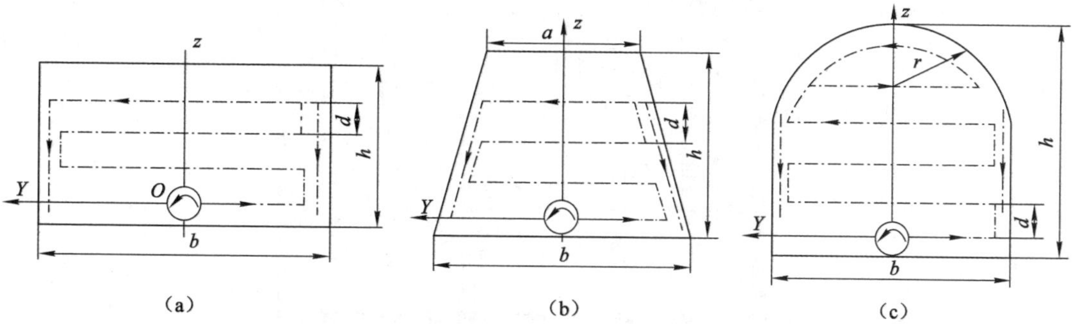

图4-52　截割路径设定示意图

类S形截割路径是目前综掘工作面最常用、最有效的轨迹规划方法，其能够稳定地实现巷道断面成形。这种路径规划方法不考虑巷道断面煤岩赋存条件，即不考虑截割路径中软煤、硬岩以及夹矸等分布，只考虑断面形状进行轨迹规划，这种方法不能最大化地提高截割系统寿命与施工效率。

2. 选择性截割路径

为了提高截割效率，尤其是在半煤岩巷道中，先截割硬度较小的煤，不仅完成了部分断面截割，也为剩余部分大大降低了应力，然后再截割较硬岩石，这就是选择性截割。使用选择性截割路径，能够提高掘进效率、降低截齿磨损、减小机体振动、提高掘进机系统可靠性。

(1) 巷道断面建模

对于所有的路径规划问题，首先要做的都是进行环境建模，需要将进行路径规划的整体环境描述为计算机能够表述的信息，具体表示为用一定的数学模型表述待截割的巷道断面，所需表述的信息包括位置信息、属性信息等。掘进机截割臂围绕回转台进行转动，截割头截割所形成的截割面为一内凹曲面。若对曲面进行地图建模，需要空间坐标系上的规划，相对烦琐，为了简化计算，可将截割曲面投影至平面上，后文中巷道断面即指该投影平面。截割头实际截割的内凹面与投影平面上坐标一一对应，因此对平面上的轨迹规划即是对内凹面上的路径规划。

目前，典型的地图环境建模方法有拓扑地图法、几何地图法、单元分解法、栅格地图法等。本书以栅格法为例进行环境地图建模，设置截割头进入断面的截割直径约为250 mm，巷道截面设置选择拱形巷道，断面宽×高设置成为2 000 mm×1 500 mm。选择将截割头大小表述为5×5个栅格，这样既能够较为清楚地表述地图信息，也不会使地图过于复杂导致运算量过大。

截割断面栅格地图如图4-53所示。每一栅格表示的面积大小为50 mm×50 mm，将整个截面划分为40×30格，图中边框的黑色栅格表示为巷道截面的边界，中间的白色栅格表示为整个巷道截面待轨迹规划区域,图中圆圈直径为5格,表示掘进机截割头在栅格地图中形状及大小。这样便可以用二维坐标(m,n)表示任意一个栅格的位置,所有栅格的位置均可用矩阵$G(m,n)$表示,栅格图像上左下角坐标为(1,1),右上角为(42,32),矩阵G的各个元素即可表示栅格地图属性。

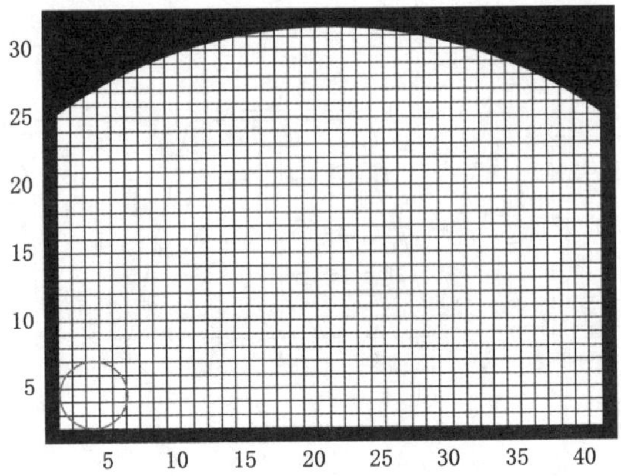

图 4-53　截割断面栅格地图

由于矸石在巷道中的存在位置不确定、形状大小不确定、数量多少也不确定,所以在轨迹规划前栅格地图上预先设置若干个位置随机、大小不一的黑色区域,用来表示矸石存在于截面的不确定性,用以训练路径规划方法。随机生成的障碍物栅格地图如图4-54所示。

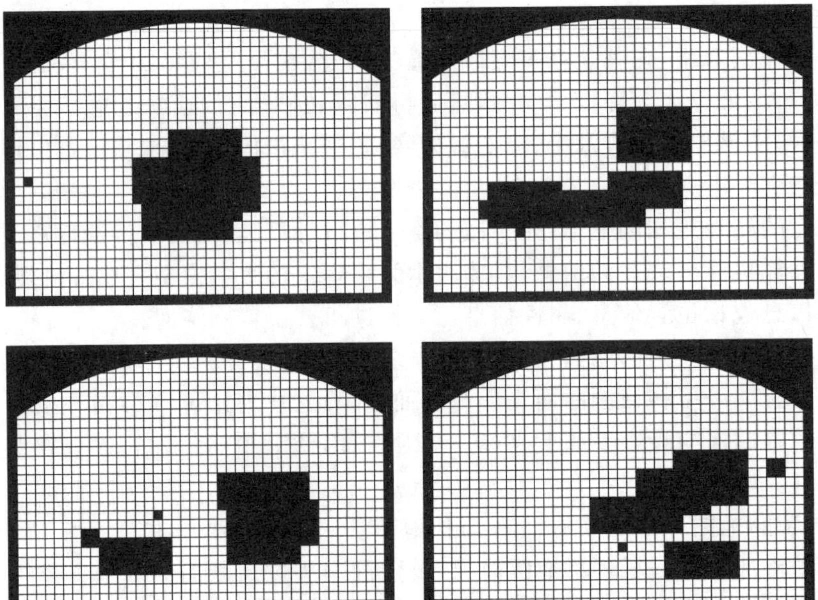

图 4-54　随机生成的障碍物栅格地图

在进行栅格属性赋值前,需要对栅格地图进行前处理,包括膨胀、收缩、去除小栅格等操作，如图 4-55 所示，三幅图分别为原随机栅格、膨胀操作后栅格和收缩操作后栅格。

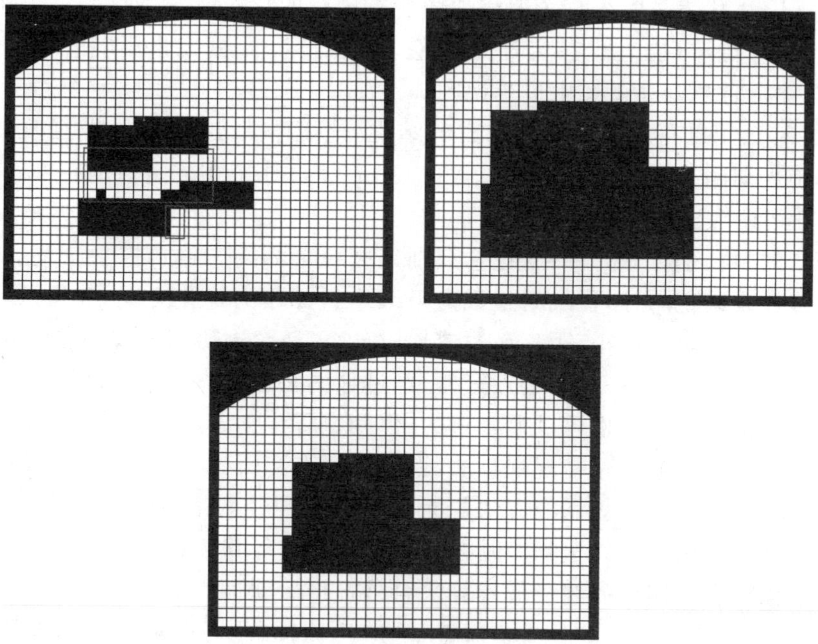

图 4-55　随机障碍物栅格地图膨胀收缩操作示意图

在轨迹规划前，环境地图建立的另一个重点是对所有栅格进行属性赋值，这些属性值代表着每个栅格的属性性质，这种属性性质是多方面的，在路径规划算法中起到重要作用，是路径规划算法的基础依据；所赋属性包括障碍地图原障碍属性、障碍地图优化后障碍属性、遍历次数属性、方向选择属性等。栅格属性赋值主要包括以下几步：

① 在对断面进行栅格地图建模后，对每个栅格赋予相应的属性值，上文提到的矩阵 $G(m,n)$ 中 m 与 n 代表整个栅格地图中某个栅格的位置，矩阵 G_{blank} 代表栅格地图在加入障碍物后的原始障碍属性：

$$G_{blank}(m,n)=\{0,1\} \tag{4-30}$$

矩阵 G_{blank} 表示栅格地图上各个栅格是否为待截割区域，待截割的空白栅格区域的原障碍属性为 0，映射在栅格地图上为白色栅格；非待截割区域即障碍物栅格区域的原障碍属性为 1，映射在栅格地图上为黑色；矩阵 G_{blank} 大小为 32×42；例如：$G_{blank}(10,12)=0$，所代表的意思为栅格地图上位置为(10,12)的栅格为待截割栅格。在后续的轨迹规划中，需要使矩阵 G_{blank} 中所有为 0 的栅格尽可能全部遍历到。

② 矩阵 G_{visit} 代表栅格矩阵的遍历次数属性，即表示栅格被遍历的次数，矩阵 G_{visit} 大小为 32×42，初始时矩阵 G_{visit} 为零矩阵。每当截割头截割某个栅格区域一次时，该栅格的遍历次数属性就会加一。矩阵 G_{visit} 最终会被用来计算遍历的覆盖率与重复率，作为评价轨迹规划方法优劣的依据。

③ 矩阵 G_{guide} 代表截割头进行下一次运动的运动方向，矩阵 G_{guide} 的大小为 3×3，矩阵中 $G_{guide}(1,2)$、$G_{guide}(2,1)$、$G_{guide}(2,3)$、$G_{guide}(3,2)$ 四个元素分别代表上下左右，其余元素均为 0，若某一元素或某些元素最大，则表示截割头在下一次运动中可向其代表的方向运动，若

$G_{guide}(1,2)$最大，则代表截割头在下一次运动方向选择是向上运动。

④ 矩阵$G_{activied}$代表某时刻整个栅格地图所有栅格的活性值，矩阵$G_{activied}$大小为32×42；在截割头运动时，矩阵$G_{activied}$也在实时变化，并且矩阵$G_{activied}$内元素影响着截割头下一时刻的运动，其具体标定规则在下文中进行说明。

⑤ 矩阵G_{result}用以存放路径规划完成的结果，该矩阵大小未定，在路径规划结束后，规划得出的轨迹规划路径坐标组存放进矩阵G_{result}，在下一小节中进行数据转换。

（2）截割路径规划

路径规划的目标基本分为两种，包括点到点路径规划与全遍历路径规划。点到点路径规划起点与终点是确定的，路径规划过程是以某个目标作为优化方向，获得两点间连线，该优化目标可能是转动角度最小、距离最短或耗时最短等；全遍历路径规划方法同样是以某个目标为优化方向，获得在某一固定起点开始，经过地图上所有需要遍历区域的路径。上述两种路径规划方案的优化方向也可以是多重的，但确定了优化方向才能获得优化路径。

该算法即为全遍历覆盖路径规划算法，在避开所有障碍物栅格的前提下，尽量提高覆盖率，降低重复率；适用于路径规划的方法包括生物激励神经网络、势场法、遗传算法、模糊算法、单元分解法、模板法等。以生物激励神经网络为例进行路径规划。

基于生物激励神经网络的路径规划算法自被提出后就被广泛应用于各种环境下的路径规划问题中，由于该方法的计算具有实时性、响应迅速，因此可以被用于静态与动态规划地图中。另外，基于生物激励神经网络的路径规划方法适用于复杂的环境地图，对环境地图细节可以妥善处理，对障碍物的几何尺寸、形状与位置信息都能完全接收与处理，由于运动轨迹的判断是逐步进行的，因此该方法计算量小、响应速度快，是一种新兴的优秀路径规划算法。

在利用生物网络模型对栅格地图进行全遍历路径规划时，主要规则为：每个栅格就是一个神经元，移动机器人按照神经元活性值进行路径规划。移动机器人所在栅格的周围包括上、右、下、左4个方向上，每个神经元都有一个活性值，栅格地图上的栅格活性值随着移动机器人的移动发生变化，下一步的移动方向由当时的周围活性值决定。

将活性值赋予环境地图中每个栅格，截割头在已知环境下作全覆盖路径规划，截割头在栅格地图中占有5×5栅格，初始位置在栅格地图左下角无障碍物的位置，运动方向为上、下、左、右四个方向，并且路径大致要求为左右往复，由下至上，遇到障碍物绕行。在此将栅格图上的所有栅格点分为7种类型，分别为下方已遍历栅格、下方未遍历栅格、同行未遍历栅格、同行已遍历栅格、上方未遍历栅格、上方已遍历栅格、障碍物栅格。每个栅格当作一个神经元，每个神经元有一个活性值，神经元的活性值等价于周围栅格对目标物下一时刻运动的吸引力。

对于已知环境下的栅格地图，需要设置一个起始点，并且栅格地图所有栅格也需要一个整体初始活性值，截割头才能开始运动；此时将起点设置为最底端由左至右第一个5×5均为待截割栅格的位置，初始的栅格地图活性设置为：

$$G_{actived}(m,n)=\begin{cases}a_1\text{，未遍历栅格}\\a_2\text{，障碍物栅格}\end{cases}\tag{4-31}$$

初始可以设置为$a_1=2$，由于障碍物需全部避开，因此现将障碍物栅格活性值设置为$a_2=-20$，截割头每进行一步运动，地图中栅格活性值都会发生改变，发生变化后，将所有栅格分为 7 种,包括下方已遍历栅格、下方未遍历栅格、同行未遍历栅格、同行已遍历栅格、上方未遍历栅格、上方已遍历栅格、障碍物栅格,对于这些栅格活性值的变化规则如下式:

$$G_{\text{actived}}(m,n)=\begin{cases}G_{\text{actived}}(m,n)\times a_{dy}\text{,下方已遍历栅格}\\G_{\text{actived}}(m,n)\times a_{dn}\text{,下方未遍历栅格}\\G_{\text{actived}}(m,n)\times a_{bn}\text{,同行未遍历栅格}\\G_{\text{actived}}(m,n)\times a_{by}\text{,同方已遍历栅格}\\G_{\text{actived}}(m,n)\times a_{un}\text{,上方未遍历栅格}\\G_{\text{actived}}(m,n)\times a_{uy}\text{,上方未遍历栅格}\\a_2\text{,障碍物栅格}\end{cases} \tag{4-32}$$

式中:

$$\begin{bmatrix}a_{uy} & a_{un}\\a_{by} & a_{bn}\\a_{dy} & a_{dn}\end{bmatrix}=\begin{bmatrix}0.8 & 1\\0.8 & 1.5\\0.5 & 1.7\end{bmatrix} \tag{4-33}$$

上式的主要逻辑为:由于障碍物栅格必须要避开,障碍物活性值为负;为了减少无用的重复遍历,削弱所有已遍历栅格的活性值;以自下而上的截割路径计划为前提,因此需要极大增强下方未遍历栅格活性值;而为了先截割同一水平上的栅格,需要增大同行上未遍历栅格的活性值。

在不改变路径规划主要逻辑的情况下,是否需要改变修正系数取决于路径规划的优化目标,优化目标包括:高覆盖率,低重复率。若想获得完全覆盖的效果,需要提高下方未遍历栅格的修正系数,使所有未遍历到的下方区域都可以被遍历到,但这会大大增加重复率;若想降低重复率,则需要升高上方及同一水平上未遍历栅格的修正系数,轨迹规划过程中会忽略下方未遍历到的区域,更多地被上方与同一水平的未遍历区域吸引。高覆盖率与低重复率这两个优化目标是互相矛盾的,因此两者权重需要权衡。

在计算出截割头下一步运动时整个栅格地图中栅格活性值后,计算截割头所在区域周围栅格的活性值,如图 4-56 中所示。在截割头运动到某一时刻后,即图 4-56(a)中圆圈标志处,其周围栅格活性值如图 4-56(b)所示,将其同方向上 5 个栅格的活性值相加,得出的方向活性值的和存入矩阵 $\boldsymbol{G}_{\text{guide}}$ 中。此时有:

$$\boldsymbol{G}_{\text{guide}}=\begin{bmatrix}0 & 10 & 0\\8 & 0 & 15\\0 & 17 & 0\end{bmatrix} \tag{4-34}$$

$$(\boldsymbol{G}_{\text{guide}}(m,n))_{\max}=\boldsymbol{G}_{\text{guide}}(3,2) \tag{4-35}$$

因此,图 4-56(a)中截割头下一时刻运动方向为向下。在截割头向下运动一格后,计算此时的栅格地图上栅格活性值,然后判断下一步运动方向;重复上述动作,就可以持续进行运动,直至截割头运动到最上端栅格结束。

在较为简单的栅格地图环境内,上述基于生物激励神经网络的路径规划方法能够准确计算出截割头下一步运动方向,但对于复杂环境下运动方向的判断准确性较低,并且在极端情况下,截割头的运动容易进入死区,使路径规划中断。

(3) 选择性截割路径实施难点

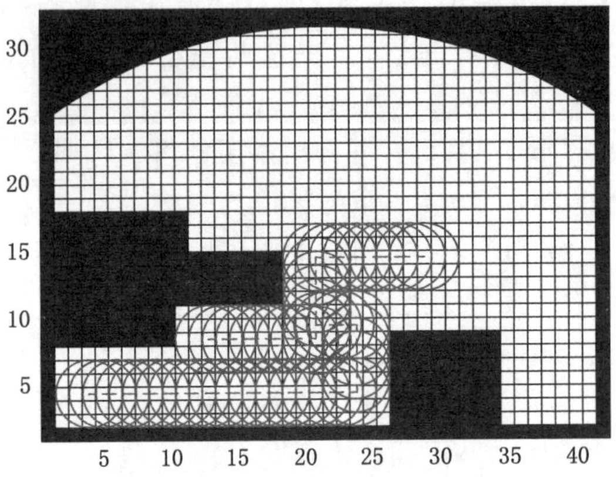

(a) 运动至某一位置

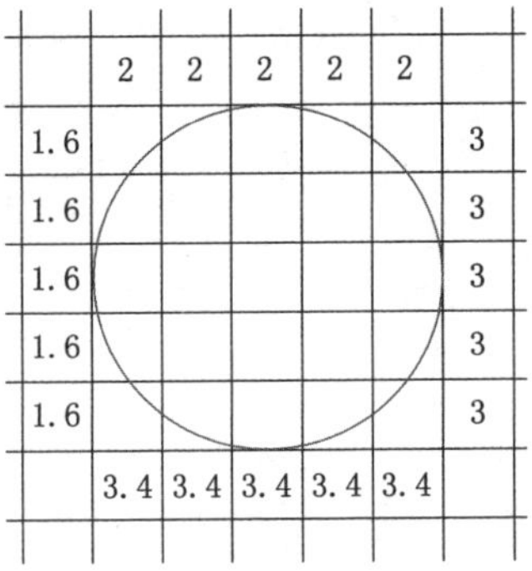

(b) 周围栅格活性

图 4-56 运动中栅格活性值示意图

选择性截割路径很明显优于传统的类S形截割路径，但是选择性截割需要已知巷道断面煤岩分布。由于综掘工作面工况复杂、粉尘浓度大，巷道断面煤岩识别难度很大。目前主要有放射性探测技术、振动测试技术、电磁测试技术、热敏测量技术、光纤技术、截割力响应识别系统、基于记忆截割技术的煤岩界面识别、基于图像的煤岩界面识别等煤岩识别方法，在用于综掘工作面巷道断面煤岩识别时都有一定的难度。

三、掘进机断面成形控制

悬臂式掘进机的主要功能是开掘巷道或隧道，为了使截割头按照目标轨迹运行，使所开掘巷道的断面形状尺寸尽量满足要求，需要对截割头的位置与速度进行检测，实现截割头的循迹控制。对截割头的控制实质上是对横摆液压缸、升降液压缸以及截割电机进行控制。对于悬臂式掘进机，其工作环境恶劣、工况复杂，结合液压传动系统固有的特点，悬臂式掘进机系统具有大惯性、强非线性、大干扰、强耦合、系统状态不确定性等特点，很难建立精确的系统数学模型，对其进行控制有一定的难度。

与其他控制系统类似，很多现有控制方法都可用于掘进机截割系统，如PID控制、模糊控制、神经网络、内模控制、自适应控制、模型预测控制、滑模变结构控制等。近几年，国外对掘进机断面成形控制研究较少，有关成果鲜有报道。国内对掘进机断面成形控制有不少的研究。

以下部分对一些掘进机断面成形控制方法与系统作简要介绍。

1. 基于PID的掘进机断面成形控制

(1) 截割头位置控制传递函数

掘进机截割头位置精确控制系统为自动反馈系统，包括比例放大器环节、电磁比例换向阀环节、液压缸负载环节和位置检测传感器反馈环节。忽略掘进过程中机械传动的非线性因素，掘进机截割头控制系统可以等效为如图4-57所示的系统结构。

图4-57中，r为给定输入液压缸位移，mm；e为反馈控制环节输出经过D/A转换后的电压信号，V；i为比例放大器的输出电流信号，A；q为负载流量，m^3/s；l为液压缸行程，mm。

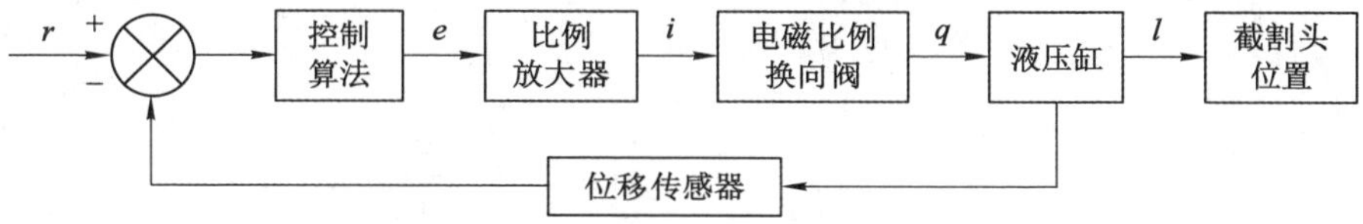

图 4-57　截割头位置控制系统结构

在比例放大器环节中，比例放大器的输入输出阻抗相差较大，可近似看为比例环节，其传递函数为：

$$\frac{I(s)}{E(s)} = K_v \tag{4-36}$$

其中，$I(s)$为比例放大器输出电流信号，A；$E(s)$为 D/A 模块转换后的电压信号，V；K_v 为比例放大器的增益。在实际工程应用中，可将比例换向阀环节近似看作一个二阶控制环节，设定其传递函数为：

$$\frac{Q(s)}{I(s)} = \frac{K_t}{\frac{s^2}{W_v^2} + \frac{2\delta_v}{W_v}s + 1} \tag{4-37}$$

其中，K_t 为电磁比例换向阀的流量增益，m^2/s；W_v 为换向阀相频宽，rad/s；δ_v 为换向阀阻尼比，取值为 0.5～0.7。

针对液压缸为比例换向阀控制的非对称液压缸，通过阀的流量方程、液压缸流量方程和负载力平衡 3 个方程的拉氏变化可知该环节传递函数为：

$$\frac{L(s)}{Q(s)} = \frac{1/A_h}{s\left(\frac{s^2}{W_b^2} + \frac{2\delta_b}{W_b}s + 1\right)} \tag{4-38}$$

其中，A_h 为液压缸无杆腔面积，m^2；W_b 为液压缸固有频率，rad/s；δ_b 为液压缸阻尼比，取值为 0.1～0.2。

由于系统频宽比位置检测器频宽低很多，故可近似看为比例环节，则传递函数为：

$$\frac{Y(s)}{\Delta\theta(s)} = K_w \tag{4-39}$$

其中，K_w 为位置检测传感器增益。

由以上分析可得到如图 4-58 所示的掘进机截割头精确控制系统传递函数模型。若要进行垂直升降或水平摆动分析时，只需将掘进机相应的参数代入该控制系统传递函数模型即可。

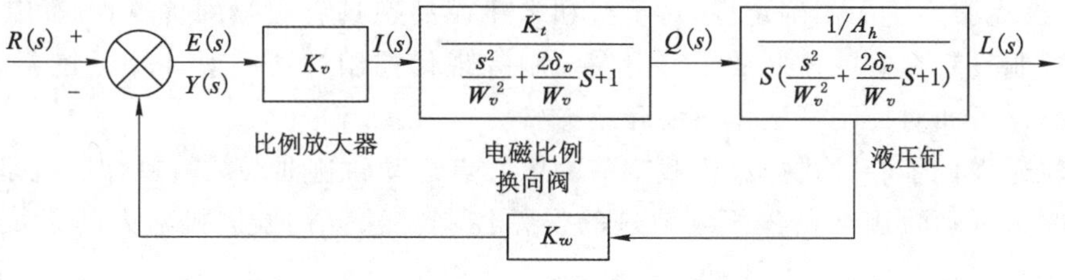

图 4-58　掘进机控制系统传递函数模型

图 4-58 中,$R(s)$,$E(s)$,$I(s)$,$Q(s)$,$L(s)$分别为图 4-57 中计算传递函数时 r,e,i,q,l 的表达式。则该控制系统的传递函数为:

$$G(s)=\frac{K_v K_t K_w/A_h}{s(\frac{s^2}{W_v^2}+\frac{2\delta_v}{W_v}s+1)(\frac{s^2}{W_b^2}+\frac{2\delta_b}{W_b}s+1)} \tag{4-40}$$

(2) PID 控制器设计

工业系统中常用的 PID 控制具有结构简单、稳定性好等优点,适用于悬臂式掘进机截割头位置控制,采用 PID 反馈控制来实现截割头位置的精确控制,PID 调节控制原理如图 4-59 所示。

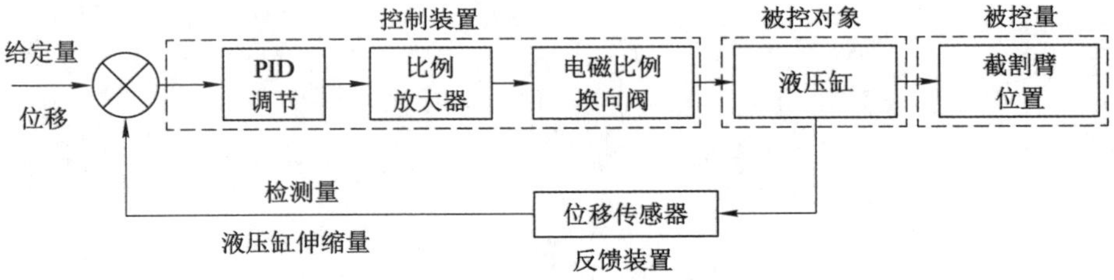

图 4-59 PID 闭环控制原理示意图

其中,给定量为截割过程中截割头位置转换后的液压缸位移值,反馈装置通过位移传感器反馈液压缸实际位移,并通过 PID 调节理论与实际偏差,从而实现截割头位置精确控制。截割头按照给定截割轨迹运行,直至满足巷道断面设定尺寸。

PID 控制器的传递函数为 $G_{\text{PID}}=P+I\frac{1}{s}+Ds$,其中 P,I,D 三个参数的整定是 PID 控制器的重点,也是影响控制性能的决定性因素。除了常规的 PID 控制器,我们可以用神经网络、模糊系统等算法在线实时调节 PID 控制器的三个参数,以提高控制性能。

(3) 基于 PID 的掘进机断面成形控制系统

基于 PID 的巷道断面自动成形控制的整体控制流程如图 4-60 所示。PID 控制器算法简单、计算量较小,使用 PLC 即可实现系统控制,给出一种可行的基于 PID 的巷道断面自动成形控制硬件系统如图 4-61 所示。

2. 基于反馈线性积分滑模控制的掘进机断面成形控制

悬臂式掘进机截割系统具有大惯性、强非线性、大干扰、强耦合、系统状态不确定性等特点,控制难度较高。PID 控制方式虽然能够实现巷道断面自动成形控制,但是由于 PID 控制器的能力有限,巷道断面成形质量不能得到保障。滑模控制是近年来发展迅速的一种控制算法,能够克服系统的不确定性,对干扰和未建模动态具有很强的鲁棒性,尤其是对非线性系统的控制具有良好的控制效果。滑模控制等现代控制方法一般计算量较大,对硬件系统要求较高。下面对控制算法作简要介绍。

截割轨迹表征了悬臂式掘进机截割头的中心点运动轨迹曲线。轨迹控制就是设计控制器实现截割头运动轨迹与预先规划轨迹的误差控制。悬臂式掘进机器人的系统动力学模型为:

$$M(q)\ddot{q}+C(q,\dot{q})\ddot{q}+G(q)+Y_d(q,\dot{q},\tau)=\tau \tag{4-41}$$

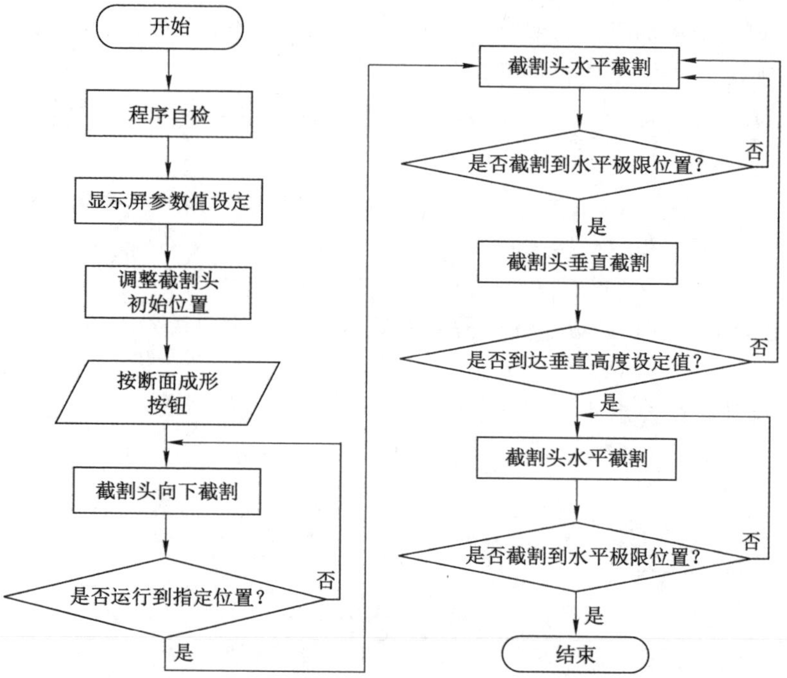

图 4-60　基于 PID 的断面成形控制流程

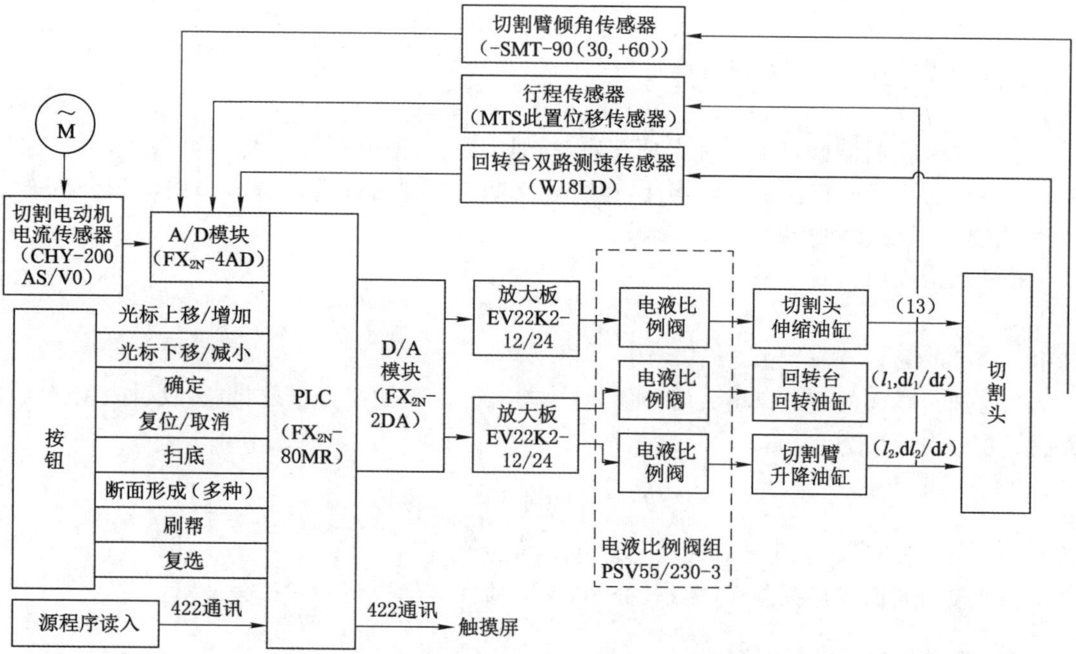

图 4-61　基于 PID 的断面成形控制硬件系统

其中,$M(q)$为悬臂式掘进机器人的惯性矩阵,q为悬臂式掘进机器人关节的广义坐标;$C(q,\dot{q})$为关节速度引起的哥氏力和向心力;$G(q)$为重力矩阵;$Y_d(q,\dot{q},\tau)$为悬臂式掘进机器人系统中的不确定性部分;τ为控制转矩。

设状态矢量 $z=[z_1,z_2]^{\mathrm{T}}$,令 $z_1=q$,$z_2=\dot{q}$,基于计算力矩法进行控制器设计,线性滑模控制律为:

$$\tau = M(q)u + C(q,\dot{q})\dot{q} + G(q) \tag{4-42}$$

其中,u为反馈控制器。u的表达式为:

$$u = \ddot{q}_d + K_d\dot{e} + K_pe \tag{4-43}$$

其中,$\ddot{q}$为对时间的二阶导数;K_d为微分系数矩阵;K_p为比例系数矩阵;$\dot{e}$为偏差变化率;e为位置偏差。

进而可以得到线性控制器:

$$\tau = M(q)(\ddot{q}_d + K_d\dot{e} + K_pe) + C(q,\dot{q})\dot{q} + G(q) \tag{4-44}$$

进而得到:

$$M(q)\ddot{q} + C(q,\dot{q})\dot{q} + G(q) + Y_d = M(q)u + C(q,\dot{q})\dot{q} + G(q) \tag{4-45}$$

设 $Y_d=0$,则上式变为:

$$M(q)\ddot{q} = M(q)u \tag{4-46}$$

由于$M(q)$为非奇异矩阵,则:

$$\ddot{q} = u \tag{4-47}$$

分别定义位置和加速度的跟踪误差为:

$$\begin{cases} e = q_d - q \\ \ddot{e} = \ddot{q}_d - \ddot{q} \end{cases} \tag{4-48}$$

最终可得闭环系统跟踪误差满足关系:

$$\ddot{e} + K_d\dot{e} + K_pe = 0 \tag{4-49}$$

由于线性控制器假定了不确定项 $Y_d=0$,但实际应用中,外界干扰不可避免,负载也是随机时变的。为了改善控制的鲁棒性,在线性反馈控制的基础上设计一个线性积分滑模控制器,降低参数变化和外界扰动的影响。

普通的滑模面:

$$S = \lambda e + \dot{e} \tag{4-50}$$

其中,$\lambda=\mathrm{diag}(r_1,r_2)$,$r_i>0$,$i=1,2$。

当普通滑模面的趋近律增大时能够提高响应速度,但同时会引起抖振,故引入积分滑模算法。积分滑模面为:

$$S = \dot{q}_i - \int_0^t (q - \lambda_1\dot{e} - \lambda_2 e)\mathrm{d}t \tag{4-51}$$

其中,$\Lambda_1=\mathrm{diag}(\lambda_{11},\lambda_{12})$,$\Lambda_2=\mathrm{diag}(\lambda_{11},\lambda_{12})$,为正对角矩阵。

此处仅对断面成形控制算法进行介绍,实验验证等细节请参考相关文献。

四、掘进机自适应截割控制

悬臂式掘进机截割系统的截割参数主要包括截割臂牵引速度、截割头旋转速度以及截割头有效截割深度。截割参数与煤岩特性是否匹配,是影响截割性能和掘进效益的关键因素。由于煤巷赋存条件复杂且多变，为整个巷道掘进设计合适的截割参数是不切实际的，即使是在同一个巷道断面上，夹矸、断层等也会导致煤岩特性不同。当使用传统的类S形截割路径时，掘进机自适应截割控制能够大大提高截割性能；当使用选择性截割轨迹时，由于巷道断面煤岩识别的准确度、煤岩分布的复杂度、轨迹规划的质量等因素限制，无法完全地避开硬岩截割，因此使用自适应截割控制同样能够提高掘进机掘进效益。

掘进机自适应截割控制就是根据掘进机工作状态（截割电机电流、牵引液压缸压力、截割臂摆动速度、截割头转速等）估计被截割岩石的硬度，并在线调节截割头转速、截割臂摆动速度等，从而使截割参数适应正在截割的煤岩特性。例如，当截割较硬岩石时降低截割头转动速度、截割臂摆动速度，当截割较软煤质时提高截割头转动速度、截割臂摆动速度。在整个截割过程中，都需要对截割功率与牵引功率进行合理匹配，使掘进机具有最优的截割性能。

近年来，国内外学者提出了很多掘进机自适应截割方法。以下对部分自适应截割控制方法进行简要介绍。

（1）基于截割臂摆速调节的自适应截割控制

掘进机在截割过程中，所截割煤岩硬度的不同，截割头负载也在不断变化，导致截割电机的输出功率不稳定，使截割电机处于过载或欠载的状态。截割电机的输出功率受截割机构的进给速度即截割臂摆速影响很大，因此要实现掘进机截割过程恒功率控制，就必须对截割臂摆速进行动态调节。当所截割煤岩硬度变大时，截割电机的输出功率超过其额定功率，应降低截割臂摆速，使截割电机负载减小，将其输出功率维持在额定功率以保护截割电机；当所截割煤岩硬度变小时，截割电机的输出功率小于其额定功率，应提高截割臂摆速，将其输出功率维持在额定功率以提高截割效率。

为了实现掘进机自适应截割控制，首先需要获取截割状态，构建截割载荷变化判定策略。截割载荷变化判定策略如图4-62所示。在掘进机截割过程中，实时监测截割电机的电压和电流、截割臂驱动油缸的压力、截割臂振动加速度，将测得的数据存储在机载大容量数据记录仪中，并与上一个采样周期测得的数据进行比较。当这四个参数的值变大时，则自动判定此时的煤岩硬度变大；当这四个参数的值变小时，则自动判定此时的煤岩硬度变小。该截割载荷变化判定策略中包含四个判据，因此能够充分、准确地判断煤岩硬度的变化，为截割臂摆速的控制提供先决条件。

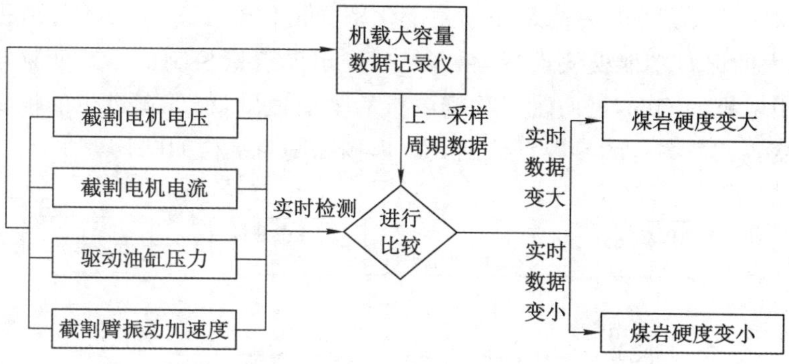

图4-62　截割载荷变化判定策略

在线检测截割电机电压和电流、液压缸压力、截割臂振动，使用神经网络输出电液比例阀控制量，从而控制截割臂摆速，实现截割电机的恒功率控制。截割臂摆速控制策略方案框图如图 4-63 所示。

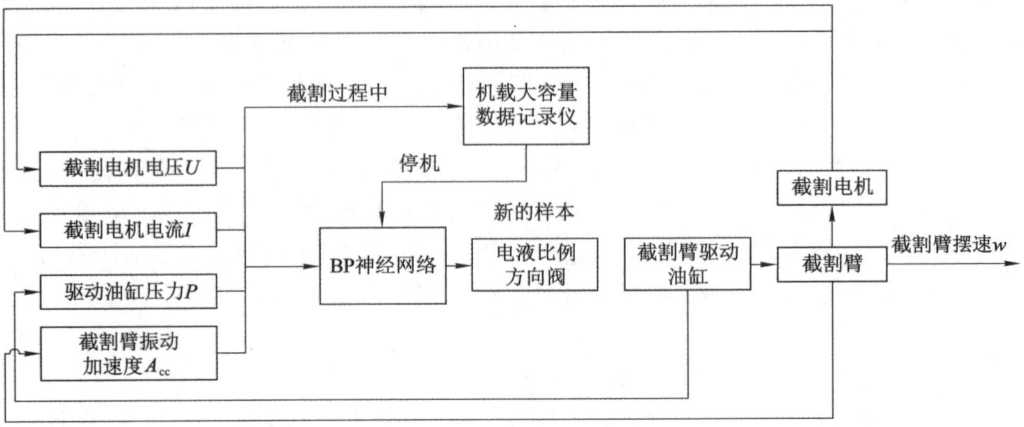

图 4-63　截割臂摆速控制策略方案框图

(2) 基于截割头转速调节的自适应截割控制

掘进机在正常工作情况下，其截割电机的转矩与煤岩层的硬度和自身的牵引速度成正比。为了避免掘进机工作时截割电机功率超过其额定功率，截割头截割煤岩层较为坚硬造成截割电机负载较大时，应快速降低掘进机截割电机的牵引速度；反之，当掘进机截割电机负载较小时，需要提高电动机的牵引速度，保证电动机的高效、满载运行。因此，对掘进机截割电机牵引速度的实时、动态调节，是实现掘进机恒功率（接近额定功率）、满载运行的重要保障。

基于 PLC 模糊控制的掘进机恒功率控制系统整体结构如图 4-64 所示，掘进机在截割过程中，采用电流检测装置对截割电机的实际电流进行采集，并将采集到的模拟量电流信号通过 PLC 的模拟量采集扩展模块传送给 CPU，通过 A/D 转换程序将模拟量电流信号转换成实际的电流信号，并将其与设定电流值进行比较，计算出电流偏差和偏差变化率；模糊控制规则通过程序植入 PLC 中，系统将电流偏差和偏差变化率同模糊规则表中的比较值进行比较，再通过 PLC 自身强大的 PID 功能模块进行运算，最后输出模拟量控制信号给变频器，通过控制变频器来调节牵引电机的速度，进而改变截割电机的牵引速度，保证掘进机的恒功率进给截割。掘进机恒功率变频调速系统的参数自整定 PID 模糊控制器结构如图4-65所示。

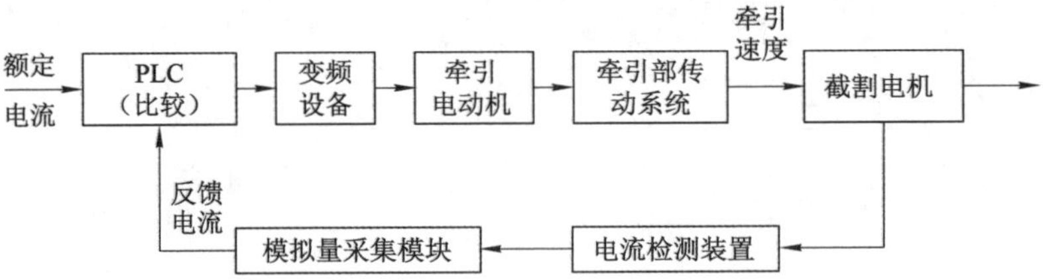

图 4-64　掘进机恒功率控制系统整体结构

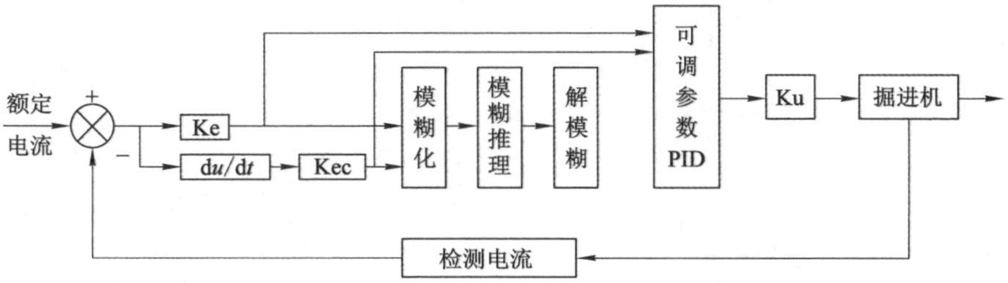

图 4-65 参数自整定 PID 模糊控制器结构

(3) 基于记忆截割的自适应截割控制

以截割红外热像为基础，结合记忆截割策略，以前一轮示范截割获取的截割温度特性为特征信号确定夹矸位置信息，下一轮截割采用避矸截割策略来保证夹矸巷道断面截割的稳定性，从而实现自适应截割控制。这种自适应控制策略也可以看作是选择性截割轨迹规划问题，只不过这种方法是通过上一个断面截割情况对这一次的断面截割进行实时轨迹规划。掘进机截割试验台如图 4-66 所示，主要包含掘进机本体、自动控制系统以及红外成像系统，其中红外成像系统用来采集截割过程红外热像。预配置的待截割煤岩宽×高为 2.5 m×1.5 m，其内部嵌有具有明显硬度差异的矸石。

图 4-66 掘进机截割试验台

试验研究流程如图 4-67(a)所示，共进行两轮截割：第一轮截割为了获取矸石截割红外热像及温度特性；第二轮按规划路径进行自动避矸截割。根据红外成像系统输出截割温度随时间变化曲线，可获得温升突变对应的时间变量，该时间变量下的截割头位置信息与液压缸位移传感器输出数据相对应。因此，可将获得的矸石截割温升突变信息转化为位置信息，进而确定断面的矸石分布情况。图 4-67(b)是第一轮截割路径，当截割头运动至图中⑤位置时，掘进机机体振动加剧，并产生较大粉尘，在其他位置截割状态并无明显变化。图 4-67(c)是第二轮截割路径，截割头运动避开了矸石，整个过程截割状态较为平稳。

由红外成像系统获取的两轮截割红外热像如图 4-68 所示，图中各状态分别对应图 4-67

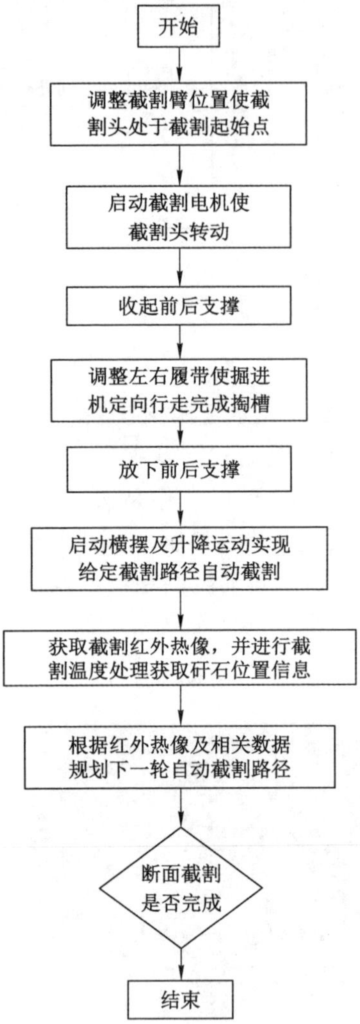

（a）试验研究流程

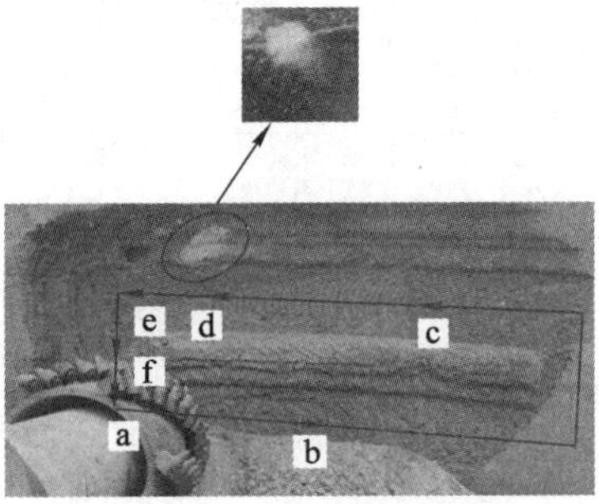

（b）第一轮截割路径

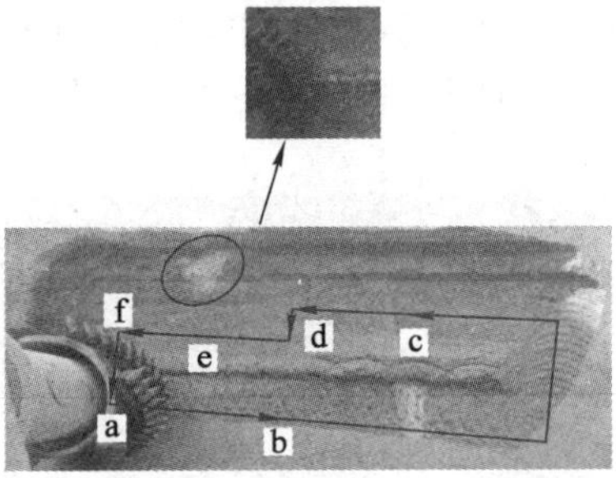

（c）第二轮截割路径

图 4-67　基于红外热像的夹矸巷道自适应截割流程

中的六个截割位置。图 4-68(a)显示开始截割时，整个截割头的温度基本相同，截齿温度较低；在横移截割一段距离后，与岩样接触的截齿温度明显升高；随着截割时间的累积，截齿的温度逐渐增高，岩屑温度增高，岩样表面也会升高，且岩样区域硬度越高，岩样表面温度越高。在截割头运动至夹矸位置时，截割头截割到矸石，截齿与岩样的接触面瞬间产生大量热量，温度急剧上升，由于岩样与周围空气的热交换，在截割完矸石后温度逐渐下降。图 4-68(b)为第二轮截割红外热像，可看出截割运动路径基本避开了矸石区域，整个截割过程的温度无较大变化，温度较高区域集中于截齿齿尖。

该方法验证了使用红外热像估计被截割煤岩特性的可行性，不仅提出了一种基于记忆截割的自适应截割方法，同时也为掘进机自适应截割控制技术提供了一种新的有效思路。

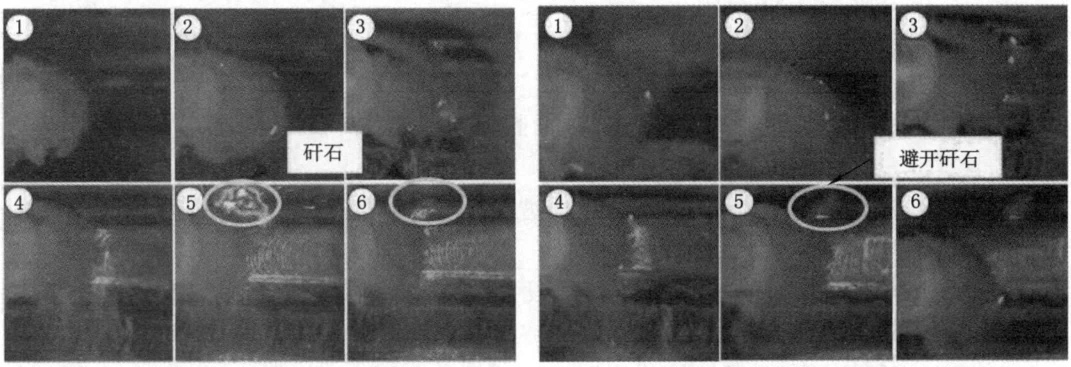

(a) 第一轮截割红外热像　　(b) 第二轮截割红外热像

图 4-68　掘进机截割红外热像

第四节　掘进机远程监控技术

科技发展迅速，人们生活、生产方式发生重大变化，监控技术被人们越来越重视。早期的监控系统主要是由集中监控即采用大型仪表对重要设备进行状态监测，运用操作盘进行集中操作。现在监控系统核心为控制计算机，加上传感器、执行机构、被监测的对象形成整体。在这个过程中，计算机为重要载体，实现了生产过程中的监测及控制。在工业生产过程中，我们通常把能够实现远程监控的通信媒体、计算机软件、硬件系统称为远程监控系统。在现场设备分布广泛或数据不易采集的场合，要能够及时地监视设备的运行状态并进行有效控制，这就是远程监控技术在工业生产上的需求。

一、我国掘进机状态监测发展状况

掘进机是煤矿生产最重要的生产设备之一，其运行情况的正常与否关系到生产能否正常进行。由于煤矿掘进工作面环境复杂、恶劣，为了保证掘进机的安全运行，对其进行实时的状态监测非常重要。

国内研究人员已经提出了掘进机各部分监测系统的设计方法，并运用远红外、PC-Based Control、DSC 数据采集系统等技术完成对掘进机的实时监测，但大部分为可视化的工作状态监控，而不是对掘进机工作数据的记录。

例如，利用 DSP 构建一个掘进机在线监测诊断系统，实现对掘进机的实时监测与工作状态诊断。该系统分为底层驱动、数据处理和故障诊断三个层面。对掘进机的关键部件状态进行监测，采集掘进机关键部件的故障信息，进行分析、诊断。监测系统的通信由 DSP 监控装置、CAN 总线和远程客户端组成。以 DSP 为核心构建监测系统，完成现场数据的实时采集、分析、故障诊断和报警的任务后，经过 CAN 总线与上位机进行交互，上位机在接收到数据后将各部件运行状况写入数据库中，监控人员可以从数据库中获取现场设备的运行数据，从而得到设备的运行状况。

1. 悬臂式掘进机监控现状

在采掘作业中,以往基本是以人工监测和手动操作为主,地面无法实时地监测设备的运行状态,现场施工情况及各项故障无法进行直观的预知及分析。目前,悬臂式掘进机可以配置远程监控系统,实现井上/下远程视频、数据监测、远程操控。

2. 监控系统的主要功能

远程控制与监测系统主要用来在距离掘进机 500～1 000 m 处控制掘进机、监控掘进工作设备状态等,主要功能包括以下几个方面。

(1) 通过传感器实时采集并显示掘进机设备的运行参数、工作状态等信息,例如供电电压、截割电机电流、油缸油压、油缸位移、机身姿态、截割电机工作时间等参数。

(2) 通过视频信息与井下监控软件所提供的信息在距离掘进机 500～1 000 m 处远程控制掘进机行走,按照设定要求自动截割断面、纠偏。

(3) 在距离掘进机 500～1 000 m 处通过悬臂式掘进机监控软件实时在线分析设备运行情况,并及时对工作状态进行调整和报警,提供维修和保养建议。

(4) 历史数据保存、显示,设备故障报警等功能。

(5) 网络发布掘进机的工作状态及作业信息,提供信息共享服务。

(6) 掘进机具有无线遥控功能,通过无线遥控手柄可以控制掘进机的执行机构按照要求进行动作。

(7) 通过 Internet 网络可以远程监测掘进的相关参数,具备故障报警功能。

(8) 具有视频远程传输功能,通过 Internet 网络可以实时监视掘进工作。

二、掘进机状态监测系统

掘进机主要由切割、行走、装运三大机构,液压、水路、电气三大系统组成。因此,掘进机的状态监测参数主要是指这几部分。

1. 截割机构处传感器信息

截割机构的监测信息包括截割电机前轴承温度、后轴承温度、绕组温度,截割电机 A 相电流、B 相电流、C 相电流,截割电机主轴振动信号,减速器处振动信号,截割臂液压缸压力及控制信号等,见表 4-4。

表 4-4　截割机构处传感器信息表

信号性质	截割电机	截割臂
模拟量	截割电机前轴承温度、后轴承温度,截割电机三相电流等	大臂伸缩液压缸,大臂垂直液压缸
开关量	截割绕组超温,截割电机漏电闭锁等	定位向左,定位向右

2. 装运机构处传感器信息

装运机构监测的主要信息包括:运输电机绕组温度,左装运电机绕组温度,右装运电机绕组温度,左装运电机 A 相、B 相和 C 相电流,右装运电机 A 相、B 相和 C 相电流,二运电机三相电流等,见表 4-5。

表 4-5　装运机构处传感器信息表

信号性质	装运电机	二运电机
模拟量	运输电机绕组温度，左装运电机绕组温度，右装运电机绕组温度，左装运电机和右装运电机的三相电流等	二运电机 A 相电流，二运电机 B 相电流，二运电机 C 相电流等
开关量	运输绕组超温，右装运绕组超温，左装运电机漏电闭锁，右装运电机漏电闭锁等	二运电机漏电闭锁，二运中继等

3. 主机架机身传感器信息

掘进机机身位于机体的中央处，主要由回转台、回转轴承、回转液压缸、主架体等组成。采集的掘进机主机架处信息为油泵电机绕组温度，油泵电机 A 相电流、B 相电流及 C 相电流等。

4. 电控箱

电控箱是掘进机控制器 PLC 或 PCC 的安装部位，内部有电压变送器、各种机身传感器、信息接入端子等，通过安装在电控箱内的机载大容量数据记录仪 10-121 实现与 PLC 通信，完成对截割部、装运部以及机身各处设备运行信息的采集和存储。

采集的机身传感器模拟量信息主要包括：各种温度值、电流值、电压值以及液压缸行程的位移量，见表 4-6。

记录的模拟量的值是数据采集模块经模数转换的值，该模拟量主要包括掘进机电机温度值、电流值、电压值以及掘进机液压缸行程的位移量。

表 4-6　掘进机机身传感器模拟量信息表

信号类别	温度/℃	电流/A	电压/V	位移/mm
模拟量 (0－65535)	油泵电机绕组温度 截割电机绕组温度 运输电机绕组温度 装运电机绕组温度 截割电机前轴承温度 截割电机后轴承温度 齿轮箱油温	油泵电机电流 截割电机电流 左装运电机电流 右装运电机电流 高压泵电机电流除尘电机电流 二运电机电流	电机电压 变压器电压	截割臂伸缩液压缸行程位移量 截割臂垂直液压缸行程位移量 铲板位置液压缸行程位移量

采集的机身传感器开关量信息主要包括：电机是否超温、电机是否漏电闭锁以及掘进机各部分的启停等，见表 4-7。

记录的开关量主要是用 0 和 1 表示是否超温、漏电、启停，以及用作输出控制量来做漏电保护。

掘进机遥控手柄开关量信息主要包括：掘进机各部启停信息、液压缸升降/伸缩信息、掘进机正反转信息以及履带行走信息，见表 4-8。

表 4-7　掘进机机身传感器开关量信息表

信号类别	超温(是/否)	漏电闭锁(是/否)	启/停	瓦斯
开关量 输入/输出 (0 或 1)	油泵电机绕组 截割电机绕组 运输电机绕组 装运电机绕组 除尘电机绕组	油泵电机 截割电机 左装运电机 右装运电机 高压泵电机 除尘电机 二运电机 电磁阀开关电源 工控机开关电源	电机启停 紧急停止 截割启停 输送机启停 油泵启停 装运机启停 二运启停 手动/自动	瓦斯超标

表 4-8　掘进机遥控手柄操作开关量信息表

信号类别	启/停(是/否)	升降/伸缩(是/否)	正反转(是/否)	前后(是/否)
操作开关 (0 或 1)	紧急停止 截割启停 输送机启停 油泵启停 装运机启停 二运启停 手动/自动	截割臂伸缩 铲板升降 后支撑升降	输送机正反转 装运机正反转	左履带前/后 右履带前/后

三、掘进机可视化监控技术

可视化(Visualization)是利用计算机图形学和图像处理技术,将数据转换成图形或图像在屏幕上显示出来,并进行交互处理的理论、方法和技术。它涉及计算机图形学、图像处理、计算机视觉、计算机辅助设计等多个领域,成为研究数据表示、数据处理、决策分析等一系列问题的综合技术。

在掘进工作中,由于粉尘、水雾等影响了掘进机司机的视野,易发生超挖、少挖等现象,造成断面不整齐,并给巷道支护工作带来不必要的麻烦。将可视化技术应用到煤矿井下掘进装备,可实现对掘进机工作情况的实时监测,并显示出掘进机截割头相对于整个工作面的位置及运动轨迹、掘进机机身位置及掘进机工作参数等信息,从而完成对掘进工作面的断面情况监视,节省因断面不平整而消耗的支护材料,节省时间并提高工作效率。

可视化技术可分为图形显示和图像显示,将可视化技术应用到掘进机监控后,掘进机可视化监控可分为本地监控、井下远程监控以及地面监控。因此,本书将掘进机可视化监控系统分为掘进机本地可视化监控系统、掘进机远程可视化监控系统、掘进机远程视频监测系统以及掘进机地面可视化监测系统,下面对四大系统分别介绍。

1. 掘进机本地可视化监控系统的组成与原理

悬臂式掘进机本地可视化监控是指利用掘进机机身上的显示设备,对掘进机工作情况实时监测。为了实现掘进机本地的可视化监控,需要应用传感器对掘进机悬臂位置、掘进机机身位置等参数进行监控。因此,掘进机本地可视化监控系统由角度或位移传感器、控制器以及显示装置组成。

掘进机本地可视化监控系统的原理如图 4-69 所示，由角度传感器可以检测掘进机悬臂水平、垂直方向移动的角度，通过对这些信息的采集，汇总到控制器中。进行相应的计算，分析出断面的情况，然后在显示装置上将截割头轨迹、截割头在巷道断面中的位置以及掘进机机身参数等需要的信息进行显示。

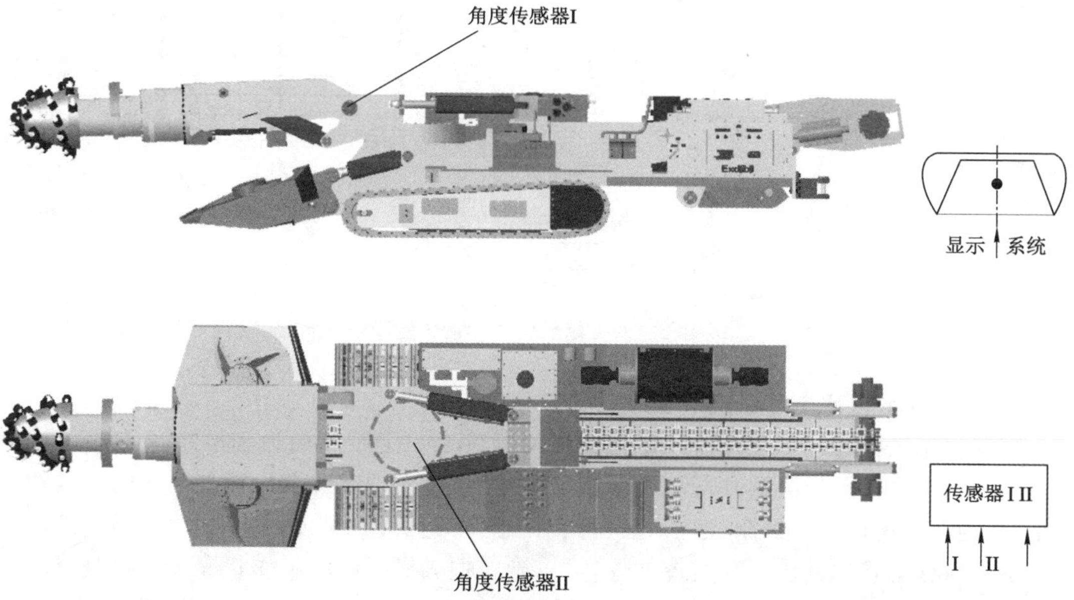

图 4-69　掘进机本地可视化监控系统原理示意图

2. 掘进机本地可视化监控系统的实现

以 EBZ200 型悬臂式掘进机上的一套本地可视化监控系统为例，机载计算机控制系统由上位机智能工控面板(PP480)和下位机 PCC(CP570)组成。在智能工控面板上设计了人机交互功能，通过输入巷道断面信息，可显示出相应的巷道形状，并且可以预存多个断面。

PCC+智能工控面板(PP480)的系统模式是非常先进的工业控制系统模式，其运算(处理)能力强、适应性和实时性强、开放性较好。可编程计算机控制器(programmable computer controller，PCC)是集计算机、自动控制技术、通信技术(简称 3C 技术)于一体的新型工业控制设备。PCC 的内核是一个标准的系统元件，内部集成 RISC(精简指令集计算机)作为外部通信模块，可以有效减轻 CPU 的工作负担。为解决传统控制系统的通信瓶颈问题，PCC 采用串口通信和主处理器操作同时进行的工作模式，同时 PCC 可以在一个周期内处理位、字节、字，这样就保证了与工业计算机相结合时的运算速度。

巷道轮廓显示的方法：设定若干个特征点，利用曲线拟合的思想生成巷道断面所有边界点坐标。如图 4-70 所示，具体步骤：取任意相邻三个特征点(x_0,y_0)、(x_1,y_1)、(x_2,y_2)，比较得出最小、最大横坐标值 min x 和 max x，最小、最大纵坐标值 min y 和 max y；插入足够多的点，利用直线插值公式，得出所有插入点的坐标。重复上述操作，直到得到巷道断面轮廓的所有边界点。

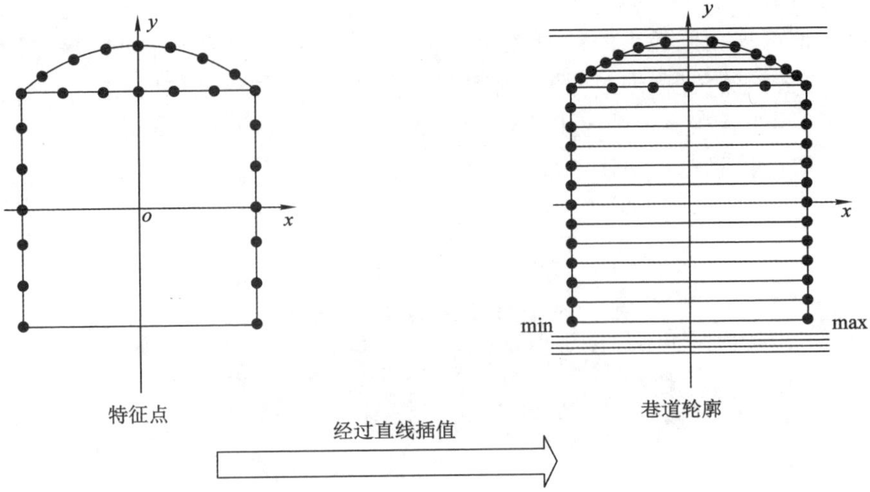

图 4-70　矩形/半圆拱形断面巷道轮廓生成示意图

3. 掘进机远程可视化监控系统的组成与原理

悬臂式掘进机远程可视化监控是指在距离掘进机一定距离的远程监控硐室内，对掘进机的运行状态进行画面监测并发出控制指令的技术，是实现综掘工作面自动化的关键技术，该系统涉及计算机、自动控制、通信等学科。在悬臂式掘进机截割作业时，工作人员通过该视频画面与悬臂式掘进机远程监控软件，可以确定掘进机当前的工作状况，该监控软件可发出信号开、油泵启、油泵停、自动截割、截割暂停、截割继续、截割全停、复位、清屏等控制指令，控制悬臂式掘进机按照程序设定进行自动截割。

悬臂式掘进机远程可视化监控系统的总体结构如图 4-71 所示，由机载控制器、通信模块及远程控制器组成，机载控制器位于悬臂式掘进机机身上，通过通信模块与远程控制器进行数据交换，实现对掘进机的远程状态监测和控制。远程控制器位于距掘进工作面相对安全的区域，通过编制软件程序，可对掘进机的运行状态进行可视化实时显示，并完成掘进作业操作人机交互功能。

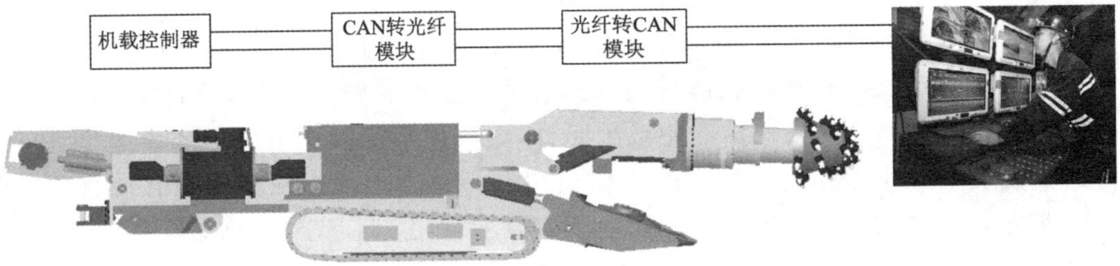

图 4-71　悬臂式掘进机远程可视化监控系统的组成

以配装在 EBZ200 型悬臂式掘进机上的一套综合远程可视化监控系统为例，它由可编程计算机（PCC）、嵌入式工业监控计算机、Linux 操作系统、CAN 总线通信等构成，其原理如图 4-72 所示。通过对发行版 Linux 操作系统的内核重新编译、文件系统定制和启动配置构建了一套高性能的监控软件平台，使用 GTK 技术构建了高可靠性和高实时性的悬臂式掘进机远程可视化监控软件，控制中心总响应时间小于 1 s，控制距离可达到 500～1 000 m，实现对掘进机的远距离控制与监测。

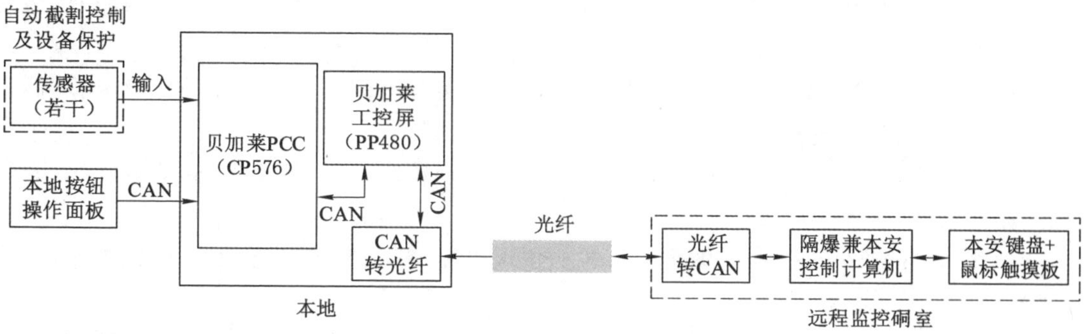

图 4-72　掘进机远程可视化监控系统原理图

远程控制主机为基于 PC/104 的嵌入式隔爆监控工业控制计算机，是掘进机远程监控系统的重要组成部分，监测悬臂式掘进机的工作状态，控制悬臂式掘进机进行煤矿巷道掘进作业，同时还需具备同地面调度室计算机连接通信的接口和能力。该主机放置在掘进机后方 600 m 左右的远程监控硐室内，如图 4-73 所示，此外还可通过井下以太网与井上调度室中的地面主机进行数据通信，从而实现在地面对悬臂式掘进机工作状态的监视。该控制计算机主要包括控制模块、存储模块、输入输出设备、通信模块和电源模块。CPU 为 Intel-PentiumM 微处理器，速度 1 GHz；80 G 的固态硬盘；使用工业级触摸板键盘；17in 液晶显示屏；选用 CSD 扩展板。

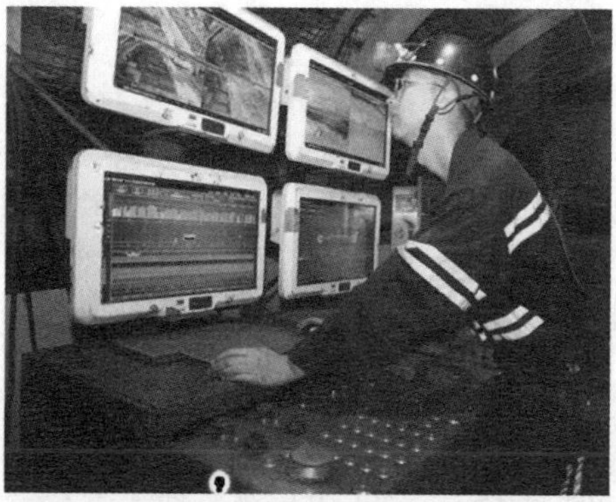

图 4-73　井下远程监控室（距掘进工作面 600 m）

监控软件为多进程同时运行，其主要进程模块包括核心监控进程、显示进程、CAN 通信进程、以太网通信进程。软件主要分为 10 个部分，各部分功能如下所述：

（1）截割头轨迹：此区域显示截割头的运行轨迹，设置了同时显示设定的断面形状以及截割的完成情况。菜单栏包括系统、机载控制器、工具、帮助四部分，每个菜单包括相应的子功能，用户可通过单击相应条目进入相应功能。

（2）位姿状态功能区：此区域显示掘进机当前位姿信息，包括截割头的 x 和 y 坐标、机身俯仰角、机身滚动角、偏距、机身偏向角、后支撑位移、铲板角度的测量数值。用户可以根据此区域中显示的各量判断掘进机的姿态。

(3) 控制命令发送区:此区域包括信号开、油泵启、油泵关、纠偏下放、轮廓号、截割开始、截割暂停、截割继续、截割全停、刷帮、手动、自动、急停、复位、清屏控制按钮,用户可单击相应动作对掘进机进行控制。

(4) 截割电机电流状态显示区:此区域显示电机实际电流与额定电流的比值、当前截割头是否闷车以及是否遇到硬质点。

(5) 掘进机工作状态显示区:此区域显示当前截割轮廓编号、纠偏状态、下放状态、截割状态、刷帮状态。

(6) 供电系统显示区:此区域显示掘进机供电电压、截割电机电流、油泵电机电流、二运电机电流当前状态。

(7) 故障显示区:当系统出现故障后,此区域会显示故障的来源,并提供此故障的详细信息,与状态区配合可实现故障的快速定位。

(8) 详细参数显示区:此区域提供掘进机运行时传感器采集所有参数信息。

(9) 中继器状态显示区:当中继器吸合时,此区域会显示是其中哪一个吸合。

(10) 驱动阀中继器显示区:当驱动不同的执行机构时,该驱动继电器将吸合,通过该区域的响应显示,可以监测执行机构的工作情况。

此外,该系统还包括位姿纠偏界面、详细参数界面、故障界面、断面轮廓点输入界面等,可实时显示掘进机的各种状态信息(如液压缸压力、油温、截割电机电压和电流、机身位姿、截割头位置等),通过信息的综合分析评估掘进机的工作状态与健康状况,保障掘进机的安全有效运行。地面试验和井下试验表明:悬臂式掘进机远程可视化监控软件具有运行稳定可靠、功能强大等特点,满足现场控制要求。

第五节 智能支护技术

我国煤矿以井工开采为主,需要在井下掘进规模巨大的巷道,而且随着煤矿开采深度、开采范围与开采强度增加,对巷道支护安全性提出了更高的要求。巷道的畅通与稳定是保障煤矿安全高效生产的必要条件,对煤矿安全、产量与效益有显著的影响。因此,巷道支护理论与技术一直是煤炭领域工作者研究的重点。

基于我国煤矿巷道围岩的特性以及对巷道支护原理的认识,我国引进、研发出不同类型的巷道支护技术,这些巷道支护技术主要可以分为三种类型:

(1) 巷道围岩表面支护型。巷道围岩表面支护方法是指在巷道表面施加约束力控制围岩变形,包括各种支架、支柱,喷射混凝土、浇注混凝土支护,砌碹支护等。

(2) 巷道围岩锚固支护型。巷道围岩锚固支护方法所使用的支护构件不但作用在巷道表面,而且深入围岩内部,以加固围岩为主,包括锚杆与锚索支护。

(3) 联合支护型。联合支护法是指采用两种或多种巷道支护方法,如锚喷与注浆、锚杆与支架等。

一、智能支护技术的应用背景

因此,在智慧矿山建设的背景下,为了提高煤矿开采的智能化,“智能成巷”技术体系越来越受到煤炭领域科技工作者的关注。

"智能成巷"是与信息化、生物感知、大数据云计算、人工智能等前沿技术相融合，并基于煤巷"智能掘进"和"智能支护"两大子系统的技术体系，而煤巷综掘技术与智能控制相结合已将基本实现"智能掘进"。因此，"智能成巷"主要是"智能支护"设备与系统的开发。

在系统开发方面，智能支护主要对我国现有和将来不同深度、地质和开采条件下的煤巷支护成功案例进行汇总创建数据库，将影响煤巷组合支护形式选择与参数设计的关键因素按重要程度设立不同层列的评价指标，并根据不同条件下专家建议的组合支护形式、参数建立煤巷支护设计专家系统，提升煤巷支护工程的设计程序和评价系统，加强施工质量控制和可靠性检测，检测锚杆(索)安装、支架架设、注浆、卸压等施工质量，研究基于网络信息的实时监测和测试技术。

在设备开发方面，智能支护主要是借鉴生物信息感知及传递特性，研发智能锚杆、锚索与支架等支护元件，结合大数据处理原理和方法，研制新型传感或信息传递装置，如模拟微生物运动而设计的岩层钻孔微纳尺度机器人等，精准广泛地采集地层岩性、地质构造、岩体结构、支护体受力、矿压动态及围岩变形等实测数据。

进一步，这些智能支护设备将与基于大数据分析模型和预警准则开发的多信息处理的巷道稳定性监测预警平台相融合，并结合专家系统建立相应的决策机制，实现巷道变形与支护装备(如锚杆钻机、锚杆台车、掘锚机组等)动作信息的实时互馈，创建煤巷支护的智能施工系统，与"智能掘进"系统相互配合，形成煤矿的"智能成巷"技术体系。因此，智能支护系统的开发在整个智能支护体系中占据重要地位。

二、智能支护设备的发展与应用

伴随着煤矿支护工艺的不断创新与发展，相应的支护设备也在不断进步。不同的支护类型对应着具有各自支护方法特点的支护设备，这些支护设备不仅在很大程度上提高了支护的质量，而且进一步促进了支护效率的提升，大大提高了煤矿开采的速度。

1. 巷道围岩表面支护设备的发展与应用

采用喷射混凝土法进行巷道表面支护的支护设备可分为两类：一类是喷射机、喷射机械臂架等单独使用的分离式喷射系统；另一类是在自行式台车上搭载喷射机械臂架、喷射机、速凝剂供给机、空气压缩机等施工所需机器的一体式喷射系统。随着巷道支护要求的不断提高，以湿喷技术和机电液技术为核心的混凝土湿喷台车应运而生，湿喷台车是集喷射臂架、混凝土泵送、空压机、行走底盘、电液控制系统为一体的工程机械设备(图 4-74)，它按照一定的工艺流程将确定比例配备的速凝剂、水、骨料等进行搅拌混合，并通过泵送管道将混凝土拌合物泵送到喷射头，最后利用高压气体高速喷射到受喷面，从而使其凝聚硬化产生支撑保护层。混凝土湿喷台车在保证喷射质量、提高施工效率的同时，大大改善了工人的工作条件与环境，减少体力支出与身体损害。湿喷混凝土能够嵌入贴紧巷道表面并塞封巷

图 4-74　湿喷台车

道表面的张性裂痕缝隙，更好地发挥出巷道表面围岩间的镶嵌自锁效用，进而提高巷道表面的自承能力和整体强度性能。混凝土湿喷台车与传统的小型湿喷机相比，具有喷射方量大、移动能力强、智能化程度高等优点，是实现智能支护的一种重要支护设备。

2. 巷道围岩锚固支护设备的发展与应用

对于巷道围岩锚固支护法来说，其所包含的锚杆支护方法已经成为我国煤矿巷道的主体支护方式。因此，与锚杆支护相关的支护设备是构成智能支护体系的重要组成部分。

与锚杆支护相关的众多支护设备中，锚杆钻机一直是人们关注的重点。

20 世纪 50 年代，第一台锚杆钻机在美国诞生，随后锚杆钻机经历迅速更新换代。到 20 世纪 60～70 年代末期，欧美等工业发达国家研制出用于煤矿巷道支护的专用锚杆钻机。早期的锚杆钻机大多是单体式(图 4-75)，需要多名工人相互配合使用，效率较低，工人劳动强度大。除此之外，采用单体式锚杆钻机进行支护作业具有一定的安全隐患。

为了解决单体式锚杆钻机在进行煤矿巷道支护作业时的弊端，各个国家相继开发出具有自动支护功能的锚杆钻机。1988 年，美国 Fletcher 公司开发了 ARR-D 远程锚杆钻机(图 4-76)，可以安装 10 根锚杆和药卷。

图 4-75　单体式锚杆钻机支护作业

图 4-76　ARR-D 远程锚杆钻机

2016 年，Fletcher 公司又设计和制造了双臂远程锚杆钻机(图 4-77)，每个臂配备两台独立的钻机，一台钻机用于钻孔和插入锚固剂，一台钻机用于安装锚杆，所有操作均为液压操作。该双臂远程锚杆钻机的锚固剂采用气动装置插入，配套的锚固剂插入器固定在钻机组件上，并使用与钻杆相同的顶部参考导向，消除了错位的可能性，提供了可靠的锚固剂插入。锚杆仓可容纳 16 根锚杆，并且多根锚杆可以从锚杆仓的同一位置插入，避免了插入一根锚杆后，锚杆仓还需要进行旋转的动作。

除此之外，戴纳工业公司还研发出一种双臂自动锚杆钻机(图 4-78)，该两臂自动锚杆钻机前部设置两套钻锚机构，可以在导轨上横向和纵向滑动，适应横向、纵向的锚杆定位。每个钻锚机构主要包括钻孔机构、锚杆安装机构、6 根锚杆的旋转锚杆仓等。打锚杆时，两套钻锚机构可以同时动作，先钻孔，然后钻锚机构平行移动一定距离(钻机和锚杆机的中心距离)，锚杆仓推出一根锚杆，锚杆机开始安装锚杆。该两臂自动锚杆钻机为了进一步提高锚杆支护的自动化水平，还采用了内装药卷的空心锚杆。

图 4-77　双臂远程锚杆钻机

图 4-78　两臂自动锚杆钻机

在深入研究锚杆钻机的同时，许多国家也尝试着将机载式锚杆钻机与掘进机进行结合，研发出可以集掘进与锚杆支护功能于一体的掘锚一体机，具有代表性的是英国 BJD 公司 2048 掘锚一体机（图 4-79）、德国保拉特公司的 E230 掘锚一体机（图 4-80）以及日本小松矿业的 12ED30 掘锚一体机（图 4-81）。

图 4-79　BJD2048 掘锚一体机

图 4-80　E230 掘锚一体机

图 4-81　12ED30 掘锚一体机

除了对锚杆钻机进行深入的研究之外，许多矿山装备机械公司也尝试着在锚杆的设计上进行创新。传统的锚杆在用于煤矿巷道的支护作业时需要配合特定的锚固剂（药卷）使用，即在将锚杆放置在提前钻好的钻孔之前，需要在钻孔内填充一定的锚固剂，工序多、成本高，严重制约了锚杆支护效率的提升。在许多科技工作者的努力下，自钻式锚杆（self drilling bolt，SDB）被发明出来，并逐渐得到广泛的应用，代表的厂商有 Hilti 以及 Sandvik 公司。

自钻锚杆是将钻孔、注锚固剂和锚固等功能集成于一体的锚杆。自钻锚杆依据是否自带锚固剂分为一步锚固自钻锚杆（one step SDB）和二步锚固自钻锚杆（two step SDB），其中一步锚固自钻锚杆内置锚固剂，两步锚固自钻锚杆没有内置锚固剂。由此也产生了两种不同的自钻锚杆使用工艺，即一步锚固法和二步锚固法。

一步锚固自钻锚杆（图 4-82）在进行煤矿巷道支护时，由于其自带钻头，内置锚固剂，所以可以一次完成钻进和安装，极大地促进了巷道智能支护的发展。虽然一步锚固自钻锚杆的支护效率较高，但由于其内置锚固剂，所以在同等支护能力下，杆径较粗，所需要的钻机扭矩较大，且不适合用于较硬的顶板支护，这一缺陷也为二步锚固自钻锚杆的发展创造了条件。

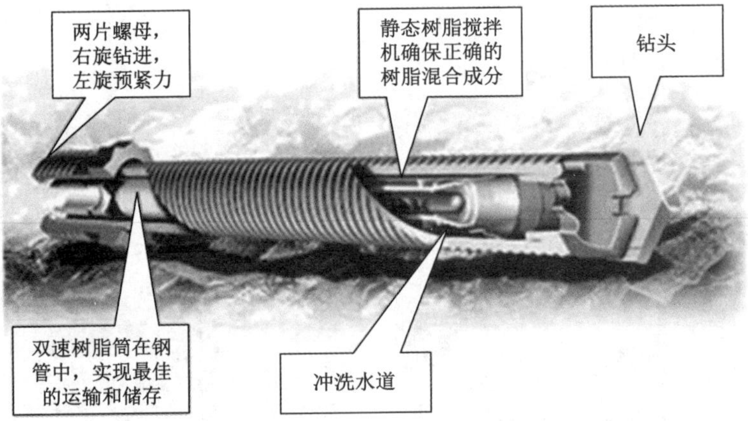

图 4-82　一步锚固自钻锚杆

二步锚固自钻锚杆（图 4-83）由于没有内置锚固剂，所以其锚杆直径相对较细，可以很好地应用于硬岩支护。但在采用二步锚固自钻锚杆进行巷道支护时，需要等待二步锚固自

图 4-83　二步锚固自钻锚杆

钻锚杆完成自钻后，再注入锚固剂。因此，锚固剂的选用需要便于注射和流动，常用的方法是将锚固剂的主要原料进行混合后，再用专用的泵送系统和注射系统将其注入。为此，集成了钻孔、注射以及泵送系统的锚杆钻机被研发出来并投入使用(图 4-84)。

图 4-84　集成了钻孔、注射、泵送系统的锚杆钻机

在采用锚杆支护进行巷道支护时，锚杆打入巷道后的工作状态监测也是整个支护过程中十分重要的一个环节。早期的锚杆支护缺乏必要的现场监测，对锚杆工作状态与支护效果难以检测。随着锚杆支护技术的发展和锚护状态监测需要，相继发明了顶板离层指示仪、多点位移计、测力锚杆、锚杆(索)测力计等。近年来巷道矿压综合监测系统又被研发出来，实现了矿压数据的实时、在线、自动监测及数据分析，巷道矿压监测内容如表 4-9 所示。这些矿压监测仪器及系统在了解围岩变形破坏特征、支护体变形与受力状态、评价支护效果等方面起到重要作用，为保证巷道安全提供了有效手段。

表 4-9　锚杆支护巷道矿压监测内容与方法

监测类别	监测内容	具体监测指标	监测仪器
围岩位移	巷道表面位移	顶板下沉量，顶底板移近量，帮位移量，两帮移近量等	测尺、测杆、测枪、收敛计，激光测距仪等
	顶板离层	锚固区内顶板离层量，锚固区外顶板离层量，总离层量	各种类型的顶板离层指示仪
	围岩深部位移	巷道围岩不同深度的位移量	机械、电测、声波多点位移计
采动应力	煤柱应力	煤柱不同部位垂直应力与水平应力变化	液压钻孔应力计，扁千斤顶，空心包体应变计
	支承压力	采煤工作面影响范围内煤岩体垂直应力变化	各种刚性包体应力计
支护体受力与变形	锚杆受力与变形	锚杆不同部位受力及变形、破坏状况	锚杆测力计(安设在孔口)，测力锚杆，锚杆无损检测仪等
	锚索受力与变形	锚索受力及变形、破坏状况	锚索测力计(安设在孔口)，测力锚索等
	其他构件受力与变形	托板、钢带、金属网等构件受力及变形、破坏状况	在托板、钢带、金属网等构件表面粘贴应变片，监测不同部位应变

三、煤矿巷道智能支护系统

煤矿地下开采遵循“采掘并举，掘进先行”的原则，而巷道支护是影响巷道掘进速度与效果的关键因素之一。在我国煤矿井巷中，煤巷占巷道总长度的 60%以上，由于其地质条件复杂，巷道顶板与煤层的物理力学性质相差较大，在其服务期内还要受到采煤工作面的采动影响，这些不利因素给煤巷支护设计与施工带来了诸多技术难题。支护设计不合理会导致巷道维护困难，从而影响工作面的运输、通风并威胁井下的安全生产，同时也会造成支护材料的浪费，增加矿井生产成本。

传统的煤矿巷道支护设计主要依靠设计者个人的经验水平，而设计者对支护理论的把握和数值分析的水平往往具有一定局限性，这就使得多数情况下还是靠粗略计算和分析判断来确定支护设计参数，致使设计方案科学依据不足。

近年来，随着计算机信息技术及人工智能技术在各个领域的应用普及，煤炭科技工作者把专家系统引入巷道支护设计中，开展了大量的理论研究和实践工作，取得了一定的成果，也在一定程度上提高了巷道支护设计效率和效果，丰富了设计理论，提高了我国煤矿巷道支护技术和煤炭工业信息化水平。

1. 煤矿巷道支护智能设计系统概述

针对上述利用专家系统开发的支护设计系统难以满足复杂的巷道地质条件对支护技术的较高要求的问题，许多科研机构进行了深入的研究。中国矿业大学（北京）联合煤炭企业开展了煤矿巷道支护方案智能决策项目研究工作，实施了巷道支护工程现场试验，进行了室内模拟实验和数学力学分析，汇集了一批长期从事巷道支护设计与施工专家的丰富理论和实践经验性知识，结合最新发展的人工智能技术开发了适合我国主要矿区地质和生产条件的“煤矿巷道支护智能设计系统”。该系统集成了围岩稳定性智能分类、神经网络预测、数值模拟优化分析、矿图自动绘制及支护报告生成五大功能模块。系统基于模糊数学计算、神经网络预测、FLAC3D 模拟及 CAD 二次开发等技术手段，实现了巷道围岩智能分类、支护参数预测、支护方案优化等功能。采用理论研究、现场调研、专家访谈、问卷调查等方式建立了内容丰富的巷道支护专家级知识库，并利用计算机开发技术设计了科学合理的系统推理机。

煤矿巷道支护智能设计系统的研发旨在利用最新发展的支护技术及人工智能技术，建立以信息化和智能化为特色的煤矿巷道支护设计方法。系统的开发和实施，实现了巷道支护方案优化、工作效率提高、生产成本降低等目标，取得了良好的技术、经济与社会效益，其实现的主要目标包括：

（1）提出煤矿巷道支护设计专家系统的组成和设计思路

学习专家系统开发的相关知识，对计算机处理技术的程序开发、信息转换原理等知识进行了解和学习，力求获得最新的技术知识，使开发的系统能跟上计算机信息的发展。学习和研究支护参数设计的专家系统模型、推理机设计、合适的计算机环境（尤其是软件环境）、系统的配置方案、面向对象的人工智能语言、知识库的设计等。

（2）用多种知识表示方法把巷道支护专家知识建成一个便于推理的知识库。

把收集的大量锚杆支护设计专家知识建成一个便于推理的知识库，主要用来存储领域专家提供的专门知识和收集的现场资料，是专家系统的核心部分。知识库与传统数据库的主要区别是：数据库一般是被动的，而知识库则更有创造性；数据库中的事实是固定的，而知识库总是不断补充新的知识。

（3）用支护的专业规范知识和收集的专家推理性知识对支护的各种参数进行优选。

根据现场实测资料、施工技术人员的经验、锚杆支护的专业规范知识、专家推理性知识和支护参数理论经验公式，结合现场不同的实际情况，确定比较合理的锚杆支护参数。将系统应用到生产矿井，推理出在特定的地质开采条件下，回采巷道应选取的合理的锚杆支护形式和支护参数，实现支护设计的自动决策。

（4）基于 FLAC3D 二次开发技术实现支护参数的优化。

基于先进的岩土工程数值模拟工具进行二次开发，利用开发语言以及 FLAC3D 接口程序开发专用系统，所有本构模型均以动态链接库的形式提供给用户，系统会自动调用用户指定的动态链接库 DLL 文件，实现建模的直观、快速和自动化。用户不需要具备任何 FLAC3D 软件知识，只需输入指定的相关原始数据，系统便可自动进行方案模拟和参数优化。

（5）运用计算机开发和设计语言 C＃、Object ARX 开发工具，建立一个具有良好人机交互界面的煤巷支护设计专家系统。

采用面向对象的编程技术开发出一个比较通用的基于 AutoCAD 的绘图智能系统，并在此基础上实现系统与专家知识库的结合，使之具有较高的智能化水平。用 C＃语言编写的程序经过编译、链接，最后生成 Object ARX 应用程序。Object ARX 开发环境提供一个面向对象的应用程序接口，开发人员可以利用接口使用、修改和扩展 AutoCAD。

系统设计遵循由小到大、由简到繁，使系统逐步趋于成熟的原则。主要目的是能更合理、准确、快捷地提供支护方案，自动生成支护设计报告及支护图表，系统推理结构如图 4-85所示。

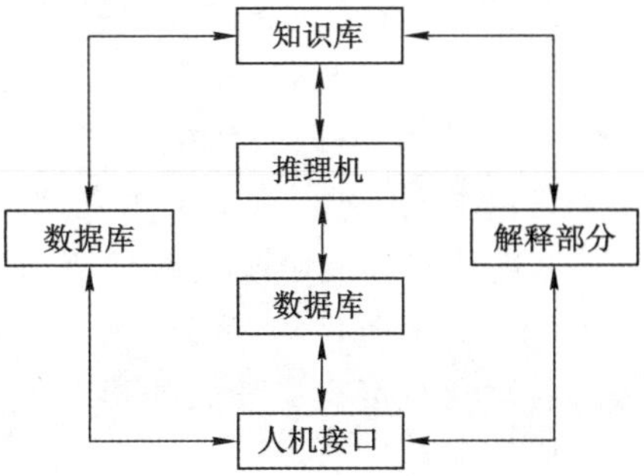

图 4-85　系统推理结构图

具体而言，支护设计系统的主要设计思想包括以下几个方面：

（1）准确定位。明确使用支护设计系统的用户群体，基于用户实际需要，选择合适的开发平台、语言及系统结构设计，便于使用，能够解决煤巷支护方面的技术问题。

（2）实用至上。系统的研发手段是有机结合领域诸多专家知识及先进的计算机智能技术，在探索一种新的支护设计方法的基础上力争保障系统的实用性。同时，为了尽可能满足用户实际使用需求，系统知识库内容丰富，能够满足不同条件下的实际使用需求，体现系统较高的实用性。

（3）结构简单。利用分层结构和模块化设计实现系统操作流程简单的目标，充分发挥系统的运行效率及安全稳定性，为用户提供实用、高效、准确及合理的煤巷支护方案设计。

第六节　掘支运装备协同控制技术

一、掘支运装备群

目前国内外掘支运装备群主要包括两大类：一种是围绕悬臂式掘进机为主的设备群（图 4-86）；另外一种是围绕掘锚机为主的设备群。可以将其详细分为以下 5 种。

（1）悬臂式掘进机、单体锚杆钻机、桥式转载机、带式输送机

适用于普氏系数小于 10 的岩巷及半煤岩巷，适应范围广，掘锚不能平行作业。由于其

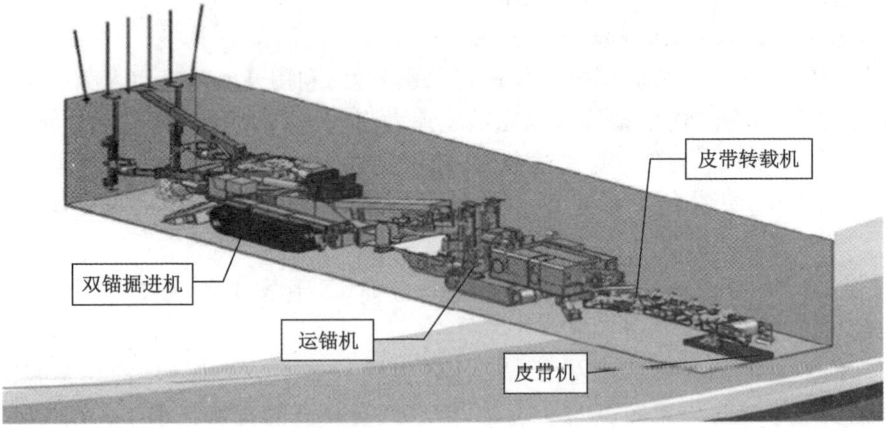

图 4-86　悬臂式掘进机为核心的掘支运装备群

不能并行作业、设备独立性强，难以实现协同控制。

(2) 悬臂式掘进机、机载锚杆钻机、桥式转载机、带式输送机

相对于单体锚杆钻机，机载锚杆钻机提高了锚护作业的机械化程度和自动化程度，实现了掘支运的并行作业，具备了掘支运装备协同控制的基本条件。

(3) 连续采煤机、梭车、锚杆钻车、铲车、给料破碎机、带式输送机

适用于巷道条件较好的大断面双巷掘进，掘锚交叉作业，掘进速度快，适应范围小。该设备群自动化程度有了较大的提高，但是仅适用于煤层地质条件较好的大断面煤巷掘进，限制了其应用的范围。

(4) 掘锚机组、桥式转载机、带式输送机

适用于巷道条件较好的大断面单巷掘进，掘锚平行作业，掘进速度快，适应范围小。该装备群将锚支部与掘进机相集成，实现了边掘进边锚支的功能，机械化和自动化程度得到了进一步的提高。

(5) 快速掘进系统(掘锚机或全断面掘进机、破碎机、多臂锚杆钻机、自移机尾、可弯曲带式输送机)

该装备群在(4)中的基础上进行了大幅度升级，通过多臂锚杆钻机实现了巷道全断面的锚支作业，同时实现了可弯曲连续运输，并且“掘支运”三位一体作业，掘进速度快，已成功应用于陕蒙地区顶板条件较好的巷道。

根据上述掘支运装备群的特点和发展应用趋势，现有掘支运装备能够实现协同控制的装备群为“悬臂式掘进机＋机载锚杆钻机”系列和“快速掘进系统”(图 4-87)。因此本书重点介绍这两种掘支运装备群的协同控制技术。

二、控制关系

1. 快速掘进系统

(1) 掘进机和破碎机

掘进过程中破碎机用来破碎掘进机截割下来的煤岩，当转载破碎机停机时，掘进机必须停机，否则会发生煤岩堆积现象，因此掘进机与转载破碎机之间存在闭锁关系，协同关系如

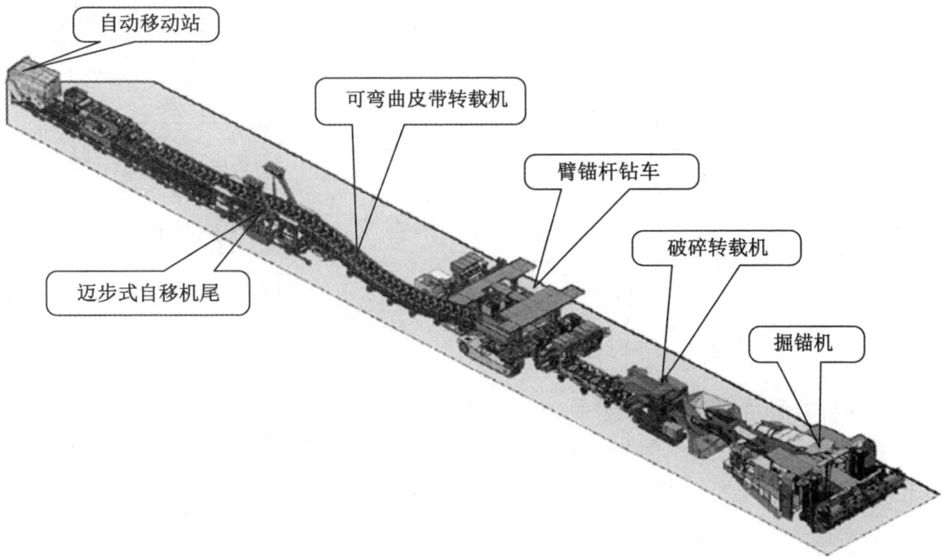

图 4-87　快速掘进系统装备群

图 4-88 所示：只有转载破碎机启动后，掘进机才能启动；掘进机与转载破碎机必须保持相同的运动方向，即掘进机“前进”时，转载破碎机必须处于“前进”状态，掘进机“后退”时，转载破碎机必须处于“后退”状态；为了掘进机与破碎机之间的机械碰撞，存在行程闭锁关系，破碎机可控制掘进机急停动作。

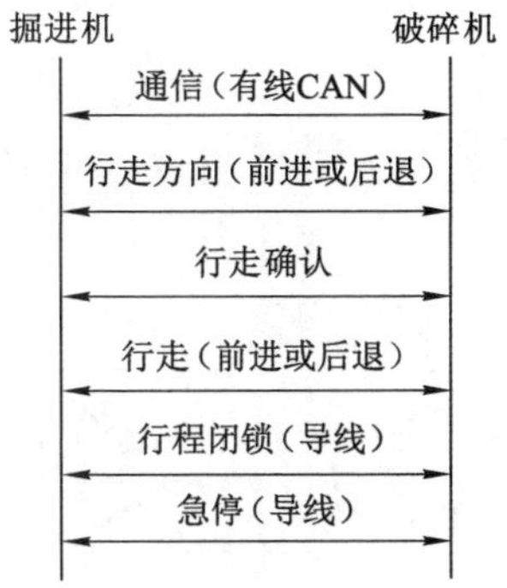

图 4-88　掘进机和破碎机协同关系

（2）十臂钻车和破碎机

十臂锚杆钻车位于掘进机和破碎机后方一定距离位置，掘进机和转载破碎机处于空顶区，因此在十臂锚杆钻车上对掘进机以及转载破碎机进行遥控操作。十臂锚杆钻车上设置有转载破碎机的急停，转载破碎机与十臂钻车的协同关系见图 4-89。

（3）自移动动力站和自移机尾

在掘进生产过程中，迈步式自移机尾固定不动，而后方自移动力站不断前进，为防止机械碰撞，两设备之间需检测安全距离，关联行程闭锁。在检修时，迈步式自移机尾拉动主皮带运行，其协同关系见图 4-90。

（4）综合协同关系

快速掘进系统在工作时，各个机械设备之间必须协同操作，才能够稳定、安全地运行。各设备之间的数据传送分为 CAN 通信数据传递以及导线数据信号传送两种，“急停”信号、“行程闭锁”信号直接采用导线进行数据信号传送。在一般情况下，系统的行走方向为“前进”，掘进机、破碎机、动力站必须同时保持“前进”方向。因此，在连接各机械设备的通信系统中，需要对“行走方向”“行走确认”信号进行二次确认。为防止意外发生，破碎机可以控制

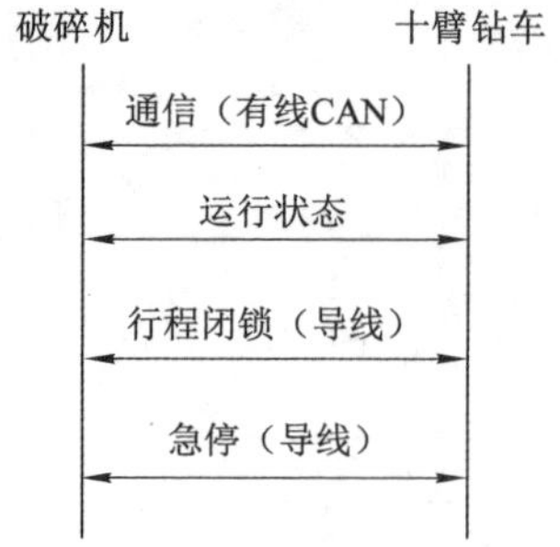

图 4-89　十臂钻车和破碎机协同关系

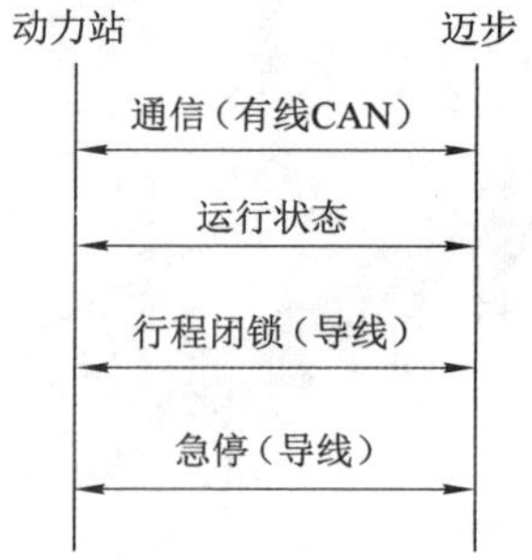

图 4-90　动力站和迈步协同关系

掘进机“急停”，十臂钻车可以控制破碎机“急停”，动力站可以控制破碎机“急停”和迈步“急停”。对该“急停”信号进行冗余设计，即在各设备的 CAN 通信状态信息中有“急停”信息外，用导线直接传送各“急停”信号，系统协同关系见图 4-91。

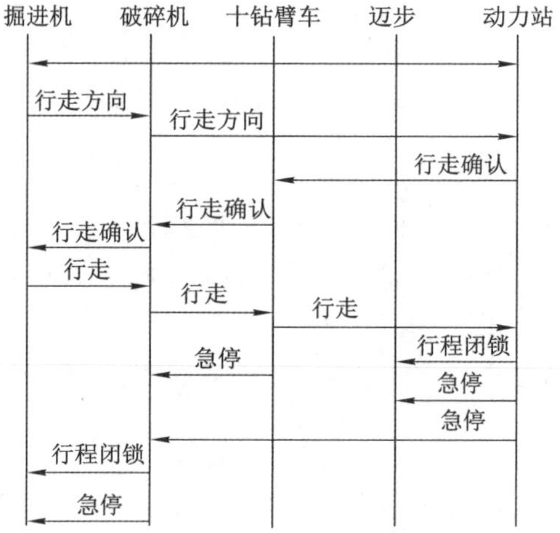

图 4-91　快速掘进系统综合协同关系

2. 悬臂式掘进机装备群

以悬臂式掘进机为核心掘进作业设备的综掘工作面配套模式协同联动功能主要有逆煤流启动、顺煤流停止、重载启动以及连锁控制。当通过智能监控中心发出设备“启动”命令后，按照带式输送机、桥式转载机、机载锚杆机、悬臂式掘进机的启动顺序依次启动设备并进行掘进作业，以保证掘进机掘进煤壁时，不发生堆煤故障。当通过智能监控中心发出设备“停止”命令后，按照悬臂式掘进机、机载锚杆机、桥式转载机、带式输送机的顺序依次停机，保证落煤转运至大巷的皮带运输机。当带式输送机承载煤料时，利用带式输送机变频控制启动转矩大、启动冲击电流小以及机械磨损小的特点，可实现带式输送机的重载启动。当悬臂式掘进机、机载锚杆机、桥式转载机、带式输送机任一设备发生故障时，可实现任意设备停机并致使综掘工作面全部设备停机。

(1) 悬臂式掘进机与机载锚杆钻机协同关系

悬臂式掘进机与机载锚杆机在联动模式下，通过协同控制器控制悬臂式掘进机油泵、截割、除尘、运输等电动机启动，并按照规划的类S形曲线截割煤壁，完成一个步距长度的巷道断面截割后，协同控制器控制机载锚杆钻机启动并开始打锚杆动作。锚杆动作完成后，协同控制器驱动掘进机向前行进一个步距并再次截割煤壁，依次循环。循环动作过程中，悬臂式掘进机、机载锚杆钻机任一设备发生停机故障时，协同控制器发送停机命令，以保证安全生产。

(2) 悬臂式掘进机与桥式转载机协同关系

悬臂式掘进机与桥式转载机在联动模式下，协同控制器发送“启动”命令并启动桥式转载机后才可驱动悬臂式掘进机工作，避免发生堆煤和漏煤现象。设备停机时，协同控制器发送“停机”命令给悬臂式掘进机，而后发送“停机”命令给桥式转载机。任一设备发生停机故障时，通过急停按钮、协同控制器“停止”命令都可以完成设备停机操作。

(3) 桥式转载机与带式输送机协同关系

桥式转载机与带式输送机在联动模式下，协同控制器先启动带式输送机，间隔时间 T 后，启动桥式转载机，以免发生煤料堆积现象。停机时，先停桥式转载机，再停带式输送机。

(4) 设备间自适应协同关系

综掘工作面设备间自适应协同是指悬臂式掘进机与带式输送机可以根据皮带承载的煤料重量，对带式输送机的带速、悬臂式掘进机截割速度进行自适应调整，以满足提高掘进效率、节能降耗、减少机械磨损的目的。在带式输送机机身合适位置安装带速传感器，用于检测皮带实时带速；安装超声波传感器，用于检测皮带承载的煤料的重量。协同控制器获取带式输送机带速、煤料重量后，实时调节悬臂式掘进机截割速度以及带式输送机带速，预防出现皮带空转或者超载的现象。

(5) 联动关系

① 运输联动

综掘成套装备的运输联动，遵循逆煤流运输启、顺煤流运输停的控制原则，掘进设备、支护设备、带式输送设备、带式转载设备间按既定顺序控制其运输部的启动、停止，实现各子设备之间的运输闭锁。这样既避免了无载空运的功率消耗，又有效防止了运输皮带堆煤的发生，提高了运输系统的作业效率。

② 行走联动

带式输送设备与带式转载设备的皮带采用上下重叠式的搭接方式。带式输送设备目前设计的最大搭接行程可达 130 m，一次搭接即能够满足两个生产班内掘进行程的需要，避免了生产班内频繁移动带式输送设备产生的运输皮带搭接的工作。检修班时，带式输送设备与带式转载设备重新搭接。搭接可单机操作，也可通过与带式转载设备之间建立通信，实现搭接联动。联动操作时，带式输送设备主动向带式转载设备发送前进请求信号；带式转载设备收到信号后进行张紧皮带作业，检测张紧是否到位并向带式输送设备发送张紧状态；带式输送设备根据张紧状态判断是否前进。如此循环推进，即可实现搭接的联动操作。

带式输送设备与带式转载设备联动操作时，利用带式转载设备的预张紧力，有效降低了带式输送设备皮带搭接的前进阻力，提高了运输皮带搭接的效率。

三、协同控制集成平台

1. 快速掘进系统(图 4-92)

(1) 硬件实现

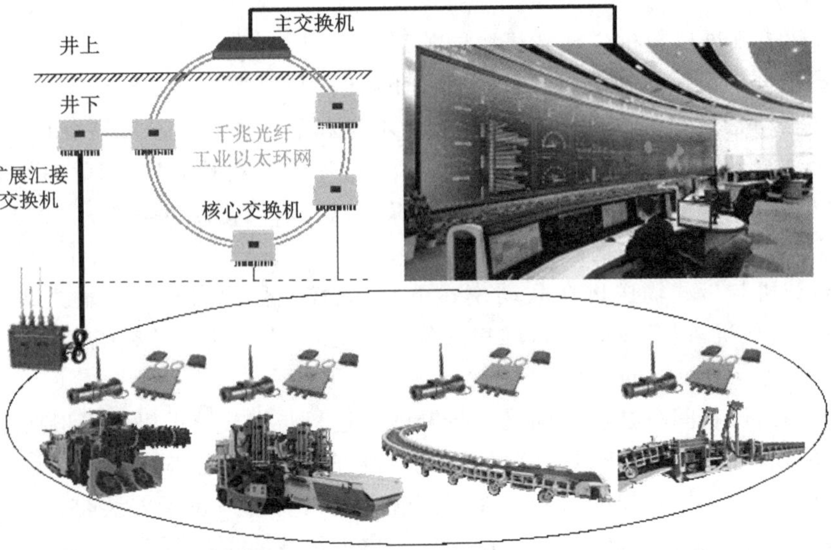

图 4-92　快速掘进系统协同控制中心

快速掘进系统中每个机械设备上都有“单机/联动”按钮,即每一台机械设备既可以单机控制,以方便单机排除故障,又可以与其他机械设备进行联动控制。在联动控制时,控制信号有硬连接和通信连接两种传递方式。“急停”信号、“启动”信号以及“停止”信号有硬连接备份,其他的如“前进”“后退”等信号由 CAN 通信方式传递。在转载破碎机上有无线接收机 1 台,用于设备闭锁信号传输。单机模式时,无线接收机不起作用;联机模式时,接收十臂锚杆钻车急停信号、自移动力站急停信号、自移动力站行程闭锁信号、可弯曲皮带转载机锁信号和向自移动力站发出前进或后退信号、向十臂锚杆钻车和掘进机发出闭锁信号等,通信故障需进行显示。迈步式自移机尾上有无线接收机 1 台,用于设备闭锁信号传输,单机模式时无线接收机不起作用,联机模式时向自移动力站发出前进信号,通信故障需进行显示。自移动力站上有无线接收机 1 台,用于设备闭锁信号传输,单机模式时无线接收机不起作用,联机模式时接收破碎转载机行走信号、迈步式自移机尾前进信号,并向十臂锚杆钻车发出皮带闭锁停机、向破碎转载机发出行走停止、皮带闭锁停机信号等,通信故障需进行显示。

(2) 软件实现

快速掘进系统各设备使用的 PLC 控制器为西门子 CPU226,各机械设备之间的通信方式为 ModbusRTU 通信,定义通信数据格式,以实现各机械设备的协同。在进行 ModbusRTU 通信时,将转载破碎机作为通信主站,掘进机、十臂钻车、迈步以及自移动力站作为从站。

快速掘进系统各机械设备之间的协同控制由 PLC 程序实现,该系统分为单机和联动两种状态:单机是指各个系统可以在本地单机运行,与其他设备没有联动关系;联动是指各机械设备之间存在联动、闭锁关系，必须按照一定的协同关系运行。在正常情况下，掘进机的行走方向为“前进”，破碎机以及动力站会跟随前进，十臂钻车根据自身打锚杆的状态也会缓慢前进。当掘进机的行走方向为非“前进”状态时，PLC 程序进入异常处理模式，在该模式中，可以动作安装在各设备上的“急停”按钮以及行程闭锁开关，防止意外发生。

(3) 应用情况

掘支运一体化快速掘进系统，开创了掘支运“三位一体”快速掘进新模式，攻克了掘支平行、全宽截割、自动支护、柔性运输、协同控制、智能安防等核心技术，实现了各设备自动测距跟进、连续运输、煤流均衡、协同运动控制等功能，创新研制了首台交流变频电牵引掘锚一体机、模块化智能锚杆转载机、柔性连续运输系统，减少了设备操作人员，提高了设备运行效率，提升了设备安全智能化水平，实现了协同控制系统自调试性、自组织性和自稳定性。

成果在神东、陕煤、国电等集团下属 20 多个煤矿成功应用，掘进效率提高 2～3 倍以上。在稳定顶板条件下的神东煤炭集团大柳塔煤矿曾创下月进尺 3 088 m 的世界纪录，在中等复杂顶板条件的神木汇森煤业凉水井矿业公司也创造出月进尺 1 506 m 的建矿纪录。

2. 悬臂式掘进机装备群

悬臂式掘进机、机载锚杆钻机、桥式转载机以及带式输送机构成的综掘工作面工作模式的设备协同控制整体方案如图 4-93 所示。协同控制器完成对四个设备的协同控制，以 CAN 总线通信模式传送控制指令，同时接收各设备的状态信息、故障信息等数据。另外，增加闭锁、急停以及联动三个冗余硬连接，以及无线环网结构增强设备以及系统的安全性。智能监控中心可发送设备间的协同控制动作、指令，并实时展示各设备的协同动作状态、运行状态、参数信息、故障信息等。

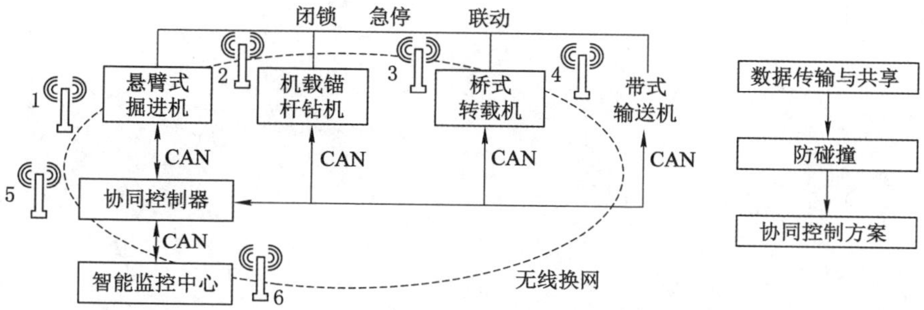

图 4-93 悬臂式掘进机装备群协同控制方案

为实现综掘工作面设备间的协同控制必须解决的问题有：① 设备间数据传输及共享；② 工作面设备数据与监控中心数据传输。以图中的综掘工作面设备工作模式为例，针对问题 1 建立三种数据传输与共享机制，即硬连接、CAN 总线通信以及无线环网。将各设备的急停、闭锁，以及联动信号以硬连接方式进行，当发生故障或紧急情况时，可在任意设备完成所有设备的急停、闭锁控制；以协同控制器为核心，以有线 CAN 总线通信模式将各设备连接至 CAN 总线通信网络，实现各设备间的数据传输与共享；在设备上安装 4G 基站、终端，组成综掘工作面 4G 无线专网，以满足综掘工作面设备数据的共享。由于综掘工作面各设备处于不断移动的动态变化状态，为保证综掘工作面安全生产，避免发生安全事故，须建立设备间的防碰撞机制，可应用红外光学监测技术、雷达无线监测技术、人体图像识别技术以及基于立体视觉无线监测技术等。

课后习题

1. 巷道超前探测技术的分类?
2. 巷道环境感知的对象是什么?
3. 掘进机位姿检测技术主要有哪些?
4. 简述掘进机断面自动成形控制的关键技术与工艺流程。
5. 掘进机本地可视化监控系统的组成与原理?
6. 简述我国巷道支护技术的主要类型及其代表支护方法。
7. 目前智能巷道掘进面临的主要难题和发展方向有哪些?

参考文献

[1] ARMENISE M N, CIMINELLI C, DELL'OLIO F, et al. Advances in gyroscope technologies[M]. NewYork:Springer Science & Business Media,2010.

[2] BESSINGER S L, NELSON M G. Remnant roof coal thickness measurement with passive gamma ray instruments in coal mines[J]. IEEE Transactions on industry applications,1993,29(3):562-565.

[3] BONA B E,SMAY R J. Optimum reset of ship's inertial navigation system[J]. IEEE Transactions on aerospace and electronic systems,1966(4):409-414.

[4] CHELUSZKA P. Optimization of the cutting process parameters to ensure high efficiency of drilling tunnels and use the technical potential of the boom-type roadheader[J]. Energies,2020,13(24):6597.

[5] CHELUSZKA P, SOBOTA P, GŁUSZEK G. Studies of behaviour of the automatic control system of roadheader cutting heads movement [C]//MATEC Web of Conferences. EDP Sciences,2019,252:09002.

[6] CUI Y, LIU S, LIU Q. Navigation and positioning technology in underground coal mines and tunnels: A review[J]. Journal of the southern african institute of mining and metallurgy,2021,121(6):295-303.

[7] DEVY M, ORTEU J J, FUENTES-CANTILLANA J L, et al. Mining robotics: Application of computer vision to the automation of a roadheader[J]. Robotics and autonomous systems,1993,11(2):65-74.

[8] DOLIPSKI M, CHELUSZKA P, SOBOTA P. Investigating the simulated control of the rotational speed of roadheader cutting heads, relating to the reduction of energy consumption during the cutting process[J]. Journal of mining science,2015,51(2):298-308.

[9] HILL K O, MELTZ G. Fiber Bragg grating technology fundamentals and overview[J]. Journal of lightwave technology,1997,15(8):1263-1276.

[10] JAMES S W, TATAM R P. Optical fibre long-period grating sensors: characteristics and application[J]. Measurement science and technology,2003,14(5):R49.

[11] JASIULEK D, STANKIEWICZ K, ŚWIDER J. An adaptive control system of roadheader with intelligent modelling of mechanical features of mined rock[J]. Journal of KONES,2011,18:197-203.

[12] JINLE Z, DONG D, YIRONG Z, et al. Position and pose detection of moving object in

fog and dust environment based on laser array [C]//2014 Sixth International Conference on Measuring Technology and Mechatronics Automation. IEEE, 2014: 451-454.

[13] KILJAN P, MOCZULSKI W, KALINOWSKI K. Initial study into the possible use of digital sound processing for the development of automatic longwall shearer operation [J]. Energies, 2021, 14(10): 2877.

[14] KIM Y K, KIM K S, KIM S. A portable and remote 6-DOF pose sensor system with a long measurement range based on 1-D laser sensors [J]. IEEE Transactions on industrial electronics, 2015, 62(9): 5722-5729.

[15] LEE J G, PARK C G, PARK H W. Multiposition alignment of strapdown inertial navigation system[J]. IEEE Transactions on aerospace and electronic systems, 1993, 29(4): 1323-1328.

[16] LU ŚCI ŃSKI S. Digital twinning for smart industry[C]//MMS 2018: 3rd EAI International Conference on Management of Manufacturing Systems. European Alliance for Innovation, 2018: 216.

[17] MOWREY G L, GANOE CW. An infrared-based coal interface detection system[C]. l/The 3rd International Symposium on Mine Mechanization and Automation, ProcInt Symp Mine Mech Autom, 1995: 21-31.

[18] NASSAR S. Improving the inertial navigation system (INS) error model for INS and INS/DGPS applications [M]. University of Calgary, Department of Geomatics Engineering, 2003.

[19] OTHONOS A. Fiber bragg gratings[J]. Review of scientific instruments, 1997, 68 (12): 4309-4341.

[20] Pempek. Underground Miner Laser Guidance and Remote Control System[EB/OL]. https://pempek. com. au/underground-miner-laser-guidance-and-remote-control-system/.

[21] ROSS D. Digital twinning [virtual reality avatars][J]. Engineering & technology, 2016, 11(4): 44-45.

[22] SCHWENDEMANN J, MÜLLER T, KRAUTSCHNEIDER R. Indoor navigation of machines and measuring devices with iGPS[C]//2010 International Conference on Indoor Positioning and Indoor Navigation. IEEE, 2010: 1-8.

[23] SEEL T, RAISCH J, SCHAUER T. IMU-based joint angle measurement for gait analysis[J]. Sensors, 2014, 14(4): 6891-6909.

[24] Stephen, Petronio. 激光传感器[J]. 常嘉佳, 译. 软件, 2007(5): 64-64.

[25] SUN ZHIYUAN, XUAN PENGCHENG, SONG ZHIQIANG, et al. A texture fused superpixel algorithm for coal mine waste rock image segmentation[J]. International journal of coal preparation and utilization, 2019(2): 1-12.

[26] TRUONG T N, VO A T, KANG H J. A backstepping global fast terminal sliding mode control for trajectory tracking control of industrial robotic manipulators[J]. IEEE access, 2021, 9: 31921-31931.

[27] TUNNELSURVEYOR. The PPS mobile traverse system [EB/OL]. https://tunnelsurveyor.com/the-pps-mobile-traverse-system/.

[28] WANG D, CHAI Y, LING R, et al. Research on automatic boom-type roadheader profiling[C]//2008 7th World Congress on Intelligent Control and Automation. IEEE, 2008: 4411-4414.

[29] WANG HAI JIAN, ZHANG QIANG. Dynamic identification of coal-rock interface based on adaptive weight optimization and multi-sensor information fusion [J]. Information fusion, 2019, 51: 114-128.

[30] WANG P, SHEN Y, LI R, et al. Multisensor information-based adaptive control method for cutting head speed of roadheader[J]. Proceedings of the institution of mechanical engineers, Part C: Journal of mechanical engineering science, 2021, 235 (11): 1941-1955.

[31] WOODMAN O J. Anintroductiontoinertialnavigation[J]. Univ. Cambridge, Comput. Lab., Tech. Rep, 2007.

[32] WU H, LIU S, CHENG C, et al. Multi-scale variational autoencoder aided convolutional neural network for pose estimation of tunneling machine using a single monocular image[J]. IEEE Transactions on industrial informatics, 2022, 18(8): 5161-5170.

[33] YANG W, WANG S. Coal-rock interface sensing technology applied for horizoncontrol of mining shearers[C]. //Proceedings of Intemational Conference on Elec-trical and Control Engineering (ICECE), 2010: 587-590.

[34] YANG W, ZHANG X, MA H, et al. Geometrically driven underground camera modeling and calibration with coplanarity constraints for a boom-type roadheader[J]. IEEE Transactions on industrial electronics, 2021, 68(9): 8919-8929.

[35] YANG W, ZHANG X, MA H, et al. Infrared lEDs-based pose estimation with underground camera model for boom-type roadheader in coal mining[J]. Ieee access, 2019, 7: 33698-33712.

[36] 白晋铭，王然风，付翔. 基于架间行走机器人的液压支架直线度测量方法[J]. 工矿自动化，2019，45(01)：45-51.

[37] 柴敬，刘永亮，袁强，等. 矿山围岩变形与破坏光纤感测理论技术及应用[J]. 煤炭科学技术，2021，49(1)：208-217.

[38] 陈峤鹰，林杭，相纪峰. 基于 DSP 的采煤机滚动轴承振动检测系统设计[J]. 工矿自动化，2011，37(01)：13-15.

[39] 陈津. 传感器技术应用综述及发展趋势探讨[J]. 科技创新导报，2008(10)：1.

[40] 陈慎金，成龙，王鹏江，等. 基于掘进机位姿测量系统的自主标定方法误差分析[J]. 煤炭学报，2018，43(09)：2647-2652.

[41] 成海斌. 自适应截割功能在掘进机控制系统中的应用[J]. 机械管理开发，2021，36(01)：217-219.

[42] 成海峰. 薄煤层无人工作面机械化开采技术分析与实践探析[J]. 能源与节能，2019

(12):182-183.

[43] 崔东亮,闫殿华.8.8 m大采高迈步超前支护支架组电液控系统设计[J].煤炭科学技术,2019,47(S2):152-155.

[44] 戴峻.光纤传感器在煤矿安全监控系统中的应用[J].煤矿安全,2010,41(8):77-80.

[45] 丁海英.基于节能导向的综采工作面设备协同控制技术[J].自动化应用,2020(06):125-126.

[46] 杜雨馨.矿井悬臂式掘进机位姿感知及定位方法研究[D].徐州:中国矿业大学,2019.

[47] 樊启高,李威,王禹桥,等.一种采用捷联惯导的采煤机动态定位方法[J].煤炭学报,2011,36(10):1758-1761.

[48] 樊占文,刘波.基于改进 Elman 神经网络的综采装备协同控制研究[J].工矿自动化,2021,47(S2):26-28+38.

[49] 范京道,徐建军,张玉良,等.不同煤层地质条件下智能化无人综采技术[J].煤炭科学技术,2019,47(3):43-52.

[50] 方新秋,宁耀圣,李爽,等.基于光纤光栅的刮板输送机直线度感知关键技术研究[J].煤炭科学技术,2019,47(01):152-158.

[51] 冯大龙.捷联式惯导系统在无人掘进机中的应用[D].重庆:重庆大学,2007.

[52] 葛世荣.采煤机技术发展历程(六)——煤岩界面探测[J].中国煤炭,2020,46(11):10-24.

[53] 葛世荣.采煤机技术发展历程(五)——自动化技术[J].中国煤炭,2020,46(10):1-15.

[54] 葛世荣,张帆,王世博,等.数字孪生智采工作面技术架构研究[J].煤炭学报,2020,45(6):1925-1936.

[55] 耿玉艳.基于激光测距的传感系统的研究[D].北京:北京交通大学,2017.

[56] 顾英.惯导加速度计技术综述[J].飞航导弹,2001,6:78-85.

[57] 郭鑫彤.矿井掘进机在线监测监控系统的设计与应用[J].机械工程与自动化,2021(01):172-173+176.

[58] 郭迎福,张永忠,刘德顺,等.纵轴式掘进机截割头横摆时的运动学分析及其仿真[J].煤炭学报.2002(01):68-72.

[59] 韩侃,王秉勇.TSP法超前预报数据分析及探测技术研究[J].铁道工程学报,2020,37(03):72-77.

[60] 韩玉明.TK-100型通讯控制系统在综采工作面的应用[J].煤,2004(01):41-42.

[61] 郝俊信.综掘机远程可视化智能掘进技术的研究[J].煤炭科学技术,2021,49(S2):274-279.

[62] 郝雪兵.煤矿综采液压支架的电液控制系统应用探究[J].当代化工研究,2019(06):94-95.

[63] 何道清,张禾,谌海云.传感器与传感器技术[M].北京:科学出版社,2008.

[64] 候德安.基于单神经元 PID 的采煤机滚筒调高控制系统[J].煤矿机电,2021,42(01):30-33.

[65] 胡而已.基于激光扫描的综放工作面放煤量智能监测技术[J].煤炭科学技术,2022,50(02):244-251.

[66] 胡省三，刘修源，成玉琪. 采煤史上的技术革命——我国综采发展 40a[J]. 煤炭学报，2010，35(11)：1769-1771.
[67] 惠武功. 综采面采煤机与运输机负荷平衡控制研究[J]. 陕西煤炭，2017，36(06)：5-8.
[68] 贾文浩，陶云飞，符世琛，等. 悬臂式掘进机位姿检测方法研究进展[J]. 煤炭科学技术，2016，44(S1)：96-101.
[69] 贾新庆. 基于红外识别的掘进机截割轨迹规划研究[D]. 徐州：中国矿业大学，2020.
[70] 蒋庆仙. 关于 MEMS 惯性传感器的发展及在组合导航中的应用前景[J]. 测绘通报，2006，2006(9)：5-8.
[71] 焦金成. 矿井采煤工作面自动化智能化技术及装备发展探析[J]. 科技风，2018(28)：79.
[72] 金静飞，王凯. 综采装备协同控制系统的设计[J]. 煤矿机械，2014，35(08)：214-216.
[73] 金路. 煤矿通讯系统中应用无线以太网技术分析[J]. 山东工业技术，2017(22)：142.
[74] 靳大为，何磊. FreeRTOS 在液压支架电液控系统中的应用[J]. 现代工业经济和信息化，2021，11(09)：126-128.
[75] 康红普. 我国煤矿巷道锚杆支护技术发展 60 年及展望[J]. 中国矿业大学学报，2016，45(06)：1071-1081.
[76] 康红普. 我国煤矿巷道围岩控制技术发展 70 年及展望[J]. 岩石力学与工程学报，2021，40(01)：1-30.
[77] 李福涛，王忠宾，司垒，等. 基于振动信号的采煤机煤岩截割状态识别[J]. 煤炭工程，2022，54(1)：123-127.
[78] 李华炜，师皓宇. 薄煤层无人工作面机械化开采技术分析与实践[J]. 中国安全生产科学技术，2010，6(6)：61-65.
[79] 李建民，耿清友，周志坡. 我国煤矿综采技术应用现状与发展[J]. 煤炭科学技术，2012，40(10)：55-60.
[80] 李金刚，孟二存，孟凡龙. 综采工作面采煤机刮板输送机和液压支架配套分析[J]. 煤矿开采，2006(5)：34-35.
[81] 李力，唐汝琪，魏伟. 黏弹性 VTI 煤层介质超声波传播模型建立与分析[J]. 煤炭学报，2015，40(12)：2987-2994.
[82] 李文亮. 浅谈华宁 KTC101 在综采工作面的实际应用及故障处理[J]. 山东煤炭科技，2016(12)：115-116.
[83] 凌睿，柴毅，李大杰，等. 掘进机器人截割臂建模与控制[J]. 系统仿真学报，2009(23)：7601-7604.
[84] 凌睿，柴毅. 悬臂式掘进机器人截割臂建模与二阶滑模控制器设计[J]. 控制理论与应用. 2010(08)：1037-1046.
[85] 刘博，曹宾，刘武发，等. 煤矿综采液压支架电磁阀驱动器的设计[J]. 矿山机械，2013，41(04)：26-30.
[86] 刘大同，郭凯，王本宽，等. 数字孪生技术综述与展望[J]. 仪器仪表学报，2018，39(11)：1-10.
[87] 刘宏，孙银收，王鑫，等. 基于光纤光栅曲率调直的刮板输送机技术分析[J]. 中国高新

科技,2020(16):149-151.
[88] 刘朋.基于激光扫描的综采工作面煤岩识别技术研究[D].中国矿业大学,2021.
[89] 刘清,韩秀琪,徐兰欣,等.综采工作面采煤机和液压支架协同控制技术[J].工矿自动化,2020,46(05):43-48.
[90] 刘盛东.矿井地震方法与技术[M].徐州:中国矿业大学出版社,2016.
[91] 刘栓柱.综采工作面阵列天线式综合语音通讯系统[J].煤矿机械,2018,39(02):21-22.
[92] 刘媛,雷涛,王哲,等.光纤传感技术在矿山安全监测中的应用[J].金属矿山,2009(S1):536-538+542.
[93] 卢春贵,许春雨,宋建成,等.基于RSSI的液压支架调直方法研究[J].煤矿机械,2021,42(06):193-195.
[94] 罗威,董文锋,杨华兵,等.高功率激光器发展趋势[J].激光与红外,2013,43(08):845-852.
[95] 马宏伟,杨金科,毛清华,等.煤矿护盾式掘进机器人系统精确定位研究[J].工矿自化,2022,48(03):63-70.
[96] 马源,符世琛,张子悦,等.悬臂式掘进机位姿检测方法研究现状[J].工矿自动化,2020,46(08):15-20.
[97] 毛清华,陈磊,闫昱州,等.煤矿悬臂式掘进机截割头位置精确控制方法[J].煤炭学报,2017,S2(42):273-278.
[98] 倪森.5G网络技术在矿井通信中的应用研究[J].信息通信,2020(04):60-61.
[99] 牛剑峰.综采工作面直线度控制系统研究[J].工矿自动化,2015,41(05):5-8.
[100] 任朋飞.采煤机自动调高控制系统的研究与设计[D].西安科技大学,2018.
[101] 任予鑫,康向南,杜昭,等.采煤机记忆截割系统的研究与应用[J].中国煤炭,2020,46(5):41-46.
[102] 申宝宏,雷毅,刘见中,等.煤炭机械装备国内外技术现状及发展展望[J].煤矿开采,2015,20(1):1-4.
[103] 石晟,张炳福,赵庆龙.基于机器视觉的矿用钢丝绳无损监测系统研究[J].煤矿机电,2017(4):19-22.
[104] 宋栋,潘宏侠.基于DSP的掘进机智能故障监测系统[J].煤矿机械,2011,32(06):260-262.
[105] 孙继平.矿井宽带无线传输技术研究[J].工矿自动化,2013,39(02):1-5.
[106] 孙继平,杨坤.一种煤岩图像特征提取与识别方法[J].工矿自动化,2017,43(05):1-5.
[107] 唐敏,黄刚.传感器技术的现状与未来[J].世界产品与技术,1997(02):3-4.
[108] 陶飞,刘蔚然,刘检华,等.数字孪生及其应用探索[J].计算机集成制造系统,2018,24(1):1-18.
[109] 陶云飞,杨健健,李嘉赓,等.基于惯性导航技术的掘进机位姿测量系统研究[J].煤炭技术,2017,1.
[110] 陶云飞,宗凯,张敏骏,等.基于iGPS的掘进机单站多点分时机身位姿测量方法[J].

煤炭学报,2015,40(11):2611-2616.
[111] 田劼,王苏彧,穆晶,等.悬臂式掘进机空间位姿的运动学模型与仿真[J].煤炭学报.2015(11):2617-2622.
[112] 田劼.悬臂掘进机掘进自动截割成形控制系统研究[D].北京:中国矿业大学(北京),2010.
[113] 田劼,杨阳,陈国强,等.纵轴式掘进机巷道断面自动截割成形控制方法[J].煤炭学报,2009,34(1):111-115.
[114] 田立勇,马春莹.基于 LINS/激光传感器的掘进机姿态识别系统[J].传感器与微系统,2022,41(5):91-94.
[115] 田伟琴,田原,贾曲,张凯.悬臂式掘进机导航技术研究现状及发展趋势[J].煤炭科学技术,2022,50(03):267-274.
[116] 田原.基于机器视觉的掘进机空间位姿检测技术研究[J].矿山机械,2013,41(02):27-30.
[117] 田原.悬臂式掘进机导航技术现状及其发展方向[J].工矿自动化,2017,43(8):37-43.
[118] 田原.基于零速修正的掘进机惯性导航定位方法[J].工矿自动化,2019,45(08):70-73.
[119] 田子建,彭霞,苏波.基于机器视觉的煤岩界面识别研究[J].工矿自动化,2013,39(5):49-52.
[120] 汪涛.相位激光测距技术的研究[J].激光与红外,2007,37(1):29-31.
[121] 王超.综采工作面刮板输送机直线度控制技术研究[D].徐州:中国矿业大学,2018.
[122] 王德,李学千.半导体激光器的最新进展及其应用现状[J].光学精密工程,2001(03):279-283.
[123] 王国法.加快煤矿智能化建设 推进煤炭行业高质量发展[J].中国煤炭,2021,47(1):2-10.
[124] 王国法,李占平,张金虎.互联网+大采高工作面智能化升级关键技术[J].煤炭科学技术,2016,44(7):15-21.
[125] 王国法,刘峰,孟祥军,等.煤矿智能化(初级阶段)研究与实践[J].煤炭科学技术,2019,47(8):1-36.
[126] 王国法,刘峰,庞义辉,等.煤矿智能化——煤炭工业高质量发展的核心技术支撑[J].煤炭学报,2019,44(2):349-357.
[127] 王慧,张笑,赵迪.基于 PLC 的掘进机恒功率变频调速系统仿真分析[J].电子测量与仪器学报,2013(10):951-956.
[128] 王立军,宁永强,秦莉,等.大功率半导体激光器研究进展[J].发光学报,2015,36(01):1-19.
[129] 王平.仿生传感技术的研究进展[J].中国医疗器械杂志,2004(04):235-238.
[130] 王世博,何亚,王世佳,等.刮板输送机调直方法与试验研究[J].煤炭学报,2017,42(11):3044-3050.
[131] 王苏彧,高峰,李睿,等.基于 PCC 的任意巷道断面自动截割成形控制系统[J].煤炭

学报,2013,S1(38):261-266.

[132] 王文海,蒋力帅,王庆伟,等.煤矿综采工作面智能开采技术现状与展望[J].中国煤炭,2021,47(11):51-55.

[133] 王昕.基于电磁波技术的煤岩识别方法研究[D].徐州:中国矿业大学,2017.

[134] 王宇卓,常宗旭,高飞,等.液压支架的调直方法研究[J].机电工程,2021,38(05):645-649.

[135] 吴淼,贾文浩,华伟,等.基于空间交汇测量技术的悬臂式掘进机位姿自主测量方法[J].煤炭学报,2015,40(11):2596-2602.

[136] 肖龙.智能化采煤机姿态控制及信息采集[J].能源技术与管理,2019,44(02):167-169.

[137] 谢嘉成.VR 环境下综采工作面"三机"监测与动态规划方法研究[D].太原:太原理工大学,2018.

[138] 邢勇锋.悬臂式掘进机巷道断面自动成形方案研究与应用[J].机械管理开发,2020,35(12):256-258.

[139] 徐刚.综采工作面配套技术研究[J].煤炭学报,2010(11):1921-1924.

[140] 徐恒梅,付永庆.相位法激光测距系统[J].应用科技,2010,37(6):20-22.

[141] 许春雨,宋渊,宋建成,等.基于单片机的采煤机红外线位置检测装置开发[J].煤炭学报,2011,36(S1):167-171.

[142] 薛光辉,张云飞,侯称心,等.基于激光靶向扫描的掘进机位姿测量方法[J].煤炭科学技术,2020,48(11):19-25.

[143] 薛红梅.基于 Elman 神经网络的采煤机自动调高控制算法研究[D].西安:西安科技大学,2014.

[144] 薛旭升,任众孚,毛清华,等.基于数字孪生的煤矿掘进机器人纠偏控制研究[J].工矿自动化,2022,48(01):26-32.

[145] 闫建军.EBH96 悬臂式掘进机远程控制系统的研究[J].机械管理发发,2021,36(04):269-270+276.

[146] 闫少宏,徐刚,范志忠.我国综合机械化开采 50 年发展历程与展望[J].煤炭科学技术,2021,49(11):1-9.

[147] 闫少宏,于雷,刘全明.综放开采"组合短悬臂梁-铰接岩梁结构"形成机理与应用[M].北京:煤炭工业出版社,2017.

[148] 闫少宏.综放开采矿压显现规律与支架-围岩关系新认识[J].煤炭科学技术,2013,41(9):96-99.

[149] 杨海,李威,罗成名,等.基于捷联惯导的采煤机定位定姿技术实验研究[J].煤炭学报,2014,39(12):2550-2556.

[150] 杨海燕,岳建华.矿井瞬变电磁法理论与技术研究[M].北京:科学出版社,2015.

[151] 杨健健,王超,张强,等.井工巷道环境建模与掘进障碍检测方法研究[J].煤炭科学技术,2020,48(11):12-18.

[152] 杨仁树,马鑫民,李清,等.煤矿巷道支护方案专家系统及应用研究[J].采矿与安全工程学报,2013,30(05):648-652.

[153] 杨仁树,马鑫民.煤矿巷道支护智能设计系统与工程应用[M].北京:冶金工业出版社,2015.

[154] 杨文娟,张旭辉,张超,等.基于三激光束标靶的煤矿井下长距离视觉定位方法[J].煤炭学报,2022,47(02):986-1001.

[155] 杨文娟,张旭辉,张超,等.悬臂式掘进机器人巷道成形智能截割控制系统研究[J].工矿自动化,2019(9):40-46.

[156] 杨振.刮板输送机自动调直过程分析[J].自动化应用,2019(09):110-111.

[157] 姚恩广.基于惯性导航的智能化工作面自动调直流程的探究[J].魅力中国,2020(48):266-267.

[158] 尹发忠.综采工作面"三直一平两超前"的工序质量管理[J].煤矿开采,2002(S1):21-88.

[159] 尹希文.我国大采高综采技术及围岩控制研究现状[J].煤炭科学技术,2019,47(8):37-45.

[160] 雍建军.煤矿刮板输送机自动校直控制技术研究[J].能源与环保,2020,42(06):130-133+136.

[161] 元瑞斌.悬臂式掘进机姿态检测及记忆截割控制系统研究[J].煤炭与化工,2015(9):50-52.

[162] 张斌,方新秋,邹永洺,等.基于陀螺仪和里程计的无人工作面采煤机自主定位系统[J].矿山机械,2010,38(09):10-13.

[163] 张德义,刘送永,贾新庆,等.基于红外热像的夹矸巷道断面记忆截割试验研究[J/OL].煤炭学报:1-10[2021-08-23].https://doi.org/10.13225/j.cnki.jccs.2020.1052.

[164] 张付凯,王福忠,高庆华.掘进机截割臂运动轨迹的迭代学习控制[J].电子测量与仪器学报.2014(12):1355-1362.

[165] 张建广.悬臂式掘进机自适应截割控制系统研究[J].煤炭科学技术,2016(02):148-152.

[166] 张金尧.基于SINS/WSN的刮板输送机直线度检测技术及系统研究[D].徐州:中国矿业大学,2017.

[167] 张凯,田原,贾曲.机器视觉在煤机装备中的应用现状与趋势[J].煤矿机械,2020,41(12):123-125.

[168] 张科学,李首滨,何满潮,等.智能化无人开采系列关键技术之一——综采智能化工作面调斜控制技术研究[J].煤炭科学技术,2018,46(1):139-149.

[169] 张连昆,谢耀社,周德华,等.基于超声波技术的采煤机位置监测系统[J].煤炭科学技术,2010,38(05):104-106+110.

[170] 张良,张学亮.智能开采控制技术及装备研究现状与展望[J].智能矿山,2022,3(5):2-10.

[171] 张敏骏,蔡岫航,吕馥言,等.受限巷道空间区域栅格化掘进机自主纠偏研究[J].仪器仪表学报,2018,39(03):62-70.

[172] 张强,刘志恒,王海舰,等.基于截齿振动及温度特性的煤岩识别研究[J].煤炭科学技

术,2018,46(03):1-9+18.

[173] 张强,孙绍安,张坤,等.基于主动红外激励的煤岩界面识别[J].煤炭学报,2020,45(9):3363-3370.

[174] 张强,王海舰,郭桐,等.基于截齿截割红外热像的采煤机煤岩界面识别研究[J].煤炭科学技术,2017,45(05):22-27.

[175] 张强,张石磊,王海舰,等.基于声发射信号的煤岩界面识别研究[J].电子测量与仪器学报,2017,31(2):230-237.

[176] 张树楠,曹现刚,崔亚仲,等.基于多传感器的液压支架直线度测量方法研究[J].煤矿机械,2020,41(04):56-59.

[177] 张晓军.综采工作面自动化控制系统在马兰矿的应用研究[J].机械管理开发,2020,35(4):212-213.

[178] 赵勇伟.关于掘进机电控系统的改进设计探讨[J].煤,2020,29(02):68-70.

[179] 郅富标.液压支架跟机自动化控制技术分析[J].煤矿机械,2020,41(12):81-84.

[180] 郅富标.智能化综采工作面采煤机与液压支架协同控制技术应用研究[J].煤矿机械,2021,42(02):177-180.

[181] 朱朋飞,赵培锋,刘宝国.掘进机截割臂大轴承运行监测系统设计[J].煤矿机械,2020,41(12):8-9.

[182] 朱信平,李睿,高娟,等.基于全站仪的掘进机机身位姿参数测量方法[J].煤炭工程,2011(06):113-115.

[183] 宗凯.悬臂式掘进机截割过程位姿响应与截割臂摆速控制研究[D].北京:中国矿业大学(北京),2019.